"十二五"普通高等教育本科国家级规划教材 计算机系列教材

王让定　朱　莹　主　编
石守东　钱江波　副主编

汇编语言与接口技术
（第4版）

清华大学出版社
北京

内 容 简 介

本书共 10 章,以 16 位微处理器 8088/8086 为主线,介绍微处理器的结构、工作原理、指令系统等,同时兼顾 32 位以上微处理器 80386、80486 以及 Pentium 系列微处理器的相关内容。汇编语言以 MASM 6.0 为主,同时介绍了与 MASM 5.X 的区别,详细讲解了基于 80x86 的汇编程序设计方法。书中详细介绍了传统的接口技术,如并行、串行、定时、DMA、中断、模/数及数/模等接口技术。考虑到信息类相关专业学生的学习需求,本书专门增加了一章介绍存储器技术。第 10 章介绍最新的高速串行接口 USB 接口。本书将微机原理、汇编语言、微机接口技术有机地融为一体,既适合课堂教学,又能紧跟最新技术,拓宽学生的知识面。本书条理清楚,深入浅出,有丰富的实例,便于自学。

本书可以作为高等学校本科信息类相关专业的教材或参考书,也可以供广大工程技术人员参考。

图书在版编目(CIP)数据

汇编语言与接口技术/王让定,朱莹主编. —4 版. —北京:清华大学出版社,2017(2025.1 重印)
(计算机系列教材)
ISBN 978-7-302-46473-0

Ⅰ.①汇… Ⅱ.①王… ②朱… Ⅲ.①汇编语言－程序设计－教材 ②微型计算机－接口技术－教材 Ⅳ.①TP3

中国版本图书馆 CIP 数据核字(2017)第 024810 号

责任编辑:张　民　战晓雷
封面设计:常雪影
责任校对:时翠兰
责任印制:刘海龙

出版发行:清华大学出版社
　　　网　　　址:https://www.tup.com.cn,https://www.wqxuetang.com
　　　地　　　址:北京清华大学学研大厦 A 座　　　　　邮　　编:100084
　　　社 总 机:010-83470000　　　　　　　　　　　　邮　　购:010-62786544
　　　投稿与读者服务:010-62776969,c-service@tup.tsinghua.edu.cn
　　　质量反馈:010-62772015,zhiliang@tup.tsinghua.edu.cn
　　　课件下载:https://www.tup.com.cn,010-62795954
印 装 者:北京嘉实印刷有限公司
经　　销:全国新华书店
开　　本:185mm×260mm　　　　　印　　张:24.5　　　字　　数:562 千字
版　　次:2006 年 1 月第 1 版　　2017 年 5 月第 4 版　　印　　次:2025 年 1 月第 11 次印刷
定　　价:49.50 元

产品编号:073824-01

微机原理、汇编语言和接口技术是各个高等学校计算机专业或信息类专业学生的专业基础课程。汇编语言的显著特点是可以直接控制硬件并充分发挥计算机硬件的功能，对于编写高性能系统软件和应用软件具有不可忽视的作用，微机接口技术则侧重计算机硬件的结构和I/O系统的组成。

随着高校教学改革的深入，将汇编语言与微机接口技术结合起来，作为一门计算机基础专业课程的教学方法已经为许多高校采用。为了满足在新形势下计算机与信息类专业课程建设和教学内容改革的需求，作者在多年汇编语言、微机接口技术教学实践的基础上编写了本教材，将微机原理、汇编语言程序设计、微机接口技术融为一体，比较完整地介绍了微型计算机技术，适合更多读者的需求。

在前3版教材的基础上，本书内容进行了很大的调整和改进，主要在以下几个方面。

（1）第1章作为全书的概括和汇编语言与接口技术的基础，涵盖了基本知识的支撑要点，如微型计算机的概念、微机系统总线等，使读者对微型计算机的整体结构有一个完整的认识。另外，把第3版教材中接口技术的概念、输入输出传输控制方式等接口基础知识分离出来单独作为第6章，这样使知识结构更加合理。

（2）第2章从8088/8086 CPU入手，首先详细分析了16位微处理器的功能结构、寄存器组、工作方式、总线操作及时序等。之后作为知识的提升，介绍了32位以上微处理器的结构、寄存器组等相应的知识点。这样修改使教材层次分明，由浅入深，也符合读者的知识结构构成规律。另外增加了Pentium系列微处理器及多核微处理器的发展概况。

（3）第3章和第4章是汇编语言程序设计部分。考虑到从8086到80386以上至Pentium 4，只有16位到32位的区别，其80％以上的指令完全相同，因此，本书以16位微处理器的指令系统为基础，扩展到32位微处理器汇编指令。另外，在知识点的组织上，把指令系统的讲解融合在汇编语言编程设计中，这样避免了单独讲解大量指令的枯燥，也使汇编语言程序设计的讲解更源自基础。例如，把分支结构程序设计和条件判断指令放在一起讲解，使知识紧密衔接，使读者学习循序渐进。另外，为了满足实际需要，在第4章增加了汇编语言与高级语言混合编程的内容。

（4）删减了第3版的软件接口技术一章，把本章中关于DOS和BIOS的接口调用的内容作为第4章中的一节内容，保证了内容的完整。

（5）修改了第5章存储器技术的部分内容。对于不同专业的学生，任课教师可以选择本章的有关内容讲解。

（6）修改了第 10 章的内容，在重点介绍 USB 接口概念和基本方法的基础上，强化了 USB 开发技术的应用。

（7）在第 7～9 章增加更多的工程应用实例，使读者更接近实际应用，体现教材的实用性。

（8）修改了前 3 版教材中难理解的概念，用更通俗易懂的语言描述。修正了前 3 版教材中已经发现的疏漏。

全书共 10 章，第 1 章和第 2 章是理论基础部分，内容包括微型计算机概述，接口技术及数据传输控制方式、系统总线、80x86 微处理器原理。第 3 章和第 4 章是汇编语言部分，内容主要包括 80x86 的指令系统、寻址方式、汇编语言程序设计。第 5 章主要介绍存储器的基本概念，存储器基本单元的构建，由存储单元构成存储阵列进而构成存储器的方法，以及存储器容量的扩展方法，并介绍了 Cache 和虚拟存储技术。第 6 章是输入输出接口及数据传输控制方式，主要介绍接口的概念、接口技术基础知识以及 CPU 控制数据传输的控制方式。第 7 章是串并行接口技术，主要内容包括定时/计数器、串并行接口的基本原理及实际应用。第 8 章是中断和 DMA 技术，主要内容包括中断和 DMA 的原理及中断控制器和 DMA 控制器及其应用。第 9 章是模拟接口技术，主要包括 A/D 和 D/A 转换技术及典型的芯片应用。第 10 章是高速串行总线，介绍了最新的高速串行接口 USB 技术。

本书第 1 版由王让定、陈金儿、叶富乐、史旭华共同编写，其中第 1、2 章由史旭华执笔，第 3、4 章由叶富乐执笔，第 5 章由王让定执笔，其余各章由陈金儿执笔，王让定负责全书的统稿。本书第 2 版的修订由参加课程建设的朱莹执笔，王让定负责全书的统稿。本书第 3 版的修订又加入了一线教师石守东和钱江波两位老师的辛勤工作。

通过几年的教学实践，根据国内相关教师的建议，在第 1 版、第 2 版和第 3 版的基础上，在本书作者和相关老师的共同参与下，由王让定和朱莹执笔全面修订了本书内容。王让定负责全书的统稿。

本书的出版凝聚了许多同行的智慧和心血，这里非常感谢课程建设前期付出心血的陈金儿、叶富乐和史旭华老师，感谢清华大学出版社张民编辑。本书的出版得到了宁波大学计算机科学与技术国家特色专业的支持，得到了浙江省高校重点教材建设项目的支持，得到了浙江省"十二五""十三五"特色专业建设的支持，也得到了宁波市服务型重点建设专业的支持，在此一并表示感谢。

本书配有相应的教学电子资源，读者可登录清华大学出版社网站下载。另外，作者为第 4 版教材编写了配套的《汇编语言与接口技术(第 4 版)知识精要与实践》。

　　由于计算机技术的飞速发展，新的理论和技术层出不穷，本书难以囊括计算机技术的最新发展变化。同时，书中难免有不足和不妥之处，恳请同行和读者不吝批评指正。欢迎读者，尤其是使用本书的教师和学生，共同探讨相关教学内容改革、教材内容建设以及教学方法等问题。

作　者

第 1 章　微型计算机概述

1946 年计算机问世,它作为 20 世纪的先进技术成果之一,最初只作为一种自动化的计算工具。经过半个多世纪,计算机从第一代采用电子管、第二代采用晶体管、第三代采用中小规模集成电路已发展到第四代采用大规模集成电路和超大规模集成电路。尤其在 20 世纪 70 年代初,在大规模集成电路技术发展的推动下,微型计算机(微型机)的出现为计算机的应用开拓了极其广阔的前景。计算机特别是微型计算机的科学技术水平、生产规模和应用深度已成为衡量一个国家数字化、信息化水平的重要标志。计算机已经远不止一种计算工具,它已渗透到国民经济和生活的各个领域,极大地改变了人们的工作和生活方式,已成为社会前进的巨大推动力。

本章将全面介绍微处理器和微型计算机的基本概念、组成和系统总线的基础和概貌,以期使学习者对微型计算机的整体结构有完整的了解。

本章的主要内容如下:

- 微型计算机的概念。
- 微处理器的产生和发展。
- 计算机系统的软硬件组成。
- 系统总线。

1.1　微型计算机概念

计算机通常按体积、性能和价格分为巨型机、大型机、中型机、小型机和微型机 5 类。从系统结构和基本工作原理上说,微型机和其他几类计算机并没有本质上的区别,所不同的是微型机广泛采用了集成度相当高的器件和部件,具有以下一系列特点:

(1) 体积小,重量轻。由于采用大规模集成电路(LSI)和超大规模集成电路(VLSI),使微型机所含的器件数目大为减少,体积大为缩小。20 世纪 50 年代需要庞大的计算机实现的功能,在当今已被内部只含几十片集成电路的微型机所取代。近年来,微型机已从台式发展到便携式及笔记本电脑。

(2) 价格低廉。当前,一台 PC 微型机只需几千元。

(3) 可靠性高,结构灵活。由于所含器件数目少,所以连线比较少,这样,微型机的可靠性高,结构灵活方便。

(4) 应用面广。现在,微型机不仅占领了原来使用小型机的各个领域,而且广泛应用于过程控制等场合。此外,微型机还进入了过去计算机无法进入的领域,如测量仪器、仪表、教育、医疗和家用电器等。

微型机的核心部分是微处理器或微处理机,是由一片或几片大规模集成电路组成的,具有运算器和控制器功能的中央处理器(CPU)。人们可以从不同的角度对微型机进行分类。按机器组成来分，将微型机分为位片式、单片式、多片式等。由于微型机的性能很大程度上取决于核心部件——微处理器，所以，常见的做法是把微处理器的字长作为微型机的分类标准，可分为 4 位、8 位、16 位、32 位和 64 位微处理器。64 位微处理器是当今较先进且最流行的微处理器。

以微处理器为核心，配上由大规模集成电路制作的存储器、输入输出接口电路及系统总线所组成的计算机称为微型计算机。以微型计算机为中心，配以相应的外围设备、电源和辅助电路以及指挥微型计算机工作的系统软件，就构成了微型计算机系统。

1.2　微处理器的产生和发展

微处理器的发展历史是一部抢占技术制高点和争夺市场的激烈竞争史，是一部创业史，也是促进人类发展和社会进步的技术革新史。从第一款微处理器诞生到现在，有许多有志之士淘金于 CPU，成长于 CPU，也沉没于 CPU。在这个发展历程中，众多公司投身于 CPU 技术的研发，像 Zilog、Intel、AMD、Cyrix、TI、IBM、Motorola 等，并推出了在那个时代有一定技术水准的 CPU。在技术与市场的残酷竞争中，大多数公司退出了商用计算机的 CPU 市场，目前只有 Intel 一枝独秀，AMD 紧追其后，并与 Intel 在苦苦争夺 CPU 的技术制高点和市场。可以认为，CPU 的发展史事实上是一部 Intel 公司不断发展壮大的奋斗史。本节主要通过 Intel 公司在不同历史时期推出的典型 CPU 介绍微处理的发展史。

1971 年，美国旧金山南部的森特克拉郡（硅谷）的 Intel（集成电子产品）公司首先制成 4004 微处理器，并用它组成 MCS-4（Micro-Computer System-4）微型计算机。自此，微处理器和微型计算机就以其超乎寻常的速度开始发展，每 2～4 年就换代一次。这种换代通常按 CPU 字长和功能划分，至今已经历了 5 代的演变。

第一代（1971—1973 年），是 4 位和低档 8 位微处理器时代。代表产品是美国 Intel 公司的 4004（集成度为 1200 个晶体管/片）和由它组成的 MCS-4 微型计算机以及随后的 Intel 8008（集成度为 2000 个晶体管/片）和由它组成的 MCS-8 微型计算机。其特点是采用 PMOS 工艺，速度较慢，基本指令执行时间为 $10\sim20\mu s$。第一代 CPU 主要用于家用电器、计算器和简单的控制设备等。

第二代（1973—1978 年），是 8 位微处理器时代。产品的集成度提高了 1～2 倍。代表产品是 Intel 公司的 8080（集成度为 4900 个晶体管/片）、Motorola 公司的 MC6800（集成度为 6800 个晶体管/片）和美国 Zilog 公司的 Z80（集成度为 10 000 个晶体管/片）。其特点是采用 NMOS 工艺，用 40 条引脚的双列直插式封装。运算速度提高一个数量级，基本指令执行时间为 $1\sim2\mu s$，指令系统比较完善，寻址能力有所增强。8 位微处理器和微型计算机曾是应用的主流。第二代 CPU 主要用于教学、实验系统和工业控制、智能仪器等领域。

第三代（1978—1984 年），是 16 位微处理器时代。1978 年，Intel 公司推出 Intel 8086（集成度为 29 000 个晶体管/片），Zilog 公司推出 Z-8000（集成度为 17 500 个晶体管/片），

Motorola 公司推出 MC68000(集成度为 68 000 个晶体管/片)。其特点是均采用高性能的 HMOS 工艺,各方面性能指标比第二代又提高一个数量级。Intel 8086 的基本指令执行时间约为 $0.5\mu s$,指令执行速度为 2.5MIPS(为每秒百万条指令)。1982 年,Intel 公司推出的高性能的 16 位 CPU 80286 采用 68 条引脚的无引线的方形封装。指令执行速度提高到 4MIPS。Intel 80286 设计了两种工作方式——实模式和保护模式。当工作在实模式时,保持与 8086 兼容,且工作速度更快。80286 的整体功能比 8086 更强。16 位微处理器广泛应用于数据处理和管理系统。IBM 公司首先用 Intel 公司的产品设计了个人计算机(Personal Computer,PC),典型产品有 IBM PC/XT 和 IBM PC/AT 机。

第四代(1985—1992 年),32 位微处理器时代。1985 年,Intel 公司推出 Intel 80386,采用 CHMOS 工艺和 132 条引脚的网络阵列式封装(集成度达到 27.5 万个晶体管/片),指令执行速度提高到 10MIPS。其工作方式除 80286 的实模式和保护模式外,还增加了虚拟 8086 模式。在实模式下,能运行 8086 指令,而运行速度却比 80286 快 3 倍。80386 是 Intel 公司推出的第一个实用的 32 位微处理器。

1989 年,Intel 公司又推出另一个高性能的 32 位微处理器 80486,其集成度达 100 万个晶体管/片。它与 80386 的显著不同是,80486 将多种不同功能的芯片电路集成到一个芯片上。在 80486 芯片上,除有 80386 CPU 外,还集成了 80387 浮点运算处理器(FPU)、82385 高速暂存控制器和 8KB 的高速缓冲存储器(Cache)。这样,80486 就在 80386 的基础上更加高速化。当时钟频率为 25MHz 时,指令执行速度达 15MIPS;而时钟为 33MHz 时,指令执行速度达 19MIPS。

第五代(1993—2004 年),是 64 位微处理器时代。1993 年 3 月,Intel 公司推出了当时最先进的微处理器芯片——64 位的 Pentium,即 80586,又称 P5。该芯片采用了新的体系结构,其性能大大高于 Intel 系列的其他微处理器,集成度为 310 万个晶体管/片。在时钟频率为 60MHz 时,指令执行速度为 100MIPS。芯片内部也有一个浮点运算协处理器,但其浮点型数据的处理速度比 80486 高 5 倍。

1995 年,Intel 公司推出 Pentium Pro,又称 P6。集成度为 550 万个晶体管/片,时钟频率为 150MHz,指令执行速度达到 400MIPS,可以说 P6 是 P5 的增强版。

Intel 从推出了 80586 后,由于无法阻止其他公司将自己的兼容产品也叫 X86,所以 Intel 公司把产品取名为 Pentium(奔腾)。1997 年,Intel 公司推出了 Pentium MMX 芯片,它在 X86 指令集的基础上加入了 57 条多媒体指令。这些指令专门用来处理视频、音频和图像数据,使 CPU 在多媒体操作上具有更强大的处理能力,Pentium MMX 还使用了许多新技术。Pentium MMX 等于是 Pentium 的加强版中央处理器芯片(CPU)。同年,Intel 公司又发布了 Pentium Ⅱ 233MHz、Pentium Ⅱ 266MHz、Pentium Ⅱ 300MHz 3 款 PⅡ处理器,采用了 $0.35\mu m$ 工艺技术,核心提升到由 750 万个晶体管组成。处理器采用了与 Pentium Pro 相同的动态执行技术,可以加速软件的执行。Pentium Ⅱ通过双重独立总线与系统总线相连,可进行多重数据交换,提高系统性能。Pentium Ⅱ也包含

MMX 指令集。

1999 年，Intel 公司发布 Pentium Ⅲ 450MHz、Pentium Ⅲ 500MHz 处理器，同时采用了 $0.25\mu m$ 工艺技术，核心由 950 万个晶体管组成，从此 Intel 公司开始踏上了 PⅢ 旅程，PⅢ 等于是 Pentium Ⅱ 的加强版，新增 70 条新指令。

2000 年，Intel 公司推出 Pentium 4 微处理器，采用了称为 NetBurst 的全新 Intel 32 位微体系结构（IA-32），集成度达 4200 万个晶体管，时钟频率在 1.5GHz 以上，增加了功能更加强大的执行跟踪缓存技术。从 P4 开始，Intel 公司已经不再每一两年就推出全新命名的 CPU，反而一再使用 Pentium 4 这个名字，这个作法导致 Pentium 4 这个家族有一堆兄弟姊妹，而且这个 P4 家族延续了 5 年。

第六代（2005 年以后），是"双核"微处理器的时代。2005 年 4 月，Intel 公司的第一款双核处理器问世，标志着一个新时代的来临。双核和多核处理器设计用于在一个处理器中集成两个或多个完整的执行内核，以支持同时管理多项活动。Intel 超线程（HT）技术能够使一个执行内核发挥两个逻辑处理器的作用，因此与该技术结合使用时，Intel Pentium 处理器能够充分利用以前可能被闲置的资源，同时处理 4 个软件线程。同年 5 月，带有两个处理内核的 Intel Pentium D 处理器随 Intel 945 高速芯片组家族一同推出，可带来某些消费电子产品的特性，例如环绕立体声音频、高清晰度视频和增强图形功能等。

2006 年 1 月，Intel 发布了 Pentium D 9xx 系列处理器，包括了支持虚拟化技术的 Pentium D 960（3.60GHz）、950（3.40GHz）等。2006 年 7 月，Intel 面向家用和商用个人计算机与笔记本计算机发布了 10 款全新 Intel 酷睿 2 双核处理器和 Intel 酷睿至尊处理器。Intel 酷睿 2 双核处理器家族是专门针对企业、家庭、工作站、玩家（如高端游戏玩家）和移动生活而定制的处理器。这些英特尔酷睿 2 双核处理器设计用于提供出色的能效表现，并更快速地运行多种复杂应用，支持用户改进各种任务的处理，例如，更流畅地观看和播放高清晰度视频，在电子商务交易过程中更好地保护计算机及其资产，以及提供更耐久的电池使用时间和更加纤巧时尚的笔记本计算机外形。Intel 酷睿 2 双核处理器包含 2.91 亿个晶体管。不过，Pentium D 谈不上是一套完美的双核架构，Intel 公司只是将两个完全独立的 CPU 核心做在同一个芯片上，通过同一条前端总线与芯片组相连。

目前，"双核"已逐渐成为市场的主流，曾经风光无限的 Pentium 系列产品也将逐渐退出历史的舞台，世界走入一个双核、多核的时代。

1.3 计算机系统组成

计算机系统由硬件系统和软件系统两部分组成，如图 1.1 所示。

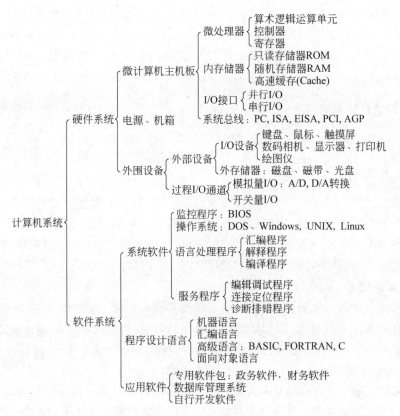

图 1.1　计算机系统组成

1.3.1　硬件系统

1. 计算机的基本结构框图

一般计算机的结构如图 1.2 所示,它主要由运算器、控制器、存储器和输入输出(I/O)接口 4 部分组成。

(1) 控制器:发布各种操作命令、控制信号等。

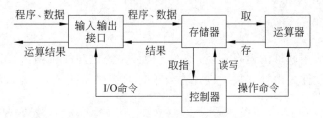

图 1.2　一般计算机结构框图

(2) 运算器:主要进行算术和逻辑运算。

(3) 存储器:存储程序、数据、中间结果和运算结果。

（4）输入输出（I/O）接口：原始数据和程序等通过输入接口送到存储器，而处理结果、控制信号等通过输出接口送出。

这种以二进制和程序控制为基础的计算机结构是由冯·诺依曼在 1940 年最早提出的。

2. 微型计算机系统

微型计算机系统是以微处理器（CPU）为中心，加上存储系统、输入输出设备和系统总线等组成。

1）微处理器（CPU）

它是微型计算机的心脏，将计算机控制器、运算器等两大部件集成在一个芯片上。它能进行算术运算和逻辑运算，能够执行各种控制等。它的特性基本上反映了微型计算机的性能。各种不同类型的微处理器都具有各自不同的一些特点，如指令系统、指令执行时间、控制能力以及内部寄存器组、算术逻辑部件等硬件特性。

2）存储系统

存储系统是计算机重要的组成部分，它是用来存储程序、原始数据、中间结果和最终结果的。存储系统容量越大，能记忆的信息就越多，计算机的功能就越强。存储系统的存取速度是影响运算速度的主要因素，希望存储容量要大，存取速度要快。

3）输入输出设备

常用的输入输出设备也称外围设备，主要包括键盘、显示器、打印机、显示设备、软硬磁盘、A/D 与 D/A 转换器等。外围设备在输入输出接口的控制和管理下与系统交换信息。

1.3.2　软件

软件系统是微型计算机为了方便用户使用和充分发挥微型计算机硬件效能所必备的程序的总称。这些程序或存在于内存储器中，或存放在外存储器中。

一台微型计算机或微处理器系统组装好后，没有安装任何软件之前则称为"裸机"。"裸机"再好也不能发挥计算机的效能。因此，硬件和软件是组成微机系统必不可少的两大组成部分。微型计算机系统的使用场合和利用形式不同，设计者或用户给它配备的软件规模也不相同。

1. 系统软件

系统软件是应用软件的运行环境，是人与硬件系统之间的桥梁，人就是通过它们使用计算机的。系统软件是由计算机的设计者或销售商提供给用户的，是硬件系统首先应安装的软件。

1）监控程序

监控程序又称为管理程序。在单板计算机上的监控程序一般只有 1～2KB，通常固化在 ROM 芯片中，又称为驻留软件。在 PC 中，起此作用的程序叫 BIOS（基本输入输出系统，第 4 章将介绍 BIOS 的功能），从 Pentium 时代开始，现代的微机主板都使用 NOR Flash

作为 BIOS 的存储芯片,其主要功能是对主机和外部设备的操作进行合理的安排,接收、分析各种命令,实现人机互动。通常在 BIOS 中还包括一些可供用户调用的实用子程序。

2) 操作系统

操作系统是在管理程序的基础上进一步扩充许多控制程序所组成的大型程序系统。其主要功能有:合理地组织整个计算机的工作流程,管理和调度各种软硬件资源——包括 CPU、存储器、I/O 设备和各类软件、检查和机器故障诊断工具等。用户通过操作系统便可方便地使用计算机。操作系统是计算机系统的指挥调度中心,操作系统常驻留在磁盘中。微型计算机系统的所有资源都由操作系统统一管理,用户不必过问各部分资源的分配和使用情况,而只需使用它的一些命令就行了。因此,操作系统可以说是用户和裸机间的接口。

3) 语言处理程序

语言处理程序包括以下 3 类:

(1) 汇编程序。其功能是把用汇编语言编写的源程序翻译成机器语言表示的目标程序。汇编程序可存放在 ROM 中,称为驻留的汇编程序。具有驻留汇编程序的微型计算机可直接把汇编语言源程序翻译成机器语言的目标程序。汇编程序也可存放在磁盘上,使用时应在操作系统的支持下先将汇编程序调入内存,然后才能进行翻译加工,得到机器语言的目标程序,再经过服务程序的加工,最后得到可执行的程序。

(2) 解释程序。其功能是把用某种程序设计语言编写的源程序翻译成机器语言的目标程序,并且本着翻译一句就执行一句的准则,做到边解释边执行。

(3) 编译程序。能把用高级语言编写的源程序翻译成机器语言的目标程序。编译程序也需经服务程序的加工才能得到可执行的程序。

4) 服务程序

用汇编语言和程序设计语言编好程序后,需要对程序进行编辑、连接、调试并将程序装配到计算机中执行,在此过程中,还需要一些其他的辅助程序,统称为服务程序。微型计算机系统常用的服务程序有文本编辑程序、连接程序、定位程序、调试程序和排错程序。

2. 程序设计语言

程序设计语言是指用来编写程序的语言,是人与计算机之间交换信息所用的工具,又称编程环境。程序设计语言通常可分为机器语言、汇编语言和高级语言 3 类。

1) 机器语言

机器语言是能够直接被计算机识别和执行的语言。计算机中传送的信息是一种用 0 和 1 表示的二进制代码,因此,机器语言程序就是用二进制编写的代码序列。由于每种微型计算机使用的 CPU 不同(因每种 CPU 都有自己的指令系统),所以使用的机器语言也就不相同。用机器语言编写程序,优点是计算机能直接识别,不需要中间处理环节;缺点是直观性差、烦琐、容易出错,对不同 CPU 的机器也没有通用性等。机器语言因难于交流,在实际应用中很不方便,很少直接采用。

2) 汇编语言

为了克服机器语言的缺点,人们想出一种办法——用一种能够帮助记忆的符号,即用英文或缩写符表示机器的指令，并称这种用助记符表示的机器语言为汇编语言。由于汇编语言程序是用这种帮助记忆的符号指令汇集而成的，因此，程序比较直观，从而易记忆，易检查，便于交流。但是，用助记符指令编写的汇编语言程序（称源程序）计算机无法识别，这就要求将汇编语言源程序翻译成与之对应的机器语言程序（称为目标程序）后，计算机才能执行。负责翻译加工的系统软件称为汇编程序。对于没有汇编程序的计算机，对源程序的翻译可由人工来进行，这种翻译称为"手编"或手工仿真，也可在有相同 CPU 并配有汇编程序的其他计算机上翻译成目标程序。

由于汇编语言的符号指令与机器代码是一一对应的，从执行的时间和占用的存储空间来看，它和机器语言一样是高效率的，同时也随所用的 CPU 不同而异。机器语言和汇编语言都是面向机器的，故称为初级语言。使用它便于利用计算机的所有硬件特性，是一种能直接控制硬件、实时性能强的语言。

3）高级语言

高级语言又称为算法语言。高级语言的产生是为了从根本上克服初级语言的弱点，一方面使程序设计语言适于描述各种算法，使程序设计中所使用的语句与实际问题更接近；另一方面使程序设计可以脱离具体计算机的结构，不必了解其指令系统。用高级语言编写的程序通用性更强，如 Basic、Fortran、Delphi、C/C++、Java 等都是常用的高级语言。用高级语言编写的源程序仍需翻译成机器语言表示的目标程序，计算机才能执行，这就需要相应的解释程序或编译程序。

为了提高编程的实际开发效率，还可以采用混合语言编程的方法，即采用高级语言和汇编语言混合编程，彼此互相调用，进行参数传递，共享数据结构和数据信息。这样可以充分发挥各种语言的优势和特点，充分利用现有的多种实用程序、库函数等资源，使得软件的开发周期大大缩短。

4）面向对象的语言

面向对象是相对于传统的面向过程的编程方法（如 C 和 Pascal）而言的。利用面向对象中的封装、继承、多态等机制，可以提高程序的正确性、易维护性、可读性和可重用性，有利于程序开发中的分工合作。例如，C++ 是在 C 语言的基础上融入了面向对象的编程思想而发展起来的。常用的面向对象语言有 Java、VFP、Visual C、Visual Basic 等。

3. 应用软件

应用软件是用户利用计算机及其所提供的系统软件、程序设计语言为解决各种实际问题而编写的程序。

1.4　系统总线

1.4.1　概述

总线是将信息从一个或多个源部件传送到一个或多个目的部件的一组传输线。通俗地说，总线就是多个部件间的公共连线，用于在各个部件之间传输信息。一般情况下，可把总线分为内部总线(简称内总线)和外部总线(简称外总线或系统总线)。内总线用于连接 CPU 内部的各个部件(如算逻单元(ALU)、通用寄存器、专用寄存器等)。系统总线用于连接 CPU 和各功能部件(如内存、各种外围设备的接口等)。系统总线是微机系统中最重要的总线,人们平常所说的微机总线就是指系统总线,如 ISA 总线、EISA 总线、VESA 总线、PCI 总线等。

系统总线上传送的信息包括数据信息、地址信息、控制信息,因此,系统总线包含 3 种有不同功能的总线,即数据总线(Data Bus,DB)、地址总线(Address Bus,AB)和控制总线(Control Bus,CB)。

数据总线(DB)用于传送数据信息。数据总线是双向三态形式的总线,即它既可以把 CPU 的数据传送到存储器或 I/O 接口等其他部件,也可以将其他部件的数据传送到 CPU。数据总线的位数是微型计算机的一个重要指标,通常与微处理的字长相一致。例如 Intel 8086 微处理器字长 16 位,其数据总线宽度也是 16 位。需要指出的是,数据的含义是广义的,它可以是真正的数据,也可以是指令代码或状态信息,有时甚至是一个控制信息,因此,在实际工作中,数据总线上传送的并不一定仅仅是真正意义上的数据。

地址总线(AB)是专门用来传送地址的,由于地址只能从 CPU 传向外部存储器或 I/O 端口,所以地址总线总是单向三态的,这与数据总线不同。地址总线的位数决定了 CPU 可直接寻址的内存空间大小。例如 8 位微机的地址总线为 16 位,则其最大可寻址空间为 $2^{16}=64KB$;16 位微型机的地址总线为 20 位,其可寻址空间为 $2^{20}=1MB$。一般来说,若地址总线为 n 位,则可寻址的空间为 2^nB。

控制总线(CB)用来传送控制信号和时序信号。控制信号中,有的是微处理器送往存储器和 I/O 接口电路的,如读/写信号、中断响应信号等,有的是其他部件反馈给 CPU 的,如中断申请信号、复位信号、总线请求信号、准备就绪信号等。因此,控制总线的传送方向要根据具体控制信号而定。实际上,控制总线的具体情况主要取决于 CPU。

1.4.2 常用的微机系统总线技术

1. ISA 总线

ISA(Industrial Standard Architecture)总线是 IBM 公司于 1984 年为推出 PC/AT 机而建立的微机系统总线标准,所以也叫 AT 总线。它是对 XT 总线的扩展,以适应 8/16 位数据总线要求。它在 80286 至 80486 时代应用非常广泛,ISA 总线有 98 只引脚。

2. EISA 总线

EISA(Extended ISA)总线是由 Compaq 等 9 家公司在 1988 年联合推出的总线标准。它在 ISA 总线的基础上使用双层插座,在原来 ISA 总线的 98 条信号线上又增加了 98 条信号线。EISA 总线完全兼容 ISA 总线信号。

3. VESA 总线

VESA(Video Electronics Standard Association)总线是由 60 家附件卡制造商在

1992 年联合推出的局部总线,简称 VL(VESA Local)总线。它的推出为微机系统总线体系结构的革新奠定了基础。该总线系统考虑到 CPU 与主存和 Cache 的直接相连,通常把这部分总线称为 CPU 总线或主总线,其他设备通过 VL 总线与 CPU 总线相连,所以 VL 总线被称为局部总线。它定义了 32 位数据线,且可通过扩展槽扩展到 64 位,它是一种高速、高效的局部总线,可支持 386SX、386DX、486SX、486DX 及 Pentium 微处理器。

4. PCI 总线

PCI(Peripheral Component Interconnect)总线是当前最流行的总线之一,它是由 Intel 公司推出的一种局部总线。它定义了 32 位数据总线,且可扩展为 64 位。PCI 总线主板插槽的体积比原 ISA 总线插槽还小,其功能比 VESA、ISA 有极大的改善,支持突发读写操作,最大传输速率可达 132MB/s,可同时支持多组外围设备。PCI 局部总线不能兼容现有的 ISA、EISA 总线,但它不受制于处理器,是基于 Pentium 等新一代微处理器而发展的总线。

5. Compact PCI

以上所列举的系统总线一般都用于商用 PC 中,在计算机系统总线中,还有另一大类为适应工业现场环境而设计的系统总线,例如 STD 总线、VME 总线、PC/104 总线等。这里仅介绍当前工业计算机的热门总线之一,即 Compact PCI。

Compact PCI 的意思是"坚实的 PCI",是第一个采用无源总线底板结构的 PCI 系统,是 PCI 总线的电气和软件标准加欧式卡的工业组装标准,是当今最新的一种工业计算机标准。Compact PCI 是在原来 PCI 总线的基础上改造而来的,它利用 PCI 的优点,提供满足工业环境应用要求的高性能核心系统,同时还考虑到充分利用传统的总线产品,如 ISA、STD、VME 或 PC/104 扩充系统的 I/O 和其他功能。

小结

本章介绍了微型计算机的基本概念、发展历史以及微型计算机系统的基本组成。微型计算机系统就是以微处理器为核心构成的计算机系统,微型计算机的发展史就是微处理器的一部发展史。目前,微机系统的处理能力非常强大,它可以处理各种各样的信息,可以构成处理某一实际对象的专用系统,例如某一生产过程的控制系统等。但在组成这些有专门针对性的系统时,关键的问题是如何将有关过程的实际信息(现场信息)送入微机系统,如何将微机系统根据获得的现场信息而产生的决策信息(控制信息)输出到现场,以控制该过程按要求进行工作,完成这些功能的部件称为"接口部件",这是本书的核心,将在后续章节中进行学习。本章还介绍了微机系统中常用的几种系统总线技术。这些基本概念和基本方法对学习本书的内容有很好的帮助和引导作用。

习题

1. 解释和区别下列名词术语：
(1) 微处理器和微型计算机系统。
(2) 硬件和软件。
(3) 系统软件和应用软件。
(4) 机器语言、汇编语言和高级语言。
(5) 汇编语言程序和汇编程序。
(6) 总线、内部总线和系统总线。
2. 画出典型的 8 位微处理器的结构框图，说明各组成部分的作用。
3. 微型计算机有何特点？
4. 简述当前最新款微处理器的特点。
5. 简述目前流行的 PCI 总线技术的特点。

第 2 章 80x86 微处理器

微处理器(CPU)是微型计算机的心脏,它决定了微型计算机系统的基本结构和性能。自 1971 年 Intel 4004 问世以来,微处理器的发展速度惊人,于 1978 年推出了 8086 微处理器,1982 年推出更高性能的 16 位微处理器 80286,1985 年推出了 32 位微处理器 80386,1989 年推出了全新结构的 80486。从真正意义上讲,80486 微处理器的成功开发表明用户从依靠输入命令运行计算机的年代进入了只需点击即可操作的全新时代。习惯上把这个时代的微处理器叫 80x86。1993 年,Intel 公司推出了 80586,由于无法阻止其他公司将自己的兼容产品也叫 x86,所以 Intel 公司把产品取名为 Pentium(奔腾),从那以后,微处理器经历了 Pentium 系列、Itanium(安腾)系列到当今的多核系列的发展历程。

本章以 8086/8088、80386 与 80486 为例,介绍 80x86 CPU 的内部结构、寄存器、引脚信号和总线操作时序。

本章的主要内容如下:

- 80x86 内部结构与内部寄存器组。
- 80x86 的引脚信号。
- 80x86 系统总线的构成。
- 80x86 的工作方式。
- Pentium 的主要特点。

2.1 8086 / 8088 微处理器

8086 是 Intel 系列的 16 位微处理器,采用 HMOS 工艺技术,内部包含 29 000 个晶体管。8086 有 16 根数据线和 20 根地址线,可寻址的地址空间达 1MB。

几乎在推出 8086 微处理器的同时,Intel 公司还推出了一种准 16 位微处理器 8088。推出 8088 的主要目的是为了与当时已有的一整套 Intel 外围接口芯片直接兼容使用。8088 的内部寄存器、内部运算部件以及内部操作都是按 16 位设计的,但对外的数据总线只有 8 条。8088 CPU 与 8086 CPU 具有类似的体系结构,其指令系统、寻址能力及程序设计方法都相同,所以两者完全兼容。在本章的讲述过程中,主要以 8086 为主,对 8088 也将作必要的说明。

2.1.1 内部结构

这里介绍的内部结构指的是编程结构,即从程序员的和使用者的角度看到的结构。这种结构与 CPU 的内部物理结构和实际布局是有区别的。

8086 CPU 内部有两个独立的工作部件,即执行部件(Execution Unit,EU)和总线接口部件(Bus Interface Unit,BIU),其内部结构如图 2.1 所示。图中左半部分为 EU,右半部分为 BIU。

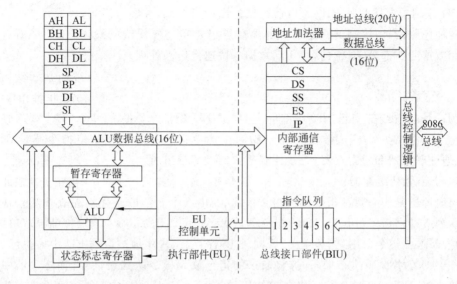

图 2.1 8086 CPU 结构基本框图

1. 执行部件

EU 的功能是执行指令。EU 执行的指令从 BIU 的指令队列缓冲器中取得,指令执行所得结果或指令执行时所需加工处理的数据由 EU 向 BIU 发出请求,由 BIU 向存储器或外部设备进行存取。EU 的主要功能部件包括算术逻辑运算器(ALU)、状态标志寄存器(FLAGS)、通用寄存器组、暂存寄存器以及 EU 控制单元五大部分。

1) 算术逻辑运算器(ALU)

ALU 主要完成两方面的工作:

· 进行所有算术逻辑运算。

· 按指令寻址方式计算寻址单元 16 位的偏移地址(Effect Address,EA),并将此 EA 送到 BIU 中形成一个 20 位的实际地址(Physical Address,PA),以对 1MB 的存储空间进行寻址。

2) 状态标志寄存器(FLAGS)

该寄存器字长 16 位,存放反映 ALU 运算结果的特征状态,或存放一些控制标志。

3) 暂存寄存器

该寄存器协助 ALU 完成各种运算,对参加运算的数据进行暂存。

4) 通用寄存器组

通用寄存器组包括 8 个 16 位的寄存器,其中 AX、BX、CX、DX 为数据寄存器,既可以寄存 16 位数据,也可分成两半,分别寄存 8 位数据;SP 为堆栈指针,用于堆栈操作时,给出栈顶的偏移量;BP 为基址指针,用于存放位于堆栈段中的一个数据区基址的偏移量;SI 和 DI 为变址寄存器,SI 用来存放源操作数地址的偏移量,DI 用来存放目标操作数地址的偏移量。所谓偏移量是相对于段起始地址（段首址）的距离。

5）EU 控制单元

EU 控制单元接收从 BIU 指令队列中送出的指令码，并经过译码，形成完成该指令所需的各种控制信号，控制 EU 的各个部件在规定时间完成规定的操作。EU 中所有的寄存器和数据通路都是 16 位的，可实现数据的快速传送和处理。

2. 总线接口部件

BIU 是与总线打交道的接口部件，它根据 EU 的请求，执行 8086 CPU 对存储器或 I/O 接口的总线操作，完成数据传送。BIU 由指令队列缓冲器、16 位指令指针寄存器（IP）、地址产生器和段寄存器、总线控制逻辑四大部分组成。

1）指令队列缓冲器

该缓冲器是用来暂存指令的一组暂存单元，由 6 个 8 位的寄存器组成，8086 CPU 的指令队列缓冲器最多可保存 6B 的指令码，而 8088 CPU 的指令队列缓冲器最多可保存 4B 的指令码。指令采用"先进先出"原则，按顺序存放，顺序地被取到 EU 中去执行。

在 BIU 的控制下进行取指时，将取来的指令放入指令队列缓冲器，当缓冲器中存入一条指令时，EU 就开始执行。当 8086 CPU 的指令队列缓冲器中只要有两个字节为空或 8088 CPU 的指令队列缓冲器中只要有一个字节为空时，BIU 便自动执行取指操作，直到填满为止。在 EU 执行指令过程中，若需要对存储器或 I/O 接口进行数据存取，则 BIU 将在执行完现行取指总线周期后的下一个总线周期对指定的存储单元或 I/O 接口进行存取操作，交换的数据经 BIU 交 EU 进行处理。EU 在执行转移、调用和返回指令后，将清除指令队列缓冲器，并要求 BIU 从新的地址重新开始取指，新取的第一条指令将直接送 EU 执行，随后取来的指令填入指令队列。

由于 EU 和 BIU 是两个独立的工作部件，它们可按并行方式重叠操作，在 EU 执行指令同时，BIU 也在进行取指、读操作数或存入结果的操作。这样，可大大提高整个系统的执行速度，充分利用总线实现最大限度的信息传输。与 8 位微处理器相比，这是一个很大的改进。

2）16 位指令指针寄存器 IP

其功能和 8 位微处理器的程序计数器（PC）功能相似。但由于 8086 取指和执行指令同时进行，因此，Intel 公司改用指令指针（IP）代替 8 位机的程序计数器。IP 总是保存着 EU 要执行的下一条指令的偏移地址，而不像 8 位机的 PC 总是保存下一条取指令的地址。IP 不能直接由程序进行存取，但可以进行修改，其修改发生在下列情况下：

- 程序运行中自动修正，使之指向要执行的下条指令的地址。
- 转移、调用、中断和返回指令能改变 IP 的值，并将原 IP 值入栈或恢复原值。

3）地址产生器和段寄存器

由于 IP 和通用寄存器都只有 16 位，其编址范围只能达到 64KB，只是 8086 访存空间 1MB 范围的一段，因此，必须设置产生 20 位实际地址，PA（也叫物理地址）的地址产生器机构。

段寄存器用来存放每种段的首地址，关于存储器分段将在 2.4.1 节详细介绍。8086

有 4 个段寄存器,即代码段(CS)寄存
器、数据段(DS)寄存
器、堆栈段(SS)寄存器和附加段(ES)寄存器,分别用来存放
代码段、数据段、堆栈段和附加段的首址。图 2.2 给出了实
际地址(PA)产生的过程。例如,要产生执行指令的地址,
PA 就将 IP 中的 16 位指令指针与代码段寄存器左移 4 位
(二进制)后的内容在地址产生器中相加。又例如,要产生某
一操作数的 PA,则应该首先由 ALU 计算出该操作数的 16
位偏移地址(EA),然后在地址产生器中与数据段寄存器左
移 4 位后的内容相加。访问堆栈段和附加段中的数据时,其
PA 的产生方法同上所述。概括起来,PA 的计算公式为

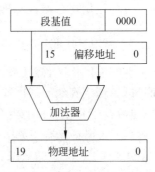

图 2.2 物理地址的形成过程

$$PA = (段首址 \times 16) + 偏移地址$$

其中的偏移地址和段首址又都称为逻辑地址。

4) 总线控制逻辑

8086 的引脚线比较紧张,只分配 20 条总线用来传送 16 位数据信号 $D_0 \sim D_{15}$、20 位
地址信号 $A_0 \sim A_{19}$ 和 4 位状态信号 $S_3 \sim S_6$,这就必须采用分时传送,也就是根据指令操作
要求,用逻辑控制的方法实现上述信号的分时复用。

2.1.2 寄存器组

在了解 8086 CPU 的内部结构以后,还需掌握其更一般的简化结构。这种结构中只
包含信息寄存的空间,即程序中出现的寄存器。这种简化结构又称为可编程的寄存器结
构或程序设计的概念模块。

图 2.3 是 8086 CPU 的寄存器结构,包括 13 个 16 位的寄存器和 1 个 16 位的状态标
志寄存器。这里着重指出每个寄存器的用途,以便在指令中能很好地使用。寄存器按功

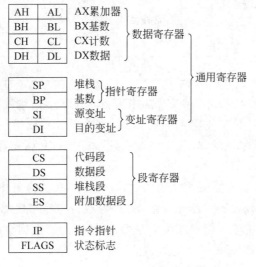

图 2.3 8086/8088 内部寄存器

能可分为通用寄存器、段寄存器、状态标志寄存器和指令指针寄存器。

1. 通用寄存器

8086 CPU 中设置了较多的通用寄存器，操作数据可以直接存放在这些寄存器中，因而可减少访问存储器的次数，使用寄存器的指令长度也较短。这样既提高了数据处理速度，也减少了指令存放的内存空间。8086 的通用寄存器分为以下两组：

（1）数据寄存器。数据寄存器是指 EU 中的 4 个 16 位寄存器：AX、BX、CX 和 DX。一般用来存放 16 位的数据，它又可分为高字节（H）和低字节（L），即 AH、BH、CH、DH 和 AL、BL、CL、DL 两组，用以存放 8 位数据。它们均可独立寻址，独立地出现在指令中。数据寄存器主要是用来存放操作数或中间结果，以减少访问存储器的次数。

多数情况下，数据寄存器被用在算术或逻辑运算指令中。在一些指令中，某些寄存器有特定的隐含用途，例如：AX 作为累加器；BX 作为基址寄存器，在查表转换指令 XLAT 中存放表的首址；CX 作为计数寄存器，控制循环；DX 作为数据寄存器，如在字除法运算指令 DIV 中存放余数。表 2.1 给出了这些寄存器在某些指令中的隐含用途情况。

表 2.1 数据寄存器的隐含用途

寄存器	功　　能
AX	字乘，字除，字 I/O
AL	字节乘，字节除，字节 I/O，查表转换，十进制运算
AH	字节乘，字节除
BX	查表转换
CX	数据串操作，循环转换
CL	多位移位、循环移位
DX	字乘，字除，间接 I/O
SP	堆栈操作
SI	数据串操作
DI	数据串操作

（2）指针和变址寄存器。SP 和 BP 都用来指示位于当前堆栈段中数据的偏移地址，称为指针寄存器。但它们在使用上又有区别：SP 指示入栈指令（PUSH）和出栈指令（POP）操作时栈顶的偏移地址，故称为堆栈指针寄存器；BP 指示存放于堆栈段中的一个数据区基址的偏移地址，故称为基址指针寄存器。

SI 和 DI 用来存放当前数据段中数据的偏移地址，称为变址寄存器。SI 中存放源操作数地址的偏移量，故称为源变址寄存器；DI 中存放目标操作数地址的偏移量，故称为目的变址寄存器。例如，用于数据串操作指令中，被处理的源数据串的偏移地址放入 SI，而处理后得到的结果数据串的偏移地址则放入 DI。

2. 段寄存器

段寄存器用来存放段首地址,可把 8086 的 1MB 存储空间分成若干个逻辑段。8086 运行一个汇编语言程序通常需要用到 4 个现行段,代码段存放程序的代码,数据段用来存放当前使用的数据,堆栈段为入栈出栈数据提供存放空间,附加段通常也是用来存放数据的,其典型用法是存放处理后的结果数据。这 4 个段的首址分别由 4 个段寄存器 CS、DS、SS 和 ES 来存放,它们都是 16 位的寄存器。

3. 状态标志寄存器

8086 CPU 的状态标志寄存器(FLAGS)是一个 16 位的寄存器,其中 9 个位作为标志位(状态标志位 6 个,控制标志位 3 个),其余 7 位未定义,其位结构如图 2.4 所示。

图 2.4　8086 的状态标志寄存器

1) 状态标志位

状态标志位用来反映 EU 执行算术或逻辑运算后其结果的状态,共有 6 个状态标志,即 CF、PF、AF、ZF、SF 和 OF。

* 进位标志(CF):若 CF=1,表示结果的最高位上产生一个进位或借位;若 CF=0,则无进位或借位产生。
* 奇偶标志(PF):如果运算结果的低 8 位中所含的 1 的个数为偶数,则 PF 为 1,否则为 0。
* 辅助进位标志(AF):若 AF=1,表示结果的低 4 位产生一个进位或借位;若 AF=0,则无此进位或借位。
* 零标志(ZF):如果当前的运算结果为零,则零标志为 1;如果当前的运算结果为非零,则零标志为 0。
* 符号标志(SF):它和运算结果的最高位相同。当数据用补码表示时,最高位表示符号位。运算结果为负时,其最高位为 1,则 SF=1;运算结果为正时,SF=0。
* 溢出标志(OF):若 OF=1,表示在运算过程中产生了溢出。所谓溢出,就是对于 8 位符号数而言,运算结果超出了−128～+127 的范围,或者对于 16 位符号数而言,运算结果超出了−32 768～+32 767 范围。

举例来说,执行下面两个数的加法:

```
      0010    0011    0100    0101
  +   0011    0010    0001    1001
    ─────────────────────────────
      0101    0101    0101    1110
```

各状态标志位的影响情况如下:由于运算结果的最高位为 0,所以,SF=0;而运算结果本身不为 0,所以,ZF=0;低 8 位所含的 1 的个数为 5 个,即有奇数个 1,PF=0;由于最高位没有产生进位，CF＝0；又由于第 3 位没有向第 4 位产生进位，AF＝0；由于运算结果没有超出有效范围，OF＝0。

当然，在绝大多数情况下，一次运算后，并不对所有的标志进行改变，程序也并不需要对所有的标志作全面的关注。一般只是在某些操作之后对其中某个标志进行检测。

2）控制标志位

控制标志有 3 个，即 DF、IF、TF。

- 方向标志（DF）：用于控制串操作指令的标志。如果 DF 为 0，则串操作过程中的地址会不断增加；反之，如果 DF 为 1，则串操作过程中地址会不断减少。
- 中断允许标志（IF）：用于控制可屏蔽中断的标志。如果 IF 为 0，则 CPU 不能对可屏蔽中断请求作出响应；如果 IF 为 1，则 CPU 可以接受可屏蔽中断请求。
- 跟踪标志（TF）：又称单步标志。如果 TF 为 1，则 CPU 按跟踪方式执行指令。

这些控制标志一旦设置之后，便对后面的操作产生控制作用。

4. 指令指针寄存器

指令指针寄存器（IP）是一个 16 位的寄存器，存放 EU 要执行的下一条指令的偏移地址。当 BIU 从代码段取出指令字节后，IP 自动加 1，又指向下一条指令的偏移地址，以实现对代码段指令的跟踪。

2.1.3 引脚信号及功能

8086/8088 CPU 均属高性能微处理器，根据它的基本性能，至少包含 16 条数据线和 20 条地址线，再加上其他必要的控制信号。由于芯片引脚线的数量不能太多，因此对部分引脚采用了分时复用的方式，构成 40 条引脚的双列直插式封装。

1. 8086 CPU

8086 CPU 的封装外形如图 2.5 所示。由于 8086/8088 CPU 具有两种工作模式（最小模式和最大模式），8 条引脚（24～31）在两种工作模式中具有不同的功能，图 2.5 括号中所示为最大模式下被重新定义的控制信号。

下面简要说明各引脚功能。

$AD_{15} \sim AD_0$：分时复用的地址数据线，传送地址时三态输出，传送数据时双向三态输入输出。

$A_{19}/S_6 \sim A_{16}/S_3$：分时复用的地址状态线。作地址线用时，$A_{19} \sim A_{16}$ 与 $AD_{15} \sim AD_0$ 一起构成访问存储器的 20 位物理地址。当 CPU 访问 I/O 端口时，$A_{19} \sim A_{16}$ 保持为 0。作状态线用时，$S_6 \sim S_3$ 用来输出状态信息，其中 S_3 和 S_4 可用于表示当前使用的段寄存器号，如表 2.2 所示。当 $S_4 S_3 = 10$ 时，表示当前正使用 CS 对存储器寻址，或者正对 I/O 端口或中断矢量寻址，而对 I/O 端口或中断矢量寻址时，不需要使用段寄存器。S_5 用来表示中断标志状态，当 IF＝1 时，S_5 置 1。S_6 恒保持为 0。

$\overline{BHE}/S_7$：总线高字节有效信号，三态输出，低电平有效，用来表示当前高 8 位数据总

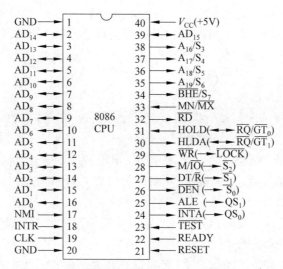

图 2.5　8086 CPU 封装外形

线上的数据有效。读/写存储器或 I/O 端口以及中断响应时，$\overline{\text{BHE}}$ 用来作为选择存储体信号，与最低位地址码 A_0 配合表示当前总线使用情况，如表 2.3 所示。非数据传送期间，输出 S_7 状态信息，在 CPU 处于保持响应期间被设置为高阻状态。

表 2.2 S_4S_3 状态编码		
S_4	S_3	段寄存器
0	0	ES
0	1	SS
1	0	CS(I/O,INT)
1	1	DS

表 2.3 $\overline{\text{BHE}}$ 和 AD_0 的含义		
$\overline{\text{BHE}}$	AD_0	总线使用情况
0	0	16 位数总线上进行字传送
0	1	高 8 位数总线上进行字节传送
1	0	低 8 位数总线上进行字节传送
1	1	无效

$\overline{\text{RD}}$：读信号，三态输出，低电平有效。表示当前 CPU 正在读存储器或 I/O 端口。

$\overline{\text{WR}}$：写信号，三态输出，低电平有效。表示当前 CPU 正在写存储器或 I/O 端口。

M/$\overline{\text{IO}}$：存储器或 I/O 端口访问信号，三态输出。M/$\overline{\text{IO}}$ 为高电平时，表示当前 CPU 正在访问存储器；为低电平时，表示正在访问 I/O 端口。

READY：准备就绪信号，外部输入，高电平有效，表示 CPU 访问的存储器或 I/O 端口已为传送作好准备。当 READY 无效时，要求 CPU 插入一个或几个等待周期 T_w，直到 READY 信号有效为止。

INTR：中断请求信号，外部输入，电平触发，高电平有效。INTR 有效时，表示外部向 CPU 发出中断请求。CPU 在每条指令的最后一个时钟周期对 INTR 进行测试，一旦测试到有中断请求，并且当前中断允许标志 IF＝1 时，则暂停执行下条指令转入中断响应周期。

$\overline{\text{INTA}}$：中断响应信号，向外部输出，低电平有效。表示 CPU 响应了外部发来的 INTR 信号，在中断响应周期，可用来作为读选通信号。

NMI：不可屏蔽中断请求信号，外部输入，边沿触发，上升沿有效。不受中断允许标志的限制，CPU 一旦测试到 NMI 请求有效，等当前指令执行完就自动从中断向量表中找到类型 2 的中断服务程序的入口地址，并转去执行。显然这是一种比 INTR 高级的请求。

$\overline{\text{TEST}}$：测试信号，外部输入。低电平有效。当 CPU 执行 WAIT 指令时，每隔 5 个时钟周期对 $\overline{\text{TEST}}$ 进行一次测试。若测试到 $\overline{\text{TEST}}$ 无效，则 CPU 处于等待状态，直到 $\overline{\text{TEST}}$ 有效，CPU 才继续执行下一条指令。

RESET：复位信号，外部输入，高电平有效。RESET 信号至少保持 4 个时钟周期。CPU 接收到 RESET 信号后，停止操作，并将标志寄存器、段寄存器、指令指针（IP）和指令队列等复位到初始状态。

ALE：地址锁存允许信号，向外部输出，高电平有效。在最小模式系统中用来做地址锁存器 8282/8283 的选通信号。

DT/$\overline{\text{R}}$：数据发送/接收控制信号，三态输出。在最小模式系统中用来控制数据收发器 8286/8287 的数据传送方向。当 DT/$\overline{\text{R}}$ 为高电平时，表示数据从 CPU 向外部输出，即完成写操作；当 DT/$\overline{\text{R}}$ 为低电平时，表示数据从外部向 CPU 输入，即完成读操作。

$\overline{\text{DEN}}$：数据允许信号，三态输出，低电平有效。在最小模式系统中用来做数据收发器 8286/8287 的选通信号。

HOLD：总线请求信号，外部输入，高电平有效。在最小模式系统中表示有其他共享总线的主控者向 CPU 请求使用总线。

HLDA：总线响应信号，向外部输出，高电平有效。CPU 一旦测试到有 HOLD 请求时，就在当前总线周期结束时使 HLDA 有效，表示响应这一总线请求，并立即让出总线使用权。CPU 中指令执行部件（EU）可继续工作到下一次要求使用总线为止，一直到 HOLD 无效，CPU 才将 HLDA 置成无效，并收回对总线的使用权，继续操作。

MN/$\overline{\text{MX}}$：工作模式选择信号，外部输入。MN/$\overline{\text{MX}}$ 为高电平，表示 CPU 工作在最小模式系统中，MN/$\overline{\text{MX}}$ 为低电平时，表示 CPU 工作在最大模式系统中。

CLK：主时钟信号，由 8284 时钟发生器输入。8086 CPU 可使用的时钟频率随芯片型号不同而异，8086 为 5MHz，8086-1 为 10MHz，8086-2 为 8MHz。

V_{CC}（电源）：8086 CPU 只需要单一的 +5V 电源，由 V_{CC} 输入。

下面对 8086 CPU 工作在最大模式系统中的几个重新定义的引脚作简要说明。

$\overline{S_2}$、$\overline{S_1}$、$\overline{S_0}$：总线周期状态信号，三态输出。在最大模式系统中由 CPU 传送给总线控制器 8288，8288 对它们译码后代替 CPU 输出相应的控制信号。$\overline{S_2}$、$\overline{S_1}$、$\overline{S_0}$ 与具体的操作过程之间的对应关系如表 2.4 所示。

这里，需要对无源状态作一个说明。对 $\overline{S_2}$、$\overline{S_1}$、$\overline{S_0}$ 来说，在前一个总线周期的 T_4 状态和本总线周期的 T_1 和 T_2 状态中，至少有一个信号为低电平，每种情况下都对应了某一个总线操作过程，通常称为有源状态。在总线周期的 T_3 和 T_w 状态并且 READY 信号为高电平时，一个总线操作过程就要结束，另一个新的总线周期还未开始，通常称为无源状态。而在总线周期的最后一个状态即 T_4 状态，$\overline{S_2}$、$\overline{S_1}$、$\overline{S_0}$ 中任何一个或几个信号改变都意味着下一个新的总线周期的开始。

表 2.4 $\overline{S_2}$、$\overline{S_1}$、$\overline{S_0}$ 的代码组合和对应的操作

$\overline{S_2}$	$\overline{S_1}$	$\overline{S_0}$	操 作 过 程
0	0	0	发中断响应信号
0	0	1	读 I/O 端口
0	1	0	写 I/O 端口
0	1	1	暂停
1	0	0	取指令
1	0	1	读内存
1	1	0	写内存
1	1	1	无源状态

$\overline{LOCK}$：封锁信号，三态输出，低电平有效。$\overline{LOCK}$ 有效时，表示 CPU 不允许其他总线主控者占用总线。这个信号由软件设置，当在指令前加上 LOCK 前缀时，则在执行这条指令期间，$\overline{LOCK}$ 保持有效，即在指令执行期间，封锁其他主控者使用总线。

$\overline{RQ}/\overline{GT_0}$、$\overline{RQ}/\overline{GT_1}$：请求/同意信号，双向，低电平有效。输入时，表示其他主控者请求使用总线；输出时，表示 CPU 对总线请求的响应信号，两条线可同时与两个主控者相连。内部保证 $\overline{RQ}/\overline{GT_0}$ 比 $\overline{RQ}/\overline{GT_1}$ 有较高的优先级。

QS_1、QS_0：指令队列状态，输出。用来表示 CPU 中指令队列当前的状态，其含义如表 2.5 所示。

表 2.5 QS_1、QS_0 编码的含义

QS_1	QS_0	含 义
0	0	无操作
0	1	从队列中取第一个字节
1	0	队列已空
1	1	从队列中取后续字节

2. 8088 CPU

8088 CPU 的封装外形如图 2.6 所示。大部分引脚名称及功能与 8086 相同，不同之处如下：

- 由于 8088 的外部数据总线只需 8 条，因此分时复用地址、数据的总线只有 $AD_7 \sim AD_0$，而 $AD_{15} \sim AD_8$ 专门用来传送地址，即成为 $A_{15} \sim A_8$。
- 第 28 号引脚在 8086 中是 $M/\overline{IO}$，在 8088 中改为 $IO/\overline{M}$，定义相反。
- 第 34 号引脚在 8086 中是 $\overline{BHE}$，在 8088 中改为 SS_0，它与 $DT/\overline{R}$、$IO/\overline{M}$ 一起表示 8088 在最小模式中的周期状态，如表 2.6 所示。

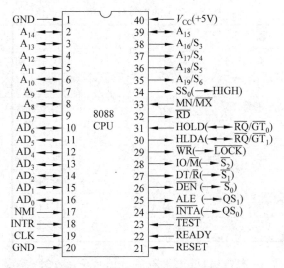

图 2.6 8088 CPU 封装外形图

表 2.6 IO/$\overline{\text{M}}$、DT/$\overline{\text{R}}$、SS$_0$ 的组合及对应的操作

IO/$\overline{\text{M}}$	DT/$\overline{\text{R}}$	SS$_0$	操 作 过 程
1	0	0	发中断响应信号
1	0	1	读 I/O 端口
1	1	0	写 I/O 端口
1	1	1	暂停
0	0	0	取指令
0	0	1	读内存
0	1	0	写内存
0	1	1	无源状态

2.1.4 工作模式

为了尽可能适应各种各样的使用场合，8086/8088 CPU 有两种工作模式，即最大工作模式和最小工作模式。所谓最小工作模式，就是系统中只有一片 8086/8088 CPU，是一个单一微处理器系统，在这种系统中，所有的控制信号都直接由 8086/8088 CPU 产生，系统中的总线控制逻辑电路被减到最小。所谓最大工作模式，是指在系统中除了有一片 8086 CPU 作为主处理器外，还有其他协处理器（如 8087），最大工作模式主要用在中等或大规模的系统中。

在实际使用 8086/8088 微处理器时，还必须配有时钟发生器（8284A）、地址锁存器（8282）和总线驱动器（8286）。时钟发生器（8284A）提供系统时钟信号，还提供经时钟同步的复位信号 RESET 及就绪信号 READY。地址锁存器锁存地址，由于 8086/8088

CPU 的地址/数据和地址/状态总线是分时复用的,而存储器或 I/O 接口电路通常要求在与 CPU 进行数据传送时,在整个总线周期内必须保持稳定的地址信息,因此必须在总线周期的第一个时钟周期内将地址锁存起来。8286 是双向的具有缓冲能力的数据收发器,主要是提升 8086/8088 系统数据总线的驱动能力,并提供一种在多主控器系统应用环境下的控制手段。另外,在最大工作模式中还需要总线控制器 8288 产生定时总线命令和总线控制信号。

8086 CPU 由外接的一片时钟发生器 8284A 提供主频为 5MHz 的时钟信号,对 8086-1 提供的主频可达 10MHz。在时钟控制下,顺序地执行指令,因此,时钟周期是 CPU 执行指令的时间刻度。在执行指令过程中,凡需访问存储器或访问 I/O 接口的操作都统一交给 BIU 的外部总线完成,每次访问称为一个总线周期。若执行数据输出,称为"写"总线周期;若执行数据输入,则称为"读"总线周期。

1. 8284A 时钟信号发送器

8284A 是 Intel 公司专为 8086 设计的时钟发生器,产生 8086 所需的系统时钟信号(即主频),用石英晶体或某一 TTL 脉冲发生器作为振荡源,除提供频率恒定的时钟信号外,还要对外界输入的"准备就绪"信号 RDY 和复位信号 RES 进行同步。8284A 的引脚特性及其与 8086/8088 CPU 的连接如图 2.7 所示。外界的 RDY 输入8284A,经时钟的下降沿同步后,输出 READY 信号作为 8086 的"准备就绪"信号;同样,外界的复位信号 RES 输入

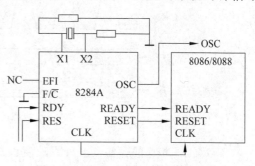

图 2.7　8284A 与 8086/8088 的连接

8284A,经整形并由时钟的下降沿同步后,输出 RESET 信号作为 8086 的复位信号(其宽度不得小于 4 个时钟周期)。外界的 RDY 和 RES 可以在任何时候发出,但送到 CPU 时,都是经过时钟同步的信号。

8284A 根据使用的振荡源的不同,有两种不同的连接方法。

(1) 脉冲发生器做振荡源时,只要将该发生器的输出端与 8284A 的 EFI 端相连即可。

(2) 更为常用的方法是采用晶体振荡器作为振荡源,这时,需将晶体振荡器的两端接到 8284A 的 X1 和 X2 上。

如果用前一种方法,必须将 F/$\overline{C}$ 接高电平;而用后一种方法,则必须将 F/$\overline{C}$ 接地。不管用哪种方法,8284A 输出的时钟 CLK 的频率均为振荡频率的 1/3,而振荡源本身的频率经 8284A 驱动后由 OSC 端输出,可供系统使用。

2. 总线周期

CPU 访问(读或写)一次存储器或 I/O 接口所花的时间称为一个总线周期。8086 的一个最基本的总线周期由 4 个时钟周期组成。时钟周期是 CPU 的基本时间计量单位,由

主频决定。例如，8086 的主频为 5MHz，一个时钟周期就是 200ns；8086-1 的主频为 10MHz，一个时钟周期就是 100ns。一个时钟周期又称为一个状态 T，因此，一个基本的总线周期由 T_1、T_2、T_3、T_4 组成。图 2.8 为典型的 BIU 总线周期图。在 T_1 周期，CPU 首先将应访问的存储单元或 I/O 端口的地址送到总线上；在 $T_2 \sim T_4$，若是"写"总线周期，则 CPU 在此期间把输出数据送到总线上；若是"读"总线周期，则 CPU 在 T_3 到 T_4 期间从总线上输入数据，在 T_2 时总线浮空，以便 CPU 有缓冲时间把输出的地址的写方式转化为输入数据的读方式。这就是总线 $AD_0 \sim AD_{15}$ 和 $A_{16}/S_3 \sim A_{19}/S_6$ 在总线周期的不同状态下传送不同信号时所采用的分时复用总线的方法。在表示 CPU 总线周期波形图时，对于由两条或两条以上的线组成的一组总线的波形，使用交叉变换的双线表示，这是因为在每个状态下，有的线可能为低电平，有的线则为高电平。

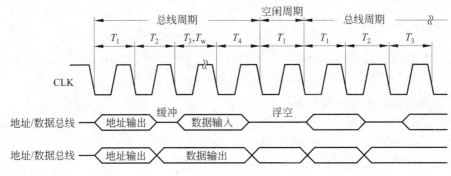

图 2.8　典型的 BIU 总线周期

当与 CPU 相连的存储器或外设速度跟不上 CPU 的访问速度时，就会由存储器或外设通过 READY 控制线，在 T_3 状态开始之前向 CPU 发一个 READY 无效信号，表示传送数据未准备就绪，于是 CPU 将在 T_3 之后插入一个或多个附加的时钟周期 T_w（即等待状态）。在 T_w 状态下，总线上的信息维持 T_3 状态的信息。当存储器或外设准备就绪时，就向 READY 发出有效信号，CPU 接到此信号，自动脱离 T_w 而进入 T_4 状态。

总线周期只用于 CPU 和存储器或 I/O 接口之间传送数据和供取指令队列。如果在一个总线周期之后，不立即执行下一个总线周期，那么，系统总线就处于空闲状态，即执行空闲的周期 T_i。在 T_i 中可以包含 1 个时钟周期或多个时钟周期。这期间，在高 4 位的总线上，CPU 仍然驱动前一个总线周期的状态信息。而在低 16 位的总线上，则视前一个总线周期是写周期还是读周期来确定。若是写周期，则低 16 位的总线上继续驱动数据信息；若是读周期，则 CPU 将使低 16 位处于浮空状态。

3. 最小模式下的系统总线

8086 在最小模式下的系统总线形式如图 2.9 所示。依图可知，20 条地址线用 3 片 8282（或 3 片 74LS373）锁存器形成。双向数据总线根据其宽度选用一片或二片三态门驱动器 8286 形成。控制总线由 CPU 直接提供。

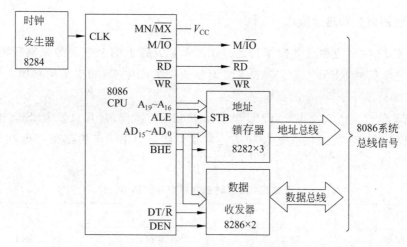

图 2.9　8086 最小模式下的总线形式

4. 最大模式下的系统总线

最大模式下的数据、地址总线与最小模式下类同,控制总线由总线控制器 8288 形成系统总线。总线形式如图 2.10 所示。

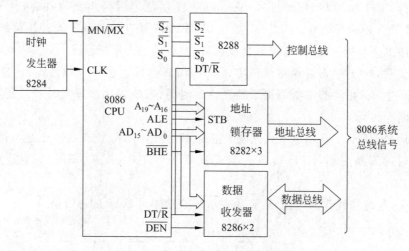

图 2.10　8086 最大模式下总线形式

2.1.5　总线操作和时序

一个微型机系统在运行过程中需要 CPU 执行许多操作。8086 的主要操作有系统的复位和启动操作、暂停操作、总线操作、中断操作、最小模式下的总线保持和最大模式下的总线保持。

1. 系统的复位和启动操作

8086/8088 的复位和启动操作是通过 RESET 引脚上的触发信号来实现的。8086/8088 要求复位信号 RESET 起码维持 4 个时钟周期的高电平，如果是初次加电引起的复位，则要求维持不小于 $50\mu s$ 的高电平。

RESET 信号一进入高电平，CPU 就会结束现行的操作，并且只要 RESET 信号停留在高电平状态，CPU 就维持在复位状态。在复位状态，CPU 各内部寄存器都被设为初值，如表 2.7 所示。

表 2.7　复位时各内部寄存器的值

寄存器	值	寄存器	值
标志寄存器	清零	SS 寄存器	0000H
指令指针（IP）	0000H	ES 寄存器	0000H
CS 寄存器	0FFFFH	指令队列	空
DS 寄存器	0000H	其他寄存器	0000H

从表 2.7 可以看到，在复位的时候，代码段寄存器 CS 和指令指针寄存器 IP 分别初始化为 0FFFFH 和 0000H。所以，8086/8088 在复位之后再重新启动时，便从内存的 0FFFF0H 处开始执行指令。因此，一般在 0FFFF0H 处存放一条无条件转移指令，转移到系统程序的入口处。这样，系统一旦被启动，便自动进入系统程序。

在复位时，由于标志寄存器被清零，即 IF 和其他标志位一起被清除，这样，所有从 INTR 引脚进入的可屏蔽中断都得不到允许。因而，系统程序在适当时总是要通过指令来设置中断允许标志。

复位信号 RESET 从高电平到低电平的跳变会触发 CPU 内部的一个复位逻辑电路，经过 7 个时钟周期之后，CPU 就被启动而恢复正常工作，即从 0FFFF0H 处开始执行程序。

图 2.11 是复位操作的时序，表 2.8 表示复位操作时 8086 的总线信号。

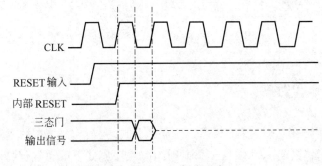

图 2.11　8086 复位时序

表 2.8　复位时 8086 的总线信号

信　号	状　态
$AD_0 \sim AD_{15}$	先置成无效状态,再进入三态。无效状态占进入三态前半个时钟周期(即时钟为低电平期间)
$A_{19}/S_6 \sim A_{16}/S_3$	
$\overline{BHE}/S_7$	
$\overline{S_2}(M/\overline{IO})$	
$\overline{S_1}(DT/\overline{R})$	
$\overline{S_0}(\overline{DEN})$	
$LOCK(\overline{WR})$	
$\overline{RD}$	
$\overline{INTA}$	低
ALE	低
$\overline{RQ}/\overline{GT_0}$	高
$\overline{RQ}/\overline{GT_1}$	高
QS_0	低
QS_1	低

2. 总线操作

下面结合 8086 总线读操作和总线写操作的时序关系和具体的操作过程进一步说明 8086 的总线操作。

1) 最小模式下的总线读操作

图 2.12 所示为 CPU 从存储器或 I/O 端口读取数据的时序。

一个最基本的读周期包含 4 个状态,即 T_1、T_2、T_3、T_4。在存储器和外设速度较慢时,要在 T_3 之后插入 1 个或几个等待状态 T_w。

(1) T_1 状态。

- CPU 根据执行的是访问存储器还是访问 I/O 端口,首先使 M/$\overline{IO}$信号成为有效。如果是从存储器读数据,则 M/$\overline{IO}$为高;如果是从 I/O 端口读数据,则 M/$\overline{IO}$为低。M/$\overline{IO}$信号的有效电平一直保持到整个总线周期的结束,即 T_4 状态。

- 从地址/数据复用线 $AD_0 \sim AD_{15}$ 和地址/状态复用线 $A_{19}/S_6 \sim A_{16}/S_3$ 发存储器单元地址(20 位)或发 I/O 端口地址(16 位)信号。这类信号只持续 T_1 状态,因此,必须进行锁存,以供整个总线周期使用。

- 为了锁存地址信号,CPU 于 T_1 状态从 ALE 引脚上输出一个正脉冲作为 8282 地址锁存器的地址锁存信号。在 ALE 的下降沿到来之前,M/$\overline{IO}$和地址信号均已有效。因此,8282 可用 ALE 信号的下降沿对地址进行锁存。

- 为了实现对存储体的高位字节(即奇地址存储体)的寻址,CPU 在 T_1 状态通过

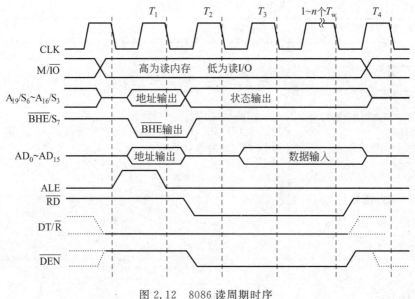

图 2.12　8086 读周期时序

$\overline{\text{BHE}}/S_7$ 引脚发 $\overline{\text{BHE}}$ 有效信号(低电平)。$\overline{\text{BHE}}$ 和地址信号 A_0 分别用来对奇、偶地址存储体进行寻址。

- 为了控制数据总线的传输方向，发 $DT/\overline{R}=0$ 信号，以控制数据总线收发器 8286 处于接收数据状态。

(2) T_2 状态。

- 总线上输出的地址信号消失，此时，$AD_0 \sim AD_{15}$ 进入浮空状态，作为一个缓冲期，以便将总线传输方向由输出地址转为读入数据。

- $A_{19}/S_6 \sim A_{16}/S_3$ 及 $\overline{\text{BHE}}$ 线开始输出状态信号 $S_7 \sim S_3$，并持续到 T_4 状态。其中的 S_7 未赋实际意义。

- $\overline{\text{DEN}}$ 信号为低电平(有效)，用来开放总线收发器 8286。这样，就可以使 8286 提前于 T_3 状态(即数据总线上出现输入数据前)获得开放，$\overline{\text{DEN}}$ 有效信号维持到 T_4 的中期结束。

- $\overline{\text{RD}}$ 信号变为低电平(有效)。此信号被接到系统中所有存储器和 I/O 接口芯片，用来开放数据输出缓冲器，以便将数据输出至数据总线。

- $DT/\overline{R}$ 继续保持低电平，维持 8286 为接收数据状态。

(3) T_3 状态。

经过 T_1、T_2 后，存储器单元或 I/O 接口把数据送上数据总线 $AD_0 \sim AD_{15}$，供 CPU 读取。

当系统中所用的存储器或外设的工作速度较慢，不能在基本的总线周期规定的 4 个状态完成读操作时，它们将通过 8284 时钟发生器给 CPU 发一个 READY 为无效的信号。CPU 在 T_3 的下降沿采样 READY。当采到 READY＝0(未准备就绪)时，就会在 T_3 和 T_4 之间插入等待状态 T_w。T_w 可以为 1 个或多个状态。以后，CPU 在每个 T_w 的下降沿去采样 READY,直到采到 READY＝1(表示"已准备就绪")时,才在本 T_w 结束时脱离 T_w 而进入 T_4 状态。在最后一个 T_w,数据已出现在数据总线上,因此,这时的总线操作和基本总线周期中 T_3 状态下一样。而在这之前的 T_w 状态,虽然所有 CPU 控制信号的状态已和 T_3 状态一样,但终因 READY 未有效,仍不能使数据信号输出至数据总线。

(4) T_4 状态。

在 T_4 状态和前一状态交界的下降沿处,CPU 对数据总线上的数据进行采样,完成读取数据的操作。

归纳上述读周期情况简述如下:在总线读操作周期中,在 T_1 时,从分时复用的地址/数据线 AD 和地址/状态线上输出地址;在 T_2 时,使 AD 线浮空,并输出 $\overline{RD}$ 和 $\overline{DEN}$;在 T_3、T_4 时,外界将欲读入的数据送至 AD 线上;在 T_4 的上升沿,将此数据读入 CPU。

2) 8086 最小模式下的总线写操作

图 2.13 为 8086 CPU 对存储器或 I/O 接口写入数据的写操作时序。和读操作一样,基本写操作周期也包含 4 个状态:T_1、T_2、T_3 和 T_4。当存储器芯片或外设速度较慢时,在 T_3 和 T_4 周期间插入 1 个或多个 T_w。

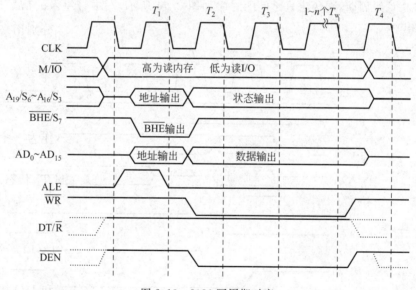

图 2.13 8086 写周期时序

在总线写操作周期中,8086 于 T_1 将地址信号送到地址/数据复用总线 AD 上,并于 T_2 开始直到 T_4 将数据信号输出到 AD 线上,等到存储器或 I/O 接口芯片上的输入数据缓冲器被打开,便将 AD 线上输出的数据写入到存储器单元或 I/O 端口。存储器或 I/O 端口的输入数据缓冲器是利用在 T_2 状态由 CPU 发出的写控制信号 $\overline{WR}$ 打开的。

总线的写周期和读周期比较,有以下的不同:

(1) 写周期下,AD 线上因输出的地址和输出的数据为同一方向,因此,T_2 时不再需要像读周期时那样要维持一个状态的浮空作为缓冲。

(2) 对存储器或 I/O 接口芯片发的控制信号是 $\overline{WR}$,而不是 $\overline{RD}$。

(3) 在 DT/$\overline{R}$ 引脚上发出的是高电平的数据发送控制信号 DT,DT 被送到 8286 总线收发器控制数据输出方向。

3）最大模式下的读总线操作

最大模式下，8086/8088 的读总线操作在逻辑上是和最小模式下的读操作一样的，但在分析时序时，最大模式下要考虑 CPU 和总线控制器两者产生的信号。

CPU 在最大模式下仍然提供信号 $\overline{RD}$，此外，总线控制器还在 $\overline{S_2}$、$\overline{S_1}$、$\overline{S_0}$ 状态信号控制下，产生存储器读信号 MRDC 和 I/O 端口的读信号 IORC。

与 $\overline{RD}$ 信号相比，MRDC 和 IORC 信号除了指出具体的读取目标到底是来自存储器还是 I/O 端口外，信号的交流特性也要比 $\overline{RD}$ 好得多，所以，尽管从时间上看，MRDC、IORC 和 $\overline{RD}$ 都是在总线周期的 T_2 状态发出的，但在最大模式中，总是尽量利用总线控制器输出的读信号 MRDC 和 IORC。

如果用 $\overline{RD}$ 信号，那么，最大模式中的读操作的时序和最小模式中一样。所以下面只考虑用 8288 输出的读信号来执行读操作的时序。

在每个总线周期的开始之前一段时间，$\overline{S_2}$、$\overline{S_1}$、$\overline{S_0}$ 必被置为高电平。总线控制器只要检测到 $\overline{S_2}$、$\overline{S_1}$、$\overline{S_0}$ 中的 1 个或几个从高电平状态开始有变化，便立即开始一个新的总线周期。如果是总线周期，则各信号之间的时序如图 2.14 所示，图中带星号的信号是由总线控制器发出的。

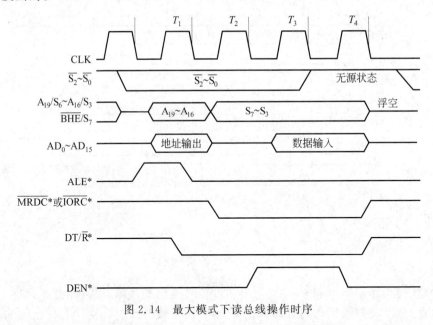

图 2.14　最大模式下读总线操作时序

从图 2.14 可看到：

（1）在 T_1 状态，CPU 将地址的低 16 位通过 $AD_0 \sim AD_{15}$ 发出，地址的高 4 位通过 $A_{19}/S_6 \sim A_{16}/S_3$ 发出，总线控制器从 ALE 引脚上输出一个正向的地址锁存脉冲，系统中的地址锁存器利用这一脉冲将地址锁存起来。此外，总线控制器还为总线收发器提供数据传输方向控制信号 $DT/\overline{R}$。在 T_1 状态，$DT/\overline{R}$ 进入低电平，表示当前总线周期执行读操作，此低电平一直维持到 T_4 为止。

（2）在 T_2 状态,CPU 输出状态信号 $S_7 \sim S_3$。总线控制器在 T_2 状态的时钟上升沿处,使 DEN 信号有效,于是,总线收发器允许。总线控制器还根据 $\overline{S_2}$、$\overline{S_1}$、$\overline{S_0}$ 的电平组合发出读信号 $\overline{\text{MRDC}}$ 或者 $\overline{\text{IORC}}$,送到存储器或者 I/O 端口,去执行存储器读操作或者 I/O 端口读操作。$\overline{\text{MRDC}}$ 或 $\overline{\text{IORC}}$ 在 T_2 状态进入低电平后,将一直维持此有效电平到 T_4。此外,CPU 将地址/数据引脚设置为高阻状态,以便为输入数据作好准备。

（3）在 T_3 状态,如果所读取的存储器或者外设速度足够快,它们已经把数据送到数据总线上,于是 CPU 就可以获得数据。$\overline{S_2}$、$\overline{S_1}$ 和 $\overline{S_0}$ 全部进入高电平,也就是进入无源状态,就意味着很快可以启动一个新的总线周期。

（4）在 T_4 状态,数据从总线上消失,状态信号引脚 $S_7 \sim S_3$ 进入高阻状态,而 $\overline{S_2}$、$\overline{S_1}$ 和 $\overline{S_0}$ 则按照下一个总线周期的操作类型产生电平变化。

与最小模式下的总线读操作类似,如果存储器和外设的速度比较慢,则需要使用 READY 信号来联络。如果在 T_3 状态开始时 READY 仍没有达到高电平,则在 T_3 状态和 T_4 状态插入 T_w 状态,T_w 状态可为 1 个或几个。

4）最大模式下的写总线操作

最大模式下的写总线操作如图 2.15 所示。和读操作一样,在写操作总线周期开始之前,$\overline{S_2}$、$\overline{S_1}$ 和 $\overline{S_0}$ 就已经按照操作类型设置好相应的电平。

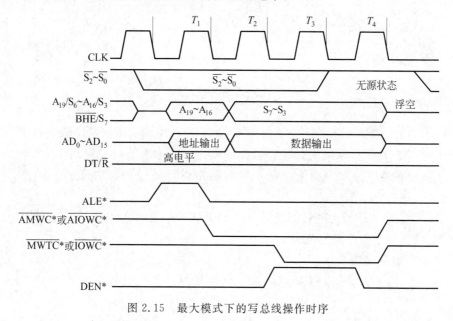

图 2.15　最大模式下的写总线操作时序

从 T_1 状态开始,整个总线周期的时序关系如下:

（1）在 T_1 状态,CPU 从 $AD_0 \sim AD_{15}$ 引脚上输出要写入存储器单元或 I/O 端口地址的低 16 位,而从 $A_{19}/S_6 \sim A_{16}/S_3$ 引脚输出地址的高 4 位。CPU 还使数据总线高 8 位有效信号 $\overline{\text{BHE}}$ 进入有效状态。在 T_1 状态,总线收发器使 DT/$\overline{\text{R}}$ 输出高电平,以表示本总线周期进行写操作,数据总线收发器根据 DT/$\overline{\text{R}}$ 为高电平决定数据传输方向为发送方向。

（2）在 T_2 状态,总线控制器使 $\overline{\text{DEN}}$ 输出高电平,于是数据总线收发器得到允许。在

$\overline{DEN}$ 输出高电平的同时,提前的存储器写信号 $\overline{AMWC}$ 或者提前的 I/O 端口写信号 $\overline{AIOWC}$ 也为低电平,即有效电平,并且一直维持到 T_4。在总线周期中,CPU 从 T_2 状态开始就把数据送到数据总线上。

(3) 在 T_3 状态,总线控制器使普通的存储器写信号 $\overline{MWTC}$ 或者 I/O 端口写信号 $\overline{MWTC}$ 成为低电平,并且一直维持到 T_4。由此可见,两个提前的写信号 $\overline{AMWC}$ 和 $\overline{AIOWC}$ 比普通的写信号 $\overline{MWTC}$ 和 $\overline{IOWC}$ 超前了整整一个时钟周期,这样,一些较慢的设备或者存储器就可以得到一个额外的时钟周期执行写操作。与总线读操作一样,在总线写周期的 T_3 状态, $\overline{S_2}$、$\overline{S_1}$ 和 $\overline{S_0}$ 全部进入高电平,于是,总线进入无源状态,从而为启动下一个总线周期作好了准备。

(4) 在 T_4 状态,CPU 将地址/数据引脚 $AD_0 \sim AD_{15}$ 以及地址/状态引脚 $A_{19}/S_6 \sim A_{16}/S_3$ 设置为高阻状态。写信号 $\overline{AMWC}$、$\overline{MWTC}$ 或者 $\overline{AIOWC}$、$\overline{IOWC}$ 都被撤销。而且,数据总线收发器信号 $\overline{DEN}$ 也进入低电平,这样,使数据总线收发器停止工作。$\overline{S_2}$、$\overline{S_1}$ 和 $\overline{S_0}$ 则按照下一个总线周期的操作类型产生变化,从而启动一个新的总线周期。

在最大模式下的总线周期中,如果用了 READY 信号,并且当 READY 信号未在 T_3 状态开始之前来到时,也会在 T_3 状态和 T_4 状态之间插入 1 个或几个等待状态。

2.2 32 位微处理器

2.2.1 内部结构

1. 80386 内部结构

1985 年 10 月,Intel 公司推出了与 8086 相兼容的高性能的 32 位微处理器 80386。32 位微处理器体现了体系结构的重要进步,即从 16 位体系结构过渡到 32 位体系结构。由 80386 微处理器组成的微机系统的主要性能指标已超过当时的许多中、小型计算机系统。

80386 微处理器在增大字长的同时还增加了许多功能和附加特征,下面将分几个方面介绍 32 位微处理器的主要特点。

1) 80386 的主要性能

(1) 先进的 CHMOS(互补高速金属氧化物半导体)工艺,芯片内集成 275 000 个晶体管。

(2) 能在时钟频率 12MHz 或 16MHz 下可靠工作。指令的执行速度为 3.4MIPS,运行速度比 80286 快 3 倍。

(3) 由于 80386 有 32 条地址线,在实模式下可寻址 4GB 的物理存储器空间,在保护模式下可寻址 64GB 的虚地址空间。

(4) 用高速缓冲器结构,大大提高了指令的执行速度及工作效率。

2) 80386 的基本结构

80386 微处理器内部功能部件如图 2.16 所示。芯片主要由三大部件组成,即总线接口部件(BIU)、中央处理部件(CPU)和存储器管理部件(MMU)。三大部件又可分为 6 个并行工作的模块部件,分别是总线接口部件、指令预取部件、指令译码部件、指令执行部件、存储器管理的分页部件和分段部件。6 个模块部件采用流水线作业结构,各行其能,并行工作,可同时处理多条指令,从而大大提高了程序的执行速度。

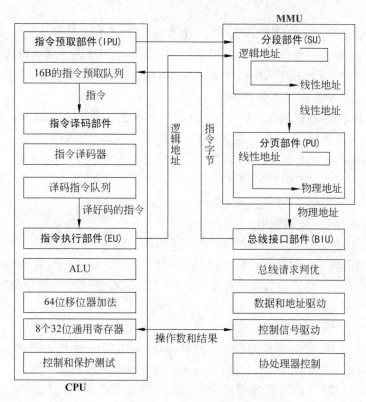

图 2.16 80386 功能部件

(1) 总线接口部件(BIU)。通过数据总线、地址总线、控制总线完成与微处理器外部(存储器、I/O 接口)的联系。包括访问存储器预取指令、存储器数据读写、I/O 端口数据读写等操作控制功能。

(2) 中央处理部件(CPU)。由指令预取部件、指令译码部件、控制部件、指令执行部件组成,各部件以并行方式进行工作。指令预取部件用于暂存从存储器中预取的指令,亦称预取指令队列。指令译码部件对预取指令队列中的指令进行译码,译码后又送入译码指令队列等待执行。该指令的特点是在预译码时若发现为转移指令,则提前通知总线接口部件去取目标地址中的指令代码并取代原预取指令队列中的顺序指令代码,从而提高效率。控制部件根据指令代码产生工作时序。指令执行部件完成指令代码的执行,它包含一个 32 位的算术运算单元(ALU),8 个 32 位的通用寄存器,1 个快速乘、除运算服务的 64 位移位寄存器。

(3) 存储器管理部件(MMU)。由分段部件和分页部件组成,存储器采用段页式结构:每 4KB 为一页,程序或数据以页为单位存储;存储器按段组织,每段含若干页,段的最大容量可达 4096MB。一个任务最多可含 16×2^{10} 个段,故可为每个任务提供最大 64TB 的虚拟存储空间。存储结构中还采用了高速缓冲存储器,加快了指令和数据的访问速度,在计算机系统中构成了高速缓冲存储器、内存储器、外存储器的三级存储体系。

2. 80486 内部结构

80486 开始使用流水线技术,即在 CPU 中由 5～6 个不同功能的电路单元组成一条指令处理流水线,然后将一条指令分成 5～6 步后再由这些电路单元分别执行,由此提高 CPU 的运算速度。80486 还采用了易于构成多处理器结构的体制。主要表现在以下几方面:

(1) 内含高速缓存和浮点处理器。

80486 内含 8KB 高速缓存,可高速存取指令和数据。有关基本指令不用微码控制,而用硬件进行直接控制,在内含高速缓存下,一条指令所需时钟数平均不超过 1.7 个,比工作在同一频率的 80386 速度高 2.5 倍。由于 80486 内含相当于 80387 的浮点运算单元(FPU),比 80386+80387 组合的速度高几倍。如果使用 20MHz 主频的 80386,则 80486 的速度将比 80386 提高 3～4 倍。

(2) 沿袭 80386 的体系结构。

从程序员的角度看,80486 并未改变 80386 的体系结构。至今为止 Intel 公司提供的全部 86 系列微处理机均保持了目标码级的兼容性。同时,保护地址方式和虚拟 8086 方式也继承了 80386,但对一些功能进行了扩充,对内部寄存器中的一部分位的内容进行了变动和增加。

(3) 面向多处理器的结构。

80486 设法得到 RISC 那样的高速处理,在提高单体 CPU 性能的基础上,还可以使用几个 80486 构成多处理器的结构,同时设有来自其他处理机的访问指令。

前已述知,80386 内部由总线接口、指令预取、指令译码、执行、控制和内存管理 6 个单元构成,而 80486 又增加了高速缓存和浮点运算单元(FPU),即由 8 个单元构成。80486 的主要特点如下:

(1) 基本指令用硬件逻辑执行,内含 128 位总线。

80486 结构中最重要的特点是提高了指令译码的执行速度,在控制单元中采用了一部分硬件控制,同时在高速缓存和预取指令单元之间采用了 128 位总线。80486 在控制单元中仍使用以前的微码结构,但其基本指令用硬件逻辑执行。寄存器间的算逻运算指令、寄存器和存储器之间传送指令等的执行可在 1 个时钟周期完成。而 80386 中同样的指令译码执行需要 2～4 个时钟周期。

(2) 高速缓存和 FPU 之间用两条 32 位总线直接相连。

80486 中内含相当于 80387 的 FPU。80387 需用 32 位总线连接存储器,在 80486 中,FPU 浮点寄存器和内含高速缓存是用两条 32 位总线相连的,这两条总线可作为 64 位总线使用,可以一次把 64 位双精度数据从高速缓存传送到浮点寄存器。

(3) 4 路成组联想高速缓存。

因 80486 内含 8KB 的高速缓存,指令和数据混合放置,采用 4 路成组联想式高速缓存结构,即将 8KB 的存储器分为 4 组,每 2KB 为一组。采用联合型高速缓存的目的是增加系统的灵活性。例如,只执行无数据存取指令时,所有高速缓存就可全部为指令所用;而在简单循环中处理大量数据时,高速缓存可以保存大部分数据。

2.2.2　寄存器组

1. 80386 的内部寄存器组

80386 微处理器的寄存器共有 40 个,其结构如图 2.17 所示。80386 的寄存器分为 7组,即通用寄存器组、段寄存器组、专用寄存器组、控制寄存器组、系统地址寄存器组、调试寄存器组、测试寄存器组。其中通用寄存器组、段寄存器组和专用寄存器组称为基本寄存器,编程人员经常使用这些寄存器。而其余的寄存器组称为系统寄存器,多用于操作系统。

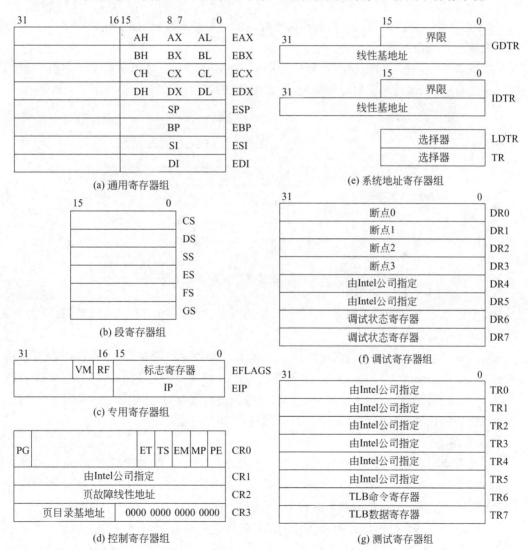

图 2.17　80386 寄存器结构

1) 通用寄存器组

通用寄存器组由 8 个 32 位的寄存器组成，是 8086/8088 微处理器中 8 个 16 位通用寄存器的 32 位扩展。其中 EAX、EBX、ECX 和 EDX 这 4 个寄存器可工作于 8 位方式（用寄存器名 AL、AH、BL、BH、CL、CH、DL 和 DH 表示），也可工作于 16 位方式（用寄存器名 AX、BX、CX 和 DX 表示），还可工作于 32 位方式（寄存器名分别为 EAX、EBX、ECX 和 EDX）。80386 通用寄存器组如图 2.17(a) 所示。

2) 段寄存器组

80386 存储单元地址仍由两部分组成，即段基地址与段内偏移量。只是在 80386 中，段内偏移量是 32 位的，可由各种寻址方式确定；段的基地址也是 32 位的，但是它不是由段寄存器中的值直接确定的，而是保存在表中，段寄存器的值只是表的索引。在 80386 中有 6 个 16 位段寄存器也称为选择符，即 CS、SS、DS、ES、FS 和 GS，如图 2.17(b) 所示。

CS 选择符表示当前的代码段，SS 选择符表示当前的堆栈码，而 DS、ES、FS 和 GS 都可以用来表示当前的数据段。

在 80386 中，每一个段寄存器（程序员可见的）都有一个与之相联系但程序员看不见的段描述符（用以描述一个段的基地址、段大小和段的属性等）寄存器，如图 2.18 所示。

图 2.18　段描述符寄存器

每个段描述符寄存器都保存着一个 32 位的段基地址，一个 32 位的段界限（段大小）和其他必要的属性。

每当一个段寄存器中的值确定以后，80386 会自动根据段寄存器中的值（即索引），从相应表格中取出一个 8B 的描述符，装入到相应的段描述符寄存器中。当出现存储器访问时，就可由所用的段寄存器直接查找相应的段描述符寄存器，将段描述符寄存器中的段基地址作为线性地址计算中的一个元素，而不必在访问时去查表。

3) 专用寄存器组

专用寄存器组由 2 个 32 位的寄存器组成，是 8086/8088 微处理器中 16 位标志寄存器 FLAGS 和指令指针寄存器 IP 的 32 位扩展，称为 EFLAGS 和 EIP。32 位的指令指针寄存器 EIP 可工作于 16 位操作方式（用寄存器 IP 表示），也可工作于 32 位方式（用寄存器名 EIP 表示）。32 位的标志寄存器 EFLAGS 中定义了 14 位有效标志，除了与 8086/8088 微处理器中定义的 9 位（CF、PF、AF、ZF、SF、TF、IF、DF 和 OF）相同的标志外，还定义了 4 位，分别是 I/O 特权标志位（IOPL）、嵌套标志位（NT）、恢复标志位（RF）、模式标志位(VM)。指令指针寄存器 EIP 的结构图如图 2.17(c)所示。标志寄存器 EFLAGS 的位结构如图 2.19 所示。

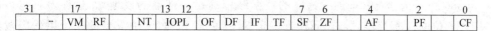

图 2.19　80386 标志寄存器 EFLAGS

80386 新增标志位的功能及定义如下：

- I/O 特权标志位(2 位)：

    IOPL＝00,特权层 0。

    IOPL＝01,特权层 1。

    IOPL＝10,特权层 2。

    IOPL＝11,特权层 3。

- 嵌套标志位：

    NT＝0,无嵌套。

    NT＝1,当前任务嵌套于另一任务中。

- 恢复标志位：

    RF＝0,所有调试故障需排除。

    RF＝1,所有调试故障被忽略。

- 模式标志位：

    VM＝0,工作于实地址方式。

    VM＝1,工作于保护虚地址方式。

4) 控制寄存器组

控制寄存器组由 4 个 32 位寄存器组成。80386 的控制寄存器组结构如图 2.17(d)所示。

控制寄存器 CR0 定义了 6 位,各位的含义及功能如下：

- PE 为保护允许位。PE＝0,CPU 当前处于实地址方式;PE＝1,CPU 当前已进入保护虚地址方式。

- 任务切换位 TS、仿真协处理器位 EM、监控协处理器位 MP 为组合应用。当 TS、EM、MP 为 000 时,80386 处于实地址方式,当前复位后的初始状态;当 TS、EM、MP 为 001 时,有协处理器 80387,不需要软件仿真;当 TS、EM、MP 为 010 时,无协处理器 80387,要求用软件仿真;当 TS、EM、MP 为 101 时,有协处理器,不需软件仿真,产生任务切换;当 TS、EM、MP 为 110 时,无协处理器 80387,要求用软件仿真,产生任务切换。

- ET 为处理器扩展类型位。ET＝1,采用与 80387 兼容的 32 位规程;ET＝0,采用与 80287 兼容的 16 位规程。

- PG 为分页允许位。PG＝1,允许片内分页部件工作;PG＝0,禁止分页部件工作。

控制寄存器 CR1 为保留寄存器,用以将来扩展 Intel 微处理器的功能;控制寄存器 CR2 存放一个 32 位的线性地址,指向页故障地址;控制寄存器 CR3 存放页目录表的物理地址。

5）系统地址寄存器组

80386 利用选择符和描述符这样的数据结构确定存储器的段地址，这样做不仅可以用只有 16 位的段寄存器（段选择符）来确定 32 位的段基地址，更重要的是可以确定段的一些属性，如特权等。80386 中的段基地址由一个 8B 的描述符所确定，如图 2.20 所示。由相关的描述符分别组成以下的表：全局描述符表 GDT(Global Descriptor Table)、中断描述符表 IDT(Interrupt Descriptor Table)、局部描述符表 LDT(Local Descriptor Table)、任务状态段 TSS(Task State Segment)。这些表的基地址和它们的界限由相应的寄存器保存，这些寄存器是系统地址寄存器，如图 2.17(e)所示。

段基址：32位，分别存放于描述符的第3、4、5、8个字节
段界限：20位，表示段长度，即该段的最大偏移地址，分两部分存放于描述符中
P：1位，存在位，1表示存在，0表示不存在
DPL：2位，描述符特权级，0为最高
S：1位，段描述符，1表示代码或数据段，0表示系统段
类型：3位，描述段的类型
A：1位，表示已存取
G：1位，粒度标志，与段界限配合使用，1表示段长度为页粒度，0表示段长度为字节粒度
D：1位，默认操作数的大小(仅在代码段描述符中识别，1表示32位段，0表示16位段)

图 2.20   80386 的段描述符

系统地址寄存器组中各寄存器的功能如下：

- GDTR 存放全局描述符表的 32 位线性基地址和 16 位界限值。
- IDTR 存放中断描述符表的 32 位线性基地址和 16 位界限值。
- LDTR 存放局部描述符表的 16 位段选择符。
- TR 存放任务状态段表的 16 位段选择符。

6）调试寄存器组

调试寄存器组由 8 个 32 位寄存器组成。80386 调试寄存器组结构如图 2.17(f)所示。80386 微处理器为程序员提供了供程序调试（DEBUG）的寄存器。程序员在编程及调试过程中使用这些寄存器完成程序的调试。各寄存器的功能如下：

- DR0～DR3：用户设置的程序断点地址。
- DR6：用户调试时的断点状态值。
- DR7：用户设置的断点控制。
- DR4,DR5：保留寄存器。

7）测试寄存器组

测试寄存器组由 8 个 32 位寄存器组成。80386 测试寄存器组结构如图 2.17(g)所示。

- TR0～TR5：保留寄存器。
- TR6 和 TR7：测试寄存器，用来测试转换后备缓冲区(TLB)。其中 TR6 为测试命令寄存器，用于对 TLB 进行测试；TR7 用于保存测试 TLB 后的结果。

2. 80486 的内部寄存器组

80486 寄存器与 80386 基本上一致，增加了以下功能：

(1) 控制寄存器 CR3 中新定义了两位，即 PCD(D_4 位)和 PWT(D_3 位)。PCD(Page Cache Enable)为页面高速缓存使能位，只有当 KEN(高速缓存工作)信号有效且 PCD=0 时，内含高速缓存才有效工作，而当 PCD=1 时，只对外部高速缓存进行读出或写入。PWT(Page Write-Through)为页面透写(或全写)位，在当前访问的页面中，PWT=1 时，外部 Cache 对页目录进行透写；否则，进行回写(write-back)。

(2) 在控制寄存器 CR0 中增加了新的页面保护特性。这个特性在 CR0 寄存器的 D_{16} 位增加了 WP。WP=1 时，表示用户级的页面对核心级的访问进行写保护；WP=0 时，允许核心代码对用户级只读页面进行改写。

(3) 增加了新的对界检查特性。这个特性要求在标志寄存器中新增加一位 AC(D_{18}) 和在 CR0 中新增加一位 AM(D_{18})。当 CPU 在特权级 3 级以上工作时，AC 标志和控制寄存器 CR0 中的 AM 位一起决定是否需要进行字、双字或者 4 字的对界检查；当 CR0 中的 AM=0 时，AC 标志无效；当 CR0 中的 AM=1，且 IOPL=11 时，若 AC=1 则处理器进行对界检查。

(4) 增加了 3 个用于测试片上超高速缓存的新的可测试寄存器 TR3、TR4、TR5，增强了 TLB 的可测试性。

2.2.3　引脚信号及功能

80486 引脚有 168 条，按功能分为地址总线、数据总线和控制总线。如图 2.21 所示，32 位地址总线是用 30 位地址线 A_2～A_{31} 加上 4B 允许符实现的，这 4B 允许符给出了两个最低有效地址位和传送宽度的编码。有许多控制信号，像 M/$\overline{IO}$、D/$\overline{C}$、W/$\overline{R}$、$\overline{RDY}$、$\overline{LOCK}$、HOLD 及 HLDA 等，都与 80386 的对应信号相似；而 RESET、NMI 和 INTR 输入则完全与 80386 相同。80486 像 80386 一样通过 $\overline{BS_{16}}$(总线大小 16 位)信号为 16 位设备提供动态总线大小，并为支持使用一字节宽度的设备增加一个 $\overline{BS_8}$(总线大小 8 位)信号。

80486 微处理器也有类似 80386 微处理器的总线保持特性。在总线保持期间，80486 微处理器通过浮空地址、数据和控制总线而放弃本地总线的控制。除总线保持外，80486 微处理器还有地址保持特性。在地址保持期间，只有地址总线被浮空，数据和控制总线仍保持激活。地址保持用于高速缓存的线路无效性控制。下面介绍 80486 各引脚的功能。

(1) 时钟信号(CLK)。

CLK 为 80486 微处理器提供基本的定时和内部的工作频率。所有的外部定时计数都是相对于 CLK 的上升沿指定的。80486 微处理器可以在很宽的频率范围内工作，当

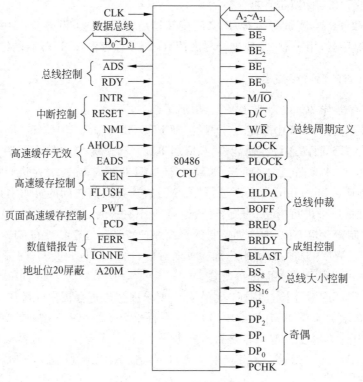

图 2.21　80486 的引脚功能

RESET 无效时,CLK 的频率不能迅速改变。为保证芯片工作正常,CLK 的工作频率必须稳定,CLK 为 TTL 电平。

（2）地址总线（$A_2 \sim A_{31}$、$\overline{BE_0} \sim \overline{BE_3}$）。

$A_2 \sim A_{31}$ 和 $\overline{BE_0} \sim \overline{BE_3}$ 形成地址总线,并提供内存和 I/O 端口的物理地址。80486 微处理器能寻址 4GB 的物理内存空间以及 64KB 的 I/O 地址空间。$A_2 \sim A_{31}$ 用来寻址一个 4B 的单元。$\overline{BE_0} \sim \overline{BE_3}$ 则用来标识在当前的传送操作中要涉及 4B 单元中的哪些字节。对于 CPU 外部的内存储器执行读和写的周期时,字节使能输出 $\overline{BE_0} \sim \overline{BE_3}$ 用来确定哪些字节必须被驱动有效。$\overline{BE_3}$ 适用于 $D_{24} \sim D_{31}$,$\overline{BE_2}$ 适用于 $D_{16} \sim D_{23}$,$\overline{BE_1}$ 适用于 $D_8 \sim D_{15}$,$\overline{BE_0}$ 适用于 $D_0 \sim D_7$。

（3）数据总线（$D_0 \sim D_{31}$）。

$D_0 \sim D_{31}$ 为 80486 微处理器的双向数据总线。$D_0 \sim D_7$ 定义为最低字节,$D_{24} \sim D_{31}$ 定义为最高字节。可以由 $\overline{BS_8}$ 和 $\overline{BS_{16}}$ 控制数据总线的宽度,将数据传送到 8 位或 16 位的设备中。

（4）奇偶校验信号（$DP_0 \sim DP_3$、$\overline{PCHK}$）。

奇偶校验共两组信号,一组是 $DP_0 \sim DP_3$,另一组是 $\overline{PCHK}$。$DP_0 \sim DP_3$ 是奇偶数据通路引脚。$\overline{PCHK}$ 为奇偶校验状态,为低电平时表示一个偶校验错误。

（5）总线周期定义信号（$M/\overline{IO}$、$D/\overline{C}$、$W/\overline{R}$、$\overline{LOCK}$、$\overline{PLOCK}$）。

M/$\overline{\text{IO}}$、D/$\overline{\text{C}}$ 和 W/$\overline{\text{R}}$ 是一些主要的总线周期定义信号。M/$\overline{\text{IO}}$用来区别内存和 I/O 周期,D/$\overline{\text{C}}$ 用来区别数据和控制周期,W/$\overline{\text{R}}$ 用来区别写周期和读周期。

$\overline{\text{LOCK}}$是总线锁定输出,表明 80486 微处理器正在读-修改-写周期中运行,在写周期和读周期之间不得放弃外部总线。当发送时,当前的总线周期被锁定,允许 80486 微处理器独占系统总线的访问。当发出$\overline{\text{LOCK}}$时,80486 微处理器将不确认总线保持。$\overline{\text{LOCK}}$是低电平有效,且在总线保持期间被浮空。

$\overline{\text{PLOCK}}$是伪锁定输出,这是 Intel 公司定义的伪锁定输出信号,同时 Intel 公司指定把这个信号当成总线周期的定义。与$\overline{\text{LOCK}}$位不同的伪锁定表示是临界的读-修改-写操作。这种操作中,在完成字节操作前,有其他的系统部件检查被修改的项。

(6) 总线控制信号($\overline{\text{ADS}}$、$\overline{\text{RDY}}$)。

总线控制信号允许处理机指明总线周期是何时开始的,并允许其他系统硬件控制数据总线宽度与总线周期的终止。

$\overline{\text{ADS}}$是地址状态输出,$\overline{\text{ADS}}$输出指明地址和数据周期定义信号均有效。这一信号在总线周期的第一时钟周期内激活,在该周期的第二个及后续的时钟周期内变为无效。$\overline{\text{ADS}}$低电平有效,且在总线保持期间不起驱动作用,可用于提示外部总线电路,表明处理机已启动总线周期。

$\overline{\text{RDY}}$是输入,表明当前的总线周期是完整的。响应读请求时,$\overline{\text{RDY}}$表明外部系统已在数据引脚放好了有效数据。而在响应写请求时,$\overline{\text{RDY}}$则表明外部系统已接收了 80486 微处理器的数据。$\overline{\text{RDY}}$低电平有效。

(7) 成组控制信号($\overline{\text{BRDY}}$、$\overline{\text{BLAST}}$)。

$\overline{\text{BRDY}}$是成组准备就绪,当有效时,表示当前周期已经完成。

$\overline{\text{BLAST}}$是最近成组输出,当有效时,表示现在进行的是成组传送方式。

(8) 高速缓存控制信号($\overline{\text{KEN}}$、$\overline{\text{FLUSH}}$)。

$\overline{\text{KEN}}$是高速缓存允许引脚,用来确定当前周期所传送的数据是否可高速缓存。当$\overline{\text{KEN}}$信号有效(输入为低电平有效),并且 80486 微处理器产生一个可高速缓存的周期时,可进行高速缓存。

$\overline{\text{FLUSH}}$是输入,强制 80486 微处理器清洗其整个内部高速缓存。$\overline{\text{FLUSH}}$低电平有效,且只需持续一个时钟的时间。

(9) 高速缓存的无效性控制信号(AHOLD、EADS)。

在高速缓存的无效性控制周期里,使用 AHOLD 和 EADS 输入。AHOLD 是 80486 微处理器地址线 $A_4 \sim A_{31}$ 能否接收地址输入的一个制约条件。EADS 表明地址输入端上的外部地址是实际有效的。激活 EADS 后,将使 80486 微处理器去读外部地址总线,并对指明的地址执行内部的高速缓存的无效性控制周期。

(10) 页面高速缓存控制信号(PWT、PCD)。

PWT 是页写贯穿,PCD 是页高速缓存禁止。

这两个信号反映了内部寄存器的置位情况。当$\overline{\text{KEN}}$允许硬件控制存储器的专用物理区域进行高速缓存时,这两条引脚表明在逻辑存储器各页上已经使用软件对高速缓存进行了控制。

（11）数据出错报告信号（$\overline{\text{FERR}}$、$\overline{\text{IGNNE}}$）。

$\overline{\text{FERR}}$是浮点错。该信号类似于 80387 的浮点错信号，而且是在确定的条件下使用，产生中断 13。

$\overline{\text{IGNNE}}$是忽略数据处理器错。若没有软件恰当地激活，IGNNE 输入引脚是无效的。

（12）地址位 20 的屏蔽信号（$\overline{\text{A20M}}$）。

发出$\overline{\text{A20M}}$后，将使 80486 微处理器在内部高速缓存中执行查找之前以及驱动一个内部周期到外部去之前屏蔽第 20 位物理地址。

（13）总线仲裁信号（BREQ、HOLD、HLDA、$\overline{\text{BOFF}}$）。

BREQ 是总线请求，每当在内部执行总线周期时，80486 就发出 BREQ 信号。

HOLD 是总线保持请求，它允许另一个总线主设备完成 80486 微处理器总线控制。

HLDA 是总线保持确认，它表明 80486 微处理器已经将总线交给另外一个本地总线设备。HLDA 变为有效，以响应 HOLD 引脚上出现的保持请求。当脱离总线保持时，HLDA 被驱动至无效状态，而 80486 微处理器将恢复其对总线的驱动。

$\overline{\text{BOFF}}$是输入，强制 80486 微处理器在下一个时钟周期间释放其对总线的控制。

（14）总线大小控制信号（$\overline{\text{BS}_8}$、$\overline{\text{BS}_{16}}$）。

$\overline{\text{BS}_8}$和$\overline{\text{BS}_{16}}$控制总线宽度，它借助于少量的外部元件就能支持外部的 16 位和 8 位总线。80486 的 CPU 每个时钟都采样这些引脚。当发送$\overline{\text{BS}_{16}}$或$\overline{\text{BS}_8}$时，只需要 16 位或 8 位的数据总线有效。如果同时发送$\overline{\text{BS}_{16}}$和$\overline{\text{BS}_8}$，则选用 8 位的总线宽度。

（15）中断信号（INTR、NMI、RESET）。

80486 微处理器设置了一个 2 时钟的中断同步电路。在发出 INTR 之后两个时钟内，中断请求将到达内部的指令执行单元。INTR 信号是电平型的，为使指令执行单元能识别它，它必须保持有效。如果 INTR 信号不保持有效，那么 80486 微处理器将不执行中断任务。

NMI 为边沿触发，NMI 信号上升沿被用来产生中断请求。NMI 输入不需要在中断被实际服务之前一直保持有效。

RESET 为复位信号，当发出 RESET 之后，80486 微处理器各个寄存器的值如表 2.9 所示。表中 BIST 为在复位期间 80486 微处理器运行内存的自测试功能。在 RESET 之后，80486 微处理器将从 FFFFFFF0H 单元开始执行指令。

表 2.9　复位后各寄存器的值

寄存器	初始值（BIST）	初始值（NO BIST）
EAX	0（通过）	不定
EBX	不定	不定
ECX	不定	不定
EDX	0400＋版本 ID	0400＋版本 ID
ESP	不定	不定

续表

寄存器	初始值（BIST）	初始值（NO BIST）
EBP	不定	不定
ESI	不定	不定
EDI	不定	不定
EFLAGS	00000002H	00000002H
EIP	0FF0H	0FF0H
ES	0000H	0000H
CS	0000H	0000H
SS	0000H	0000H
DS	0000H	0000H
IDTR	基值＝0,界限＝3FFH	基值＝0,界限＝3FFH
CR0	60000000H	60000000H
DR7	00000000H	00000000H

2.2.4 工作模式

80486 微处理器有 3 种工作模式,即实地址模式、保护模式和虚拟 8086 模式。

1. 实地址模式

实地址模式是为了与 8086 CPU 兼容而设置的方式,它是一种基本的工作模式。微处理器在系统复位后,因 CR0 寄存器中的 PE 位置为 0,自动进入实地址工作模式。在这种模式下,80486 微处理器的寻址方式、段基址等完全与 8086 相同。只有 $A_0 \sim A_{19}$ 这 20 根地址线起作用,提供 1MB 的内存空间,每一个段最大可达 64KB。20 位的物理地址由段寄存器的内容乘以 16 作为段基地址,加上 16 位的段内偏移量形成。实地址模式没有分页功能,也不能实现多任务、多级保护功能。

2. 保护模式

当 CR0 控制寄存器中的 PE 位置为 1 时,CPU 就工作在保护模式。保护模式既提供了存储器的管理机制,又提供了保护机构并支持多任务操作。在保护模式下,一个存储单元的地址也由段基地址和段内偏移地址两部分组成。其中段内偏移地址由 32 位地址线决定,因而一个段的寻址最大可以达到 4GB;段基址也是 32 位,不能由段寄存器内容左移 4 位得到,而必须经过转换。为了实现转换,在内存中安排了一张表,每个内存段对应着表中的一项,此项中包含 32 位的段基地址。由段基地址（32 位）和段内偏移地址（32 位）形成的地址称为线性地址（32 位）。若没有使用分页部件,则线性地址就是物理地址;若使用了分页部件,线性地址需要转换成物理地址。

3. 虚拟 8086 模式

虚拟 8086 模式也称为 V86 模式。只有在保护模式下，通过设置和清除标志寄存器 EFLAGS 中的位 17（VM 位）进入和退出 V86 模式。当 VM＝1 时，进入 V86 方式；当 VM＝0 时，退出 V86 模式。但 80486 系统软件不能直接处理 EFLAGS 寄存器中的 VM 标志，只能更改 TSS 或堆栈中的 EFLAGS 映像。

V86 模式既允许执行 8086/8088 程序，又能有效地利用保护功能。在 V86 模式下，用户好像在实模式下执行 8086 的应用程序。但不同的是，V86 模式为系统提供了大量的灵活性，可以实现多任务。在 V86 模式下，存储单元线性地址的计算方法与 8086/8088 内的计算方法相同，即线性地址等于段寄存器内容左移 4 位再加上偏移地址形成。在 V86 模式下，每个段均为 64KB。

2.2.5 总线操作

80486 CPU 使用总线周期完成对存储器和 I/O 接口的读写操作以及中断响应，每个总线周期与 3 组信号有关：$M/\overline{IO}$、$W/\overline{R}$、$D/\overline{C}$ 为周期定义信号，它们决定了总线周期的操作类型和操作对象；$A_2 \sim A_{31}$、$\overline{BE_0} \sim \overline{BE_3}$ 为地址信号；ADS 为地址状态信号，它决定 CPU 什么时候启动新的总线周期并使地址信号有效。

当地址在总线上有效，总线周期指明了对应的总线周期类型，且 ADS 信号为低电平时，一个总线周期就开始了。

读写总线周期有两种定时方式，一种为流水线方式的地址定时，另一种为非流水线方式的地址定时，这两种方式通过 $\overline{NA}$（下一个地址）信号选择。当 $\overline{NA}$ 为 0 时，为流水线方式的地址定时；当 $\overline{NA}$ 为 1 时，为非流水线方式的地址定时。

在流水线地址定时方式时，总线周期一个接一个地执行，在前一个总线周期结束前，下一个总线周期的地址信号 $A_2 \sim A_{31}$、$\overline{BE_0} \sim \overline{BE_3}$ 以及和总线周期有关的控制信号 $W/\overline{R}$、$D/\overline{C}$、$M/\overline{IO}$ 都已处于有效状态。此外，为了使新的地址可用，地址状态信号 ADS 也有效。流水线式地址定时用在带有地址锁存部件的系统中，在当前总线周期结束前，下一个地址一旦进入锁存器，地址就成为有效，再通过地址译码电路，就能得到片选信号及其他有关信号，这样，一进入下一个总线周期就可立即访问所选的端口或存储器。因此，这种方式中，当前总线周期的 T_2 状态和下一个总线周期的地址译码时间是重叠的。

在非流水线地址定时方式时，一个总线周期和另一个总线周期完全分开，即在整个总线周期中，与总线周期有关的 3 组信号即周期定义信号、地址信号和地址状态信号保持不变。这样，前后总线周期的动作互不重叠。

2.3 Pentium 微处理器

Pentium 是 Intel 公司第五代 x86 架构的微处理器，于 1993 年 3 月 22 日推出，是 80486 产品线的后代。Pentium 本应命名为 80586 或 i586，后来命名为 Pentium。其内部含有的晶体管数量高达 310 万个,时钟频率在最初推出时为 60MHz 和 66MHz,后提高到 200MHz。从 Pentium 开始,有了超频这样一个用尽量少的钱换取尽量多的性能的好方法。由于 Pentium 的制造工艺优良,所以整个系列的 CPU 的浮点性能是最强的,可超频性能最好,因此赢得了 586 级 CPU 的大部分市场。

2.3.1 Pentium 微处理器的主要特点

1. Pentium 总线与 80486 总线的主要区别

Pentium 总线类似于 80486 总线,但是为了获取更高性能和提供对多重处理系统的更好支持,它牺牲了完全兼容性。

Pentium 总线与 80486 总线的主要区别如下:

- Pentium 具有 64 位数据总线,而 80486 支持 32 位数据总线。Pentium 比 80486 ($\overline{BE_3} \sim \overline{BE_0}$)具有更多的字节允许($\overline{BE_7} \sim \overline{BE_0}$)和数据奇偶校验引脚($DP_7 \sim DP_0$)。
- Pentium 地址总线的宽度为 36 位,而 80486 地址总线的宽度为 32 位。
- 支持地址流水线($\overline{NA}$),CPU 会在当前总线周期完成之前就将下一个地址送到总线上,从而开始下一个总线周期,允许两个总线周期构成总线流水线。
- 一个总线周期产生 8B 写入。
- 支持可超高速缓存的突发串周期。
- 支持回写超高速缓存协议。
- 不支持用$\overline{BS_8}$和$\overline{BS_{16}}$实现的动态总线带宽。
- 可以在维持内部超高速缓存状态和浮点机器状态的同时执行复位功能。
- 通过$\overline{EWBE}$引脚支持它与外部系统之间的强存储排序。
- 支持内部奇偶错误校验,加强了数据奇偶校验和地址奇偶校验。
- 支持探针方式。
- 支持功能冗余校验(FRC)。
- 支持性能监测。
- 使用$\overline{BOFF}$异常结束一个总线周期后,从头重新启动该总线周期。不保留在$\overline{BOFF}$之前的返回数据。80486 保留在$\overline{BOFF}$建立返回的数据,并在周期被异常结束的点上重新启动该周期。

2. Pentium 的寄存器

Pentium 对 80486 的寄存器作了如下扩充:

(1) 标志寄存器增加了两位:VIF、VIP。此两位用于控制 Pentium 的虚拟 8086 方式扩充部分的虚拟中断。

(2) 控制寄存器增加了 CR4,并对 CR0 中的 CD 位和 NIV 位作了重新定义。

(3) 增加了几个模型专用寄存器,用来控制可测试性、执行跟踪、性能检测和机器检查错误的功能等。

3. Pentium 的高速缓存器

Pentium 为了提高其性能和速度，在芯片上集成了两片 8KB 的高速缓存器。并在 80486 超高速缓存的基础上增加了若干功能。它具有独立的指令和数据超高速缓存以及独立的指令和数据 TLB。数据超高速缓存是一种回写超高速缓存，在多处理器环境下，由一种称为 MESI 协议的超高速一致性来保持数据的一致性。

4. Pentium 对 80486 指令系统的扩充

Pentium 的指令系统包括 80486 的全部指令，并在 80486 的基础上进行了扩充，主要增加了比较和交换 8B 的指令、读 64 位时间标记的指令、读和写控制寄存器 CR4 的指令、在通用寄存器和模型专用寄存器之间的传送指令以及从系统管理方式返回的指令等。

5. Pentium 的探针方式

在探针这种新的方式下，Pentium 可以检查和修改 CPU 内部状态和系统外部状态，可以读和写处理器寄存器，还可以读和写系统存储器和 I/O 空间。在探针方式下，将中断 CPU 读取和执行指令的正常序列，让其进入待用状态。在该状态将绕过正常的预取和译码机制，并可将指令直接强制送入 CPU 的执行部件。指令和时间通过 JTAG 引脚送至特定的专用寄存器，并送往处理器。这些指令可以读和写寄存器，可以是读和写存储器或 I/O 空间。它们允许 CPU 执行那些在 CPU 与寄存器、CPU 与接口或外部系统间传输数据的命令。

该方式由边界扫描和专用引脚联合进行控制和访问。Pentium 使用两个新的引脚 R/S̄ 和 PRDY 控制探针方式的执行。使用 JTAG 引脚读和写驻留在边界扫描测试访问端口中的探针方式寄存器。这些特性共同对 CPU 的执行部件直接进行外部控制。

2.3.2　Pentium 的发展

1993 年，第一款 Pentium 处理器研发成功，到今天已经走过 20 多个年头了，20 多年来，Pentium 处理器主频由 50MHz 提升到 3800MHz，接口多次变更，架构也不断变化。早期 Pentium 处理器支持 Socket 5 和 7 接口的 Pentium P75/90/100/120/133/150/166/200。

1996 年，Intel 公司推出了 Pentium Pro，内部时钟频率为 133MHz，处理速度比 Pentium 快将近 2 倍。Pentium Pro 引入"动态执行"的创新技术，这是继 Pentium 在超标量体系结构上实现突破之后的又一次飞跃。Pentium Pro 系列的工作频率是 150/166/180/200MHz。

1997 年，Pentium Ⅱ 处理器问世，基于 Pentium Pro 使用的 P6 微处理架构，第一代 Pentium Ⅱ 核心代号为 Klamath，第二代 Pentium Ⅱ 核心代号为 Deschutes，Pentium Ⅱ 的高阶处理器的代号为 Pentium Ⅱ Xeon。基于 Pentium Ⅱ 的计算机系统加入了新的内存标准 SDRAM（替代 EDORAM）以及 AGP 显卡。与 Pentium 及 Pentium Pro 处理器不

同,Pentium Ⅱ使用一种插槽式设计。

1999 年,Intel 公司又发布了 Pentium Ⅲ处理器。从 Pentium Ⅲ开始,Intel 公司又引入了 70 条新指令(SIMD,SSE),主要用于因特网流媒体扩展(提升网络演示多媒体流、图像的性能)、3D、流式音频、视频和语音识别功能的提升。与此同年,Intel 公司还发布了 Pentium Ⅲ Xeon 处理器。作为 Pentium Ⅱ Xeon 的后继者,除了在内核架构上采纳全新设计以外,也继承了 Pentium Ⅲ处理器新增的 70 条指令集,以更好地执行多媒体、流媒体应用软件。除了面对企业级的市场以外,Pentium Ⅲ Xeon 加强了电子商务应用与高阶商务计算的能力。在缓存速度与系统总线结构上也有很多进步,很大程度上提升了性能,并能更好地进行多处理器协同工作。

2000 年,Intel 公司发布了 Pentium 4 处理器。Pentium 4 处理器集成了 4200 万个晶体管。改进版的 Pentium 4(Northwood)更是集成了 5500 万个晶体管,并且开始采用 $0.18\mu\text{m}$ 工艺进行制造,初始速度就达到了 1.5GHz。Pentium 4 还提供了 SSE2 指令集。

2002 年,Intel 公司推出新款 Intel Pentium 4 处理器,内含创新的 Hyper-Threading(HT)超线程技术。2005 年,Intel 公司推出了双核处理器 Pentium D,正式开启 x86 处理器多核时代。

2006 年,Intel 公司发布了 Core 2 Duo 处理器,内含 2.91 亿个晶体管。2007 年,Core(酷睿)微架构时代到来,Core 微架构拥有双核心、64 位指令集、4 发射的超标量体系结构和乱序执行机制等技术,支持包括 SSE4 在内的 Intel 公司所有扩展指令集,在功耗方面也比先前的产品有大幅下降。

Intel 公司将其处理器的发展模式称为 Tick-Tock,其原意是时钟走过一秒钟发出的"滴答"声响,因此也称为"钟摆"理论。按照 Intel 公司的计划,每两年进行一次架构大变动——Tick 年实现制作工艺进步,Tock 年实现架构更新。2010 年 1 月,Intel 公司正式发布了全球首批采用 32nm 工艺并集成图形核心的新式双核处理器酷睿 i7/i3/i5,并在 2011 年再一次更新架构,即"视觉智能化"(Visual Smart)架构,标志着"第二代 Intel Core 处理器家族"的诞生,称为 Sandy Bridge 微架构,它也采用 32nm 工艺,这是一个 Tock。而 2012 年 4 月,Intel 公司推出了 Ivy Bridge 处理器(即第三代 Intel Core 处理器家族),将制造工艺从 32nm 发展至 22nm,这是一个 Tick。2013 年,Intel 公司步入了 Tock 年,推出了 Shark Bay 微架构(即第三代 Intel Core 处理器家族)。

从 Intel 公司处理器发展规律分析,可以预见未来 Pentium 处理器将会具备更先进的工艺、更大的缓存、更强的性能和更棒的核心显卡,摩尔定律还会延续,Pentium 芯片未来会更好。

2.4 80x86 存储器组织

2.4.1 8086/8088 的存储器组织

1. 存储器的标准结构

存储器通常按字节组织排列成一个个单元,每个单元用一个唯一的地址码标识,这就是存储器的标准结构。若存放的数据为 8 位的字节,则按顺序将它们进行存放;若存放的数据为 16 位的字,则将字的高位字节存放于高地址单元,低位字节存放于低地址单元;若存放的数据为 32 位的双字(通常指地址指针数据),则将地址指针的偏移量(字)存于低地址的字单元中。要注意的是:存放字时,其低位字节可从奇数地址开始,也可从偶数地址开始,前一种称为非规则存放,后一种称为规则存放。对规则字的存取可在一个总线周期完成,对非规则字的存取则需两个总线周期才能完成。

8086 CPU 在组织 1MB 的存储器时,其空间实际上被分成两个 512KB 的存储体,分别叫作奇存储体和偶存储体(亦称高位字节和低位字节)。奇存储体与 8086 数据总线的 $D_{15} \sim D_8$ 相连,存储体中每个单元的地址均为奇数;偶存储体与数据总线的 $D_7 \sim D_0$ 相连,存储体中每个单元的地址均为偶数。地址线 A_0 和控制线 $\overline{BHE}$ 用于存储体的选择,分别接到每个存储体的选择端 SEL。其余地址线 $A_{19} \sim A_1$ 同时接到两个存储体的存储芯片上,以寻址每个存储单元。存储器高、低位与总线的连接如图 2.22 所示。当 $\overline{BHE}=0$ 时,选中奇数地址的存储器;当 $A_0=0$ 时,选中偶数地址的存储器。可见,当执行对各种数据寻址的指令时所发出的 $\overline{BHE}$ 和 A_0 信号就可控制对两个存储体的读或写操作,其操作功能如表 2.3 所示。

8088 因为外部数据总线是 8 位,因此,它所对应的 1MB 的存储空间是一个不分奇偶存储体的单一存储体。这样,无论对 16 位的字数据还是对 8 位的字节数据,也无论是对规则字还是对非规则字的操作,其每一个总线周期都只能完成一个字节的存取操作。要注意:对 16 位数据操作所构成的连续两个总线周期是由 CPU 执行这类指令自动完成的,不需要再用软件进行干预。这样,8088 的存储体和总线连接时,地址线中的 A_0 和其余各位 $A_{19} \sim A_1$ 都具有同样的作用,参与对单元的寻址,而不像在 8086 中那样专用它作为低字节库的选择信号 SEL。

8088 存储器与总线的连接如图 2.23 所示。

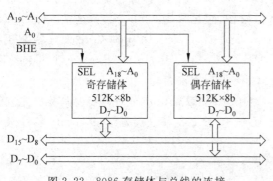

图 2.22　8086 存储体与总线的连接

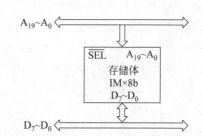

图 2.23　8088 存储器与总线的连接

2. 存储器分段

8086 有 20 位地址信号,可寻址 1MB 的内存空间,每个单元的实际地址(PA)需用 5 位十六进制数表示。但 CPU 内部存放地址信息的一些寄存器,如指令指针 IP,堆栈指针 SP,基址指针 BP,变址寄存器 SI、DI 和段寄存器 CS、DS、ES、SS 等都只有 16 位,显然不能存放 PA 而直接寻址 1MB 空间。为此,在 16 位或 16 位以上的微处理器中引入了存储器分段的概念。

分段就是把 1MB 空间分为若干逻辑段,每段最多可含 64KB 的连续存储单元。每段的首地址是一个被 16 整除的数(即最后 4 位为 0),首地址是用软件设置的。

运行一个程序所用的具体存储空间可以为一个逻辑段,也可以为多个逻辑段。段和段之间可以是连续的、断开的、部分重叠的或完全重叠的。

存储器采用分段编址方法进行组织,带来的好处如下:

(1) 指令中只涉及 16 位地址(首地址或在段中的偏移量),缩短了指令长度,从而提高了执行程序的速度。

(2) 尽管存储空间多达 1MB,但程序执行过程中不需要在 1MB 的大空间中去寻址,多数情况下只需在一个较小的段中运行。

(3) 多数指令的运行都不涉及段寄存器的值,而只涉及 16 位的偏移量,为此,分段组织存储也为程序的浮动装配创造了条件。

(4) 程序设计者不用为程序装配在何处而去修改指令,统一由操作系统去管理即可。

3. 实际地址和逻辑地址

实际地址,或称物理地址,是指 CPU 和存储器进行数据交换时使用的地址。对 8086 来说,是用 20 位二进制或 5 位十六进制数表示的地址码是唯一能代表存储空间每个单元的地址。

逻辑地址是指产生实际地址用到的两个地址分量:段首地址和偏移量,它们都是用无符号的 16 位二进制数或 4 位十六进制数表示的地址代码。

指令中不能使用实际地址,只能使用逻辑地址。由逻辑地址产生和计算实际地址的过程如图 2.2 所示。

应注意:偏移量和段首地址又都称为逻辑地址。一个存储单元只有唯一编码的实际地址,而一个实际地址可对应多个逻辑地址。例如,某一实际地址 11245H 可以从两个部分重叠的段中得到:在段首地址为 1123H 的段中,其偏移量为 15H;在段首址为 1124H 的段中,其偏移量为 05H。这两组逻辑地址用微型计算机的调试程序(DEBUG)表示为 1123:0015 和 1124:0005。

4. 堆栈

微机系统都需要设立堆栈来暂存需要的数值数据或地址数据,为此,要特别划分出一段存储区,在该存储区中,数据按“后进先出”原则进行存储。

8086 由于采用了存储器分段,为了表示特别划分出来的存储区,使用了一种称为堆栈段的段来表示。堆栈段中存取数据的地址由堆栈段寄存器 SS 和堆栈指针 SP 来规定。SS 中存放堆栈段的首地址,SP 中存放栈顶的地址,此地址表示栈顶离段首地址的偏移量,存取数据都在栈顶进行。

一个系统使用的堆栈段数目不受限制,在有多个堆栈段的情况下,各个堆栈段用各自的段名来区分,但其中只有一个堆栈段是当前执行程序可直接寻址的,称此堆栈段为当前堆栈段。SS 中存放的为当前堆栈段的首地址,SP 指出当前堆栈段的栈顶位置。一个堆栈段最大的范围为 64KB。用堆栈深度表示堆栈段的容量。

2.4.2 32位微处理器存储器系统简介

80486 充分重视了对多任务操作系统的支持性,主要体现在两方面:一是从硬件上为任务之间的切换提供了良好的条件;二是支持容量极大的虚拟存储器,并且为了管理如此大的存储空间采用片内两级管理。

1. 虚拟存储技术

虚拟存储技术的最终体现是建立一个虚拟存储器。虚拟存储器是相对物理存储器而言的,物理存储器指由地址总线直接访问的存储空间,其地址称物理地址。显然,地址总线位数决定了物理存储器的最大容量。例如,32 位微型机系统中,物理存储器对应 4GB 的空间,其物理地址为 00000000H～FFFFFFFFH。虚拟存储器是指程序使用的逻辑存储空间,它可以比物理存储器大得多,因此,可运行大型的程序。

虚拟存储器机制由主存储器、辅助存储器和管理部件共同构成。通过管理软件达到主存和辅存密切配合,使整个存储系统具有接近主存的速度和接近辅存的容量。这种技术不断改进完善,就形成了虚拟存储系统。

程序运行时,CPU 用虚拟地址即逻辑地址访问主存,在此过程中,先通过硬件和软件找出逻辑地址到物理地址的对应关系,判断要访问单元的内容是否已装入主存,如是,则直接访问,否则,存储器管理软件和相应硬件将所要访问的单元及有关数据块从辅存调入主存,覆盖主存中原有的一部分数据,并将虚拟地址变为物理地址。

有了虚拟存储器,用户程序就可以不必考虑主存的容量了。程序运行时,存储管理软件会把要用到的程序和数据从辅存一块一块地调入主存,好像主存的容量变得足够大,从而程序不再受到主存容量限制。

2. 片内两级存储管理

传统上,将存储器管理部件(MMU)单独做在一块集成电路芯片中。在这种情况下,如果程序访问的地址不在当前的 MMU 管理范围内,就会出现故障,产生一个出错信号,并将控制交给操作系统,这时,操作系统需要运行一些专用程序进行故障处理。由此,一方面减慢了系统速度,另一方面为操作系统的设计带来了不少麻烦。80486 不用片外的 MMU,而将 MMU 和 CPU 做在同一个芯片中,并使 MMU 能管理大容量虚拟存储器。这种片内的 MMU 免去了通常片外 MMU 带来的种种延迟,而且,程序员可以使用的存储空间,即逻辑地址空间,大大超过物理地址空间,所以,极大地减少了存储空间的故障率,减轻了操作系统的负担。

在两级存储管理中,段的大小可以选择,因此,可以随数据结构和代码模块的大小确定,使用起来很灵活,另外,对每一段还可赋予属性和保护信息,从而可以有效地防止在多任务环境下各个模块对存储器的越权访问。

小结

本章介绍了 80x86 内部结构、寄存器、引脚信号、总线操作时序以及 80x86 存储器组织。

8086 内部有两个独立的工作部件,即执行部件(EU)和总线接口部件(BIU)。EU 只负责执行指令,BIU 是和总线打交道的接口部件,它根据 EU 的请求,执行 8086 对存储器或 I/O 接口的总线操作,完成数据的传送。

80386 微处理器主要由三大部件组成,即总线接口部件(BIU)、中央处理部件(CPU)、存储器管理部件(MMU)。三大部件又可分为 6 个并行工作的模块部件,即总线接口部件、指令预取部件、指令译码部件、控制部件、指令执行部件和存储器管理部件。6 个模块采用流水线作业结构,各行其能,并行工作,可同时处理多条指令,大大提高了程序的执行速度。

80486 微处理器在包含了 80386 的所有功能基础上提高了主频,芯片内含浮点数值运算部件。

8086 具有两种工作模式,即最小模式和最大模式。80486 微处理器有 3 种工作模式,即实地址模式、保护模式和虚拟 8086 模式。

Pentium 总线类似于 80486 总线,但是为了获取更高性能和提供对多重处理系统的更好支持,它牺牲了完全兼容性。Pentium 的指令系统包括 80486 的全部指令,并有很大扩充。Pentium 在探针工作方式下可以检查和修改 CPU 内部状态和系统外部状态,可以读和写处理器寄存器,还可以读和写系统存储器和 I/O 空间。

习题

1. 8086/8088 CPU 的地址总线有多少位? 其寻址范围是多少?

2. 8086/8088 CPU 分为哪两个部分? 各部分主要由什么组成?

3. 什么叫队列? 8086/8088 CPU 中指令队列有什么作用? 其长度分别为多少字节?

4. 8086/8088 CPU 中有几个通用寄存器? 有几个变址寄存器? 有几个指针寄存器? 通常哪几个寄存器也可作为地址寄存器使用?

5. 8086/8088 CPU 中有哪些标志位? 它们的含义和作用是什么?

6. 试求出下列运算后的各个状态标志,并说明进位标志和溢出标志的区别。

  1278H＋3469H

  54E3H－27A0H

  3881H＋3597H

  01E3H－01E3H

7. 8086 所构成的系统分为哪两个存储体? 它们如何与地址、数据总线连接?

8. 什么是逻辑地址? 什么是物理地址? 它们之间有什么联系? 各用在何处?

9. 设现行数据段位于存储器 0B0000H～0BFFFFH 存储单元,DS 段寄存器内容为多少？

10. 若(CS)＝5200H,物理转移地址为 5B230H,则当 CS 的内容被设为 7800H 时,物理转移地址应为多少？

11. 什么是堆栈？简述堆栈的存储特点。

12. 8086 CPU 工作在最小模式(单 CPU)和最大模式(多 CPU)时的主要特点是什么？有何区别？

13. 试简述 80486 CPU 的实地址模式、保护模式和虚拟 8086 管理模式。

14. 80486 地址总线宽度是多少？数据总线宽度又是多少？

15. 现有 6B 的数据分别为 11H,22H,33H,44H,55H,66H,已知它们在存储器中的物理地址为 400A5H~400AAH,若当前(DS)＝4002H,请说明它们的偏移地址值。如果从存储器中读出这些数据,至少需要访问几次存储器？各读出哪些数据？

16. 8086 CPU 读/写总线周期各包含多少个时钟周期？什么情况下需要插入 T_w(等待周期)？应插入多少个 T_w 取决于什么因素？什么情况下会出现空闲状态 T_i？

第 3 章　80x86 指令系统和寻址方式

指令是计算机能接受的软件工作者命令的最小工作单元,它最终是由计算机内的电器元件状态来体现的,这一状态为译码器所识别,并经一定时间周期付诸实施,这种指令称为机器指令。一条机器指令应包含两部分内容:一是要给出此指令要完成何种操作,这部分称为指令操作码;二是要给出参与操作的对象是什么,此部分称为操作数,在指令中可以直接给出操作数的值,或者操作数存放在何处,操作的结果应送往何处等信息。处理器可根据指令字中给出的地址信息求出存放操作数的地址——称为有效地址,然后对存放在有效地址中的操作数进行存取操作。指令中关于如何求出存放操作数有效地址的方法称为操作数的寻址方式。计算机按照指令给出的寻址方式求出操作数有效地址和存取操作数的过程称为寻址操作。计算机的指令系统就是指该计算机能够执行的全部指令的集合。

本章首先介绍 16 位微处理器 8086/8088 的常用指令和寻址方式,在此基础上以80386 为对象讲述 32 位微处理器的指令系统和寻址方式。对 80x86 的控制转移类指令、串操作与重复前缀指令、子程序调用与返回指令以及中断调用与返回指令的讲解将穿插在第 4 章的汇编语言程序设计以及第 8 章的中断和 DMA 技术中介绍,其目的就是为了使学习者更好地理解和应用这些指令。

本章的主要内容如下:

- 8086 指令系统概述。
- 8086 的寻址方式和常用指令。
- 80386 的寻址方式和指令系统。
- 80486/Pentium 微处理器新增指令。

3.1　8086 指令系统概述

3.1.1　数据类型

计算机中的数是用二进制表示的,数的符号也是用二进制表示的。把一个数连同其符号在机器中的表示加以数值化称为机器数,实际上机器数是将符号"数字化"所得到的数。计算机执行指令过程中需要处理各种类型的机器数,可处理的数据类型有 7 种。

1. 无符号二进制数

无符号二进制数是指不带符号位的一个字节、字或双字的二进制数。

2. 带符号二进制数

带符号二进制数有正、负之分，均以补码形式表示。补码由符号位加数值两部分组成。带符号数的最高位表示符号位，最高位为 0 表示为正，最高位为 1 表示为负。正数的补码和原码相同，负数的补码是符号位保持不变（即为 1），其余各位按位取反，再在最末位加 1。

3. BCD 码

BCD 码是用二进制数的形式表示的十进制数。计算机中 BCD 码有两种，分别是非压缩 BCD 码和压缩 BCD 码两种。前者用 8 位二进制数表示一位十进制数，那么一个字节能表示的十进制数的范围是 0~9；后者用 4 位二进制数表示一位十进制数，那么一个字节能表示的十进制数的范围是 0~99。例如，17 的非压缩 BCD 码是 0000000100000111B，即 0107H；压缩 BCD 码是 00010111B，即 17H。

4. 定点数和浮点数

在计算机中，针对小数点的处理有两种表示方法，分别是定点数表示法和浮点数表示法。

1）定点数表示法

定点数表示法就是小数点固定在某个位置上。在定点计算机中，一般将小数点定在最高位（即纯小数）或将小数点定在最低位（即纯整数）。

2）浮点数表示法

浮点表示法就是小数点的位置不固定。浮点数在计算机中通常的表示形式为"2 的正/负阶码次方×尾数"，其中阶码是一个正整数，尾数是一个小数，尾数的区间为 [0.5, 1]，如果尾数不在此区间，则要进行规格化。规格化通过尾数左右移、阶码加减完成，其规则是：尾数左移一次，阶码减 1，尾数右移一次，阶码加 1。

5. 串数据

计算机可以处理的串数据有以下几种：

* 位串，一串连续的二进制数。
* 字节串，一串连续的字节。
* 字串，一串连续的字。
* 双字串，一串连续的双字。

6. ASCII 码数据

ASCII（American Standard Code for Information Interchange，美国信息交换标准码）是一种字符数据的常用表示方法。包括 ASCII 码字符、ASCII 码数和 ASCII 控制符等。

7. 指针类数据

指针类数据包括近程指针和远程指针。前者为 16 位的偏移量，用于段内寻址、段内数据访问或转移；后者由 16 位段值和 16 位的偏移量组成，用于段间寻址、段间数据访问或段间转移。

另外,在 8086/8088 处理机中,为了达到数据结构的最大灵活性和最有效地使用内存,字数据不必定位于偶数地址,即允许不按 2 的倍数边界对齐。但是,对齐的字数据可以一次传送,而未对齐的字数据则需要两次传送。为了获得最佳性能,一般将字操作对齐于偶地址。

3.1.2 80x86 指令的基本组成

80x86 的汇编指令由操作码和操作数两部分组成。操作码是指令的操作命令,操作数是指令的操作对象。汇编指令最后要翻译成机器指令。

1. 指令的操作码

80x86 的机器指令的操作码(OP)采用二进制代码表示本指令所执行的操作。在大多数指令的操作码中,常用某位指示某些具体操作信息。图 3.1 所示的 8086 操作码含有 3 个特征位,分别为 W 位、D 位和 S 位。它们的含义如下:

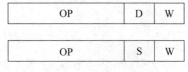

图 3.1　8086 操作码格式

(1) W 位是字操作标志位。当 W=1 时,表示当前指令进行字操作;当 W=0 时,表示当前指令进行字节操作。

(2) D 位是对目标操作数进行寄存器寻址的标志。对于双操作数指令(立即数指令和串操作指令除外),其中一个操作数必定由寄存器指出。这时,寄存器名通过后面的 REG 域指出,此外,要用 D 位指出寄存器所寻址的是源操作数还是目标操作数。如 D=1,则寄存器所寻址的是目标操作数;如 D=0,则寄存器所寻址的是源操作数。

(3) S 位是符号扩展位。一个 8 位补码可以扩展为 16 位补码。使所有高位等于低位字节的最高有效位(即符号位),这种扩展叫符号扩展,在加法指令、减法指令和比较指令中,S 位和 W 位结合起来指出各种情况。例如,S=0,W=0 时,为 8 位操作数;S=0,W=1 时,为 16 位操作数。

2. 机器指令格式

80x86 的机器指令为 1~6B。一般用指令的第一个字节或者头两个字节表示指令的操作码和寻址方式,通常称为操作码域。操作码指出了执行这条指令时 CPU 要做什么操作,寻址方式则表示执行指令时所用的操作数的来源。图 3.2 给出了 8086 指令格式。

紧随在操作码域后的字节一般称操作数域。至于操作数域属于图 3.2 中的哪一种情况,要由指令前半部分的操作码和寻址方式确定。这里有几点需要指出:

(1) 一条指令可以包含一个操作数,也可以包含一个以上的操作数。具有一个操作数的指令称为单操作数指令,单操作数指令中的操作数可能由指令本身提供,也可能由指令隐含地指出。

(2) 若位移量或立即数为 16 位,那么在指令代码中,将低位字节放在前面,高位字节

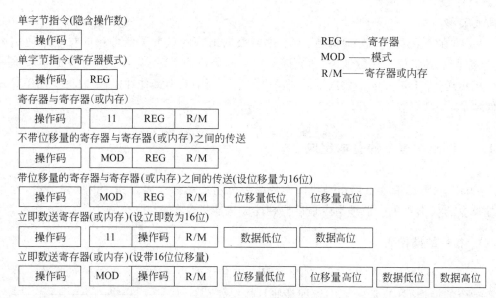

图 3.2　8086 指令格式

放在后面。

（3）80x86 指令系统中大多数指令的操作码安排在第一个字节,但有几条指令是特殊的,其指令中的第一个字节不但包含操作码成分,而且还隐含地指出了寄存器名,从而整个指令只占一个字节,成为单字节指令。这些指令字节数最少,执行速度最快,用得也最频繁。

3. 指令的执行时间

指令执行时间取决于时钟周期长短和执行指令所需要的时钟周期数。如果涉及内存操作,那么执行一条指令的时间为基本执行时间加上计算有效地址所需要的时间。

8086 的总线部件和执行部件是并行工作的,因此在计算指令的基本执行时间时都假定要执行的指令已经预先放在指令队列中,也就是说,没有计算取指时间。有些指令在执行过程中要多次访问内存,因此,访问内存的次数也是考虑指令执行总时间的重要因素。

可见,执行一条指令所需的总时间为基本执行时间、计算有效地址的时间和为了读取操作数和存放操作结果需访问内存的时间之和。

3.2　8086/8088 的寻址方式和指令系统

3.2.1　8086/8088 的寻址方式

在计算机的存储器系统中存储着两类信息,一是数据,二是程序。这里所说的程序就是指令序列。8086/8088 的寻址方式包括程序寻址方式和数据寻址方式。数据寻址方式是指获取指令所需的操作数或操作数地址的方式。程序的寻址方式是指在程序中出现转移和调用时的程序定位方式。

1. 数据寻址方式

数据寻址方式就是寻找参加运算的操作数的方式。80x86 指令中所需的操作数来自以下 3 个方面。

(1) 操作数包含在指令中。在取指令的同时,操作数也随之得到,这种操作数称为立即数。

(2) 操作数包含在 CPU 的某个内部寄存器中,这种操作数称为寄存器操作数。

(3) 操作数包含在存储器中,这种操作数称为存储器操作数。

存储器操作数存放在内存单元中,在 80x86 微机系统中,任何内存单元的地址均由段基址和偏移地址(又称偏移量)组成,段基址由段寄存器提供,而偏移地址由以下 4 个基本部分组成。

(1) 基址,8086/8088 系统的基址寄存器为 BX 和 BP。

(2) 变址,8086/8088 系统的变址寄存器为 SI 和 DI。

(3) 比例因子,采用 1、2、4 或 8 几种不同的比例因子。8086/8088 系统中比例因子为 1。

(4) 位移量,即相对于某个存储单元的偏移量。

这 4 个部分称为偏移地址的四元素。一般将这四元素按某种计算方法组合形成的偏移地址称为有效地址(Effective Address,EA)。它们的组合和计算方法为

$$有效地址＝基址＋变址×比例因子＋位移量$$

根据 80x86 系统的存储器组织方式,指令中不能使用实际地址(即物理地址),而只使用逻辑地址或称为操作数的线性地址,因此在求得有效地址后,可由有效地址和段首址形成逻辑地址。这 4 种元素可优化组合出 9 种存储器寻址方式。图 3.3 给出这 4 种元素的优化组合的寻址计算方法。

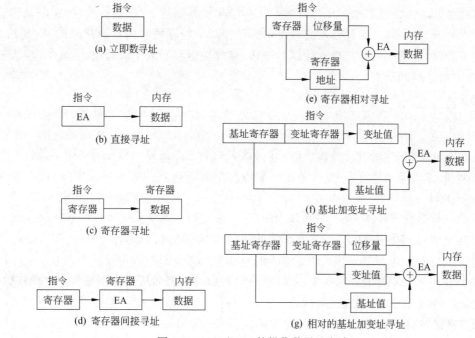

图 3.3 8086/8088 的操作数寻址方式

1) 立即寻址,操作数为立即数

8086/8088 指令系统中,有一部分指令所用的 8 位或 16 位操作数由指令机器码提供,这种方式称为立即寻址方式,即操作数直接包含在指令机器码中,它紧跟在操作码的后面,与操作码一起放在代码区域中。

例 3.1

```
MOV  AX,0A7FH            ;AX←0A7FH,执行后,AH=0AH,AL=7FH
MOV  AL,5H               ;AX←5H
```

立即寻址方式主要用于给寄存器或存储单元赋初值。因为操作数可以从指令中直接取得,不需要运行总线周期,所以立即数寻址方式的显著特点是执行速度快。

2) 寄存器寻址,操作数为寄存器操作数

寄存器寻址是指操作数包含在 CPU 内部的寄存器中。对于 16 位操作数,寄存器可以是 AX、BX、CX、DX、SI、DI、SP、BP,而对于 8 位操作数,寄存器可以为 AH、AL、BH、BL、CH、CL、DH、DL。寄存器寻址的指令本身存放在存储器的代码段,而操作数则在 CPU 寄存器中。由于指令执行过程中不用访问存储器,因此执行速度很快。

寄存器寻址可以进行 16 位操作数操作,也可进行 8 位操作数操作。

例 3.2

```
MOV  AX,BX
MOV  AH,AL
```

3) 存储器寻址,操作数为存储器操作数

(1) 直接寻址。

直接寻址方式是在指令的操作码后面直接给出操作数的 16 位偏移地址,这个偏移地址也称有效地址(EA)。该有效地址与指令的操作码一起存放在内存的代码段,也是低 8 位在前,高 8 位在后。操作数隐含数据段操作,存放在内存的数据段(DS)区域中,在给定的 16 位有效地址的地方。

例 3.3

```
MOV  AX,[2000H]
```

直接寻址指令中,表示有效地址的 16 位数必须加上方括号。指令的功能不是将立即数 2000H 传送到累加器 AX 中,而是将一个内存单元的内容传送到 AX 中,该内存单元地址是 2000H。

假设该数据段寄存器 DS=3000H,则内存单元的物理地址是 DS 的内容左移 4 位后再加上指令中的 16 位有效地址,形成有效的访问内存的物理地址,即

$$3000H×10H+2000H=32000H$$

直接寻址一般多用于存取某个存储单元中的操作数,例如从一个存储单元取操作数,或者将一个操作数存入某个存储单元。

(2) 寄存器间接寻址。

寄存器间接寻址方式是指令中的操作数存放在存储器中,存储单元的有效地址由寄

存器指出,这些寄存器可以是 BX、BP、SI、DI 之一,即有效地址 EA＝基址寄存器的内容或变址寄存器的内容,对寄存器指向的存储单元进行数据操作。这些用来存放存储器操作数偏移地址的寄存器称为地址指针。

下面分别以 BX、SI、DI 进行寄存器间接寻址(BX、SI、DI 作为地址指针)的方式与以 BP 进行寄存器间接寻址(BP 作为地址指针)的方式为例进行说明。在以 BX、SI、DI 进行寄存器间接寻址时,隐含的数据段寄存器为 DS;而在以 BP 进行寄存器间接寻址时,隐含的数据段寄存器为 SS。

例 3.4

```
MOV  AX,[BX]                    ;物理地址=DS×16+BX
MOV  BX,[SI]                    ;物理地址=DS×16+SI
MOV  [DI],DX                    ;物理地址=DS×16+DI
```

例 3.5

```
MOV  [BP],BX                    ;物理地址=SS×16+BP
```

无论用 BX、SI、DI 或者 BP 作为间接寄存器,都允许段超越,即也可以使用上面所提到的约定情况以外的其他段寄存器。

例 3.6

```
MOV  AX,ES:[BX]                 ;物理地址=ES×16+BX
MOV  DS:[BP],DX                 ;物理地址=DS×16+BP
```

(3) 相对寄存器寻址。

相对寄存器寻址的有效地址 EA＝基址寄存器的内容或变址寄存器的内容±16 位或 8 位位移量。以 BX、SI、DI 进行寄存器间接寻址(BX、SI、DI 作为地址指针)的方式,隐含的段寄存器为数据段寄存器 DS;而以 BP 进行寄存器间接寻址(BP 作为地址指针)的方式,隐含的段寄存器为堆栈段寄存器 SS。

例 3.7

```
MOV  AX,3003H[SI]
```

假设 DS＝3000H,SI＝2000H,指令中的 3003H 即为位移量 DISP。指令操作的存储器物理地址＝3000H×10H＋EA＝30000H＋2000H＋3003H＝35003H。

例 3.8

```
MOV  SI,08H[BX]                 ;物理地址= DS×16+BX+08H
MOV  AX,[BX+100H]               ;物理地址= DS×16+BX+100H
MOV  AL,[BP+08H]                ;物理地址= SS×16+BP+08H
MOV  0200H[BP],AX               ;物理地址= SS×16+BP+0200H
```

(4) 基址、变址寻址。

将基址寻址方式和变址寻址方式联合起来的寻址方式称为基址、变址寻址方式。有效地址 EA＝基址寄存器的内容＋变址寄存器的内容。

例 3.9

```
MOV  AX,[BX][SI]
```

假设 BX=1500H,SI=2000H,DS=8000H。

物理地址=DS×10H+EA=8000H×10H+1500H+2000H=83500H。

(5) 相对的基址、变址寻址。

这种寻址方式是在基址变址寻址方式的基础上再加上或减去 16 位或 8 位位移量。有效地址 EA=基址寄存器的内容+变址寄存器的内容±16 位或 8 位位移。

例 3.10

```
MOV  AX,MASK[BX][SI]
```

假设 MASK=64H,BX=A500H,SI=2200H,DS=6000H。

物理地址=DS×10H+EA=6000H×10H+A500H+2200H+64H=6C764H。

2. 程序寻址方式

程序寻址方式就是寻找程序转移地址的方式。程序在存储器中的寻址方式分为段内转移和段间转移。段内转移指转移地址与转移指令地址在同一段中,段间转移指目标地址与转移指令地址不在同一个段中。

1) 直接寻址方式

段内直接寻址方式也称为相对寻址方式,用指令本身提供的位移量修改指令指针寄存器,形成有效目标地址的寻址方式。

例 3.11

```
JMP   1000H                  ;转移地址在指令中给出
CALL  1000H                  ;调用地址在指令中给出
```

2) 段内间接寻址方式

程序转移的地址存放在寄存器或存储单元中,这个寄存器或存储单元内容可用以上所述寄存器寻址或存储器寻址方式取得,所得到的转移有效地址用来更新 IP 的内容。由于此寻址方式仅修改 IP 的内容,所以只能在段内进行程序转移。

例 3.12

```
JMP   BX                     ;转移地址由 BX 给出
CALL  AX                     ;调用地址由 AX 给出
JMP   WORD PTR [BP+TABLE]    ;转移地址由 BP+TABLE 所指的存储单元给出
```

3) 段间直接寻址方式

这种寻址方式是在指令中直接给出 16 位的段基值和 16 位的偏移地址,用来更新当前的 CS 和 IP 的内容。

例 3.13

```
JMP   2500H:3600H           ;转移的段地址和偏移地址在指令中给出
```

```
CALL  2600H:3800H                        ;调用程序的段地址和偏移地址在指令中给出
```

4）段间间接寻址方式

这种寻址方式是寻找指令中给出的存储器数据的地址，包括存放转移地址的偏移量和段地址。其低位字地址单元存放的是偏移地址，高位字地址单元中存放的是转移段基值。这样既更新了 IP 内容又更新了 CS 的内容，故称为段间间接寻址。

例 3.14

```
JMP  WORD PTR[BX]                        ;转移到当前代码位置内
                                         ;有效地址存放在 BX 寻址的单元中
```

3. 段寄存器的确定

为了简化指令系统，8086/8088 的指令在形式上只给出了地址偏移值（有效地址），但隐含着对某段寄存器的操作，表 3.1 给出的默认规定指出了所选用的隐含段寄存器。

表 3.1　段寄存器选择规定

访 存 类 型	默认段寄存器	段超越前缀的可用性
代码	CS	不可用
PUSH、POP 类代码	SS	不可用
串操作的目标地址	ES	不可用
以 BP、SP 间址的指令	SS	可用 CS、DS、ES
其他	DS	可用 CS、SS、ES

这种隐含选择规定可以被段超越运算符"："改变。当在一条指令前面加上段超越运算符时，则由段超越运算符所指定的段寄存器取代默认的段寄存器。

例 3.15

```
MOV  BX,ES:[DI]                          ;源操作数在 ES 指定的段中
```

3.2.2　8086/8088 的常用指令

8086/8088 的指令分为数据传送指令、算术运算指令、逻辑运算和移位指令、控制转移指令、串操作指令、程序控制指令和处理器控制指令等。本节主要介绍 8086/8088 常用的指令，对于控制转移指令、串操作指令、程序控制指令、I/O 操作指令以及中断指令等将在后续章节中陆续讲解。

1. 数据传送指令

数据传送指令用于实现 CPU 的内部寄存器之间、CPU 内部寄存器和存储器之间、CPU 累加器 AX 或 AL 和 I/O 端口之间的数据传送，此类指令除了 SAHF 和 POPF 指令外均不影响标志寄存器的内容。需要注意的是，在数据传送指令中，源操作数和目标操作

数的数据长度必须一致。

1) MOV 指令

格式：

```
MOV  dest,src                    ;dest←src
```

这里，dest 为目标操作数，src 为源操作数，以下类同。

功能：MOV 指令用于将一个操作数从存储器传送到寄存器，或从寄存器传送到存储器，或从寄存器传送到寄存器，也可以将一个立即数存入寄存器或存储单元，但不能用于存储器与存储器之间以及段寄存器之间的数据传送。MOV 指令传送关系如图 3.4 所示。

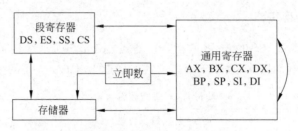

图 3.4 MOV 指令的传送关系

MOV 指令有 6 种数据传输格式。

（1）CPU 的通用寄存器之间的数据传输。

例 3.16

```
MOV  AL,BL                       ;BL 寄存器的 8 位数送到 AL 寄存器
MOV  SI,BX                       ;BX 寄存器的 16 位数送到 SI 寄存器
```

（2）立即数（常数）到存储单元的数据传输。

例 3.17

```
MOV  MEM_BYTE,20H                ;将立即数 20H 送到 MEM_BYTE 存储单元
MOV  DS:[0005H],4500H            ;将立即数 4500H 送到 DS:0005H 所指的两个
                                 ;相邻存储单元中
```

（3）立即数到通用寄存器的数据传输。

例 3.18

```
MOV  AL,20H                      ;将立即数 20H 送到 AL 寄存器
MOV  SP,2000H                    ;将立即数 2000H 送到 SP 寄存器
```

（4）通用寄存器和存储单元之间的数据传输。

例 3.19

```
MOV  AL,DS:[1000H]               ;将地址 DS:1000H 存储单元的内容送到 AL
MOV  ES:[0002H],BX               ;将 BX 中的 16 位数据传输到地址 ES:0002H
                                 ;所指的两个相邻存储单元中
```

（5）段寄存器和存储单元之间的数据传输。

例 3.20

```
MOV  ES,[BX]              ;BX 寄存器所指内容传送到 ES
MOV  [1000H],CS           ;将 CS 内容传送到地址为 1000H 所指的两个相邻存储器单元
```

(6) 通用寄存器和段寄存器之间的数据传输。

例 3.21

```
MOV  AX,ES               ;将 ES 段地址传送到 DS 寄存器
MOV  DS,AX
```

使用 MOV 指令时,必须注意以下几点:

- MOV 指令可以传 8 位数据,也可以传 16 位数据,这取决于寄存器是 8 位还是 16 位,或立即数是 8 位还是 16 位。
- MOV 指令中的目标操作数和源操作数不能都是存储器操作数,即不允许用 MOV 实现两个存储单元间的数据传输。
- 不能用 CS 和 IP 作为目标操作数,即这两个寄存器的内容不能随意改变。
- 不允许在段寄存器之间传输数据,例如 MOV DS,ES 是错误的。
- 不允许用立即数作为目标操作数。
- 不能向段寄存器传送立即数。如果需要对段寄存器赋值,可以通过 CPU 的通用寄存器 AX 完成。

例 3.22

```
MOV  AX,1000H            ;将数据段首地址 1000H 通过 AX 传入 DS 寄存器
MOV  DS,AX
```

2) 交换指令 XCHG

格式:

```
XCHG  dest,src           ;dest←→src
```

功能:XCHG 指令用于交换两个操作数。这条指令实际上起到了 3 条 MOV 指令的作用,指令中的两个操作数可以是两个寄存器操作数或一个寄存器与一个存储器操作数。

交换指令可实现通用寄存器之间、通用寄存器与存储单元之间的数据(字节或字)交换。

例 3.23

```
XCHG  AL,BL              ;AL 与 BL 寄存器的内容进行交换
XCHG  BX,CX              ;BX 与 CX 寄存器的内容进行交换
XCHG  DS:[2200H],DX      ;DL 寄存器与地址 DS:2200H 的内容进行交换
                         ;DH 寄存器与地址 DS:2201H 的内容进行交换
```

使用交换指令时应注意以下两点:

- 两个操作数不能同时为存储器操作数。
- 任一个操作数都不能使用段寄存器,也不能使用立即数。

3）取有效地址指令 LEA

格式：

```
LEA   r16,mem
```

要求：r16 为一个 16 位通用寄存器，mem 为存储单元。

功能：LEA 指令的作用是将有效地址（在这里指地址偏移值）送通用寄存器，而不是将存储单元的内容送通用寄存器。

例 3.24

```
LEA   BX,DS:1000H          ;将地址 1000H 送到 BX，即 (BX)=1000H
LEA   BX,BUFFER            ;将存储变量 BUFFER 的变量地址传送到 BX
LEA   BX,[2728]            ;将 2728 偏移地址送 BX
LEA   SP,[BP][DI]          ;将 [BP+DI] 寻址方式的偏移地址送 SP
```

在很多情况下，LEA 指令可以用相应的 MOV 指令代替。

例 3.25

```
LEA   BX,VARWORD
MOV   BX,OFFSET VARWORD
```

这两条指令的执行效果是完全一样的。区别在于后者用伪指令 OFFSET，由编译程序在编译时赋值；而前者在执行时赋值。

注意：

- 两个操作数不能同时为存储器操作数。
- 任一个操作数都不能使用段寄存器，也不能使用立即数。

4）装入地址指令

格式：

```
LDS dest,src              ;将内存中连续 4B 内容送到 DS 和指定的通用寄存器
LES dest,src              ;将内存中连续 4B 内容送到 ES 和指定的通用寄存器
```

功能：LDS 指令把 src 操作数所指的内存中连续 4B 单元内容的低 16 位数据存入 dest 指定的通用寄存器中，高 16 位存入 DS 中；LES 指令把 src 操作数所指的内存中连续 4B 单元内容的低 16 位数据存入 dest 指定的通用寄存器中，高 16 位存入 ES 中。

一个内存单元的逻辑地址用段基值和偏移量两个部分来描述，每个部分均为 16 位二进制数，即 2B。因而一个内存单元的逻辑地址需要 4B 描述，这 4B 存放内存中，顺序为：低 2B 为偏移量，高 2B 为段基值。因此，本指令可以看成是把内存中连续 4 个单元内存放的地址取出来，存入 DS（或 ES）和指定的通用寄存器中。

注意：dest 必须是通用寄存器之一，src 必须是内存操作数。

例 3.26

```
LDS   DI,[2130H]          ;将 2130H 和 2131H 单元的内容送 DI
                          ;将 2132H 和 2133H 单元的内容送 DS
```

本例的操作如图 3.5 所示。

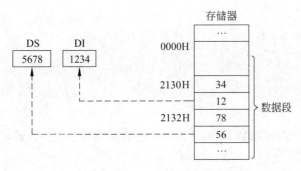

图 3.5   LDS 指令示意图

例 3.27

```
EXDWORD DD 12345678H
LDS  SI,EXDWORD                   ;指令执行后,将 1234H 送 DS,5678H 送 SI
```

5) 标志传送指令

格式:

```
LAHF
SAHF
```

功能:标志传送指令有取标志指令 LAHF 和存标志指令 SAHF,LAHF 指令用于将标志寄存器的低 8 位送入 AH,SAHF 指令用于将 AH 的内容送入标志寄存器的低 8 位。

6) 表转换指令 XLAT

格式:

```
XLAT label
XLAT                              ;AL←DS:((BX)+(AL))
```

功能:XLAT 指令以转换表中的一个字节来替换 AL 寄存器中的内容,可用于码的转换。其中 DS:BX 指向转换表的首址,转换前 AL 内容为序号,转换后 AL 内容为对应的码。例如,将 ASCII 码转换为 EBCDIC 码,也可用于代码加密。

例 3.28   将 AL 中的一个数字字符的 ASCII 码,经变换加密后从 42H 端口输出。表 3.2 给出了密码转换表。

表 3.2   密码转换表

明文码	加密码	明文码	加密码
0	'5'	5	'6'
1	'7'	6	'8'
2	'9'	7	'0'
3	'1'	8	'2'
4	'3'	9	'4'

有关程序段如下：

```
SUB        AL,'0'              ;将 AL 中 ASCII 字符转换成表 XMIT_TABLE 中的序号
LDS        BX,TAB_POINT        ;将表头地址指针送 DS:BX
XLAT       XMIT_TABLE          ;查转换表,将对应的加密码放入 AL
OUT        42H,AL              ;从 42H 端口输出加密后的 ASCII 码
TAB_POINT  DD XMIT_TABLE
XMIT_TABLE DB '5791368024'
```

表 3.2 是程序中所用的转换表,若原 AL 的内容为字符'3',则执行此段程序后,AL 中的内容为字符'1'。

7) 堆栈操作指令

堆栈的特性在第 2 章已经详细介绍过。堆栈是向下生成的,也就是说,压栈操作是先将 SP 减 2,再将数据压入 SS:SP 指向的单元;弹出操作则先将 SS:SP 指向的数据弹出,再将 SP 加 2。

格式：

```
PUSH  src
POP   dest
```

功能：PUSH 指令用于压入存储器操作数,寄存器操作数或立即数。注意,src 和 dest 为 16 位的寄存器或存储单元,图 3.6 给出了进栈和出栈操作示意图。

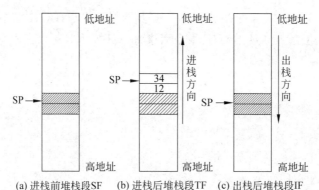

(a) 进栈前堆栈段SF　　(b) 进栈后堆栈段TF　　(c) 出栈后堆栈段IF

图 3.6　进栈和出栈操作示意图

例 3.29

```
PUSH  AX              ;将 AX 的内容压入堆栈
PUSH  [2000H]         ;将 DS 段逻辑地址为 2000H 的内容压入堆栈
```

POP 指令与 PUSH 指令相反,将栈顶的数据弹出到通用寄存器或存储器中。

例 3.30

```
POP  AX               ;将栈顶的内容弹出到 AX 寄存器
POP  M_ADD            ;将栈顶的内容弹出到 M_ADD 指定的存储器中
```

注意：

- PUSH 和 POP 指令只允许按字访问堆栈，即两类指令的操作数必须是 16 位寄存器或存储单元的操作数。
- CS 不能作为目标操作数。

8）符号扩展指令

（1）字节扩展指令。

格式：

```
CBW
```

功能：将 AL 中的单字节数的符号扩展到 AH 中。若 AX＜80H，则 0→AH；若 AL≥80H，则 FFH→AH。

例 3.31

```
MOV  AL,6FH        ;AL=01101111B
CBW                ;AH=00000000B,AL 内容不变
MOV  AL,0AFH       ;AL=10101111B
CBW                ;AH=11111111B,AL 内容不变
```

（2）字扩展双字指令。

格式：

```
CWD
```

功能：将 AX 中的单字节数的符号扩展到 DX 中。若 AX＜8000H，则 0→DX；若 AL≥8000H，则 FFFFH→DX。

例 3.32

```
MOV  AX,4F0AH      ;AX=4F0AH
CWD                ;DX=0000H,AX 内容不变
MOV  AX,0EF0AH     ;AX=0EF0AH;
CWD                ;DX=0FFFFH,AX 内容不变
```

注意：这两条符号扩展指令在带符号数的乘法和除法运算中十分有用，对标志位没有影响。

2. 算术运算指令

8086 的算术运算指令包括加、减、乘、除 4 种基本运算指令，以及为适应进行 BCD 码十进制运算而设置的各种校正指令，共 20 条。在基本算术运算指令中，除加 1、减 1 指令外，均为双操作数指令。双操作数指令的两个操作数必须有一个在寄存器中，双操作数指令的目标操作数不允许使用立即数，单操作数指令也不允许使用立即数。

算术运算指令涉及的操作数从数据形式来讲有两种，即 8 位的操作数和 16 位的操作数，这些操作数可分为两类，即无符号数和带符号数。无符号数把所有的数位都当成数值位，因此 8 位无符号数表示的范围为 0～255（或 0～0FFH）；16 位无符号数表示的范围为

0～65 535（或 0～0FFFFH）。带符号数的最高位作为符号位：0 表示正号，1 表示负号。计算机中的带符号数通常用补码表示，这样，8 位带符号数表示的范围－128～＋127（或80H～7FH）；16 位带符号数表示的范围为－32 768～＋32 767（8000H～7FFFH）。

1）加法类指令

（1）不带进位的加法指令。

格式：

```
ADD   dest,src              ;dest←(dest)+(src)
```

功能：ADD 指令用来对源操作数和目标操作数字节或字相加，结果放在目标操作数中。

说明：

- ADD 指令不允许两个存储器单元内容相加，两个操作数不能同时为存储器操作数。
- ADD 指令也不允许在两个段寄存器之间相加。
- 对标志位有影响，主要是 CF、ZF、OF、SF 标志位。

例 3.33

```
ADD   AX,BX                ;AX←(AX)+(BX)
```

例 3.34

```
ADD   AX,0F0F0H
```

设指令执行前(AX)＝5463H，执行后，将得到结果(AX)＝4553H，且 CF＝1，ZF＝0，SF＝0，OF＝0。

$$
\begin{array}{r}
(AX)=0101\quad 0100\quad 0110\quad 0011\\
+\quad\ 1111\quad 0000\quad 1111\quad 0000\\
\hline
\boxed{1}\leftarrow 0100\quad 0101\quad 0101\quad 0011\rightarrow AX\\
CF
\end{array}
$$

（2）带进位标志的加法指令。

格式：

```
ADC dest,src                    ;dest←(dest)+(src)+(CF)
```

功能：ADC 指令和 ADD 指令的功能类似，区别在于 ADC 在完成两个字或两个字节数相加的同时，还要考虑进位标志 CF 的值，若进位位 CF 为 1，则将结果加 1。

注意：src（源操作数）和 dest（目标操作数）不能同时为存储单元。段寄存器不能进行算术运算。

例 3.35

```
ADC   AX,BX                ;AX←(AX)+(BX)+(CF)
ADC   AL,4                 ;AL←(AL)+4+(CF)
ADC   EXTMEM,AX            ;EXTMEM←(EXTMEM)+(AX)+(CF)
ADC   EXTMEM,23            ;EXTMEM←(EXTMEM)+23+(CF)
```

例 3.36 有两个 4 字节数分别放在 FIRST 和 SECOND 开始的存储区,低字节在低地址处,编写程序将两数相加,并将结果存入 FIRST 开始的存储区。

```
MOV   AX,FIRST          ;第一个数的低 16 位→AX
ADD   AX,SECOND         ;两数的低 16 位相加→AX
MOV   FIRST,AX          ;低 16 位相加结果存入 FIRST 及 FIRST+1 单元
MOV   AX,FIRST+2        ;第一个数的高 16 位→AX
ADC   AX,SECOND+2       ;两数的高 16 位连同低 16 位进位相加→AX
MOV   FIRST+2,AX        ;高 16 位相加的结果存入 FIRST+2 及 FIRST+3 单元
```

(3) 加 1 指令。

格式:

```
INC   reg/mem          ;reg/mem←(reg)/(mem)+1
```

要求:reg 为 8 位或 16 位通用寄存器,mem 为 8 位或 16 位存储单元。

功能:将源操作数加 1,再送回该操作数。这条指令一般用于循环程序的指针修改,INC 指令只有一个操作数。

说明:
- 操作数可以是寄存器或存储单元,但不能为立即数。
- INC 指令影响标志位 AF、OF、PF、SF 和 ZF,但不影响 CF 位。
- INC 指令将操作数视为无符号数。

例 3.37

```
INC   AL               ;AL←(AL)+1
INC   BX               ;BX←(BX)+1
INC   BYTE PTR MEMLOC  ;MEMLOC←(MEMLOC)+1
```

2) 减法类指令

(1) 不带借位的减法指令。

格式:

```
SUB   dest,src         ;dest←(dest)-(src)
```

功能:将目标操作数减去源操作数,结果送到目标操作数,并根据结果设置标志。

说明:
- SUB 指令不允许两个存储器单元内容相减,两个操作数不能同时为存储器操作数。
- SUB 指令也不允许在两个段寄存器之间相减。
- 对标志位有影响,主要影响 CF、ZF、OF、SF 标志位。

例 3.38

```
SUB   AX,BX            ;AX←(AX)-(BX)
SUB   SI,DS:[100H]     ;SI 的内容减去地址 DS:[100H]和 DS:[101H]所指内容→SI
SUB   AL,30H           ;AL←(AL)-30H
```

```
SUB  DS:[20H],1000H      ;地址 DS:[20H]所指的字单元的 16 位
                         ;减去立即数 1000H→DS:[20H]字单元
SUB  SS:[1000H+2],CL     ;SS 段偏移地址 1000H+2 所指的字节单元
                         ;减去 CL→1000H+2 字节单元
```

（2）带借位的减法指令。

格式：

```
SBB  dest,src            ;dest←(dest)-(src)-(CF)
```

SBB 指令与 SUB 指令的功能相似，区别是 SBB 在完成字节或字相减的同时还要减去借位 CF。

说明：

- src（源操作数）和 dest（目标操作数）不能同时为存储单元。
- 段寄存器不能进行算术运算。

例 3.39

```
SBB  AX,BX               ;(AX)←(AX)-(BX)-(CF)
SBB  AX,2010H            ;(AX)←(AX)-2010H-(CF)
```

（3）减 1 指令。

格式：

```
DEC  reg/mem             ;reg/mem←(reg)/(mem)-1
```

减 1 指令只有一个操作数。操作数可以为寄存器或者存储单元，不能为立即数。该指令实现将操作数中的内容减 1，又叫减量指令。

例 3.40

```
DEC  CX                  ;(CX)←(CX)-1
DEC  DS:[100H+2]         ;将数据段 DS 偏移地址 100H+2 所指单元内容减 1,结果送回该单元
```

注意：DEC 指令和 INC 指令一样，执行后对 CF 不产生影响。

（4）取补指令。

格式：

```
NEG  reg/mem             ;reg/mem←0-(reg)/(mem)
```

功能：将操作数取补后送回源操作数，即将操作数连同符号逐位取反，然后在末位加 1，这适用于操作数在机器内用补码表示的场合。

NEG 指令的操作数可以是 8 位或 16 位通用寄存器和存储器操作数，不能为立即数。

例 3.41

```
MOV  AL,00000001B        ;AL=00000001B
NEG  AL                  ;将 AL 中的数取补,AL=11111111B
NEG  WORD PTR [SI+1]     ;将 SI+1、SI+2 单元中的内容取补
```

注意：因为执行 NEG 指令时使用 0 减去操作数，只有操作数为 0 时才使 CF=0,否

则使 CF＝1。如果操作数的值为－128(80H)或－32 768(8000H)，执行取补指令之后结果没有变化，即取补后送回的新值仍为 80H 或者 8000H，但此时的溢出标志 OF＝1。

(5) 比较指令。

格式：

```
CMP  dest,src                    ;(dest)-(src)
```

功能：将目标操作数与源操作数相减，不送回结果，只根据结果置标志位。

例 3.42

```
CMP  AX,BX                    ;将 AX-BX 后,置标志位
CMP  AL,20H                   ;将 AX-20H 后,置标志位
```

说明：本指令通过比较(相减)结果置标志位，表示两个操作数的关系。比较以下几种情况，以 CMP A,B 为例说明。

① 判断两个操作数是否相等。可根据 ZF 标志位判断：若 ZF＝1，说明 A＝B；若 ZF＝0，说明 A≠B。

② 判断两个操作数的大小。

- 判断两个无符号操作数的大小。可根据 CF 标志位判断：若 CF＝1，说明 A＜B；若 CF＝0，说明 A≥B。

- 判断两个带符号操作数的大小。可根据 SF 及 OF 标志判断：若 SF⊕OF＝1，即 SF 与 OF 不同时，说明 A＜B；若 SF⊕OF＝0，即 SF 与 OF 相同时，则 A≥B。

例 3.43

```
CMP  EXTMEM,61FAH         ;将存储器 EXTMEM 数与立即数相比,置标志位
CMP  AX,0FF00H            ;将 AX 寄存器与立即数相比,置标志位
```

一般情况下，CMP 指令后经常会有一条条件转移指令，用来检查标志位的状态是否满足某种关系。

例 3.44

```
    CMP  AL,5
    JZ   ABC                 ;若 AL=5 则转 ABC,否则顺序执行
    ⋮
ABC:
    ⋮
```

3) 乘法指令

(1) 无符号数乘法指令。

格式：

```
MUL  reg/mem                 ;dest←隐含被乘数 AL/AX 乘以乘数 reg/mem
```

功能：完成两个不带符号的 8 位或 16 位二进制数的乘法计算。乘积存放在 AH、AL 或 DX、AX 中。

例 3.45

```
MOV   AL,NUMBER1
MUL   NUMBER2              ;将 AL 的内容乘以 NUMBER2,乘积存放在 AX 中
```

例 3.46

```
MOV   AX,NUMBER1
MUL   NUMBER2              ;将 AX 的内容乘以 NUMBER2,乘积的高 16 位
                          ;放在 DX 中,低 16 位放在 AX 中
```

（2）带符号乘法指令。

格式：

```
IMUL  reg/mem
```

功能：完成两个带符号的 8 位或 16 位二进制数乘法计算。乘积存放在 AH、AL 或 DX、AX 中。

例 3.47

```
MOV   AX,1234H
IMUL  NUMBER              ;乘积高 16 位放在 DX 中,低 16 位放在 AX 中
```

4）除法指令

（1）无符号数除法指令。

格式：

```
DIV  src                 ;隐含被除数 AX/DX 或 AX 除以除数(src)
```

功能：当用 DIV 指令进行无符号数的字或字节相除时,所得的商和余数均为无符号数,分别放在 AL 和 AH 中;若进行无符号数的双字或字相除时,所得的商和余数也是无符号数,分别放在 AX 和 DX 中。

注意：除法有一种特殊情况。例如被除数为 1000,放在 AX 中,除以 2,商为 500,应放在 AL 中,余数为 0,应放在 AH 中。此时 500 超过了 AL 的最大范围 256,会产生 0 号中断。

例 3.48

```
MOV  AX,NUMBER
DIV  DIVSR               ;商在 AL 中,余数在 AH 中
```

（2）带符号除法指令。

格式：

```
IDIV  src
```

功能：IDIV 指令用于两个带符号数相除,其功能和对操作数长度的要求与 DIV 指令类似,本指令执行时,将被除数、除数都作为带符号数,其相除操作和 DIV 相同。

例 3.49

```
MOV   DX,NUMBER_MSB
MOV   AX,NUMBER_LSB
IDIV  DIVSR                    ;被除数高 16 位在 DX 中,低 16 位在 AX 中,除数
                               ;为 16 位,其结果商在 AX 中,余数在 DX 中
```

5) BCD 调整指令

BCD 调整指令分为两类,即组合的和未组合的 BCD 调整指令。

(1) 组合的 BCD 调整指令。

格式:

```
DAA
DAS
```

第一条指令对在 AL 中的和(两个组合的 BCD 码相加后的结果)进行调整,产生一个组合的 BCD 码;第二条指令对在 AL 中的差(两个组合的 BCD 码相减后的结果)进行调整,产生一个组合的 BCD 码。

① DAA 指令的调整方法:

- 如 AL 中的低 4 位在 A~F 之间,或 AF 为 1,则 AL←(AL)+6,且 AF 置位 1。
- 如 AL 中的高 4 位在 A~F 之间,或 CF 为 1,则 AL←(AL)+60H,且 CF 置位 1。

② DAS 指令的调整方法:

- 如 AL 中的低 4 位在 A~F 之间,或 AF 为 1,则 AL←(AL)-6,且 AF 置位 1。
- 如 AL 中的高 4 位在 A~F 之间,或 CF 为 1,则 AL←(AL)-60H,且 CF 置位 1。

DAA 和 DAS 指令影响标志 AF、CF、PF、SF 和 ZF,但不影响标志 OF。

例 3.50

```
MOV   AL,34H
ADD   AL,47H                    ;AL=7BH,AF=0,CF=0
DAA                             ;AL=81H,AF=1,CF=0
ADC   AL,87H                    ;AL=08H,AF=0,CF=1
DAA                             ;AL=68H,AF=0,CF=1
ADC   AL,79H                    ;AL=E2H,AF=1,CF=0
DAA                             ;AL=48H,AF=1,CF=0
```

第一条指令将两位十进制数 34 的组合 BCD 码赋予 AL,第二条指令进行加操作。因为 ADD 是二进制数相加,结果为 7BH,但作为十进制数 34 加 47 的结果应为 81,因此第三条指令进行调整,得正确结果 81。第五条指令又对第四条指令相加的结果进行调整,得结果 68(百位进入 CF)。第七条指令对第六条指令相加的结果进行调整,得结果 48(百位进入 CF)。

注意:DAA 和 DAS 这两条指令使用时要分别紧跟在以 AL 为目标操作数的加法、减法指令之后。

(2) 未组合的 BCD 调整指令。

格式：

```
AAA
AAS
AAM
AAD
```

功能：AAA 指令用于对 ADD 指令运算后 AL 中的内容进行调整。AAS 指令用于对 SUB 指令运算后 AL 中的内容进行调整。AAM 指令用于调整 MUL 指令的运算结果，使 AX 中的乘积变为 BCD 码。除法的情况却不同，AAD 指令用于调整 DIV 运算前 AH、AL 中的除数，以便除法所得的商是有效的非组合的 BCD 数。AAA 和 AAS 两条指令会影响 AF 与 CF，而对 OF、PF、SF 和 ZF 没有意义。

注意：AAA 和 AAS 两条指令使用时也要分别紧跟在加法或减法指令之后，对 BCD 码加法或减法运算结果进行调整。对 BCD 码数据进行乘法或除法运算时，要求乘数和被乘数、除数和被除数都用非组合的 BCD 码来表示，否则得到的结果将无法调整。AAM 指令也是紧跟在乘法指令 MUL 之后，它对两个非组合的 BCD 码相乘结果进行调整。对 BCD 码除法要特别注意，它的运算的调整是在除法运算之前，先对除数和被除数进行 BCD 码调整，然后再进行除法运算。

AAA 这条指令对在 AL 中的和（由两个非组合的 BCD 码相加后的结果）进行调整，产生一个非组合的 BCD 码。调整方法如下：

① 如 AL 中的低 4 位在 0～9 之间，且 AF 为 0，则转③。

② 如 AL 中的低 4 位在 A～F 之间，或 AF 为 1，则 AL←(AL)+6，AH←(AH)+1，AF 位置 1。

③ 清除 AL 中的高 4 位。

④ AF 位的值送 CF 位。

下面是为了说明该指令而写的一个程序片段，每条指令执行后的结果作为注释给出，请注意比较：

```
MOV  AX,7
ADD  AL,6            ;AL=0DH,AH=00H,AF=0,CF=0
AAA                 ;AL=03H,AH=01H,AF=1,CF=1
ADC  AL,6            ;AL=09H,AH=01H,AF=0,CF=0
AAA                 ;AL=09H,AH=01H,AF=0,CF=0
ADD  AL,39H          ;AL=42H,AH=01H,AF=1,CF=0
AAA                 ;AL=08H,AH=02H,AF=1,CF=1
```

3. 逻辑指令

逻辑运算指令包括 AND、OR、XOR、NOT 和 TEST 指令。

格式：

```
AND  dest,src        ;dest←(dest)∧(src)
OR   dest,src        ;dest←(dest)∨(src)
XOR  dest,src        ;dest←(dest)⊕(src)
```

```
NOT   reg/mem                ;reg/mem←0FFFFH-(reg)/(mem)
TEST  dest,src               ;(dest)∧(src)
```

要求：dest 为 8 位或 16 位通用寄存器或存储单元，src 为 8 位或 16 位通用寄存器、存储单元或立即数。reg 为 8 位或 16 位通用寄存器，mem 为 8 位或 16 位存储单元。

功能：AND、OR 和 XOR 指令执行按位逻辑"与""或"和"异或"。这些指令使用操作数的下列组合：两个寄存器操作数，一个通用寄存器操作数和一个存储器操作数，一个立即数与一个通用寄存器操作数或一个存储器操作数。TEST 指令将两个操作数按位"与"，只置标志不存结果。NOT 指令是一元运算指令，用于将指定操作数的各位取反，其操作数可为寄存器或存储器。

注意：src（源操作数）和 dest（目标操作数）不能同时为存储单元，段寄存器不能进行逻辑运算。

例 3.51

```
NOT   BX
AND   AX,0F0F0H
OR    AX,CX
```

例 3.52

```
      TEST  AL,00010000B
      JZ    ABC                        ;AL 中第 4 位为 0 则转 ABC,否则顺序执行
      ⋮
ABC:
      ⋮
```

4. 移位与循环移位指令

移位指令和循环移位指令用于将指定操作数中的字或字节按某种方式向左或向右移动，移位的位数取决于指令中的计数值。计数值由以下几种方式指出：隐含指出移动一位，立即数直接指出，CL 间接指出。

移位方式分为算术移位、逻辑移位、循环移位。各种移位指令的移位方式如图 3.7 所示。

1) 算术移位指令
格式：

```
SAL  reg/mem,1/CL
SAR  reg/mem,1/CL
```

要求：reg 为 8 位或 16 位通用寄存器，mem 为 8 位或 16 位存储单元。

功能：SAL 为算术左移指令，算术左移一次或 CL 指定的次数。SAR 为算术右

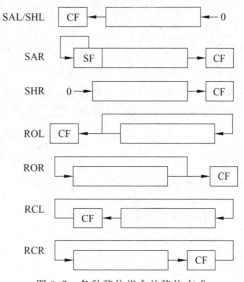

图 3.7 各种移位指令的移位方式

移指令,算术右移一次或 CL 指定的次数。

例 3.53

```
MOV  AL,8CH                ;AL=8CH
SHL  AL,1                  ;AL=18H,CF=1,PF=1,ZF=0,SF=0,OF=1
MOV  CL,6                  ;CL=6
SHL  AL,CL                 ;AL=0,CF=0,PF=1,ZF=1,SF=0,OF=0
```

2) 逻辑移位指令

格式:

```
SHL  reg/mem,1/CL
SHR  reg/mem,1/CL
```

要求:reg 为 8 位或 16 位通用寄存器,mem 为 8 位或 16 位存储单元。

功能:SHL 为逻辑左移指令,逻辑左移一次或 CL 指定的次数,与 SAL 相同。SHR 为逻辑右移指令,逻辑右移一次或 CL 指定的次数。

例 3.54 把寄存器 AL 中的内容(设为无符号数)乘 10,结果存放在 AX 中。

```
XOR  AH,AH                 ;(AH)=0
SHL  AX,1                  ;2×AX
MOV  BX,AX                 ;暂存
SHL  AX,1                  ;4×AX
SHL  AX,1                  ;8×AX
ADD  AX,BX                 ;8×AX+2×AX
```

3) 循环移位指令

格式:

```
ROL  reg/mem,1/CL
ROR  reg/mem,1/CL
RCL  reg/mem,1/CL
RCR  reg/mem,1/CL
```

要求:reg 为 8 位或 16 位通用寄存器,mem 为 8 位或 16 位存储单元。

功能:ROL 为循环左移指令,循环左移一次或 CL 指定的次数。ROR 为循环右移指令,循环右移一次或 CL 指定的次数。RCL 为带进位循环左移指令,带进位循环左移一次或 CL 指定的次数。RCR 为带进位循环右移指令,带进位循环右移一次或 CL 指定的次数。

5. 处理器指令

1) 标志位操作指令

标志位操作指令是一组无操作数指令,共 7 条指令。标志位操作指令能分别对 FLAGS 中的 CF、IF、DF 标志位进行置 1 或清零操作。

```
CLC                        ;清 CF:CF←0
```

```
STC                          ;置 CF:CF←1
CLD                          ;清 DF:DF←0
STD                          ;置 DF:DF←1
CLI                          ;清 IF:IF←0
STI                          ;置 IF:IF←1
CMC                          ;CF 取反
```

2）同步与控制指令

8086/8088 CPU 构成最大方式系统时，可与别的处理器一起构成多处理器系统。例如，CPU 需要协处理器帮助它完成某个任务时，可用同步指令向协处理器发出请求，待它们接受这一请求，CPU 才能继续执行程序。为此，专门设置了 3 条同步与控制指令。

（1）ESC 指令。

格式：

```
ESC i8,mem
```

ESC 指令是 CPU 要求协处理器完成某项任务的指令，它的功能是使某个协处理器可以从 CPU 的程序中取得操作数进行处理。在以 8086 为处理器的微机系统中，可以配备协处理器，例如 8087 和 8089，从而构成一个多处理器系统，在这种系统中 8086 按照最大模式运行，协处理器则完成某个特定的功能。

ESC 指令的编码格式如图 3.8 所示。ESC 指令是 2B，指令码前 5 位是操作码，第一个字节中的 XXX 字段用于选协处理器号，最多可有 8 个协处理器，第 2B 中 YYY 字段表示要求协处理器完成的任务，最多可完成 8 种任务。MOD 和 R/M 字段用来指定存储器中的操作数，并由 8086 CPU 取出传送给选定的协处理器。

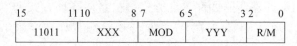

图 3.8　ESC 指令的编码格式

ESC 指令能够启动一个在某协处理器中执行的某个功能。协处理器平时处于查询状态，一旦查询到 CPU 执行 ESC 指令发出交权命令，被选协处理器便可开始工作，根据 ESC 指令的要求完成某种操作；待协处理器操作结束，便在 $\overline{\text{TEST}}$ 状态线上向 8086 CPU 发送一个有效低电平信号，当 CPU 测试到 $\overline{\text{TEST}}$ 有效时才能继续执行后续指令。

（2）WAIT 指令。

WAIT 指令通常在 CPU 执行完 ESC 指令后用来等待外部事件，即等待 8086 CPU 的信号线 $\overline{\text{TEST}}$ 上的有效信号。当 $\overline{\text{TEST}}$ ＝1 时，表示 CPU 正处于等待状态，并继续执行 WAIT 指令，每隔 5 个时钟周期就测试一次 $\overline{\text{TEST}}$ 状态；一旦测试到 $\overline{\text{TEST}}$ ＝0，则 CPU 结束 WAIT 指令，继续执行后续指令。WAIT 与 ESC 两条指令是成对使用的，它们之间可以插入一段程序。

（3）LOCK 指令。

LOCK 是一个字节的指令前缀，不是一条独立的指令，可位于任何指令的前端。在执行带有 LOCK 前缀的命令后，禁止其他处理器占用总线，故它可称为总线锁定前缀。

总线封锁常用于资源共享的最大方式系统中。可利用 LOCK 指令,在任一时刻只允许一个处理器工作,而其他均被封锁。

3) 暂停和空操作指令

(1) 暂停指令。

格式:

HLT

功能:HLT 指令使处理器暂时停止执行后续指令,直到不可屏蔽中断 NMI 发生、可屏蔽中断 INTR 被识别或处理器复位为止。

(2) 空操作指令。

格式:

NOP

功能:NOP 指令执行空操作。它除了引起 IP 的变化外,对计算机无任何影响。

NOP 指令可用于填充内存以形成正确的转移地址或延时作用,这在程序设计中有时是很必要的。

HLT 和 NOP 都是单字节指令。

3.3 80386 的寻址方式和指令系统

3.3.1 80386 的寻址方式

80386 支持先前微处理器的各种寻址方式。在立即寻址方式和寄存器寻址方式中,操作数可达 32 位宽。在存储器(内存)寻址方式中,不仅操作数可达 32 位,而且寻址范围和方式更加灵活。

80386 继续采用分段的方法管理主存储器。存储器的逻辑地址由段地址(段起始地址)和段内偏移两部分构成,存储单元的地址由段基地址加上段内偏移得到。段寄存器指示段基地址,各种寻址方式决定段内偏移。

在实模式下,段基地址仍然是 16 的倍数,段的最大长度仍然是 64K。段寄存器内所含的仍然是段基地址对应的段值,存储单元的物理地址仍然是段寄存器内的段值乘以 16 加上段内偏移。

在保护模式下,段基地址可达 32 位,段的最大长度可达 4G。段寄存器内所含的是指示段基地址的选择子,存储单元的地址是段基地址加上段内偏移,而不是段寄存器之值乘以 16 加上偏移,这与 8086/8088 完全不同。在保护模式下,段寄存器为选择子,间接指示段基地址。每次对存储器的访问或是隐含地、或是显式地、或是默认地指定了某个段寄存器。由于 80386 有 6 个段寄存器,所以在某一时刻程序可访问 6 个段,而不再是先前的 4 个段。

段寄存器 CS 所指定的段仍为当前代码段,段寄存器 SS 所指定的段为当前堆栈段,段寄存器 DS 所指定的段为默认的数据段寄存器。其他的 ES、FS 和 GS 都可作为访问数据时引用的段寄存器,但必须显式地在指令中指定,即为段超越前缀。

例 3.55

```
MOV   EAX,[SI]              ;默认段寄存器 DS
MOV   [EBP+2],EAX           ;默认段寄存器 SS
MOV   EAX,FS:[EBX]          ;显式指定段寄存器 FS
MOV   GS:[EBP],EDX          ;显式指定段寄存器 GS
```

80386 支持先前微处理器所支持的各种存储器寻址方式,并且还支持 32 位偏移和存储寻址方式。80386 允许内存地址的偏移可以由 3 部分内容相加构成,一是一个 32 位基址寄存器,二是一个可乘上比例因子 1、2、4 或 8 的 32 位变址寄存器,三是一个 8 位到 32 位的常数偏移量。

存储器寻址方式中的有关名词概念定义如下:

- 基址。任何通用寄存器都可作为基址寄存器,其内容为基址。
- 位移量。在指令操作码后面的 32 位、16 位或 8 位的数。
- 变址。除了 ESP 寄存器外,任何通用寄存器都可以作为变址寄存器,其内容为变址值。
- 比例因子。变址寄存器的值可以乘以一个比例因子,根据操作数的长度可为 1B、2B、4B 或 8B,比例因子相应地可为 1、2、4 或 8。

用上面 4 个分量计算有效地址的方法为

$$有效地址 EA = 基址 + 变址 \times 比例因子 + 位移量$$

图 3.9 表示了这种寻址方式的计算方法,即按照 4 个分量组合有效地址的不同方法,与 8086 微处理器所支持的 9 种存储器寻址方式类似,这里不再赘述。

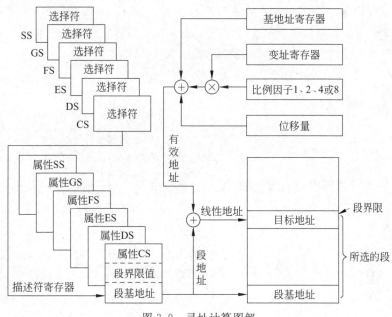

图 3.9 寻址计算图解

3.3.2　80386 指令系统

80386 的指令系统是在 8086 指令系统基础上设计的，并完全兼容 8086 指令系统，主要差别是：80386 指令系统扩展了数据宽度，对存储器寻址方式也进行了扩充，另外，增加了少量指令。

本节讲述 80386 指令系统，对 8086 指令系统中已有的指令将简略叙述，重点介绍与 8086 指令系统的差别和使用时的注意点，对新增加的 80386 指令将详细讲述。

1. 传送指令

有 5 组传送指令，即通用传送指令、累加器传送指令、标志传送指令、地址传送指令和数据类型转换指令。

1）通用传送类指令

在 8086 指令系统中，通用传送指令的操作数之一为寄存器或存储器，另一个为寄存器或立即数。用操作符 MOV 时，两个操作数的位数必须相同。

在 80386 指令系统中，可以实现双字数据传送，另外新增了符号扩展传送指令和零扩展传送指令 MOVSX 和 MOVZX

格式：

```
MOVSX  dest,src
MOVZX  dest,src
```

要求：dest 为 16 位或 32 位通用寄存器，src 为 8 位或 16 位通用寄存器或存储单元。

功能：MOVSX 指令将 8 位符号数带符号扩展成 16 位或 32 位，或者将 16 位符号数带符号扩展成 32 位数再传送。MOVZX 指令将 8 位数通过在高位加 0 扩展成 16 位或 32 位，或者将 16 位数通过在高位加 0 扩展成 32 位数再传送。

例 3.56

```
MOV    BL,92H
MOVSX  AX,BL          ;AX←FF92H
MOVSX  ESI,BL         ;ESI←FFFFFF92H,将 BL 内容带符号扩展为 32 位送入 ESI
MOVZX  EDI,AX         ;EDI←0000FF92H,将 AX 内容在高位加 0 扩展成 32 位送 EDI
```

在 80386 指令系统中，XCHG 指令除了可进行字节交换、字交换外，还可以实现双字交换。

例 3.57

```
XCHG   EAX,EDI        ;寄存器和寄存器进行双字交换
XCHG   ESI,MEM_DWORD  ;寄存器和存储器进行双字交换
```

在 80386 指令系统中，PUSH 指令的操作数除了可以是寄存器或是存储器外，还可以是立即数（POP 指令无此功能）。

例 3.58

```
PUSH   0807H                    ;将立即数 0807H 压入堆栈
```

另外,80386 中,用 PUSHA 一条指令就可以将全部的 16 位寄存器压入堆栈。而用 PUSHAD 一条指令则可将全部的 32 位寄存器压入堆栈。POPA、POPAD 则进行相反的弹出操作。

PUSHAD 压入堆栈的次序为 EAX、ECX、EDX、EBX、ESP、EBP、ESI、EDI。其中,进栈的 ESP 内容是在 EAX 压入堆栈前的值。

2）累加器传送指令

累加器传送指令包括 IN、OUT 以及 XLAT、XLATB 指令。这里,IN 和 OUT 指令的使用方法和 8086 一样,端口地址可直接在指令中给出,也可由 DX 寄存器间接给出。

XLAT 和 XLATB 指令功能相同,都称为换码指令,前者是从 8086 中延续下来的指令,以 BX 为基址,而后者以 80386 寄存器 32 位的 EBX 为基址。

3）标志传送指令

标志传送指令除了 8086 中已有的 LAHF、SAHF、PUSHF、POPF 外,80386 还增加了两条指令:

```
PUSHFD                    ;将标志寄存器的内容作为一个双字压入堆栈
POPFD                     ;从堆栈顶弹出双字到标志寄存器
```

在 80386 的 CPU 中,PUSHF 和 POPF 指令是将标志寄存器的低 16 位压入堆栈或弹出堆栈。

4）地址传送指令

80386 的地址传送指令实现 6 字节地址指针的传送。地址指针来自存储单元,目的地址为两个寄存器,其中一个是段寄存器,另一个为双字通用寄存器。LEA 指令允许 32 位操作数;LDS 指令允许从数据段中取出 32 位的偏移量送给目标寄存器,取 16 位的段基址送 DS;LES 指令从当前数据段中取 48 位的地址指针送 ES 和目标寄存器。80386 还新增了 3 条地址传送指令:

```
LFS   r16/r32,mem        ;从当前数据段中取 48 位的地址指针送 FS 和 r16/r32 寄存器
LGS   r16/r32,mem        ;从当前数据段中取 48 位的地址指针送 GS 和 r16/r32 寄存器
LSS   r16/r32,mem        ;从当前数据段中取 48 位的地址指针送 SS 和 r16/r32 寄存器
```

这 3 条指令与 8086/8088 指令系统中原有的 LDS 和 LES 指令类似,传送一个远地址指针,包括一个偏移地址和一个段地址。但在 80386 中,偏移地址可以是 16 位或 32 位。因此,以上指令中的目标操作数是 16 位或 32 位寄存器(r16/r32),源操作数是 32 位或 48 位存储器数(mem)。这类指令将前面 2 个或 4B 的存储器内容作为偏移地址传送给目标寄存器,后面 2B 的存储器内容作为段地址传送给助记符所指定的段寄存器 FS、GS 或 SS。

例 3.59

```
TABLE   DD   TABLE1          ;定义变量 TABLE1 的类型为双字(4B)
```

```
DATA    DF  DATA1                  ;定义变量 DATA 的类型为长字(6B)
    ⋮
LFS     SI,TABLE                   ;2B 偏移地址送 SI,2B 送段地址 FS
LGS     ESI,DATA                   ;4B 偏移地址送 ESI,2B 送段地址 GS
    ⋮
```

上例中的 DF 是数据定义的伪操作命令，它的作用是将变量的类型定义为 6 个字节（48 位），DF 伪操作是 80386 所特有的。

5）数据类型转换指令

在 80386 指令系统中，除了和 8086 具有完全一样的 CBW、CWD 指令外，数据类型转换指令还增加了两条指令：

```
CWDE               ;将 AX 中的字进行高位扩展,成为 EAX 中的双字
CDQ                ;将 EAX 中的双字进行高位扩展,得到 EDX 和 EAX 中的 4 字
```

CWDE 和 CDQ 指令与 CBW 和 CWD 一样，对标志位没有影响。

2. 算术运算指令

80386 指令系统的算术运算指令与 8086 并没有很大的区别，最大的改变只是对 32 位数据的支持。

（1）除法运算指令 DIV 和 IDIV 用 AX、DX＋AX 或者 EDX＋EAX 存放 16 位、32 位或者 64 位被除数，除数的长度为被除数的一半，可存放在寄存器或者存储器中。指令执行后，商放在原存放被除数的寄存器的低半部分，余数放在高半部分。

（2）乘法运算指令 MUL、IMUL 的操作数可为 2 个 8 位数、2 个 16 位数或 2 个 32 位数。寄存器 AL、AX 或者 EAX 存放其中一个操作数并保存乘积的低半部分，另一个操作数为寄存器或存储器，也可为立即数。乘积的高半部分在 8 位乘以 8 位时存放在 AH，在 16 位乘以 16 位时存放在 EAX 的高 16 位，且同时放在 DX 中，在 32 位乘以 32 位时放在 EDX 中。

下面举例说明 IMUL 指令在 80386 中的一种扩充形式，它可用一个立即数去乘一个放在寄存器或者存储器中的操作数，结果存在指定的寄存器中。

例 3.60

```
IMUL DX,BX,500H            ;将 BX 中的内容乘以 500H,结果送 DX
IMUL ECX,EDX,1000H         ;将 EDX 中的内容乘以 1000H,结果送 ECX
IMUL EDX,MEM_DWORD,30H     ;将存储器中的双字乘以 30H,结果送 EDX
```

3. 逻辑和移位指令

逻辑指令包括 NOT、AND、OR、XOR、TEST、SHL、SHR、SAL、SAR、ROL、ROR、RCL、RCR、SHLD、SHRD。前面的 13 条指令是 8086 中就有的，但在 80386 中增加了对 32 位寄存器的支持，后面两条指令是 80386 特有的。

在 80386 中，增加了两条专用的双精度移位指令，即双精度左移位指令 SHLD 和双精度右移位指令 SHRD，它们可以对 64 位的 4 字进行移位。

```
SHLD/SHRD  r/m,r,i8
SHLD/SHRD  r/m,r,CL
```

功能：将指令中的两个操作数连起来进行移位。其中，第一操作数来自寄存器或存储器，第二操作数来自寄存器。在移位操作中，将第二操作数内容移入第一操作数，而第二操作数本身不变。进位位 CF 中的值为第一操作数移出的最后一位。

SHLD 和 SHRD 的操作如图 3.10 所示。

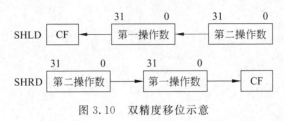

图 3.10　双精度移位示意

例 3.61

```
SHLD  TABLE[EBX],EAX,5
```

该指令表示将 TABLE[EBX]指向的双字单元的内容左移 5 位，移空位由 EAX 的内容左移 5 位填入，但 EAX 的内容不改变。

4. 标志指令

80386 的标志指令和 8086 的完全一样，包含清除进位标志指令 CLC、设置进位标志指令 STC、进位标志取反指令 CMC、清除方向标志指令 CLD、设置方向标志指令 STD 以及中断允许标志清除指令 CLI 和中断允许标志设置指令 STI。

5. 位操作指令

80386 设置了一系列进行位处理的指令，表 3.3 给出了 80386 指令系统新增的位处理指令的功能。

表 3.3　80386 指令系统新增的位处理指令的功能

指令	功　　能
BTS	将测试位的值送 CF，并把指定的测试位置 1
BTR	将测试位的值送 CF，并把指定的测试位置 0
BTC	将测试位的值送 CF，并把指定的测试位取反
BT	测试指定的位，并将测试位的值送 CF
BSF	从低到高扫描目标，如果全为 0，则 ZF 置 1，否则 ZF 置 0，并把为 1 的位的序号放入目的寄存器
BSR	从高到低扫描目标，如果全为 0，则 ZF 置 1，否则 ZF 置 0，并把为 1 的位的序号放入目的寄存器

表 3.3 中的指令都包含两个操作数。前 4 条指令的形式类似，其前一个操作数为寄存器或存储器，指出数据的位置，后一个操作数一般为立即数，用来指出是对哪一位进行操作，但有时也用寄存器指出。执行指令时，CF 用来保存要操作的位。后两条指令形式也类似，它们的前一个操作数用来存放扫描结果，后一个操作数则指出要扫描的数据所在的位置。

例 3.62

```
MOV    CX,4
BT     [BX],CX                    ;检查由 BX 指向的存储单元中的数的第 4 位,且位
                                  ;4 放入进位标志中
BITSA  DW 1234H,5678H
BITSB  DD 12345678H
  ⋮
BT     BITSA,4                    ;(BITSA)=1234H,CF←1
MOV    CX,22
BTC    BITSA,CX                   ;(BITSA+2)= 5638H,CF←1
MOVZX  EAX,CX
BTS    BITSB,EAX                  ;(BITSB)=12745678H,CF←0
```

6. LOCK 前缀指令

一般来说，32 位系统不允许 LOCK 前缀用在重复串操作指令中，即 LOCK 前缀和 REP 类前缀不能出现在同一指令中，以防止串操作所访问的页不在内存时，由于 LOCK 前缀毫无间隙地长期封锁总线而妨碍操作系统将所需要的页面调入内存，引起不该有的故障。

实际上，与 16 位 CPU 不同，32 位微处理器对可以接受 LOCK 前缀的指令作了限制，表 3.4 列出了可以使用 LOCK 前缀的指令，其中 imm 表示立即数。

表 3.4   可以使用 LOCK 前缀的指令

ADD	mem,reg	BT	mem,reg	OR	mem,imm	BTC	mem,imm
ADC	mem,reg	BTR	mem,reg	SBB	mem,imm	DEC	mem
AND	mem,reg	BTS	mem,reg	SUB	mem,imm	INC	mem
OR	mem,reg	BTC	mem,reg	XOR	mem,imm	NEG	mem
SBB	mem,reg	ADD	mem,imm	BT	mem,imm	NOT	mem
SUB	mem,reg	ADC	mem,imm	BTR	mem,imm	XCHG	reg,mem
XOR	mem,reg	AND	mem,imm	BTS	mem,imm	XCHG	mem,reg

7. 条件设置指令

80386 指令系统新增了条件设置指令，用于支持编译程序和高级语言生成的代码。这些指令根据当前的 EFLAG 中的标志设置对应的寄存器或存储器。

格式：

```
SETcc  r/m
```

其中 cc 泛指所有的设置条件。若条件满足,则设置寄存器 r 或存储单元 m 为指定的值。

例 3.63

```
MOV  AL,0
CMP  EAX,EBX
SETZ AL
```

指令完成的功能是：当 EAX 与 EBX 相等时,设置 AL 为 1,否则为 0。条件设置指令如表 3.5 所示。

表 3.5　80386 指令系统新增的条件设置指令的功能

指　令	功　能
SETZ 或 SETE	ZF=1 则置 r 或 m 为 1
SETS	SF=1 则置 r 或 m 为 1
SETO	OF=1 则置 r 或 m 为 1
SETP 或 SETPE	PF=1 则置 r 或 m 为 1
SETB 或 SETNAE 或 SETC	CF=1 则置 r 或 m 为 1
SETBE 或 SETNA	CF=1 或 ZF=1 则置 r 或 m 为 1
SETL 或 SETNGE	SF 和 OF 不相等则置 r 或 m 为 1
SETLE 或 SETNGE	SF 和 OF 不相等或 ZF=1 则置 r 或 m 为 1
SETNZ 或 SETNE	ZF=0 则置 r 或 m 为 1
SETNS	SF=0 则置 r 或 m 为 1
SETNO	OF=1 则置 r 或 m 为 1
SETNP 或 SETPO	PF=0 则置 r 或 m 为 1
SETNB 或 SETAE 或 SETNC	CF=0 则置 r 或 m 为 1
SETNBE 或 SETA	CF=0 且 ZF=0 则置 r 或 m 为 1
SETNL 或 SETGE	SF 和 OF 相等则置 r 或 m 为 1
SETNLE 或 SETG	SF 和 OF 相等且 ZF=0 则置 r 或 m 为 1

8. 系统寄存器的装入与存储指令

系统寄存器包括控制寄存器 CR、调试寄存器 DR 和测试寄存器 TR。通常它们只由系统程序员使用,也就是说,只有具有最高特权级(0 级)的程序才能使用这些寄存器存取指令。

1）与控制、调试和测试寄存器有关的传输指令

系统控制、调试和测试寄存器的装入与存储可通过在通用寄存器与系统寄存器之间的传送指令进行。

例 3.64

```
MOV  TR6,EAX                    ;装入测试寄存器 TR6
MOV  EBX,CR3                    ;保存控制寄存器 CR3 的内容
```

2）装入机器状态字指令

格式：

```
LMSW  r16/m16
```

功能：LMSW 指令将操作数装入 CR0 的 0～15 位中。

3）保存机器状态字指令

格式：

```
SMSW  r16/m16
```

功能：SMSW 指令将 CR0 的低 16 位（MSW）存入操作数所指定的 2 字节通用寄存器或存储单元中。

4）装入中断描述符表寄存器指令

格式：

```
LIDT  m16&32
```

功能：LIDT 指令将操作数所指向的 16 位段界限和 32 位段基地址 6B 存储单元的 48 位数装入到中断描述符表寄存器 IDTR 中，以确定中断向量表的位置与大小。

5）保存中断描述符表寄存器指令

格式：

```
SIDT  m16&32
```

功能：SIDT 指令将中断描述符表寄存器 IDTR 的 48 位数写入操作数指向的 6B 存储单元中。

6）装入全局描述符表寄存器指令

格式：

```
LGDT  m16&32
```

功能：LGDT 指令将操作数所指向的 16 位段界限和 32 位段基地址的 6B 存储单元的内容装入全局描述符表寄存器 GDTR，以确定内存中全局描述符表的位置与大小。

7）保存全局描述符表寄存器指令

格式：

```
SGDT  m16&32
```

功能：SGDT 指令将全局描述符表寄存器 GDTR 的 48 位数写入操作数指向的 6B 存储单元中。

8）装入局部描述符表寄存器指令

格式：

```
LLDT   r16/m16
```

功能：LLDT 指令将操作数所表示的 16 位选择符装入局部描述符表寄存器 LDTR 中。此时局部描述符表的描述符由系统自动装入到 CPU 内部相应的位描述符寄存器中，以确定该任务的局部描述符表的位置及大小。

9）保存局部描述符表寄存器指令

格式：

```
SLDT   r16/m16
```

功能：SLDT 指令将局部描述符表寄存器 LDTR 的 16 位选择符写入操作数所表示的地址单元中。

10）装入任务状态段寄存器指令

格式：

```
LTR   r16/m16
```

功能：LTR 指令将操作数所表示的任务状态段选择符装入到任务寄存器 TR 中，并自动将任务状态段描述符装入到内部相应的 64 位的描述符寄存器中。每个任务都有自己的任务状态段。

11）保存任务状态段寄存器指令

格式：

```
STR   r16/m16
```

功能：STR 指令将任务状态段寄存器 TR 的 16 位选择符存放到由操作数所表示的双字节寄存器或内存单元中。

在上述指令中，LLDT、LTR、SLDT 和 STR 只能在保护模式下使用。

9. 保护属性检查指令

此类指令只能在保护模式下使用。它们用于对选择符对应的描述符中的访问权限、段限制、可读性、可写性等访问属性进行检查，对段的特权级进行调整。

1）装入访问权限指令

格式：

```
LAR   r16/r32,r16/m16
```

功能：LAR 为装入访问权限指令。对 32 位属性，该指令将第二操作数所表示的选择符对应的描述符的第二个双字与 00F0FF00H 相"与"，取出相应访问权限部分送第一操作数所指定的 32 位通用寄存器，并将 ZF 位置 1；对 16 位属性，则与 0000FF00H 相

"与"后，其低字送 16 位寄存器。如果描述符的类型为有效的，并且访问是合法的（即 CPL 和 RPL 均小于等于 DPL），上述操作才是有效的，否则只将 ZF 位清零。

2）装入段限制指令

格式：

```
LSL    r16/r32,r16/m16
```

功能：LSL 为装入段限制指令。如果该指令的第二操作数所表示的选择符对应的描述符是有效的，并且对它的访问是合法的，就将描述符的段限制送入指令中指定的寄存器，并将 ZF 位置 1；否则只将 ZF 位清零，不改变寄存器内容。对于 LSL 指令的 32 位形式，如果限制单位是页，还要将限制换算成字节（左移 12 位再与 00000FFFH 相"与"）装入 32 位寄存器。

3）验证段的可读性指令

格式：

```
VERR   r16/m16
```

功能：VERR 指令验证段的可读性。若指令中指出的选择符所对应的段是可读的，并且访问是合法的，则将 ZF 位置 1；否则将 ZF 位清零。

4）验证段的可写性指令

格式：

```
VERW   r16/m16
```

功能：VERW 指令验证段的可写性。若指令中指出的选择符所对应的段是可写的，并且访问是合法的，则将 ZF 位置 1；否则将 ZF 位清零。

5）调整选择符的特权级指令

格式：

```
ARPL   r16/m16,r16
```

功能：ARPL 指令用于调整选择符的特权级。ARPL 指令带有两个操作数：第一操作数是一个 16 位选择符，存放在存储器中；第二操作数也是选择符，存放在寄存器中，该指令将两个选择符的特权级进行比较，若第一选择符的特权级高于第二选择符的特权级，则将第一选择符的特权级降低到与第二选择符的特权级相等。并将 ZF 位置 1；否则只将 ZF 位清零。使用该指令能有效地防止用户破坏操作系统的数据。

10. 高级语言指令

80386 指令系统新增了 3 个高级语言支持指令：BOUND、ENTER 和 LEAVE。

1）数组边界检查指令 BOUND

格式：

```
BOUND  r16/r32,m16&16/m32&32
```

功能：BOUND 指令验证在指定寄存器中的 16 位或 32 位的第一操作数是否在第二

操作数所指向的两个界限内。如果有效地址值小于下界或大于上界减操作数宽度(字节),就产生异常 5。BOUND 指令假定上、下界值依次存放在相邻存储单元中,它们同是字或双字。

2)进入和退出过程指令

在许多高级语言中,每个子程序(或函数)都有自己的局部变量。当这些子程序执行时,这些局部变量才有意义,为保存这些局部变量,当执行到这些子程序时,应为其局部变量建立相应的堆栈框架,这类似于 C 语言中 CSV 子程序,Pentium/80486/80386 用 ENTER 指令来完成此功能。在退出子程序时,应撤除这个框架,这类似于 C 语言的 CRET 子程序,Pentium/80486/80386 用 LEAVE 指令来完成此功能。

(1)建立一个堆栈区指令。

格式:

```
ENTER  i16,i8
```

功能:ENTER 指令为过程参数建立一个堆栈区。指令中的第一参数指出过程所要使用的堆栈字节数,第二参数指出本过程的嵌套层数:0~31。ENTER 指令执行时,先将(E)BP 压栈,此时的(E)SP 称为本层栈区框架指针 FP,然后将所有上层 FP 压栈,再将本层栈区框架指针送(E)BP,然后用(E)SP 减去第一参数所指出的字节数作为当前堆栈指针值。

(2)撤销一个堆栈区指令。

格式:

```
LEAVE
```

功能:LEAVE 指令用于撤销前面 ENTER 指令的操作。它先将(E)BP 复制到(E)SP,从而释放由最近的 ENTER 指令为过程分配的所有堆栈空间,然后从堆栈中弹出(E)BP 值。一条后继的 RETN 指令将消除由调用过程压入堆栈的由被调用过程使用的所有参数。

在 C 语言中,不允许函数嵌套调用,故 C 语言的编译程序中只采用 ENTER m,0 的语句形式。PASCAL 语言则允许函数或子程序的多层嵌套调用,Pentium/80436/80386 的 ENTER m,n 指令为此提供了有力的支持。例如,主程序调用过程 A 时,过程 A 用 ENTER m,0 为首次调用建立其局部参数的堆栈框架。随之过程 A 又调用过程 B,过程 B 用 ENTER m,1 为其第一层嵌套调用建立堆栈框架。其后过程 B 又调用过程 C,过程 C 为其建立第二层嵌套调用的堆栈框架。在上述过程中,栈区的各层嵌套调用的堆栈映像如图 3.11 所示。

第 i 层($0<i<32$)嵌套调用的堆栈中保留着前 $0\sim i-1$ 层嵌套调用的堆栈框架指针 FP。有了 FP 便容易访问对应层的局部变量和参数。第 i 层嵌套调用的过程除了访问自己的局部变量以外,也可以通过在其栈区中保留的 $0\sim i-1$ 层的堆栈框架指针访问其中各个过程的局部变量,但不能访问与之同层的另一嵌套调用过程的局部变量。如图 3.12 所示,过程 C 可以访问过程 A 和过程 B 的局部变量,但不能访问过程 D 的局部变量。

对第 i 层嵌套调用过程,若参数个数为 n,局部变量个数为 m,由于局部变量和参数在

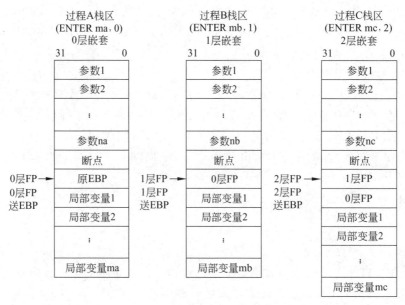

图 3.11　两层嵌套的堆栈映像

图 3.12　在嵌套过程中访问局部变量

相应的同一栈区中,故对它们的访问是非常方便的,只需移动堆栈框架指针 FP 使其指向相应局部变量或参数单元即可。

3.4　80486/Pentium 微处理器新增指令

3.4.1　80486 引入的有关指令

（1）BSWAP 双字交换指令。

格式：

```
BSWAP  r32
```

功能：将指定的 32 位寄存器中双字的第 31～24 位与第 7～0 位交换,第 23～16 位与第 15～8 位交换,以此改变数据的存放方式。

(2) CMPXCHG 比较交换指令。

格式：

```
CMPXCHG  r/m,r
```

功能：将目的寄存器或存储器中的数和累加器中的数比较。例如相等，则 ZF 为 1，并将源操作数送目标操作数；否则 ZF 为 0，并将目标操作数送累加器。

注意：

- CMPXCHG 指令前可以加 LOCK 前缀。
- 操作数为 8 位、16 位、32 位通用寄存器或存储单元。

(3) XDDD 字交换加法指令。

格式：

```
XDDD  r/m,r
```

功能：将源操作数和目标操作数相加，其中，源操作数必须为寄存器，目标操作数可为寄存器或存储器数，结果送入目标操作数处，而目标操作数送源操作数处。

(4) WBINVD 清除和回写指令。

格式：

```
WBINVD Cache
```

功能：将片内 Cache 中的内容清除，并启动一个回写总线周期，使外部电路将外部 Cache 中的数据回写到主存，再清除 Cache 中的内容。

(5) INVLPG TLB 项清除指令。

格式：

```
INVLPG m
```

功能：使转换检测缓冲器 TLB 的 32 个表项中用 m 指出的当前项清除。分页机构为实现从线性地址到物理地址的转换，需要使用转换检测缓冲器 TLB，在转换检测缓冲器 TLB 中存放了 32 个最新的页表项，指令 INVLPG m 能修改转换检测缓冲器 TLB。

3.4.2　Pentium 引入的有关指令

Pentium 在 80486 的基础上增加了 3 条处理器专用指令和 5 条系统控制指令。

(1) CMPXCHG8B 8 字节（即 64 位）比较指令。

格式：

```
CMPXCHG8B  m
```

功能：与 80486 的 CMPXCHG　r/m,r 指令类似，将 EDX、EAX 中的 8 个字节与 m 所指的存储器中的 8 个字节比较。如相等，则 ZF 为 1，并将 ECX、EBX 中的 8 个字节数据送到目的存储单元；否则 ZF 为 0，将目的寄存器中的 8 个字节数据送到 EDX、EAX 中。该指令可加 LOCK 前缀。

（2）RDTSC 读时钟周期指令。

该指令读取 CPU 中用于记录时钟周期数的 64 位计数器的值，并将读取的值送 EDX、EAX，供有些应用软件通过前后两次执行 RDTSC 指令来确定执行某段程序需要多少时钟周期。

（3）CPUID 读取 CPU 的标识等有关信息的指令。

该指令用来获得 Pentium 处理器的类型等有关信息。在执行此指令前，EAX 中如为 0，则指令执行后，EAX、EBX、ECX、EDX 中的内容合起来为 Intel 产品的标识字符串；如此前 EAX 中为 1，则指令执行后，在 EAX、EBX、ECX、EDX 中得到 CPU 的级别（如 PIV、PIII）、工作模式、可设置的断点数等。

（4）RDMSR 读取模式专用寄存器的指令。

该指令读取 Pentium 模式专用寄存器中的值。执行指令前，在 ECX 中设置寄存器号，可为 0～14H，指令执行后，读取的内容在 EDX、EAX 中。

（5）WRMSR 写入模式专用寄存器的指令。

该指令将 EDX、EAX 中的 64 位数写入模式专用寄存器，此前，ECX 中先设置模式专用寄存器号，可为 0～14H。

（6）RSM 复位到系统管理模式指令。

（7）写控制寄存器 CR_4 内容的指令。

例 3.65

```
MOV  CR₄,r32                ;将 32 位寄存器中的内容送控制寄存器 CR₄
```

（8）读控制寄存器 CR_4 内容。

例 3.66

```
MOV  r32,CR₄                ;将 CR₄ 中的内容送 32 位寄存器 R32
```

以上指令中，前 3 条为处理器专用指令，后 5 条为系统控制指令。

小结

本章首先介绍了 16 位微处理器 8086/8088 指令系统中的数据类型、机器指令格式，在此基础上，较详细地介绍了 8086/8088 微处理器的寻址方式，包括操作数寻址方式和程序转移地址的寻址方式。然后，详细地讲解了 8086/8088 的常用的指令及它们的一些应用实例。同时本章也对 80386 微处理器的寻址方式和指令系统进行了介绍，讲述了 80386 与 8086/8088 指令的区别以及 80386 新增指令的功能。另外，对 80486 和 Pentium 微处理器引入的有关指令做了简单介绍。

对于控制转移类指令、串操作与重复前缀指令、子程序调用与返回指令以及中断调用与返回指令的讲解将穿插在后续章节中介绍。

习题

1. 已知 DS＝2000H,BX＝0100H,SI＝0002H,存储单元[20100H]～[20103H]依次存放 12 34 56 78H,[21200H]～[21203H]依次存放 2A 4C B7 65H,说明下列每条指令执行后 AX 寄存器的内容。

(1) MOV　AX,1200H

(2) MOV　AX,BX

(3) MOV　AX,[1200H]

(4) MOV　AX,[BX]

(5) MOV　AX,[BX+1100H]

(6) MOV　AX,[BX + SI]

(7) MOV　AX,[BX][SI+1100H]

2. 指出下列指令的错误。

(1) MOV　CX,DL　　　　　　(2) MOV　IP,AX

(3) MOV　ES,1234H　　　　　(4) MOV　ES,DS

(5) MOV　AL,300　　　　　　(6) MOV　[SP],AX

(7) MOV　AX,BX+DI　　　　(8) MOV　20H,AH

3. 已知数字 0～9 对应的格雷码依次为 18H,34H,05H,06H,09H,0AH,0CH,11H,12H,14H,它存在于以 TABLE 为首地址(设为 200H)的连续区域中。为如下程序段的每条指令加上注释,说明每条指令的功能和执行结果。

```
LEA  BX,TABLE
MOV  AL,8
XLAT
```

4. 什么是堆栈? 它的工作原则是什么? 它的基本操作有哪两个? 对应哪两种指令?

5. 已知 SS＝FFA0H,SP＝00B0H,画图说明执行下面指令序列时堆栈区和 SP 的内容如何变化。

```
MOV   AX,8057H
PUSH  AX
MOV   AX,0F79H
PUSH  AX
POP   BX
POP   [BX]
```

6. 给出下列各条指令执行后 AL 的值以及 CF、ZF、SF、OF 和 PF 的状态。

```
MOV  AL,89H
ADD  AL,AL
ADD  AL,9DH
CMP  AL,0BCH
```

```
SUB  AL,AL
DEC  AL
INC  AL
```

7. 设 X、Y、Z 均为双字数据，分别存放在地址为 X 和 X+2、Y 和 Y+2、Z 和 Z+2 的存储单元中，它们的运算结果存入 W 单元。阅读如下程序段，给出运算公式。

```
MOV  AX,X
MOV  DX,X+2
ADD  AX,Y
ADC  DX,Y+2
ADD  AX,24
ADC  DX,0
SUB  AX,Z
SBB  DX,Z+2
MOV  W,AX
MOV  W+2,DX
```

8. 请分别用一条汇编语言指令完成如下功能：

(1) 把 BX 寄存器和 DX 寄存器的内容相加，结果存入 DX 寄存器。

(2) 用寄存器 BX 和 SI 的基址变址寻址方式把存储器的一个字节与 AL 寄存器的内容相加，并把结果送到 AL 中。

(3) 用 BX 和位移量 0B2H 的寄存器相对寻址方式把存储器中的一个字和 CX 寄存器的内容相加，并把结果送回存储器中。

(4) 把数 0A0H 与 AL 寄存器的内容相加，并把结果送回 AL 中。

9. 指出下列指令的错误。

(1) XCHG [SI],30H

(2) POP CS

(3) SUB [SI],[DI]

(4) PUSH AH

(5) ADC AX,DS

10. 给出下列各条指令执行后的结果，以及 CF、OF、SF、ZF、PF 的状态值。

```
MOV  AX,1470H
AND  AX,AX
OR   AX,AX
XOR  AX,AX
NOT  AX
TEST AX,0F0F0H
```

11. 编写程序段完成如下要求：

(1) 用位操作指令实现 AL(无符号数)乘以 10。

(2) 用逻辑运算指令实现数字 0～9 的 ASCII 码与非压缩 BCD 码的互相转换。

(3) 把 DX、AX 中的双字右移 4 位。

12. 指令指针 IP 是通用寄存器还是专用寄存器？有指令能够直接对它赋值吗？哪类指令的执行会改变它的值？在调试程序 DEBUG 环境下如何改变 IP 数值？

13. 按下述要求分别给出 3 种方法,每种方法只用一条指令。

(1) 使 CF＝0。

(2) 使 AX＝0。

(3) 同时使 AX＝0 和 CF＝0。

14. 控制转移类指令中有哪几种寻址方式？

15. 什么是短转移 SHORT、近转移 NEAR 和远转移 FAR？什么是段内转移和段间转移？

16. 假设 DS＝2000H,BX＝1256H,SI＝528FH,位移量 TABLE＝20A1H,[232F7H]＝3280H,[264E5H]＝2450H,执行下列段内间接寻址的转移指令后,转移的目的地址是什么？

(1) JMP   BX

(2) JMP   TABLE[BX]

(3) JMP   [BX][SI]

17. 设 X、Y、Z、V 均为 16 位带符号数,分别装在 X、Y、Z、V 存储单元中,阅读以下程序段,得出它的运算公式,并说明运算结果存于何处。

```
MOV    AX,X
IMUL   Y
MOV    CX,AX
MOV    BX,DX
MOV    AX,Z
CWD
ADD    CX,AX
ADC    BX,DX
SUB    CX,540
SBB    BX,0
MOV    AX,V
CWD
SUB    AX,CX
SBB    DX,BX
IDIV   X
```

18. 已知 AL＝F7H(表示有符号数－9),分别编写用 SAR 和 IDIV 指令实现除以 2 的程序段,并说明各自执行后所得的商是什么。

19. 已知 AX、BX 存放的是 4 位压缩 BCD 码表示的十进制数,请说明如下程序段的功能。

```
ADD    AL,BL
DAA
XCHG   AL,AH
```

```
ADC    AL,BH
DAA
XCHG   AL,AH
RET
```

20. AAD 指令用于在除法指令之前进行非压缩 BCD 码调整。实际上，处理器的调整过程是：AL←AH × 10+AL，AH←0。如果指令系统没有 AAD 指令，请编写程序段完成这个调整工作。

第 4 章　80x86 汇编语言程序设计

汇编语言(assembly language)是面向机器的程序设计语言。在汇编语言中,用助记符代替操作码,用地址符号(symbol)或标号(label)代替地址码。这样用符号代替机器语言的二进制码,就把机器语言变成了**汇编语言**。于是,汇编语言亦称为**符号语言**,用汇编语言编写好的符号程序称为**源程序**。计算机不能直接识别和执行用汇编语言编制的程序,必须通过**汇编程序**的加工和翻译才能变成能够被计算机识别和处理的二进制代码程序。汇编程序把汇编语言翻译成机器语言的过程称为汇编,汇编程序是系统软件中的语言处理类软件。

高级汇编语言,如 MASM、TASM 等,为编写汇编语言程序提供了很多类似于高级语言的特征,例如结构化、抽象等,在这样的环境中编写的汇编语言程序有很大一部分是面向汇编语言的伪指令,已经类同于高级语言。汇编语言是面向具体机型的,它离不开具体微处理机的指令系统,因此,对于不同微处理机,有着不同结构的汇编语言,而且,对于同一问题所编制的汇编语言程序在不同种类的微处理机间是互不相通的。

汇编语言像机器指令一样,是硬件操作的控制信息,因而仍然是面向机器的语言,使用起来比较烦琐费时,通用性也差。但是,当汇编语言用来编写面向接口的控制软件时,因目标程序占用内存空间少,运行速度快,有着高级语言不可替代的作用。为了结合高级语言与汇编语言的优点,在硬件系统开发中经常使用两者混合编程。

本章以微软公司的宏汇编程序 MASM 6.x 为蓝本,介绍汇编语言源程序的格式、常用伪指令与操作符,同时介绍汇编语言源程序的开发过程。本章还从相关指令入手,重点介绍汇编语言源程序的设计方法,如顺序结构、分支结构、循环结构及子程序等。通过学习和使用汇编语言,能够感知、体会、理解机器的逻辑功能,向上为理解各种软件系统的原理打下技术理论基础,向下为掌握硬件系统的原理打下实践应用基础。因此学习汇编语言是我们理解整个计算机系统的最佳起点。另外,为了接近实际应用,本章还介绍汇编语言与 C 语言混合编程。

本章的主要内容如下:
- MASM 宏汇编语句结构以及开发过程。
- MASM 汇编语言表达式、运算符。
- 程序段的定义和属性。
- 复杂数据结构。
- 宏汇编。
- 基本汇编语言程序设计。
- 汇编语言与常用系统功能调用。
- 子程序的设计。
- 汇编语言与 C 语言混合编程。

- 高级汇编语言程序设计。

4.1 MASM 宏汇编语句结构及开发过程

为了使学习者能很快地掌握汇编语言源程序的开发，本节从一个示例出发，说明汇编语言源程序的一般格式以及汇编、连接和调试的全过程，即汇编语言程序的一般开发方法。

4.1.1 汇编语言程序的语句类型和格式

1. 语句的类型

汇编语言源程序中的语句可以分为 3 种类型：硬指令语句、伪指令语句和宏指令语句。

硬指令语句是指能产生目标代码，CPU 可以执行，能完成特定功能的语句，它主要由 CPU 指令组成。

伪指令语句是一种不产生目标代码的语句，它仅仅在汇编过程中告诉汇编程序应如何汇编。它可以告诉汇编程序已写出的汇编语言源程序有几个段，段的名字是什么。另外，它还可以定义变量，定义过程，给变量分配存储单元，给数字或表达式命名等。所以伪指令语句是汇编程序在汇编时用的。

宏指令语句是一个指令序列，汇编时凡有宏指令语句的地方都将用相应的指令序列的目标代码替代。

2. 语句的格式

汇编语言源程序由语句序列构成。汇编语言源程序中的每条语句一般占一行，每行不超过 132 个字符，MASM 6.0 及以上版本的汇编程序可以是 512 个字符。语句一般有两种格式，即执行性语句和说明性语句，每种语句格式都由 4 个部分组成。

执行性语句是由硬指令构成的语句，它通常对应一条机器指令，出现在程序的代码段中，它的一般格式为

标号：硬指令助记符　操作数,操作数　　　　;注释

说明性语句是由伪指令构成的语句，它通常指示汇编程序如何汇编源程序，它的一般格式为

名字　伪指令助记符　参数,参数,…　　　　;注释

执行性语句中，冒号前的标号反映该指令的逻辑地址，为分支、循环等指令提供转移的目的地址。说明性语句中的名字可以是变量名、段名、子程序名或宏名等，既反映逻辑地址又具有自身的各种属性。标号和名字是符合汇编语言语法的用户自定义的标识符，每个标识符的定义是唯一的。标号和名字很容易通过是否具有冒号来区分。

标识符(identifier)由若干字母、数字及规定的特殊符号(如 _、$、?、@)组成,一般不超过 31 个字符,不能以数字开头。默认情况下,汇编程序不区别标识符中的字母大小写。另外,标识符不能是汇编语言的保留字。汇编语言的保留字(reserved word)主要有硬指令助记符、伪指令助记符、运算符、寄存器名以及预定义符号等。汇编程序也不区别保留字中的字母大小写。换句话说,汇编语言对大小写是不敏感的。

硬指令助记符可以是任何一条处理器指令,也可以是一条宏指令。**伪指令助记符**将在 4.2 节学习。

处理器指令的操作数可以是立即数、寄存器和存储单元。伪指令的参数可以是常量、变量名、表达式等,可以有多个参数,参数之间用逗号分隔。

语句中由分号";"开始的部分为注释内容,用以增加源程序的可读性。必要时,一个语句行也可以由分号开始作为阶段性注释。汇编程序在翻译源程序时将跳过该部分,不对它们做任何处理。

语句的 4 个组成部分要用分隔符分开。标号后的冒号、注释前的分号是规定采用的分隔符,操作数之间、参数之间一般用逗号分隔,其他部分通常采用空格或制表符作为分隔符。多个空格和制表符的作用与一个相同。另外,MASM 也支持续行符"\"。

第 3 章所给出的指令和程序段都满足语句格式要求如下面的这段程序。

```
        MOV   CX,56          ;传送指令,具有两个操作数
DELAY:  NOP                  ;空操作指令,没有操作数,带有标号 DELAY
        LOOP  DELAY          ;循环指令,标号 DELAY 说明转移位置
BUFFER  DB  1,2,3,4,5,6,7    ;数据定义伪指令,在主存中开辟 7 个
                             ;连续的字节单元,初值依次为 1~7
                             ;BUFFER 表示它们的首地址
```

4.1.2　汇编语言的程序格式

同其他程序设计语言一样,汇编语言的翻译器(汇编程序)对源程序有严格的格式要求。这样,汇编程序才能准确翻译源程序,形成功能等价的机器指令(目标代码),在通过连接后形成能直接运行的程序。汇编语言程序格式就是汇编语言必须遵循的语法规则。

80x86 在实地址模式和虚拟 8086 模式下按照逻辑段组织程序,具有代码段、数据段、附加段和堆栈段。因此,完整的汇编语言源程序也由段组成。一个汇编语言源程序可以包含若干个代码段、数据段、堆栈段或附加段,段与段之间的顺序可随意排列。需独立运行的程序必须包含一个代码段,并指示程序执行的起始位置,一个程序只有一个起始位置。所有的可执行性语句必须位于某一个代码段内,说明性语句可根据需要位于任一段内。通常,程序还需要一个堆栈段。

下面给出在屏幕上显示一行字符的汇编语言源程序,分别用两种格式书写。第一种格式是从 MASM 5.0 开始支持的简化段定义格式(但其中的两个指令.STARTUP 和.EXIT是 6.0 版本才引入的)。第二种格式是 MASM 5.0 以前版本就具有的完整段定义格式。

例 4.1 简化段定义的源程序格式。

```
.MODEL   SMALL                        ;定义程序的存储模式,小型程序一般采用小模式 SMALL
.STACK                                ;定义堆栈段
.DATA                                 ;定义数据段
         STRING  DB 'Hello,Everybody!',0DH,0AH,'$'
                                      ;在数据段定义要显示的字符串
.CODE                                 ;定义代码段
.STARTUP                              ;说明程序起始位置,并建立 DS、SS 内容①
         MOV  DX,OFFSET STRING        ;指定字符串在数据段的偏移地址
         MOV  AH,9
         INT  21H                     ;利用 DOS 功能调用显示信息
.EXIT 0                               ;程序结束点,返回 DOS②
         END                          ;汇编结束③
```

在简化段定义的格式中,以圆点开始的伪指令说明程序的结构。其中.DATA、.CODE 和.STACK 依次说明数据段、代码段和堆栈段,一个段开始自动结束上一个段定义。其他伪指令的功能也已在程序注释中说明。数据段中定义了字节变量 STRING,其初值为字符串'Hello,Everybody! '。堆栈段.STACK 为本程序开辟了默认 1024B 的堆栈空间。代码段中,首先由.STARTUP 伪指令指明程序的起始执行点,同时该指令还为程序中数据、代码和堆栈段连接相应的段寄存器。因为在 DS 中建立了数据段首地址,后续程序便可通过相应的寻址方式访问到数据段中的数据。程序主体是利用 DOS 系统调用输出字符串到屏幕,最后用.EXIT 伪指令返回 DOS 操作系统,程序执行结束。

例 4.2 完整段定义的源程序格式。

```
STACK   SEGMENT STACK                        ;定义堆栈段 STACK
        DW    512 DUP(?)                     ;堆栈段的大小是 1024B(512 字)空间
STACK   ENDS                                 ;堆栈段结束
DATA    SEGMENT                              ;定义数据段 DATA
        STRING  DB 'Hello,Everybody!',0DH,0AH,'$'       ;定义要显示的字符串
DATA    ENDS                                 ;数据段结束
CODE    SEGMENT  'CODE'                      ;定义代码段 CODE
        ASSUME  CS:CODE,DS:DATA,SS:STACK
                                             ;确定 CS、DS、SS 指向的逻辑段
START:  MOV AX,DATA                          ;设置数据段的段地址 DS
        MOV DS,AX
        MOV DX,OFFSET STRING
                                             ;利用功能调用显示信息
        MOV AH,9
        INT 21H
        MOV AX,4C00H                         ;利用系统功能调用返回 DOS
        INT 21H
CODE    ENDS                                 ;代码段结束
END     START                                ;汇编结束,同时表明程序起始位置为标号 START 处
```

从例 4.2 可以看出,完整段定义格式由 SEGMENT 和 ENDS 这一对伪操作实现,即完整段定义格式为

```
XYZ    SEGMENT
       ...                    ;语句序列
XYZ    ENDS
```

这是一个名为 XYZ 段的定义框架,至于 XYZ 段的功能是什么,将由代码段的 ASSUME 伪指令加以指定。在例 4.2 中,数据段 DATA 定义了字符串变量 STRING;堆栈段 STACK 为本程序开辟了一个 512 个字的堆栈空间;代码段 CODE 中,ASSUME 语句将 CS、DS、SS 依次指向名为 CODE、DATA、STACK 的逻辑段,即依次设置它们为代码、数据和堆栈段。然而,ASSUME 伪指令并不为 DS 赋值,所以程序开始就先用传送指令将 DS 赋值为 DATA 段首地址,这样后续程序便可访问到 DATA 段中的数据。程序主体为显示数据段定义的字符串。最后,利用 4CH 号 DOS 系统功能调用返回操作系统,程序执行结束。

对比两种格式的源程序,简化段格式显得简洁明快,易于掌握,引入存储模式更使得程序能够方便地与其他微软开发工具组合;完整段格式虽显烦琐,但可以提供更多的段属性,有时也是必须采用的。本章后面还将详细介绍这两种段定义格式,但本章主要采用简化段格式,方便读者把注意力集中于程序设计本身。

需要注意的是,由于 MASM 5.0/5.1 不支持 .STARTUP 和 .EXIT 伪指令,如果读者采用 MASM 5.0/5.1 版本的汇编系统,请将例 4.1 的源程序中 3 个标记处的语句分别修改如下。

① 处:

```
START: MOV  AX,@DATA          ;设置数据段的段地址 DS
       MOV  DS,AX
```

② 处:

```
MOV  AX,4C00H                 ;返回 DOS
INT  21H
```

③ 处:

```
END  START                    ;汇编结束,程序起始点为标号 START 处
```

除特别说明为 MASM 6.x 新引入的功能外,为适应 MASM 5.0/5.1,本章所有采用简化段定义格式的源程序都可以这样修改。

4.1.3 汇编语言程序的开发过程

运行安装文件 SETUP.EXE 就可以开始安装 MASM 6.x 汇编程序。通常选择在 MS-DOS 或 Microsoft Windows 操作系统下使用 MASM。

虽然完整的 MASM 汇编系统包含很多文件,但是以下几个文件却是最基本的:

• ML.EXE,汇编程序。

- ML. ERR,汇编错误信息文件。
- DOSXNT. EXE,MS-DOS 扩展文件。
- LINK. EXE,连接程序。
- LIB. EXE,子程序库管理文件。

另外,如果采用 MASM 5.1 格式,应加上 MASM. EXE 文件。以上全部文件组成了命令行开发方式的所有文件,还可以再包括 DOS 本身的调试程序 DEBUG. EXE。

一般汇编语言程序设计的上机过程是:首先用某一个文本编辑器形成一个以 ASM 为扩展名的源程序文件,源程序就是用汇编语言语句编写的程序。汇编语言源程序是不能直接被计算机运行的,必须用汇编程序(MASM)翻译源程序,将 ASM 文件转换为用机器码表示的目标程序文件(其扩展名为 OBJ),最后用连接程序(LINK)将一个或多个目标文件与库文件连接成一个可执行文件(其扩展名为 EXE)。这时就可以在 DOS 下直接输入文件名运行此程序。下面介绍在计算机上运行汇编语言程序的步骤。

1. 源程序的编辑

源程序文件的形成(编辑)可以通过任何一个文本编辑器实现。例如,DOS 中的全屏幕文本编辑器 EDIT,或读者已经熟悉的其他程序开发工具中的编辑环境(如 Turbo C),也可以采用 MASM 程序员工作平台 PWB 中的编辑环境。注意源程序文件必须以 ASM 为扩展名,例如 EDIT LT401A. ASM。

2. 源程序的汇编

汇编是将源程序翻译成由机器代码组成的目标模块文件的过程。MASM 6.x 提供的汇编程序是 ML. EXE。例如对已编辑的源程序 LT401A. ASM 可用如下汇编命令完成源程序的汇编:

```
ML/c LT401A.ASM
```

如果源程序中没有语法错误,MASM 将自动生成一个目标模块文件 LT401A. OBJ,否则 MASM 将给出相应的错误信息。根据错误信息,重新编辑修改源程序,然后再次进行汇编。

注意:若仅利用 ML 实现源程序的汇编,参数/c(小写字母 c)是必须有的;否则,ML 将自动调用连接程序 LINK. EXE 进行连接。

MASM 5.x 及以下版本的汇编程序是 MASM. EXE,它仅能实现源程序汇编,不会自动调用连接程序,对已编辑的源程序 LT401A. ASM,MASM 5. x 及以下版本的汇编程序的常用格式是

```
MASM LT401A.ASM
```

3. 目标文件的连接

连接程序能把一个或多个目标文件和库文件合成一个可执行文件(EXE、COM 文件)。针对已生成的 LT401A. OBJ 文件,可用如下命令实现目标文件的连接:

```
LINK LT401A.OBJ
```

如果不带文件名,LINK连接程序将提示输入OBJ文件名,它还会提示生成的可执行文件名以及列表文件名,一般采用默认文件名就可以。如果没有严重错误,LINK将生成一个可执行文件LT401A.EXE;否则将提示相应的错误信息,这时需要根据错误信息重新修改源程序后再汇编、连接,直到生成可执行文件。

连接程序的一般格式如下:

LINK [/参数选项]OBJ文件列表[EXE文件名,MAP文件名,库文件][;]

连接程序可以将多个模块文件连接起来,形成一个可执行文件;多个模块文件用加号"+"分隔。给出EXE文件名就可以替代与第一个模块文件名相同的默认名。给出MAP文件名将创建连接映像文件,否则不生成映像文件。库文件是指连接程序需要的子程序库等。LINK格式中,中括号内的文件名是可选的,如果没有给出,则连接程序将提示,通常用回车表示接受默认名。为避免频繁的键盘操作,可以用一个分号";"表示采用默认名,连接程序就不再提示输入内容。利用"/?"参数可以显示LINK的所有参数选项。

事实上,ML汇编程序可以自动调用LINK连接程序(ML表示MASM和LINK),实现汇编和连接的依次进行。要实现这一点,只要在命令行中输入不带/c参数的ML命令即可。例如:

```
ML  LT401A.ASM
```

上面介绍了通常采用的ML命令行格式。实际上,汇编程序ML.EXE可以带上其他参数。用"/?"或"/HELP"选项就可以看到它的所有参数。ML.EXE的命令行格式如下:

ML[/参数选项]文件列表[/LINK连接参数选项]

ML允许汇编和连接多个程序形成一个可执行文件,它的常用参数选项如下(注意参数是大小写敏感的)。

- /AT:允许tiny存储模式(创建一个COM文件)。
- /c:只汇编源程序,不进行自动连接(这里是小写的字母c)。
- /Fl文件名:创建一个汇编列表文件(扩展名是LST)。
- /Fr文件名:创建一个可在PWB下浏览的SBR源浏览文件。
- /Fo文件名:根据指定的文件名生成模块文件,而不是采用默认名。
- /Fe文件名:根据指定的文件名生成可执行文件,而不是采用默认名。
- /Fm文件名:创建一个连接映像文件(扩展名是MAP)。
- /I路径名:设置需要包含进(INCLUDE)源程序的文件所在的路径。
- /Sg:在生成的列表文件中列出由汇编程序产生的指令。
- /Sn:在创建列表文件时不产生符号表。
- /Zi:生成模块文件时,加入调试程序CodeView需要的信息。
- /Zs:只进行句法检查,不产生任何代码。
- /LINK:传递给连接程序LINK的参数。

汇编程序 ML 选用/Fl 文件名、/Fm 文件名参数选项时,生成的 LST 和 MAP 文件对程序的调试非常有用。下面分析 LST 和 MAP 文件的作用。

1) 列表文件

列表文件是一种文本文件,含有源程序和目标代码,对程序员学习汇编语言程序设计和发现错误很有用。要创建列表文件,可以输入如下命令:

```
ML/Fl/Sg LT401A.ASM
```

该命令除产生模块文件 LT401A.OBJ 和可执行文件 LT401A.EXE 外,还将生成列表文件 LT401A.LST。采用/Sg 选项,如果源程序具有.STARTUP、.EXIT 伪指令以及流程控制伪指令,如.IF、.WHILE 等,将在列表文件中得到相应的硬指令;否则,列表文件只给出上述伪指令。LT401A.LST 如下所示:

```
LT401A.ASMPAGE 1-1
        . MODEL SMALL
        . STACK
0000    . DATA
0000 48 65 6C  6C 6F 2C 45  76  STRING  DB 'Hello,Everybody!',0DH,0AH,'$'
     65 72 79 62 6F 64
     79 20 21 0D 0A24
0000    . CODE
        . STARTUP
0000               *  @STARTUP:
0000 3 BA---R      *  MOV   DX,DGROUP
0003 2 8E DA       *  MOV   DS,DX
0005 2 8C D3       *  MOV   BX,SS
0007 2 2B DA       *  SUB   BX,DX
0009 2 D1 E3       *  SHL   BX,001H
000B 2 D1 E3       *  SHL   BX,001H
000D 2 D1 E3       *  SHL   BX,001H
000F 2 D1 E3       *  SHL   BX,001H
0011 1 FA          *  CLI
0012 2 8E D2       *  MOV   SS,DX
0014 2 03 E3       *  ADD   SP,BX
0016 2 FB          *  STI
0017 3 BA 0000 R      MOV   DX,OFFSET STRING
001A 2 B4 09          MOV   AH,9
001C 2 CD 21          INT   21H
        .EXIT 0
001E 3 B8 4C00     *  MOV   AX,04C00H
0021 2 CD 21       *  INT   021H
        END
LT401A. ASM                          SYMBOLS 2 -1
SEGMENTS AND GROUPS:
```

```
        NAME            SIZE      LENGTH   ALIGN    COMBINE     CLASS
DGROUP  ........  GROUP
   _DATA  .........  16 BIT    0014     WORD     PUBLIC      'DATA'
   STACK  .........  16 BIT    0400     PARA     STACK       'STACK'
   _TEXT  .........  16 BIT    0023     WORD     PUBLIC      'CODE'
SYMBOLS : ..
   NAME            TYPE      VALUE    ATTR
@CODESIZE  ...........  NUMBER    0000H
@DATASIZE  ...........  NUMBER    0000H
@INTERFACE  ..........  NUMBER    0000H
@MODEL  .............  NUMBER    0002H
@STARTUP  ............  L NEAR    0000     _TEXT
@CODE  ..............  TEXT               _TEXT
@DATA  ..............  TEXT               DGROUP
@FARDATA?.............  TEXT               FAR_BSS
@FARDATA..............  TEXT               FAR_DATA
@STACK  .............  TEXT               DGROUP
STRING  .............  BYTE      0000     _DATA
0 Warnings
0 Errors
```

列表文件有两部分内容。在第一部分源程序中,最左列是数据或指令在该段从 0 开始的相对偏移地址,向右依次是指令的机器代码字节个数、机器代码和汇编语言语句。机器代码后有字母 R 表示该指令的立即数/位移量现在不能确定或只是相对地址,它将在程序连接或进入主存时才能定位。带有符号 * 的处理器指令是由前面一条伪指令产生的,采用/Sg 选项的列表文件列出;否则,将只有伪指令本身。如果程序中有警告(Warning)或错误(Error),也会在相应位置提示。

列表文件的第二部分是标识符使用情况。对段名和组名给出它们的名字(NAME)、尺寸(SIZE)、长度(LENGTH)、定位(ALIGN)、组合(COMBINE)和类别(CLASS)属性;对符号给出它们的名字(NAME)、类型(TYPE)、数值(VALUE)和属性(ATTR),另外,对于采用简化段定义格式的符号名,有许多汇编系统自定义了标识符,例如@DATA 等。

2) 映像文件

映像文件也是一种文本文件,表明每个段在存储器中的分配情况。要创建映像文件,可以输入如下命令:

```
ML/Fm  LT401A.ASM
```

该命令除产生 LT401A. OBJ 和 LT401A. EXE 文件外,还将生成映像文件 LT401A. MAP,如下所示:

```
Start    Stop    Length    Name    Class
00000H   00022H   00023H    _TEXT   CODE
00024H   00037H   00014H    _DATA   DATA
00040H   0043FH   00400H    STACK   STACK
```

```
Origin  Group
0002:0   DGROUP
Address    Publics by Name
Address    Publics by Value
Program entry point at 0000:0000
```

映像文件中首先给出了该程序各个逻辑段的起点（Start）、终点（Stop）、长度（Length）、段名（Name）和类别（Class），然后是段组（Group）位置和组名，最后提示程序开始执行的逻辑地址。注意，这里的起点、终点和段地址是以该程序文件开头而言的相对地址，而实际的绝对地址需要在程序进入内存后确定。

由于涉及变量、标号和逻辑段属性等内容，读者可以在学习相关内容后再阅读并理解列表文件和映像文件的含义。

4. 可执行程序的调试

经汇编、连接生成的可执行程序在操作系统下只要输入文件名就可以运行，如果出现运行错误，可以从源程序开始排错，也可以利用调试程序 DEBUG.EXE 帮助发现错误。调试程序命令为

DEBUG LT401A.EXE

运行 DEBUG 后，可采用 U 命令反汇编程序静态观察，或者采用 T 命令或 G 命令动态观察。例如，从第一条执行指令位置开始，执行反汇编命令 U，显示该程序的机器代码和对应处理器指令如下所示：

```
14C4:0000 BAC614    MOV    DX,14C6
14C4:0003 8EDA      MOV    DS,DX
14C4:0005 8CD3      MOV    BX,SS
14C4:0007 2BDA      SUB    BX,DX
14C4:0009 D1E3      SHL    BX,1
14C4:000B D1E3      SHL    BX,1
14C4:000D D1E3      SHL    BX,1
14C4:000F D1E3      SHL    BX,1
14C4:0011 FA        CLI
14C4:0012 8ED2      MOV    SS,DX
14C4:0014 03E3      ADD    SP,BX
14C4:0016 FB        STI
14C4:0017 BA0400    MOV    DX,0004
14C4:001A B409      MOV    AH,09
14C4:001C CD21      INT    21
14C4:001E B8004C    MOV    AX,4C00
14C4:0021 CD21      INT    21
```

从这里可以看到，该程序的数据段在 DS＝14C6H，显示的字符串偏移地址为DX＝0004。

为了观察该程序的数据段内容，需要用显示命令 D 从段地址 14C6H 开始：

```
—D 14C6:0
14C6:0000 4C CD 21 00 48 65 6C 6C-6F 2C 45 76 65 72 79 62  L.!.Hello,Everyb
14C6:0010 6F 64 79 20 21 0D 0A 24-FE 06 44 04 06 57 1E 56  ody!..$..D..W.V
```

依上可知，从数据段 14C6H：0004H 到 14C6H：0017H 就是要显示的字符串。

4.2 MASM 汇编语言表达式和运算符

在 4.1 节，通过一个简单的示例介绍了汇编语言源程序的一般格式。本节开始详细讨论汇编语言源程序的每一部分。

在源程序语句格式的 4 个组成部分中，参数是指令的操作对象，参数之间用逗号分隔。参数根据指令不同可以没有，也可以有 1 个、2 个或多个。可以作为参数的有常量、寄存器、标号、变量和表达式。汇编语言程序中，除了寄存器用寄存器的名字标识之外，这些参数又可分为数值型和地址型两种。数值型操作数的主要形式是常量和数值表达式，例如，立即数就是数值型操作数；地址型操作数主要形式是标号和名字（变量名、段名、过程名等），例如，存储单元（存储器操作数）应该用地址型操作数表达。

本节学习的内容主要有语句中的名字（主要是变量名）、标号、参数（包括操作数）部分，并引出相关的伪指令和运算符。

4.2.1 常量、运算符及表达式

1. 常量

常量（常数）表示一个固定的数值，它又分成多种形式。

1）十进制常量

十进制常量由 0～9 数字组成，以字母 D 或 d 结尾。默认情况下，后缀 D 可以省略。例如 100、255D。汇编语言对大小写不敏感，D 和 d 通用。

2）十六进制常量

十六进制常量由 0～9、A～F 组成，以字母 H 或 h 结尾。以字母 A～F 开头的十六进制数，前面要用 0 表示，以避免与其他符号混淆。例如 64H、0FFh、0B800H。

3）二进制常量

二进制常量由 0 或 1 两个数字组成，以字母 B 或 b 结尾，例如 01101100B。

4）八进制常量

八进制常量由 0～7 数字组成，以字母 Q 或 q 结尾，例如 144Q。

各种进制的数据以后缀字母区分，默认不加后缀字母的是十进制数。但 MASM 提供基数控制，.RADIX 伪指令可以改变默认进制，格式如下：

```
.RADIX n
```

要求：n 为 2～16 范围内的任何数值。

功能：把 n 表示的数值作为默认基数。

例如指令.RADIX 16 将默认基数改为 16，即没有后缀的数值表示十六进制数，非十六进制数均应使用后缀字母，包括十进制数。

5）字符串常量

字符串常量是用单引号或双引号括起来的单个字符或多个字符，其数值是每个字符对应的 ASCII 码的值。例如'd'=64H，'AB'，'Hello,Everybody!'。

6）符号常量

符号常量是利用一个标识符表达的一个数值。常量若使用有意义的符号名来表示，可以提高程序的可读性，同时更具有通用性。MASM 提供等价机制，用来为常量定义符号名，符号定义伪指令有"等价 EQU"和"等号＝"伪指令。

（1）等价 EQU 伪指令格式如下：

```
符号名  EQU  数值表达式
符号名  EQU  <字符串>
```

要求：字符串必须用尖括号括起来，同一符号名只能定义一次数值表达式。

功能：等价伪指令 EQU 给符号名定义一个数值或定义成一个字符串，这个字符串甚至可以是一条处理器指令。例如：

```
DOSWRITECHAR      EQU   2
CALLDOS           EQU   <INT 21H>
CARRIAGERETURN    EQU   13
```

应用上述符号定义，下列左边的程序段可以写成右侧的等价形式：

```
MOV  AH,2      ;MOV AH,DOSWRITECHAR
MOV  DL,13     ;MOV DL,CARRIAGERETURN
INT  21H       ;CALLDOS
```

（2）等号＝伪指令格式如下：

```
符号名=数值表达式
```

功能："＝"伪指令给符号名定义一个数值。

注意：EQU 用于数值等价时不能重复定义符号名，但"＝"允许有重复赋值。例如：

```
X=7            ;同样 X  EQU   7是正确的
X=X+5          ;但是 X  EQU   X+5是错误的
```

另外，从 MASM 6.0 起还引入了 EQUTEXT 伪指令用于定义字符串常量。

2. 运算符

MASM 6.x 支持多种运算符，如表 4.1 所示。

表 4.1 运算符

运算符类型	运算符号及说明
算术运算符	＋(加),－(减),＊(乘),/(除),MOD(取余)
逻辑运算符	AND(与),OR(或),XOR(异或),NOT(非)
移位运算符	SHL(逻辑左移),SHR(逻辑右移)
关系运算符	EQ(相等),NE(不相等),GT(大于),LT(小于),GE(大于等于),LE(小于等于)
高低运算符	HIGH(高字节),LOW(低字节),HIGHWORD(高字),LOWWORD(低字)

1) 算术运算符

算术运算符实现加、减、乘、除、取余的算术运算。其中 MOD 也称为取模,它产生除法之后的余数,如 19 MOD 7＝5。

```
MOV  AX,3*4+5              ;等价于 MOV   AX,17
```

加"＋"和减"－"运算符还可以用于地址表达式。除加、减外,其他运算符的参数必须是整数。

2) 逻辑运算符

逻辑运算符实现按位相与、相或、异或、求反的逻辑运算。例如:

```
OR  AL,03H AND 45H        ;等价于 OR  AL,01H
```

3) 移位运算符

移位运算符实现对数值的左移、右移的逻辑操作,移入低位或高位的是 0。其格式为

SHL/SHR 移位次数

例如:

```
MOV   AL,0101B SHL(2*2)   ;等价于 MOV  AL,01010000B
```

逻辑和移位运算符与指令助记符相同,并有类似的运算功能。汇编程序能够根据上下文判断它们是指令还是运算符,对前者进行代码翻译,对后者在汇编时计算其数值。

4) 关系运算符

关系运算符用于比较和测试符号数值,MASM 用 FFFFH(补码－1)表示条件为真,用 0000H 表示条件为假。例如:

```
MOV  BX,((PORT LT 5)     AND 20) OR ((PORT GE 5) AND 30)
                         ;当 PORT<5 时,汇编结果为 MOV BX,20
                         ;否则,汇编结果为 MOV BX,30
```

5) 高低分离符

高低分离符取数值的高半部分或低半部分。

HIGH、LOW 从一个字数值或符号常量中得到高、低字节,例如:

```
MOV AH,HIGH 8765H        ;等价于 MOV  AH,87H
```

MASM 6.0 引入的 HIGHWORD、LOWWORD 取一个符号常量（不是一般的常量）的高字或低字部分，例如：

```
DD_VALUE   EQU 0FFFF1234H      ;定义一个符号常量
MOV  AX,LOWWORD DD_VALUE       ;等价于 MOV  AX,1234H
```

3. 运算符的优先级

除上面介绍的运算符外，MASM 中还有不少其他运算符。按优先级从高到低排列的常见运算符如表 4.2 所示。

表 4.2　运算符的优先级

优先级	运　算　符
1	( ),<>,[ ],.,LENGTH,SIZE,WIDTH,MASK
2	PTR,OFFSET,SEG, TYPE,THIS,:
3	HIGH,LOW
4	*,/, MOD,SHL,SHR
5	+,−
6	EQ,NE,GT,LT,GE,LE
7	NOT
8	AND
9	OR,XOR
10	SHORT

其中，尖括号< >和圆点.用在结构中，冒号表示段前缀。当不能确定优先级别时，建议采用圆括号"( )"显式表达，它可以极大地提高程序的可阅读性。

4. 表达式

表达式是操作数的常见形式，它是常量、寄存器、标号、变量与一些运算符和操作码相组合的序列。表达式的运算不由 CPU 完成，而是在程序汇编过程中进行计算确定，并将表达式的结果作为操作数参与指令所规定的操作。MASM 允许使用的表达式分为数字表达式和地址表达式两类。

1）数字表达式

数字表达式（number expression）一般是指由运算符（MASM 统称为操作符（operator））连接的各种常量所构成的表达式。汇编程序在汇编过程中计算表达式，最终得到一个数值。由于在程序运行之前就已经计算出了表达式，所以，程序运行速度没有变慢，然而程序的可读性却增强了。例如：

```
MOV  DX ,(6*A-B)/2
```

指令的源操作数$(6*A-B)/2$是一个表达式。若设变量 A 的值为 1,变量 B 的值为 2,则此表达式的值为$(6*1-2)/2=2$,是一个数字结果,此表达式是数字表达式。

2)地址表达式

地址表达式(address expression)的结果是一个存储单元的地址。当这个地址中存放的是数据时,称为变量;当这个地址中存放的是指令时,则称为标号。

当在指令的操作数部分用到地址表达式时,应注意其物理意义。例如,两个地址相乘或相除是无意义的,两个不同段的地址相加减也是无意义的。经常使用的是地址加减数字量。例如,SUM+1 是指向 SUM 字节单元的下一个单元的地址。又如:

```
MOV  AX,ES:[BX+SI+1000H]
```

BX+SI+1000H 为地址表达式,结果是一个存储单元的地址。

4.2.2 变量及其属性

前面提到的变量、标号、段名及过程(即子程序)名都属于地址型参数,它们是由用户自定义的标识符,指向存储单元,分别表示其存储内容的逻辑地址。标号指示硬指令的地址,变量名指示所定义变量的开始地址,段名指示相应段的起始地址,过程名指示相应过程的起始地址。本节将详细介绍变量定义伪指令及地址型参数的属性,对于段定义和过程定义在后续的章节中会讲述。

1. 变量定义伪指令

变量是存储器中某个数据区的名字,在指令中可以作为存储器操作数。

变量定义(define)伪指令可为变量申请固定长度的存储空间,并可以同时将相应的存储单元初始化。该类伪指令是最经常使用的伪指令。

伪指令格式:

[变量名] 伪指令初值表

说明:

- 变量名是用户自定义标识符,表示初值表首元素的逻辑地址,即用这个符号表示地址,常称为符号地址。变量名可以没有,对于这种情况,汇编程序将直接为初值表分配空间,无符号地址。设置变量名是为了方便存取它指示的存储单元。
- 初值表是用逗号分隔的参数,主要由数值常量,表达式或?、DUP 组成。其中? 表示初值不确定,即未赋初值;重复初值可以用 DUP 进行定义。DUP 的格式如下:

  重复次数 DUP(重复参数)

- 变量定义伪指令有 DB/DW/DD/DF/DQ/DT,它们根据申请的主存空间单位分类,下面逐一进行介绍。

1)定义字节单元伪指令 DB

功能:定义变量的类型为 BYTE,给变量分配字节或字节串。

要求：初值表中每个数据一定是字节量（byte），可以是 0～255 的无符号数或是 −128～+127 的带符号数，也可以是字符串常量。例如：

```
DATA  SEGMENT    ;数据段
      X  DB      'a', -5
         DB      2 DUP(100),?
      Y  DB      'ABC'
DATA  ENDS
```

图 4.1(a)为上述语句汇编后在存储器中的分配情况。其中 2 DUP(100)定义了 2 个字节数据，数据值为 64H(100)；而? 定义的字节数据没有确定，所以图中用一个横线表示。

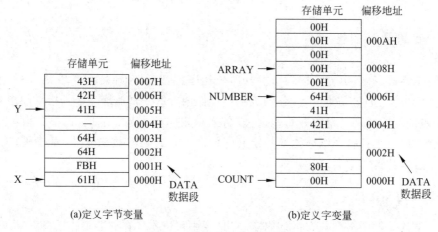

(a)定义字节变量   (b)定义字变量

图 4.1 数据定义的存储形式

针对上述的 DATA 定义，在执行下述汇编指令后，可以看到所定义的 DATA 中的数据发生了变化。

```
MOV   AL,X        ;此处 X 表示它的第 1 个数据,故 AL←'a'
DEC   X+1         ;对 X 为起始的第 2 个数据减 1,故成为-6
MOV   Y,AL        ;现在 Y 这个字符串成为'ABC'
```

2）定义字单元伪指令 DW

功能：定义变量的类型为 WORD，给变量分配一个或多个字单元，并可以将它们初始化为指定值。

要求：初值表中每个数据一定是字（word），一个字单元可用于存放任何 16 位数据，如一个段地址、一个偏移地址、两个字符、0～65 535 之间的无符号数或者是−32 768～+32 767 之间的带符号数。例如：

```
DATA   SEGMENT        ;数据段
COUNT  DW  8000H,?,'AB'
MAXINT EQU 64H
NUMBER DW  MAXINT
```

```
ARRAY   DW  MAXINT DUP(0)
DATA    ENDS
```

上述语句汇编后,数据在存储器的分配情况如图4.1(b)所示。其中'AB'也是按"高对高,低对低"原则存放,为4142H;符号常量MAXINT等于64H,它并不占用存储空间。上面所定义的变量可以作为指令中的存储器操作数,并且数据的类型也确定下来。

注意:对字符串的定义可用DB伪指令,也可用DW伪指令。用DW和DB定义的变量在存储单元中存放的格式是不同的。用DW语句定义的字符串只允许包含一个或两个字符,如果字符多于两个时,必须用DB语句来定义。

为了说明在指令中的应用,下面再举一个实例说明。例如,定义WNUM为常量和COUNT为变量的伪指令是

```
WNUM   EQU 5678H
COUNT  DW 20H
```

假设COUNT在数据段的偏移地址为10H,这样,下述各条指令的功能可等价为右边的注释。

```
MOV  AX,[BX+SI+WNUM]     ;MOV  AX,[BX+SI+5678H]
MOV  AX,COUNT           ;MOV  AX,[0010H]
MOV  AX,[SI+COUNT]       ;MOV  AX,COUNT[SI]或MOV  AX,[SI+10H]
LEA  BX,COUNT           ;LEA  BX,[0010H]
MOV  BX,OFFSET  COUNT    ;MOV  BX,0010H
```

注意:在内存中存放时,低位字节在前,高位字节在后。

3) 定义双字单元伪指令DD

功能:定义变量的类型为DWORD,用于分配一个或多个双字单元,并将它们初始化为指定值。

要求:初值表中每个数据是一个32位的双字(double word),可以是有符号或无符号的32位整数,也可以用来表达16位段地址(高位字)和16位的偏移地址(低位字)的远指针。例如:

```
VARDD     DD  0,?,12345678H
FARPOINT  DD  00400078H
```

注意:在内存中存放时,低位字在前,高位字在后。

4) 其他数据定义伪指令

(1) 定义3字伪指令DF。

功能:用于为一个或多个6字节变量分配空间及初始化。

用途:6字节常用在32位CPU中表示一个48位远指针(16位段选择器:32位偏移地址)。

(2) 定义4字伪指令DQ。

功能:用于为一个或多个8字节变量分配空间及初始化。

用途:8字节变量可以表达一个64位整数。

(3) 定义 10 字节伪指令 DT。

功能：用于为一个或多个 10 字节变量分配空间及初始化。

以上各变量定义伪指令都将高位字节数据存放在高地址中,低位字节数据存放在低地址中。伪指令后面的参数可以是常量和数值表达式,也可以是地址表达式,下面举一个例子说明其具体用法。

```
ADDR1   DB   2
ADDR2   DW   2 DUP (?)
RS1     DW   ADDR1
        DW   ADDR2
RS2     DD   LOOP1                    ;LOOP1 是某条硬指令的标号
```

汇编程序在汇编时,在相应存储区域中存入有关变量或标号的地址值,其中偏移地址或段基址均占一个字,低位字节占用第一个字节地址,高位字节占用第二个字节地址。若用 DD 定义变量或标号,则偏移地址占用低位字,段基址占用高位字。

从 MASM 6.0 开始,变量定义伪指令 DB/DW/DD/DF/DQ/DT 被建议使用新的表达形式,依次为 BYTE/WORD/DWORD/FWORD/QWORD/TBYTE,对应的伪指令功能相同;前者只是为了与老版本兼容而被保留下来的。另外,还有 SBYTE/SWORD/SDWORD 伪指令也用于定义字节、字和双字单元的存储空间,但是,它们专门用于带符号数的定义和初始化。

5) 定位伪指令

用数据定义伪指令分配的数据是按顺序一个接着一个存放在数据段中的。但有时,我们希望能够控制数据的偏移地址。例如,使数据对齐可以加快数据的存取速度。MASM 提供了这样的伪指令,称为定位伪指令。

(1) ORG 伪指令

伪指令格式：

```
ORG 参数
```

功能：ORG 伪指令是将当前偏移地址指针指向参数表达的偏移地址。例如：

```
ORG 100h        ;从 100h 处安排数据或程序
ORG $+10        ;使偏移地址加 10,即跳过 10 个字节空间
```

汇编语言程序中,符号 $ 表示当前偏移地址值。例如,在偏移地址 100H 单元开始定义"DW 1,2,$+4,$+4",那么在 104H 单元的值为 108H,106H 单元的值为 10AH。又如：

```
ARRAY   DB      12,34,56
LEN     EQU     $-ARRAY
```

那么,LEN 的值就是 ARRAY 变量所占的字节数。

(2) EVEN 伪指令。

伪指令格式：

EVEN

功能：EVEN 伪指令使当前偏移地址指针指向偶数地址，若原地址指针已指向偶地址，则不作调整；否则将地址指针加 1，使地址指针偶数化。

用途：EVEN 可以对齐字数据。

（3）ALIGN 伪指令。

伪指令格式：

ALIGN n

功能：ALIGN 伪指令是将当前偏移地址指针指向 n（n 是 2 的乘方）的整数倍的地址，即若原地址指针已指向 n 的整数倍地址，则不作调整；否则将指针加以 $1\sim n-1$ 中的一个数，使地址指针指向下一个 n 的整数倍地址。

例如，伪指令 ALIGN 4 可以使下一个偏移地址开始于双字边界，即对齐了双字边界。ALIGN 伪指令中的 n 值是 2 的乘方（2，4，8，…，），而且要小于所在段的定位属性值。例如：

```
DATA      SEGMENT         ;完整段定义
DATA01    DB 1,2,3        ;DATA01 的偏移地址为 0000H
EVEN                      ;等价于 ALIGN 2
DATA02    DW 5            ;DATA02 的偏移地址为 0004H
ALIGN 4
DATA03    DD 6            ;DATA03 的偏移地址为 0008H
ORG       $+10H
DATA04    DB 'ABC'        ;DATA04 的偏移地址为 001CH
DATA      ENDS
```

在上述实例中，ORG、EVEN 和 ALIGN 指令也可在代码段使用，用于指定随后指令的偏移地址。

2. 变量和标号的属性

既然变量、标号、段名及过程名表示的是地址，那么，这些标号和名字一经定义便具有以下 3 种属性：

- 段值。标号和名字对应存储单元所在段的段地址。
- 偏移值。标号和名字对应存储单元所在段的段内偏移地址。
- 类型。标号、子程序名的类型可以是 NEAR（近）和 FAR（远），分别表示段内或段间；变量名的类型可以是 BYTE（字节）、WORD（字）和 DWORD（双字）等。

在汇编语言程序设计中，名字和标号的属性非常重要，因此 MASM 提供有关的操作符，以方便对它们的操作。名字、标号以及利用各种操作符形成的表达式就是地址表达式，它们可以作为处理器指令中的存储器操作数。

1）地址操作符

地址操作符可获得名字或标号的段地址和偏移地址两个属性值。例如，中括号［ ］表示将括起的表达式作为存储器地址指针；符号 $ 表示当前偏移地址；段前缀的冒号"："也是一种地址操作符，它表示采用指定的段地址寄存器。另外，还有两个经常应用的地址操作符 OFFSET 和 SEG。

(1) OFFSET 操作符。

使用格式：

OFFSET 名字/标号

功能：返回名字或标号的偏移地址。

(2) SEG 操作符。

使用格式：

SEG 名字/标号

功能：返回名字或标号的段地址。

例如把字节变量 ARRAY 的段地址和偏移地址送入 DS 和 BX，就可用下列指令序列实现：

```
MOV    AX,SEG ARRAY
MOV    DS,AX
MOV    BX,OFFSET ARRAY          ;等价于 LEA BX,ARRAY
```

在前面学习的加、减运算符同样可以用于地址表达式，例如：

```
MOV    CL,ARRAY+4              ;等效于 MOV  CL,ARRAY[4],这里的 4 表示 4 个字节单元
```

2）类型操作符

类型操作符对名字或标号的类型属性进行有关设置。该类操作符有 PTR、THIS、SHORT 和 TYPE。

(1) PTR 操作符。

使用格式：

类型名 PTR 名字/标号

要求：PTR 操作符中的"类型名"可以是 BYTE/WORD/DWORD/FWORD/QWORD/TBYTE，或者是 NEAR/FAR，还可以是由 STRUCT、RECORD、UNION 以及 TYPEDEF 定义的类型。

功能：使名字或标号具有指定的类型，例如：

```
MOV  AL,BYTE PTR W_VAR        ;W_VAR 是一个字变量,BYTE PTR 使其作为一个字节变量
JMP  FAR PTR N_LABEL          ;N_LABEL 是一个标号,FAR PTR 使其作为段间转移
```

使用 PTR 操作符，可以临时改变名字或标号的类型。

(2) THIS 操作符。

使用格式：

THIS 类型名

功能:创建当前地址,具有指定的类型。类型名同 PTR 操作符中的类型。例如:

```
B_VAR     EQU THIS BYTE        ;按字节访问变量 B_VAR,但与变量 W_VAR 的地址相同
W_VAR     DW 10 DUP(0)         ;按字访问变量 W_VAR
F_JUMP    EQU THIS FAR         ;用 F_JUMP 为段间转移 (F_JUMP LABEL FAR)
N_JUMP:   MOV AX,W_VSR         ;用 N_JUMP 为段内近转移,但两者指向同一条指令
```

MASM 中还有一个 LABEL 伪指令,它的功能等同于 EQU THIS。

(3) SHORT 操作符。

使用格式:

```
SHORT 标号
```

要求:转移范围为 -128～+127B。

功能:设定标号为短转移标号。SHORT 指定标号作为 -128～+127B 范围内的短转移。例如:

```
JMP  SHORT  N_JUMP
```

(4) TYPE 操作符。

使用格式:

```
TYPE 名字/标号
```

功能:返回一个属性为字数值,表明名字或标号的类型。

表 4.3 给出了各种类型的返回数值。例如,对字节、字和双字变量依次返回 1、2 和 4,对近和远转移依次返回 -1、-2。

表 4.3 类型的返回数值

类型	返 回 数 值	类型	返 回 数 值
变量	该变量类型的每个数据占用的字节数	标号	距离属性值
结构	每个结构元素占用的字节数	寄存器	该寄存器具有的字节数
常量	0		

这样,在上例的定义下,就有

```
MOV  AX,TYPE W_VAR       ;汇编结果为 MOV  AX,2
MOV  AX,TYPE N_JUMP      ;汇编结果为 MOV  AX,0FFFFH(NEAR 标号)
```

另外,操作符 SIZEOF 和 LENGTHOF 具有类似 TYPE 的功能,分别返回整个变量占用的字节数和整个变量的数据项数(即元素数)。实际上:

$$SIZEOF 返回值 = LENGTHOF 返回值 \times TYPE 返回值$$

注意:MASM 5.x 仅支持 SIZE 和 LENGTH 操作符。LENGTH 在变量定义使用 DUP 时,返回分配给该变量的单元数,其他情况为 1。SIZE 返回 LENGTH 与 TYPE 的乘积。

为了更深入地理解和学习上述变量定义伪指令及变量的应用,下面举一个综合应用实例。

例 4.3 下面程序的功能为在屏幕上显示字符串 1357??????????。

```
        .MODEL  SMALL
        .STACK
        .DATA
V_BYTE  EQU     THIS BYTE           ;V_BYTE 是字节类型的变量,但与变量 V_WORD 地址相同
V_WORD  DW      3332H,3735H         ;V_WORD 是字类型的变量
TARGET  DW      5 DUP (20H)         ;分配数据空间为 2×5=10B
CRLF    DB      0DH,0AH,'$'
FLAG    DB      0
N_POINT DW      OFFSET S_LABEL      ;取得标号 S_LABEL 的偏移地址
        .CODE
        .STARTUP
        MOV     AL,BYTE PTR V_WORD  ;用 PTR 改变 V_WORD 的类型,否则与 AL
                                    ;寄存器类型不匹配指令执行后(AL)= 32H
        DEC     AL
        MOV     V_BYTE,AL           ;对 V_WORD 的第一个字节操作
                                    ;原来是 32H,现在是 31H
N_LABEL: CMP    FLAG,1
        JZ      S_LABEL             ;FLAG 单元为 1,则转移
        INC     FLAG
        JMP     SHORT N_LABEL       ;短转移
S_LABEL: CMP    FLAG,2
        JZ      NEXT                ;FLAG 单元为 2 转移
        INC     FLAG
        JMP     N_POINT             ;段内的存储器间接寻址,转移到标号 S_LABEL 处
NEXT:   MOV     AX,TYPE V_WORD      ;汇编结果为 MOV AX,2
        MOV     CX,LENGTH TARGET    ;汇编结果为 MOV CX,5
        MOV     SI,OFFSET TARGET
W_AGAIN: MOV    [SI],AX             ;对字单元操作
        INC     SI                  ;SI 指针加 2
        INC     SI
        LOOP    W_AGAIN             ;循环
        MOV     CX,SIZE  TARGET     ;汇编结果为 MOV CX,0AH
        MOV     AL,'?'
        MOV     DI,OFFSET  TARGET
B_AGAIN: MOV    [DI],AL             ;对字节单元操作
        INC     DI                  ;DI 指针加 1
        LOOP    B_AGAIN             ;循环
        MOV     DX,OFFSET V_WORD    ;显示结果:1357??????????
        MOV     AH,9
        INT     21H
```

```
        .EXIT 0
        END
```

4.3　程序段的定义和属性

完整的 80x86 汇编语言程序是按照逻辑段组织的。本节将详细地介绍源程序格式的每个组成部分,其重点就是段的定义和属性。

4.3.1　DOS 的程序结构

1. EXE 程序

利用程序开发工具,通常将生成 EXE 结构的可执行程序(扩展名为 EXE 的文件)。它可以有独立的代码、数据和堆栈段,还可以有多个代码段或多个数据段,程序长度可以超过 64KB,执行时的起始位置可以任意指定。

规则的 EXE 文件在磁盘上由两部分组成:文件头和装入模块。装入模块就是程序本身。文件头则由连接程序生成,包含文件的控制信息和重定位信息,供 DOS 装入 EXE 文件时使用。实际上大的 EXE 文件还可能包含一个附加部分,此部分由开发者用连接程序以外的工具附加到程序末尾,不属于装入模块,也不直接装入主存,仅供程序本身使用。

当 DOS 装入或执行一个程序时,DOS 确定当时主存最低的可用地址作为该程序的装入起始位置。此位置以下的区域称为程序段。在程序段内偏移 0 处,DOS 为该程序建立一个程序段前缀控制块 PSP(Program Segment Prefix),它占 256(即 100H)个字节;而在偏移 100H 处才装入程序本身,如图 4.2 所示。

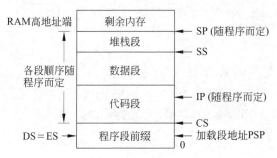

图 4.2　EXE 程序的内存映像图

在 EXE 程序加载时,需要进行重定位操作,可按下面的方法完成。

(1) DS 和 ES 指向 PSP 段地址,而不是程序的数据段和附加段,所以需在程序中根据实际的数据段改变 DS 或 ES。

(2) CS:IP 和 SS:SP 是由连接程序确定的值,指向程序的代码段和堆栈段。如果不指定堆栈段,则 SS=PSP 段地址,SP=100H,堆栈段占用 PSP 中的部分区域,所以有时不设堆栈段也能正常工作。但为了安全起见,程序应该设置足够的堆栈空间。

程序一旦装载成功，就可以开始执行 CS：IP 指向的程序第一条指令。

2. COM 程序

COM 程序是一种将代码、数据和堆栈段合一的结构紧凑的程序，所有代码、数据都在一个逻辑段内，不超过 64KB。在程序开发时，需要满足一定要求并采用相应参数才能正确生成 COM 结构的程序。

存储在磁盘上的 COM 文件是主存的完全影像，不包含重新定位的加载信息，与 EXE 文件相比，其加载速度更快，占用的磁盘空间也少。

尽管 DOS 也为 COM 程序建立程序段前缀（PSP），但由于两种文件结构不同，所以加载到主存后各段设置并不完全一样，如图 4.3 所示。

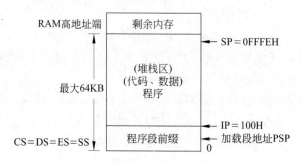

图 4.3　COM 程序的内存映像图

与 EXE 文件相比，COM 文件有以下不同之处：

（1）所有段地址都指向 PSP 的段地址。

（2）程序执行起始地址是 PSP 后的第一条指令，即 IP＝100H；也就是说，COM 程序的第一条指令必须是可执行指令，即程序的起始执行处是程序头。

（3）堆栈区设在段尾（通常为 FFFEH），在栈底置 0000 字。

4.3.2　简化段定义的格式及其伪指令

大多数小型 MASM 程序采用简化段定义伪指令，一般表示格式如下：

```
.MODEL  SMALL          ;定义程序的存储模式(一般采用 SMALL)
.STACK                 ;定义堆栈段
.DATA                  ;定义数据段
  ⋮                    ;数据定义
.CODE                  ;定义代码段
.STARTUP               ;程序起始点,并建立 DS、SS 内容
  ⋮                    ;程序代码
.EXIT 0                ;程序结束点,返回 DOS
  ⋮                    ;子程序代码
END                    ;汇编结束
```

1. 存储模式伪指令

伪指令格式：

`MODEL 存储模式[,语言类型][,操作系统类型][,堆栈选项]`

要求：MODEL 语句说明程序采用的存储模式（memory model）等内容，它必须位于所有段定义语句之前。方括号中的参数是可选项。

功能：存储模式决定一个程序的规模，也决定进行子程序调用、指令转移和数据访问的默认属性。

注意：当使用简化段定义的源程序格式时，必须有存储模式。

MASM 有 7 种不同的存储模式，下面分别进行介绍。

1）TINY（微型模式）

用微型模式编写汇编语言程序时，所有的段地址寄存器都被设置为同一个值。这意味着代码段、数据段、堆栈段都在同一个段内，不大于 64KB；访问操作数或指令都只需要使用 16 位偏移地址。

微型模式是 MASM 6.0 才引入的，比较特殊，用于创建 COM 程序。

2）SMALL（小型模式）

在小型模式下，一个程序至多只能有一个代码段和一个数据段，每段不大于 64KB。这里的数据段是指数据段、堆栈段和附加段的总和，它们共用同一个段基址，总长度不可超过 64KB，因此小模式下程序的最大长度为 128KB。

由于只有一个不大于 64KB 的代码段和一个不大于 64KB 的数据段，所以访问操作数或指令时只需要使用 16 位偏移地址。这意味着诸如指令转移、程序调用以及数据访问等都是近属性（NEAR），即小型模式下的调用类型和数据指针默认分别为近调用和近指针。

一般的程序（例如本书的绝大多数程序示例和习题）都可用这种模式。

3）COMPACT（紧凑模式）

紧凑模式下，代码段被限制在一个不大于 64KB 的段内；而数据段则可以有多个，超过 64KB。这种模式下的调用类型默认仍为近（NEAR）调用；而数据指针默认为远（FAR）指针，这是因为必须用段地址来区别多个数据段。

紧凑模式适合于数据量大但代码量小的程序。

4）MEDIUM（中型模式）

中型模式是与紧凑模式互补的模式。中型模式的代码段可以超过 64KB，有多个；但数据段只能有一个不大于 64KB 的段。这种模式下的数据指针默认为近（NEAR）指针；但调用类型默认是远（FAR）调用，因为要利用段地址区别多个代码段。

中型模式适合于数据量小而代码量大的程序。

5）LARGE（大型模式）

大型模式允许的代码段和数据段有多个，都可以超过 64KB，但全部的静态数据（不能改变的数据）仍限制在 64KB 内。大型模式下的调用类型和数据指针默认分别为远调用和远指针。大型模式是较大型程序通常采用的存储模式。

6) HUGE(巨型模式)

巨型模式与大型模式基本相同,只是静态数据不再被限制在 64KB 之内。

7) FLAT(平展模式)

平展模式用于创建一个 32 位的程序,它只能运行在 32 位 x86 CPU 上。该语句前要使用 32 位 x86 CPU 的处理器说明伪指令。DOS 下不能使用 FLAT 模式,而编写 32 位 Windows 9.x 或 Windows NT 的程序时必须采用 FLAT 模式。在 DOS 下用汇编语言编程时,可根据程序的不同特点选择前 6 种模式,一般选用 SMALL 模式。须注意的是,TINY 模式将产生 COM 程序,其他模式产生 EXE 程序,FLAT 模式只能用于 32 位程序中。当与高级语言混合编程时,两者的存储模式应该一致。

完整的 MODEL 语句还可以选择"语言类型",例如 C 语言、PASCAL 语言等,表示采用指定语言的命名和调用规则,它将影响 PUBLIC、EXTERN 等伪指令。"操作系统类型"默认和唯一支持的就是 os_dos(DOS)。"堆栈选项"默认是 NEARSTACK,表示堆栈段寄存器 SS 等于数据段寄存器 DS;FARSTACK 则表示 SS 不等于 DS。通常,可以采用默认值。

2. 简化段定义伪指令

简化段定义的语句书写简短,语句.CODE、.DATA 和.STACK 分别表示代码段、数据段和堆栈段的开始,一个段的开始自动结束前面的一个段。采用简化段定义指令之前,必须有存储模式语句.MODEL。

1) .STACK 堆栈段伪指令

伪指令格式:

```
.STACK [大小]
```

功能:堆栈段伪指令.STACK 创建一个堆栈段,段名是 STACK。它的参数指定堆栈段所占存储区的字节数,默认是 1KB(即 1024B)。

2) .DATA 数据段伪指令

伪指令格式:

```
.DATA
.DATA ?
```

功能:数据段伪指令.DATA 创建一个数据段,段名是_DATA。它用于定义具有初值的变量,当然也允许定义无初值的变量。无初值变量可以安排在另一个段中,用.DATA?伪指令创建,建立的数据段名是_BSS。

使用.DATA ? 伪指令可以减小形成的 EXE 文件,并与其他语言保持最大的兼容性。另外,.CONST 伪指令用于建立只读的常量数据段(段名是 CONST),.FARDATA 和.FARDATA ? 伪指令分别用于建立有初值和无初值的远调用数据段。

3) .CODE 代码段伪指令

伪指令格式:

```
.CODE [段名]
```

功能:.CODE 伪指令创建一个代码段,它的参数指定该代码段的段名。如果没有给出段名,则采用默认段名。在 TINY、SMALL、COMPACT 和 FLAT 模式下,默认的代码段名是_TEXT;在 MEDIUM、LARGE 和 HUGE 模式下,默认的代码段名是"模块名_TEXT"。

另外,使用简化段定义,各段名称和其他用户所需的信息可以使用 MASM 预定义的符号,主要有以下两个:

• @CODE,表示由.CODE 伪指令定义的段名。

• @DATA,表示由.DATA、.DATA? 等定义的数据段的段名。

另外,还有@CURSEG(当前段名)、@STACK(堆栈段名)、@CODESIZE(代码段规模)和@DATASIZE(数据段规模)等。

一个源程序中可以出现多个简化段定义伪指令,例如多处写有.DATA。但实际上,汇编程序 MASM 将它们组织在一起连续存放在所定义的缓冲区中。

3. 程序开始伪指令

伪指令格式:

```
.STARTUP
```

功能:.STARTUP 伪指令按照给定的 CPU 类型,根据.MODEL 语句选择的存储模式、操作系统和堆栈类型,产生程序开始执行的代码;同时还指定了程序开始执行的起始位置。在 DOS 下,.STARTUP 语句还将初始化 DS 值,调整 SS 和 SP 值。例如,在SMALL 存储模式下,对应 8086 CPU,.STARTUP 语句(见例 4.1)将被汇编成如下启动代码:

```
MOV   DX,DGROUP          ;DGROUP 表示数据段组的段地址
MOV   DS,DX              ;设置 DS
MOV   BX,SS
SUB   BX,DX
SHL   BX,1
SHL   BX,1
SHL   BX,1
SHL   BX,1
CLI                     ;关中断
MOV   SS,DX              ;调整 SS=DS,这是 SMALL 模式的规定
ADD   SP,BX             ;移动了 SS 段地址,所以 SP 也需要相应调整
STI                     ;开中断
```

在小型模式下,.STARTUP 语句主要设置了数据段 DS 值,同时按照存储模式要求使堆栈段 SS=DS;为了保证堆栈区域不变,栈顶指针 SP 也需要相应调整改变,即加上数据段所占字节数大小;关于此处的有关概念,可对照前述图 4.2 进行理解。显然,如果不使用.STARTUP 语句,可以用下面两条指令代替(没有调整堆栈 SS:SP):

```
START:  MOV  AX,@ DATA        ;@DATA 表示数据段的段地址
MOV   DS,AX                    ;设置 DS
```

注意：连接程序会根据程序起始位置正确地设置 CS:IP,根据程序大小和堆栈段大小设置 SS:SP 值,但没有设置 DS、ES 值。所以,程序一旦使用了数据段(和附加段),就必须在程序中明确给 DS(和 ES)赋值,正如.STARTUP 语句所完成的那样。

4. 程序终止伪指令

伪指令格式：

```
.EXIT[返回数码]
```

功能：.EXIT 语句终止程序执行,返回操作系统。它的可选参数是一个返回的数码,通常用 0 表示没有错误。例如.EXIT 0 对应的代码是

```
MOV   AX,4C00H
INT   21H
```

这是利用了 DOS 功能调用的 4CH 子功能(返回 DOS 功能 AH＝4CH)实现的,它的入口参数是 AL＝返回数码。

.STARTUP 和.EXIT 语句是 MASM 6.0 才引入的,大大降低了汇编语言程序的复杂度。利用 MASM 5.x 则可以采用它的等效指令代码。

5. 汇编结束伪指令

伪指令格式：

```
END[标号]
```

功能：END 伪指令指示汇编程序 MASM 到此结束汇编过程。

源程序的最后必须有一条 END 语句,可选的标号表示程序开始执行的位置,例如 START,连接程序据此设置 CS:IP 值。

简化段定义格式引入了存储模式,极大地方便了编写源程序。在小型程序中,通常采用 SMALL 模式,为了得到更短小的程序,可以创建 COM 程序。利用 MASM 6.x 的简化段定义格式可以非常容易地创建一个 COM 程序。要采用 TINY 模式,源程序只设置代码段,不能设置数据、堆栈等,程序必须从偏移地址 100H 处开始执行,数据安排在代码段中,但不能与可执行代码相冲突,通常在程序最后。

例 4.4 设计一个 COM 程序,实现按任意键后响铃的功能。

```
.MODEL  TINY              ;采用微型模式
.CODE                     ;只有一个段,没有数据段和堆栈段
.STARTUP                  ;等效于 ORG 100H,汇编程序自动产生
    MOV  DX,OFFSET STRING ;显示信息
    MOV  AH,9
    INT  21H
```

```
        MOV   AH,01H                  ;等待按键
        INT   21H
        MOV   AH,02H                  ;响铃
        MOV   DL,07H
        INT   21H
.EXIT 0
STRING DB 'PRESS ANY KEY TO CONTINUE!$'          ;数据安排在不与代码冲突的地方
END
```

4.3.3 完整段定义的格式及其伪指令

对于一个典型的 MASM 程序,完整段可用下述格式定义。

```
STACK   SEGMENT STACK              ;定义堆栈段 STACK
         ⋮                         ;分配堆栈段的大小
STACK   ENDS                       ;堆栈段结束
DATA    SEGMENT                    ;定义数据段 DATA
         ⋮                         ;定义数据
DATA    ENDS                       ;数据段结束
CODE    SEGMENT  'CODE'            ;定义代码段 CODE
ASSUME CS: CODE,DS:DATA,SS:STACK   ;确定 CS/DS/SS 指向的逻辑段
START:  MOV  AX,DATA               ;设置数据段的段地址 DS
        MOV  DS,AX
         ⋮                         ;程序代码
        MOV  AX,4C00H              ;返回 DOS
        INT  21H
         ⋮                         ;子程序代码
CODE    ENDS                       ;代码段结束
        END START                  ;汇编结束,程序起始位置为 START
```

1. 完整段定义伪指令

完整段定义由 SEGMENT 和 ENDS 这一对伪指令实现。
伪指令格式:

```
段名   SEGMENT [定位] [组合] [段字] ['类别']
…      ;语句序列
段名   ENDS
```

功能:SEGMENT 伪指令定义一个逻辑段的开始,ENDS 伪指令表示一个段的结束。
段定义指令后的 4 个关键字用于确定段的各种属性,堆栈段要采用 STACK 组合类型,代码段应具有'CODE'类别,其他为可选属性参数。如果不指定,则采用默认参数;如果指定,要注意按完整段定义格式的次序进行。

1）段定位（align）属性

指定逻辑段在主存储器中的边界，定位的关键字如下：

- BYTE，表示段开始地址可为字节地址（xxxx xxxxB），属性值为1。
- WORD，表示段开始地址为字地址（xxxx xxx0B），属性值为2。
- DWORD，表示段开始地址为4的倍数（xxxx xx00B），属性值为4。
- PARA，段开始地址为16的倍数（xxxx 0000B），即节地址，属性值为16。
- PAGE，表示段开始地址256的倍数（0000 0000B），即页地址，属性值为256。

简化段定义伪指令的代码和数据段默认采用WORD定位，堆栈段默认采用PARA定位。例如LT401A.EXE程序的代码段从14C4:0000H开始，到14C4:0022H结束；则下一个可用单元的地址为14C4:0023H。对于后面采用WORD定位的数据段来说，因为要求从偶数地址开始，所以应该是14C4:0024H（物理地址为14C64H）。因为段地址的低4位必须是0000B，所以将物理地址低4位取0作为数据段地址，则数据段开始的逻辑地址为14C6:0004H。此例中，数据段开始的偏移地址为0004H。

完整段定义伪指令的默认定位属性是PARA，其低4位已经是0，所以默认情况下数据段的偏移地址从0开始。

2）段组合（combine）属性

指定多个逻辑段之间的关系。通常，在大型程序的开发中，要分成许多模块，然后用连接程序形成一个可执行文件。在其他模块中，可以具有同名/同类型的逻辑段，通过段组合属性可以进行合理的合并。组合的关键字如下：

- PRIVATE，本段与其他段没有逻辑关系，不与其他段合并，每段都有自己的段地址。这是完整段定义伪指令默认的段组合方式。
- PUBLIC，连接程序把本段与所有同名同类型的其他段相邻地连接在一起，然后为所有这些段指定一个共同的段地址，所有的原各分段的偏移量都转变成相对于连续段的开始地址的偏移量，即合成一个物理段。这是简化段定义伪指令默认的段组合。
- STACK，本段是堆栈的一部分，连接程序将所有STACK段按照与PUBLIC段的同样方式进行合并。这是堆栈段必须具有的段组合。
- COMMON，连接程序把所有同名/同类型逻辑段指定为同一个段地址，这样后面的同名/同类型段将覆盖前面的段，段长度为其中最长的同名段的长度，主要用于共享数据。
- AT表达式，把本段定位在表达式值指定的段地址上。它允许用户强制指定该逻辑段的物理地址。注意，它不能用于定位代码段，一般用于访问系统数据。但是MASM的连接程序LINK.EXE不支持这种形式。

3）段字（Use）属性

这是为支持32位段而设置的属性。对于16位x86 CPU，默认采用16位段，即USE 16；而对于32位x86 CPU，默认采用32位段，即USE 32，但可以使用USE 16指定标准的16位段。编写运行于实地址方式（8086工作方式）的汇编语言程序必须采用16位段。

4) 段类别(Class)属性

当连接程序组织段时,将所有的同类别段相邻分配。段类别可以是任意名称,但必须位于单引号中;大多数 MASM 程序使用'CODE','DATA'和'STACK'分别指定代码段、数据段和堆栈段,以保持所有代码和数据的连续。

2. 指定段寄存器伪指令

段定义 SEGMENT 伪指令说明各逻辑段的名字、起止位置及属性,而指定段寄存器 ASSUME 伪指令是说明各逻辑段的种类。

伪指令格式:

```
ASSUME   段寄存器：段名 [,段寄存器：段名,…]
```

功能:ASSUME 伪指令通知 MASM 用指定的段寄存器来寻址对应的逻辑段,即建立段寄存器与段的默认关系。在明确了程序中各段与段寄存器之间的关系后,汇编程序会根据数据所在的逻辑段,在需要时自动插入段超越前缀。这是 ASSUME 伪指令的主要功能。

ASSUME 伪指令并不为段寄存器设定初值,连接程序 LINK 将正确设置 CS：IP 和 SS：SP。由于数据段通常都需要,所以在示例源程序中首先为 DS 赋值;如果使用附加段,还要为 ES 赋值。例如:

```
CODE   SEGMENT
ASSUME CS:CODE,DS:DATA,SS:STACK,ES:DATA
        MOV  AX,DATA
        MOV  DS,AX
        MOV  ES,AX
        MOV  AX,STACK
        MOV  SS,AX
        ⋮
CODE   ENDS
```

ASSUME 伪指令的段名参数可以用以下方式设置:

- 以段定义伪指令设置的段名。
- 以 GROUP 伪指令设置的组名。
- 保留字 NOTHING(表示取消指定的段寄存器与段名的关系)。
- 用 SEG 操作符返回的段地址。

3. GROUP 段组伪指令

MASM 汇编程序允许程序员定义多个同类段(代码段、数据段、堆栈段)。

伪指令格式:

```
组名   GROUP   段名 [,段名,…]
```

功能:伪指令 GROUP 把多个同类段合并为一个 64KB 物理段,并用一个组名统一存取它。

定义段组后，段组内各段统一为一个段地址，各段定义的变量和标号的偏移地址相对于段组基地址计算。OFFSET 操作符取变量和标号相对于段组的偏移地址，如果没有段组，则取得相对于段的偏移地址。OFFSET 后可以跟段组中的某个段名，表示该段最后一个字节后面的字节相对于段组的偏移地址。

例 4.5 将两个数据段 data1 和 data2 合并在一个 datagroup 组中。

解：依题意，程序段为

```
STACKSEG  SEGMENT   STACK
          DB  256 DUP(?)
STACKSEG  ENDS
DATA1     SEGMENT  WORD PUBLIC 'CONST'      ;常量数据段
CONST1    DW   100
DATA1     ENDS
DATA2     SEGMENT WORD PUBLIC 'VARS'        ;变量数据段
VAR1      DW  ?
DATA2     ENDS
DATAGROUP GROUP   DATA1,DATA2              ;进行组合
CODESEG   SEGMENT PARA PUBLIC 'CODE'
ASSUME    CS:CODESEG,DS:DATAGROUP,SS:STACKSEG
START:    MOV  AX,DATAGROUP
          MOV  DS,AX                        ;DS 赋初值对该组寻址
          MOV  AX,CONST1                    ;AX=100
          MOV  VAR1,AX                      ;VAR1=100
          MOV  AX,OFFSET VAR1               ;AX=2
          MOV  AX,OFFSET DATA1              ;AX=2
          MOV  AX,OFFSET DATA2              ;AX=4
ASSUME    DS:DATA2
          MOV  AX,DATA2
          MOV  DS,AX
          MOV  AX,VAR1                      ;AX=100
          MOV  AX,OFFSET VAR1               ;AX=2
          MOV  AX,4C00H
          INT  21H
CODESEG   ENDS
END       START
```

GROUP 伪指令的作用与具有 PUBLIC 组合属性的同名段一样。段名还可以采用"seg 变量名/标号名"的表示形式。

4. 段顺序伪指令

在源程序中，通常按照便于阅读的原则或个人习惯确定段的顺序，但是段在主存中的实际顺序是可以设置的，MASM 具有如下段顺序伪指令。

1）SEG 段顺序伪指令

伪指令格式：

```
.SEG
```

功能：按照源程序的各段顺序排序。

2）DOSSEG 段顺序伪指令

伪指令格式：

```
.DOSSEG
```

功能：按照标准 DOS 规定进行排序，即代码段、数据段、堆栈段。

3）ALPHA 段顺序伪指令

伪指令格式：

```
.ALPHA
```

功能：按照段名的字母顺序排序。

完整段定义格式中，默认顺序是按照源程序各段的书写顺序排序（即.SEG）；在
.MODEL 伪指令的简化段定义格式中，采用.DOSSEG 规定的标准 DOS 程序顺序。

例 4.6 将堆栈区设置在数据段中。

要求：写出适当的段定义，要求数据段 DSEG 起始于字边界，连接时将与同名逻辑段
连接成一个物理段，它的类别名为'DATA'。将 200 个字容量的堆栈初始化在 DS：100H，
堆栈指针 SP 指向栈顶；随后，将 100 个字的数组 ARRAY 定义在数据段。代码段 CSEG
将数据段的 100 个字压入自设的堆栈中。

解：依题意，程序段为

```
DSEG  SEGMENT  WORD  PUBLIC 'DATA'
      ORG  100H                    ;设定堆栈段起始段内偏移地址
      DW   200  DUP(?)
      TOPSP EQU  THIS  WORD         ;定义栈顶指针
      ARRAY DW   100  DUP(5868H)
DSEG  ENDS
CSEG  SEGMENT   'CODE'
ASSUME CS:CSEG,DS:DSEG,SS:DSEG      ;DSEG 既是数据段又是堆栈段
START: MOV  AX,DSEG
       MOV  DS,AX
       MOV  SS,AX                   ;数据段与堆栈段具有相同的段地址
       MOV  SP,OFFSET TOPSP
       MOV  CX,100
       XOR  SI,SI
AGAIN: PUSH ARRAY[SI]
       INC  SI
       INC  SI
       LOOP AGAIN
```

```
          MOV  AH,4CH
          INT  21H
CSEG      ENDS
END       START
```

本程序进行连接时，连接程序将报告"无堆栈段"警告信息，可不必理会它。

需要说明的是，采用简化段定义格式的源程序同样具有段定位、组合、类别以及段组等属性，例如表 4.4 给出了 SMALL 存储模式下的设置。

表 4.4　SMALL 模式的段属性

段定义伪指令	段名	定位	组合	类别	组名
.CODE	_TEXT	WORD	PUBLIC	'CODE'	
.DATA	_DATA	WORD	PUBLIC	'DATA'	DGROUP
.DATA?	_BSS	WORD	PUBLIC	'BSS'	DGROUP
.STACK	STACK	PARA	STACK	'STACK'	DGROUP

.MODEL 伪指令除了设置程序采用的存储模式外，还具有如下的作用：

```
DGROUP  GROUP  _DATA,_BSS,STACK
ASSUME  CS:_TEXT,DS:DGROUP,SS:DGROUP
```

由此可见，简化段定义格式与完整段定义格式的作用是一样的，只是简化段定义格式将段属性进行了隐含和简化。另外，本节介绍的完整段定义等伪指令也可以用在 .MODEL 伪指令后的简化段格式源程序中。

4.4　复杂数据结构

类似于高级语言中的用户自定义复合类型数据，MASM 中也允许将若干个相关的单个变量作为一个组来进行整体数据定义，然后通过相应的结构预置语句为变量分配空间。MASM 除了具有定义简单数据结构的伪指令（DB、DW 等）外，还有结构、联合与记录等复杂数据结构的定义伪指令。

4.4.1　结构

结构（structure）把各种不同类型的数据组织到一个数据结构中，便于处理某些变量。

1. 结构类型的说明

结构类型的说明使用一对伪指令 STRUCT（MASM 5.x 是 STRUC，功能相同）和 ENDS。

伪指令格式：

```
结构名  STRUCT
    …                               ;数据定义语句
结构名  ENDS
```

例如,下述语句段说明了学生成绩结构:

```
STUDENT  STRUCT
        SID      DW     ?
        SNAME    DB     'ABCDEFGH'
        MATH     DB     0
        ENGLISH  DB     0
STUDENT  ENDS
```

结构说明中的数据定义语句,给定了结构类型中所含的变量,称为结构字段,相应的变量名称为字段名。一个结构中可以有任意数目的字段,各字段长度可以不同,可以独立存取,可以有名或无名,可以有初值或无初值。

2. 结构变量的定义

结构说明只是定义了一个框架,并未分配主存空间,必须通过结构预置语句分配主存并初始化。结构预置语句的格式如下:

变量名　结构名　<字段初值表>

其中字段初值表要用尖括号括起来,它是采用逗号分隔的与各字段类型相同的数值(或空)。汇编程序将以字段初值表中的数值的顺序初始化对应的各字段,字段初值表中为空的字段将保持结构说明中指定的初值。另外,结构说明中使用 DUP 操作符说明的字段不能在结构预置语句中初始化。例如,对应上述结构说明,可以定义如下结构变量:

```
STU1  STUDENT  <1,'ZHANG',85,90>
STU2  STUDENT  <2,'WANG',,>
STUDENT  100 DUP(< >)                ;预留 100 个结构变量空间
```

3. 结构变量及其字段的引用

引用结构变量时只要直接书写结构变量名即可。要引用其中的某个字段,则采用圆点“.”操作符,其格式是

结构变量名.结构字段名

例如:

```
MOV  STU1.MATH,95            ;执行指令后,将 MATH 域的值更新为 95
```

例 4.7　结构的应用。

定义含有 100 个 PERSON 结构数组的数据段,结构中包括编号(NUMBER)、姓名(NAME)、性别(SEX)和出生日期(BIRTHDAY),要求在程序中将编号依次赋值为 001～100。

解：依题意，程序段为

```
.MODEL   SMALL
.STACK   256
.DATA
PERSON   STRUCT
NUMBER       DW  0
    PNAME    DB  '-------- '              ;8个字符
SEX          DB  0
BIRTHDAY     DB  'MM/DD/YYYY'
PERSON       ENDS
ARRAY        PERSON 100 DUP(<>)           ;结构预置语句分配100个空白结构
.CODE
.STARTUP
        MOV  BX,OFFSET ARRAY
        MOV  AX,1
        SUB  SI,SI
        MOV  CX,LENGTH ARRAY              ;CX←结构变量的个数(100)
        MOV  DX,TYPE ARRAY                ;DX←结构所占的字节数
AGAIN: MOV  [BX+SI].PERSON.NUMBER,AX      ;在没有变量名时要采用结构名引用其字段
        INC  AX
    ADD  SI,DX
        LOOP AGAIN
.EXIT 0
    END
```

4.4.2 记录

记录（record）提供直接按名称访问字或字节中的若干位的方法，记录中的基本存储单位是二进制位。

1. 记录类型的说明

记录类型的说明采用伪指令 RECORD，它的格式如下：

```
记录名   RECORD   位段 [,位段…]
```

记录名给出了说明的记录类型，位段（也称字段）表示构成记录的数据结构。记录中位段的格式定义如下：

```
位段名：位数 [=表达式]
```

其中，位数说明该位段所占的二进制位个数（1～16），表达式给该位段赋初值，可以省略。整个记录的长度为 1～16 位，记录长度小于 8 位时，汇编成 1 个字节；长度为 9～16 位时，

汇编成 1 个字。位段从低位（右）对齐，不用的位为 0。例如，说明一个人的出生年（YEAR）、性别（SEX）和婚姻状态（MARRIAGE）的记录如下：

```
PERSON    RECORD   YEAR:4, SEX:1= 0, MARRIAGE:1=1
```

汇编程序将用一个字节的低 6 位表达这个记录。其中 MARRIAGE 在 D_0 位，SEX 在 D_1 位，YEAR 在 $D_2 \sim D_5$ 位。

2. 记录变量的定义

说明了记录类型，就可以定义记录变量，这样汇编程序才进行存储分配。它的格式如下：

记录变量名　记录名　<位段初值表>

位段初值表为各个位段赋初值，规则同结构的字段初值表。例如：

```
ZHANG PERSON   <1000B,1,0>        ;该字节值为 00100010B=22H
WANG  PERSON   <1001B,0,0>        ;该字节值为 00100100B=24H
```

3. 记录变量的引用和记录操作符

记录变量通过它的变量名直接引用，表示它的字节或字值，例如：

```
MOV AL,ZHANG  ;AL←22H
```

记录位段名是一个特殊的操作符，表示该位段移位到最低位 D_0 的移位次数，例如：

```
MOV BL,YEAR        ;BL←2
```

"WIDTH 记录名/记录位段名"操作符返回记录或记录位段所占的位数，例如：

```
MOV CL,WIDTH PERSON       ;CL←6
```

"MASK 记录位段名"操作符返回一个 8 位或 16 位数值，其中对应该位段的各位为 1，其余位为 0，例如：

```
MOV DL,MASK SEX       ;DL=00000010B=02H
```

MASM 中的复杂数据结构还有联合（UNION）。联合用于为不同的数据类型赋予相同的存储地址，以达到共享的目的。另外，MASM 还提供了类型定义 TYPEDEF 伪指令，它用于创建一个新数据类型，即为已定义的数据类型取一个同义的类型名。

MASM 中还有流程控制伪指令、过程伪指令、宏指令、列表伪指令及条件伪指令等，因篇幅有限，本章不再介绍，感兴趣的读者可参考有关书籍。

4.5　宏汇编

宏是具有宏名的一段汇编语句序列。经过定义的宏，只要写出宏名，就可以在源程序中调用它。由于形式上类似其他指令，所以常称其为宏指令。与伪指令主要指示如何汇编不同,宏指令实际上是一段代码序列的缩写,在汇编时,汇编程序用对应的代码序列替代宏指令。因为是在汇编过程中实现的宏展开,所以常称其为宏汇编。

4.5.1 宏的定义和调用

1. 宏定义

宏定义由一对宏汇编伪指令 MACRO/ENDM 来完成,其格式如下:

```
宏名    MACRO [形参表]
    宏定义体
    ENDM
```

其中宏名是符合语法的标识符,同一源程序中该名字定义唯一。宏可以带显式参数表,可选的形参表给出了宏定义中用到的形式参数,每个形式参数(哑元)之间用逗号分隔。

例 4.8 在本章的实例程序中,源程序开始通常要初始化 DS,可以定义成一个宏。

```
MAINBEGIN    MACRO                ;;定义一个名为 MAINBEGIN 的宏,无参数
    MOV  AX,@DATA                 ;;宏定义体
    MOV  DS,AX
ENDM                             ;;宏定义结束
```

宏定义中的注释如果用双分号分隔,则在后面的宏展开中将不出现该注释。

例 4.9 在本章的实例程序中,在程序结束前,为了返回 DOS,源程序最后要用 4CH 号调用,可以把它也定义成宏,并设置返回代码参数。

```
MAINEND  MACRO  RETNUM      ;;带有形参 RETNUM
    MOV  AL,RETNUM          ;;宏定义中使用的参数
    MOV  AH,4CH
    INT    21H
ENDM
```

例 4.10 源程序中经常需要输出信息,现在也将它定义成宏。

```
DISPMSG    MACRO MESSAGE
    LEA    DX,MESSAGE              ;;也可以用 MOV DX,OFFSET MESSAGE
    MOV    AH,09H
    INT    21H
ENDM
```

2. 宏调用

宏定义之后就可以使用它,即宏调用。宏调用遵循先定义后调用的原则。宏调用格式如下:

```
宏名 [实参表]
```

可见,宏调用的格式同一般指令一样,在使用宏指令的位置写下宏名,后跟实体参数(实元);如果有多个参数,应按形参顺序填入实参,用逗号分隔。

汇编时,宏指令被汇编程序用对应的代码序列替代,称为宏展开。汇编后的列表文件中带"+"或"1"等数字的语句为相应的宏定义体。宏展开的具体过程是:当汇编程序扫描源程序遇到已有定义的宏调用时,即用相应的宏定义体取代源程序的宏指令,同时用位置匹配的实参对形参进行取代。实参与形参的个数可以不等,多余的实参不予考虑,缺少的实参对相应的形参做"空"处理(以空格取代);另外,汇编程序不对实参和形参进行类型检查,取代时完全是字符串的替代,至于宏展开后是否有效,则由汇编程序翻译时进行语法检查。由此可见,宏调用不需要控制的转移与返回,而是将相应的程序段复制到宏指令的位置,嵌入源程序,即宏调用的程序体实际上并未减少,故宏指令的执行速度比子程序快。

例 4.11 用宏汇编实现信息显示(对比例 4.1 和例 4.2)。

```
MAINBEGIN MACRO
        MOV  AX,@DATA
        MOV  DS,AX
ENDM
MAINEND MACRO RETNUM
        MOV  AL,RETNUM
        MOV  AH,4CH
        INT  21H
ENDM
DISPMSG MACRO MESSAGE
        LEA  DX,MESSAGE      ;也可以用 MOV  DX,OFFSET MESSAGE
        MOV  AH,09H
        INT  21H
ENDM
.MODEL  SMALL
.STACK
.DATA
        STRING   DB 'Hello,Everybody!',0DH,0AH,'$'
.CODE
START:MAINBEGIN               ;宏调用,建立 DS 内容
    DISPMSG  STRING           ;宏调用,显示 STRING 字符串
    MAINEND  0                ;宏调用,返回 DOS
END  START
```

为了了解汇编后宏指令被宏展开的情况,可查看汇编时生成的列表文件(LST),下面的代码段是例 4.11 的列表文件(注释是另加上的)。

```
START:  MAINBEGIN                 ;宏指令
1       MOV      AX,@DATA         ;宏展开
1       MOV      DS,AX
```

```
        DISPMSG  STRING              ;宏指令
1       LEA      DX,STRING           ;宏展开
1       MOV      AH,09H
1       INT      21H
        MAINEND  0                   ;宏指令
1       MOV      AL,0                ;宏展开
1       MOV      AH,4CH
1       INT      21H
        END      START
```

从汇编后的列表文件中可以看到,最左边的 1 表示展开的宏定义体。这里应注意两个问题。

(1) 宏定义中可以有宏调用,只要遵循先定义后调用的原则。例如:

```
DOSINT21  MACRO  FUNCTION           ;;宏定义
    MOV    AH,FUNCTION
    INT    21H
ENDM
DISPMSG   MACRO MESSAGE             ;;含有宏调用的宏定义
    MOV    DX,OFFSET MESSAGE
    DOSINT21 9                      ;;宏调用
ENDM
```

上述宏定义汇编后的列表文件如下,最左边的 1 表示第一层宏展开,2 表示第二层宏展开。

```
DISPMSG  MSG                        ;宏调用
1       MOV      DX,OFFSET MSG      ;宏展开(第一层)
1       DOSINT21 9
2       MOV      AH,9               ;宏展开(第二层)
2       INT      21H
```

(2) 宏定义允许嵌套,即宏定义体内可以有宏定义,对这样的宏进行调用时需要多次分层展开。宏定义内也允许递归调用,这种情况需要用到后面将介绍的条件汇编指令给出递归出口条件。

4.5.2　宏的参数

宏的参数功能强大,既可以无参数,又可以带有一个或多个参数;而且参数的形式非常灵活,可以是常量、变量、存储单元、指令(操作码)或它们的一部分,也可以是表达式。上面已经看到无参数和具有一个参数的宏指令,下面通过其他例子进一步熟悉宏参数的应用。

例 4.12　具有多个参数的宏定义。

使用 8086 的移位指令有时感到不便,因为当移位次数大于 1 时,必须利用 CL 寄存

器。现在用宏指令 SHLEXT 扩展逻辑左移 SHL 的功能。其宏定义为

```
SHLEXT    MACRO  SHLOPRAND,SHLNUM
          PUSH   CX
          MOV    CL,SHLNUM          ;;SHLNUM 表示移位次数
          SHL    SHLOPRAND,CL       ;;SHLOPRAND 表示被移位的操作数
          POP    CX
ENDM
```

当要将 AX 左移 6 位时，可以采用如下宏指令：

```
SHLEXT    AX,6
```

汇编后，宏展开为

```
1    PUSH   CX
1    MOV    CL,06
1    SHL    AX,CL
1    POP    CX
```

例 4.13 用于操作码的宏定义参数。

8086 的移位指令有 4 条，即 SHL/SHR/SAL/SAR，现在用宏指令 SHIFT 替代。这时，需要用参数表示助记符。其宏定义为

```
SHIFT  MACRO  SOPRAND,SNUM,SOPCODE
       PUSH   CX
       MOV    CL,SNUM
       S&SOPCODE& SOPRAND,CL
       POP    CX
ENDM
```

例 4.13 的宏定义中，用一对伪操作符 & 括起 SOPCODE，表示它是一个参数；这里用于分隔前面的字符 S，表示是指令助记符的一部分；由于后一个 & 后是空格，所以它也可以省略。这样，将 AX 左移 6 位时，要用如下宏指令：

```
SHIFT  AX,6,HL
```

该宏调用在汇编后的宏展开同例 4.12。进一步可以把移位和循环移位共 8 条指令统一起来，定义为一个宏指令。其宏定义为

```
SHROT  MACRO  SROPRAND,SRNUM,SROPCODE
       PUSH   CX
       MOV    CL,SRNUM
       SROPCODE  SROPRAND,CL
       POP    CX
ENDM
```

现在用一个宏指令 SHROT 代替了所有移位指令，而且移位次数可以大于 1，使用起来是不是方便了许多？

例 4.14 用于字符串的宏定义参数。

宏定义体中不仅可以是硬指令序列，还可以是伪指令语句序列。例如，为了方便 09H 号 DOS 调用，字符串的定义可以采用如下宏：

```
DSTRING  MACRO  STRING
    DB  '& STRING&',0DH,0AH,'$'
ENDM
```

例如，要定义字符串'THIS IS A EXAMPLE.'，可以采用如下宏调用：

```
DSTRING  <THIS  IS  A  EXAMPLE.>
```

它产生的宏展开为

```
1   DB  'THIS  IS  A  EXAMPLE.',0DH,0AH,'$'
```

因为字符串中有空格，所以必须采用一对"<>"伪操作符将字符串括起来。如果字符串中包含"<>"或其他特殊意义的符号，则应该使用转义伪操作符"!"，例如定义字符串'0 < NUMBER<10'：

```
DSTRING  <0!< NUMBER !<10>           ;宏调用
```

它产生的宏展开为

```
1  DB  '0<NUMBER<10',0DH,0AH,'$',           ;宏展开
```

前面各例中运用了几个宏操作符，现在归纳如下。

- "&"：替换操作符，用于将参数与其他字符分开。如果参数紧接在其他字符之前或之后，或者参数出现在带引号的字符串中，就必须使用该伪操作符。
- "<>"：字符串传递操作符，用于括起字符串。在宏调用中，如果传递的字符串实参数含有逗号、空格等间隔符号，则必须用这对操作符，以保证字符串的完整性。
- "!"：转义操作符，用于指示其后的一个字符作为一般字符，而不含特殊意义。
- "%"：表达式操作符，用在宏调用中，表示将随后的一个表达式的值作为实参，而不是将表达式本身作为参数。例如，对于上一个宏定义：

```
DSTRING%(1024-1)            ;宏调用
1   DB  '1023',0DH,0AH,'$'  ;宏展开
```

- ";;"：宏注释符，用于表示在宏定义中的注释。采用这个符号的注释在宏展开时不出现。

另外，宏定义中还可以用"：REQ"说明设定不可缺参数，用"：＝默认值"设定参数默认值。

4.5.3 与宏有关的伪指令

除宏操作符外，汇编语言还设置有若干与宏配合使用的伪指令，旨在增强宏的功能。

1. 局部标号伪指令 LOCAL

宏定义可被多次调用,每次调用实际上是把替代参数后的宏定义体复制到宏调用的位置。但是,当宏定义中使用了标号,同一源程序对它的多次调用就会造成标号的重复定义,汇编将出现语法错误。子程序之所以没有这类问题是因为程序中只有一份子程序代码,子程序的多次调用只是控制的多次转向与返回,某一特定的标号地址是唯一确定的。

如果宏定义体采用了标号,可以使用局部标号伪指令 LOCAL 加以说明。

伪指令格式:

LOCAL 标号列表

要求:标号列表由宏定义体内使用的标号组成,用逗号分隔。

功能:每次宏展开时汇编程序将对其中的标号自动产生一个唯一的标识符(其形式为"??0000"到"??FFFF"),避免宏展开后的标号重复。

注意: LOCAL 伪指令只能在宏定义体内使用,而且是宏定义 MACRO 语句之后的第一条语句,两者间也不允许有注释和分号。

例 4.15 具有标号的宏定义。

```
ABSOL  MACRO  OPRD
LOCAL  NEXT
  CMP  OPRD,0
  JGE  NEXT
  NEG  OPRD
NEXT:
       ENDM           ;;这个伪指令要独占一行
```

这是一个求绝对值的宏定义,由于具有分支而采用了标号。

采用例 4.15 宏定义的宏调用形式为

```
ABSOL  WORD PTR [BX]
ABSOL  BX
```

上述宏调用下的宏展开为

```
1    CMP  WORD PTR [BX],0
1    JGE  ??0000
1    NEG  WORD PTR [BX]
1    ?? 0000:
1    CMP  BX,0
1    JGE  ??0001
1    NEG  BX
1    ?? 0001:
```

2. 宏定义删除伪指令 PURGE

当不再需要某个宏定义时,可以把它删除,删除宏定义伪指令的格式如下:

PURGE 宏名表

宏名表是由逗号分隔的需要删除的宏名。宏名一经删除,该标识符就成为未说明的符号串,源程序的后续语句便不能对该名字进行合法的宏调用;但是却可以采用这个标识符重新定义其他宏等。

MASM 汇编语言中,允许宏名与其他指令包括伪指令同名,此时宏名优先级最高。当不再使用这个宏定义时,及时用 PURGE 删除即可恢复原指令功能。

3. 宏定义退出伪指令 EXITM

伪指令 EXITM 表示结束当前宏调用的展开,它的格式如下:

EXITM

它可用于宏定义体、重复汇编的重复块以及条件汇编的分支代码序列中,汇编程序执行 EXITM 指令后立即停止它后面部分的宏展开。

4.6 常用的系统功能调用

4.6.1 DOS 的系统调用

1. DOS 系统调用概述

DOS 的系统调用提供了许多子程序供用户调用。主要包括磁盘管理、内存管理、基本输入输出管理等。这些子程序屏蔽了大部分的硬件细节,给程序员提供了极大的方便,降低了程序编写的复杂程度。所有的子功能都有一个 00H～57H 的功能编号,调用时只需用 AH 寄存器保存功能号,利用软中断 INT 21H 即可完成相应子程序的调用,但是需要注意各自程序的入口参数及出口参数。系统功能调用分组如表 4.5 所示。

表 4.5　DOS 系统功能调用分组说明

功 能 号	功 能 说 明
00H～0CH	传统的字符 I/O 管理。包括键盘、显示器、打印机、异步通信口的管理
0DH～24H	传统的文件管理。包括复位、选择磁盘,打开、关闭、删除文件,顺序读、写文件,建立文件,重命名文件,查找驱动器分配表信息,随机读、写文件,查看文件长度
25H～26H	传统的非设备系统调用。包括设置中断向量,建立新程序段
27H～29H	传统的文件管理。包括随机块读写、分析文件名
2AH～2EH	传统的非设备系统调用。包括读取、设置日期、时间
2FH～38H	扩充的系统调用。包括读取 DOS 版本号,终止进程,读取中断矢量,读取磁盘空闲空间
39H～3BH	目录组。包括建立子目录,修改当前目录,删除目录项

续表

功 能 号	功 能 说 明
3CH～46H	扩充的文件管理。包括建立、打开、关闭文件,从文件或设备读写数据,在指定路径删除、移动文件,修改文件属性,设备 I/O 控制,复制文件标志
47H	取当前目录组
48H～4BH	扩充的内存管理。包括分配内存,释放已分配的内存,分配内存块,装入或执行程序等
4CH～4FH	扩充的系统调用。包括终止进程,查询子程序的返回代码,查找第一个相匹配的文件,查找下一个相匹配的文件
50H～53H	扩充的系统调用。供 DOS 内部使用
54H～57H	扩充的系统调用。包括读取校验状态,重新命名文件,设置读取日期及时间

2. 基本 I/O 功能调用

DOS 系统中包含一些基本 I/O 功能调用,如表 4.6 所示。使用 AH 寄存器保存功能号,通过 INT 21H 软件中断就可以方便调用这些功能,实现与打印机、显示器、键盘等外设的数据交换。下面分别介绍表 4.6 中的几种常用 I/O 功能调用。

1) 键盘输入(1 号调用)

1 号调用等待从键盘输入一个字符送入 AL 寄存器,一旦有键按下,先检查是否是 Ctrl+Break,若是,则直接返回;否则,将按键的 ASCII 码送入 AL 寄存器并显示之后返回。

2) 无回显的键盘输入(8 号调用)

8 号调用同 1 号调用,但是不在屏幕上显示输入的字符。

3) 控制台输入输出(6 号调用)

6 号调用可以接收键盘输入,但是不检测 Ctrl+Break,也可以在屏幕上显示 DL 寄存器中保存的字符。

DL=0FFH 表示从键盘输入,AL 保存输入的字符,ZF 表示是否有字符输入,ZF=1 表示没有输入字符,ZF=0 表示有输入字符,并且将字符的 ASCII 码保存在 AL 中。DL≠0FFH 表示向屏幕输出,其中 DL 中为需输出的字符。

4) 无回显的控制台输入(7 号调用)

7 号调用等待键盘的输入,然后将其送入 AL 寄存器,其他同 6 号调用。

5) 打印输出(5 号调用)

5 号调用把 DL 寄存器中保存的数据输出到打印机上。

6) 输出字符串(9 号调用)

9 号调用向标准输出设备输出 DS：DX 指出的以 $ 结束的字符串,其中,$ 不显示或打印。

表 4.6　基本 I/O 功能调用

功能号	功能描述	使用说明（入口参数、出口参数）
01H	键盘输入，并在屏幕上显示	入口参数：无 出口参数：AL 中存放输入的字符
03H	异步通信口输入	入口参数：无 出口参数：AL 中存放从异步通信口接收的数据
04H	异步通信口输出	入口参数：DL 存放被输出的数据 出口参数：无
05H	打印输出	入口参数：DL 存放待打印的字符 出口参数：无
06H	直接控制台 I/O	入口参数：① DL=0FFH 表示从键盘输入；出口参数：AL 中存放输入的字符 ② DL≠0FFH 表示向屏幕输出，DL 中为需输出的字符 出口参数：无
07H	直接控制台输入，但不显示	入口参数：无 出口参数：AL 为从所等待的标准输入设备输入的字符，不检查字符
08H	控制台输入，无显示	入口参数：无 出口参数：AL 中存放输入的字符，但不显示输入的字符
09H	输出字符串	入口参数：DS：DX 指向内存中一个以 $ 字符为结束标志的字符串 出口参数：无
0AH	从键盘接收字符串输入，存于内存缓冲区	入口参数：DS：DX 指向输入缓冲区，其中第一个字节表示缓冲区所容纳的字符个数，第二个字节表示保存实际接收的字符个数，第三个字节以后表示实际接收的字符 出口参数：DS：DX 指向缓冲区的第一个字节，表示缓冲区所容纳的字符个数，第二个字节表示保存实际接收的字符个数，第三个字节以后表示实际接收的字符
2AH	读取日期	入口参数：无 出口参数：CX：年，为二进制数；DH：月；DL：日
2BH	设置日期	入口参数：CX：年，为二进制数；DH：月；DL：日 出口参数：AH=00，表示设置成功；AH=0FFH，表示日期组合无效
2CH	读取时间	时间格式：为 4 个 8 位二进制数。CH 表示小时（0～23），CL 表示分（0～59），DH 表示秒（0～59），DL 表示百分之一秒（0～99） 入口参数：无 出口参数：CX：DX 为返回的时间
2DH	设置时间	入口参数：CX：DX 存放时间 出口参数：AH=00，表示设置成功；AH=0FFH，表示时间组合无效

7) 输入字符串（0AH 调用）

0AH 调用从键盘接收字符串到内存缓冲区，要求事先定义好内存缓冲区，缓冲区内第一个字节指出缓冲区所容纳不为 0 的字符个数，第二个字节保留用于填充实际输入的字符个数，从第三个字节开始存放从键盘上接收的字符串。如果实际接收的字符个数大于事先的定义，则忽略多余字符并响铃；如果实际接收字符个数小于事先的定义，则其余字节填 0。调用之前，应该以 DS：DX 指向该缓冲区。

8) 异步通信输入输出(3、4 号调用)

3 号调用可以等待异步通信口输入一个字符,并将字符存入 AL 寄存器。

4 号调用把保存在 DL 寄存器中的字符输出到异步通信口。DOS 系统默认的异步通信设置是没有奇偶校验、1 位停止位、8 位字符长度、2400 波特(bps)。如果与实际通信不符,建议采用 BIOS 中的串行通信服务 INT 14H。

9) 日期与时间的设置与获取(2AH、2BH、2CH、2DH 调用)

2AH 调用后可以在 CX、DH、DL 中分别保存年、月和日。

2BH 调用可以按照 CX、DH、DL 中分别保存的年、月和日设置系统日期,设置成功 AL=0,否则 AL=0FFH。

2CH 调用可以按照保存在 CH、CL、DH、DL 中的小时(0~23)、分(0~59)、秒(0~59)、百分之一秒(0~99)的时间设置系统时间,设置成功 AL=00H,否则 AL=0FFH。

2DH 调用后可以获取系统当前时间,并将时间中的小时(0~23)、分(0~59)、秒(0~59)、百分之一秒(0~99)分别保存在 CH、CL、DH、DL 中。

3. DOS 功能调用实例

例 4.16 利用 DOS 调用在屏幕上显示提示信息,然后接收用户从键盘上输入的信息,并存入缓冲区。

```
MYDATA         SEGMENT
    PARAMETERS  DB 100
               DB ?
               DB 100 DUP(?)
    MESSAGE DB 'What is your name?'
               DB '$'
MYDATA         ENDS
MYSTACK        SEGMENT  STACK
               DB 100 DUP(?)
MYSTACK        ENDS
MYCODE         SEGMENT
ASSUME    CS: MYCODE, DS: MYDATA, SS: MYSTACK
START          PROC  FAR
               PUSH  DS
               MOV   AX,0
               PUSH  AX
               MOV   AX,MYDATA
               MOV   DS,AX
DISP:          MOV   DX,OFFSET MESSAGE
               MOV   AH,09H
               INT   21H
KEY:           MOV   DX,OFFSET PARAMETERS
               MOV   AH,0AH
               INT   21H
```

```
            RET
START       ENDP
MYCODE      ENDS
END         START
```

可以看出，利用 DOS 系统的 9 号调用功能时，完全没有必要知道当前是何种视频卡，也不需关心视频方式及显示缓冲区的位置，只需要填写 9 号调用的入口参数，调用 INT 21H 即可。这也就是利用 DOS 系统软件接口的优点。

4.6.2 BIOS 中断调用及实现

1. BIOS 中断调用概述

BIOS（基本输入输出系统）是固化在 ROM 中的一组 I/O 设备驱动程序，它为系统各主要部件提供设备级的控制，负责管理系统内的输入输出设备，直接为 DOS 操作系统和应用程序提供底层设备驱动服务。大多数的驱动程序以软件中断方式调用，即 INT n，其中 $n = 05H \sim 1FH$。这种调用也称为 BIOS 设备服务例程（DSR），少数 BIOS 的驱动程序由硬件中断调用。每个 BIOS 的 DSR 都与中断向量表中的一个中断向量有关，如 BIOS 视频服务的中断向量码为 10H，并行打印机服务为 17H。调用服务时，在 AH 寄存器中指定该中断向量码便可选择该功能。如果还有子功能，可以通过向 AL、BL 中设置子功能号进行相应的选择。除功能编号外，所有其他参数通过寄存器传入和传出 BIOS，而这些参数分别称为入口和出口参数。例如，用下面的程序调用 10H 视频服务功能中的 02H（光标设置功能）将视频页上的光标移到 3 行 14 列。

```
MOV  AH,02H
MOV  DH,3
MOV  DL,14
INT  10H
```

中断向量表一般由系统在加电自检时填入内容，但是中断向量表的内容并不是一成不变的，可以通过软件或系统 CONFIG 文件修改。另外许多板卡生产厂商可以进一步丰富 BIOS 的功能。表 4.7 列出了几种常用的 BIOS 服务及其功能。

表 4.7　常用 BIOS 服务功能

BIOS 服务	功能号	功　　能
打印屏幕服务	05H	将当前视频页内容送到默认打印机
视频服务	10H	为显示适配器提供 I/O 支持
软盘服务	13H	提供软盘的读、写、格式化、初始化、诊断
硬盘服务	13H	提供硬盘的读、写、格式化、初始化、诊断
串行通信服务	14H	为串行适配器提供字符输入输出

BIOS 服务	功能号	功　能
系统服务	15H	系统级子服务
键盘服务	16H	为键盘提供 I/O 支持
并行打印机服务	17H	为并行打印机提供 I/O 支持
日期时间服务	1AH	设置和读取时间、日期、声源等

2. BIOS 中断调用及实现

1）视频服务

视频服务由 INT 10H 来启动,包括许多子功能,如表 4.8 所示。通过 AH 寄存器选择视频服务功能,子功能通过 AL 寄存器或 BL 寄存器选择。下面几条规则适用于视频服务功能:

- 待写的字符或像素值一般在 AL 寄存器中传递。
- 功能调用时保存 BX、CX、DX 及段寄存器的值。其他寄存器的内容(特别是 SI、DI)不保存。
- X 坐标(列号)在 CX(图形功能)中或 DL(正文功能)中传递。
- 显示页在 BH 中传递,显示页从 0 开始计数。

表 4.8　视频服务功能列表

视频服务功能	功 能 说 明	视频服务功能	功 能 说 明
00H	设置视频方式	0CH	写像素
01H	设置正文方式光标尺寸	0DH	读像素
02H	设置光标位置	0EH	电传写入活动页
03H	读当前光标位置	0FH	返回视频状态
04H	读光标位置	10H	设置调色板/颜色寄存器
05H	选择新视频页	11H	加载字符发生器
06H	当前页上卷	12H	其他选择
07H	当前页下卷	13H	写字符串
08H	从屏幕读字符/属性	14H～19H	保留
09H	往屏幕写字符/属性	1AH	读/写显示组合码
0AH	往屏幕写字符	1BH	返回功能/状态信息
0BH	设置颜色调色板	1CH	保存/恢复视频状态

下面的子程序利用 BIOS 视频服务的 AH＝0CH 子功能实现写像素点,调用子程序之前,需要用 DX 保存行号,CX 保存列号,AL 保存颜色值,这是 0CH 子功能要求的。

```
WRITINGPIXEL  PROC  NEAR
              PUSH  AX
              MOV   AH,0CH
              INT   10H
              POP   AX
WRITINGPIXEL  ENDP
```

2）键盘服务

BIOS 中有两个与键盘有关的服务，键盘 ISR（键盘中断服务程序）、键盘 DSR（键盘设备服务程序），分别以 09H 硬件中断和 INT 16H 软件中断启动服务。前者由主板的键盘接口电路产生 IRQ$_1$ 中断请求引发，主要功能是根据扫描码将按键转换为相应的字符 ASCII 码或扩展 ASCII 码；后者是应用软件通过软中断调用所获取的字符码或扩展 ASCII 码。这两种服务相互异步、独立，借助于键盘缓冲区传递数据，键盘缓冲区设置在内存 40H：1EH～40：3EH，是一个 32B 的先进先出循环队列。

BIOS 键盘设备服务程序根据键盘缓冲区的首尾指针判断缓冲区是否空，空则等待，否则将头指针内容送给 AX 寄存器，首指针加 2，指向下一个单元。BIOS 键盘服务包括 3 个子功能，如表 4.9 所示。

表 4.9　键盘服务功能列表

子功能号	含　　义	出　口　参　数
AH＝0	从键盘输入一个字符	AL＝ASCII 码（或 0） AH＝扫描码（或扩展扫描码）
AH＝1	判断键盘有无字符输入	ZF＝0 有键按下，键代码保存在 AX 中 ZF＝1 无键按下
AH＝2	当前键盘特殊键状态	AL＝KB_FLAG 字节单元内容

（1）0 号功能（读取键值）。

出口参数：AX＝键值代码。

如果是标准 ASCII 码，则 AL＝ASCII 码，AH＝扫描码；如果是扩展 ASCII 码：则 AL＝00H，AH＝键的扩展 ASCII 码；如果按住 Alt，再按小键盘的数字键，可以输入标准 ASCII 码和扩展 ASCII 码。此时，AL＝数字值，AH＝00H。

调用此功能时，如果没有键按下，则一直等待，直到按键后才读取该键值。

（2）1 号功能（判断有无键按下）。

出口参数：ZF＝1，无键按下；ZF＝0，有键按下。AX＝键值代码（同 0 号功能的出口参数）。调用此功能不需循环等待，设置 ZF 标志后退出，并且不需要键值从键盘缓冲区取走，即键盘缓冲区中仍保留此键值。

（3）2 号功能（读取当前 8 个特殊键的状态）。

出口参数：AL＝KB_FLAG 字节单元内容，从高到低依次为 INS、Caps Lock、Num Lock、Scroll Lock、Alt、Ctrl、Shift＋L、Shift＋R 的按下标志，相应位为 1 表示该键按下。

3）并行打印机服务

BIOS 中包含的打印机服务程序通过软件中断 INT 17H 启动，包括 3 个与打印机服务有关的子功能。

（1）0 号功能（给打印机传送一个字符）。

入口参数：AL＝打印字符，DX＝打印机号。

出口参数：AH＝打印机状态。

（2）1 号功能（初始化打印机）。

入口参数：AL＝打印字符，DX＝打印机号。

出口参数：AH＝打印机状态。

（3）2 号功能（读打印机状态）。

入口参数：AL＝打印字符，DX＝打印机号。

出口参数：AH＝打印机状态。

上面 3 个子功能均可通过 AH 返回打印机状态字节，打印机状态字节的定义如图 4.4 所示。

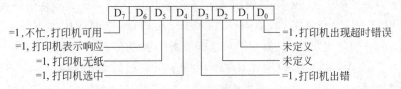

图 4.4　打印机状态定义

通过 INT 17H 请求打印数据时，首先把要打印的数据字节放入 AL 寄存器中，在 AH 寄存器中放入打印字符的功能号 00H，然后运行 INT 17H；接着 BIOS 把 AL 寄存器中的数据传送到 DX 指定的打印端口，发出端口选择脉冲后，就使数据出现在打印机上。诸如"纸尽""忙"等状态信息由 AH 寄存器返回，BIOS 的这部分工作直接面对打印机适配器的硬件接口。

4.6.3　Windows 系统功能调用

在 Windows 系统中，对于用户提出的设备使用请求，是通过调用 Win32 子系统中的 API 函数实现的。需要指出的是：Windows 9x 与 Windows NT 中的 Win32 子系统并不相同，两个子系统是相互独立开发的。下面的介绍仅以 Windows NT 为例。

在 Windows NT 中，Win32 子环境有两类：一类位于用户态空间，另一类位于内核态空间。API 也分为两类，即用户态 API 与内核态 API。位于内核态空间的 Win32 子环境在 Windows NT 4.0 以前的版本中是没有的，这部分内核态模块原来位于用户态空间，将这部分用户空间内的模块移入内核空间是为了对用户的系统调用和设备驱动提供高效高速的服务。将原来 Windows NT 对于多操作系统的支持改为重点提高 Windows 自身系统的效率和性能。为此，Win32 子系统的内核态重点支持包括对 Windows 最主要的用户操作的支持——窗口管理器和图形设备驱动等，使得 Windows NT 4.0 较以前的版本运行速度有了很大的提高。如果用户的设备请求调用是用户层内的 Win32 API 函数,则该函数首先要将这个请求转为对内核 I/O 管理器的接收请求,将 CPU 的运行状态空间从用户态转换到内核态,再由位于内核的 I/O 管理器根据所接收的请求生成 IRP(I/O Request Package,输入输出请求包),再调用设备驱动程序接收这个 IRP,完成所请求的功能。调用结束后,再由 I/O 管理器转换 CPU 的运行状态空间,从内核态返回到用户态,将结果交给用户层的 Win32 被调用函数,由该函数将结果返给用户。其间,由于需要经用户层的 Win32 函数的交接,因此效率较低,速度较慢。如果用户通过对用户层开放的、内核态 Win32 子系统的设备调用 API 发出调用请求,则由该函数完成对 CPU 运行特权级的转换及对内核 I/O 管理器的请求,再由内核 I/O 管理器调用设备驱动程序完成用户请求功能。调用完成后,再由该函数将结果返给用户。由于这种方式无须用户级 Win32 子系统的转接,所以速度快,效率高。但只有在内核态 Win32 子系统中有该类外设对用户层开放的 API 接口时才可应用。例如,为了高速、高效地完成 Windows 中图形界面的操作和控制,内核态 Win32 子系统内就包含了图形窗口管理器和图形设备的驱动程序以及对用户层开放的 API。因此,对用户软件来说,Windows NT 中有两类可供调用的 API 函数,即位于用户层的用户 API 及位于内核层的内核 API。模块的调用模式虽然不同,但对用户来说是透明的,即不同层次的 API 接口,用户的调用方式是相同的,这完全没有增加用户的负担,用户只要知道自己需要什么样功能的 API 函数即可。

举例来说,在 Windows NT 中,用户调用位于用户层的 API 函数 CreateFile 或内核态 API 函数 NtCreateFile,都可以创建或打开一个文件,它们都可以指定文件的设备、目录路径、文件名等参数。CreateFile 函数的原型和参数如下:

```
HANDLE CreateFile(
    LPCTSTR lpFileName,DWORD dwDesiredAccess,
    DWORDdwShareMode,LPSECURITY_ATTRIBUTES lpsecurityAttributes,
    DWORDdwCreationDisposition,DWORD dwFlagsAndAttributes,
    HADELhTemplateFile)
```

调用 NtCreateFile 时,在 dwFlagsAndAttributes 中使用 file_flag_posix_semantic 参数域可以指出文件名对大小写是否敏感,即 MAYfile 与 mayfile 是同一文件还是不同的文件,这一点很重要。调用 CreateFile 则不区分大小写,这是因为 Win32 是 Windows 的环境,而 Windows 对大小写不同的文件名默认为是相同的文件。然而,如果用户希望在自己的 Windows 应用程序中用大小写来区分不同的文件,那么只要调用 NtCreateFile 而不调用 CreateFile,并且将参数 file_flag_posix_semantic 设为对大小写敏感即可。因此,调用哪一类 API 要看用户的意愿,但用户的调用方式是统一、相同的。仍以调用 CreateFile 打开文件为例,先由 CreateFile 分析文件名,转换为 NtCreateFile 的参数格式,然后 CreateFile 函数调用 NtCreateFile,再由 NtCreateFile 经系统内核管理将文件打开,由 NtCreateFile 将结果返给 CreateFile,最后才由 CreateFile 将所打开文件的结果,即文件句柄返给用户。

要特别注意的是,Windows 9x 与 Windows NT 中的 Win32 环境是各自独立开发的,它们的 API 函数并不相同,许多在 Windows NT 中可用的 API 函数,在 Windows 9x 中并不支持,这主要与 Windows NT 被设计为可支持多种操作系统有关。此外,即使是同名的 API 函数,对于 Windows 9x 与 Windows NT 也存在许多功能解释与实现的差别。所以,使用前一定要细心查阅 API 的说明。例如,如果为了在应用程序中使用大小写区分不同的文件而准备调用 NtCreateFile,并且将参数 file_flag_posix_semantic 设为大小写敏感时,要特别注意此项的选择,这样建立的文件不能为 MS-DOS 或 16 位 Windows 应用程序访问。也就是说,这样的文件类型在低版本的操作系统中是不支持的。

4.7　汇编语言顺序程序设计

与其他高级语言类似,编写汇编语言源程序首先应理解和分析题目要求,选择适当的数据结构及合理的算法,然后再着手用语言来实现。但是汇编语言具有面向机器的特点,这要求在编写程序时要严格遵守其语法及程序结构方面的规定,小心处理程序的每一个细节。

汇编语言源程序主体(代码段)可以有顺序、分支、循环、子程序和宏等结构。尽管早期版本的汇编程序不直接支持结构化程序设计,但是仍然可以用微处理器指令系统中的转移指令、循环指令、子程序调用及返回指令实现程序的各种结构形式。

从本节开始将学习怎样编写一个功能和结构完整的汇编语言源程序,即是对前面硬指令、伪指令和程序结构方面基本知识的综合运用。

顺序程序结构是最基本、最常见的程序结构,即完全按指令书写的前后顺序执行每一条指令,它没有分支、循环和转移。有些简单的问题可以依次写出相应的指令,以顺序结构实现编程要求。另外,顺序结构经常作为复杂程序结构中的一部分,如分支的一支、循环中的循环体等。

例 4.17　求两个数的平均值。这两个数分别放在 X 单元和 Y 单元中,而平均值放在 Z 单元中。

解：根据题意,所设计的程序如下:

```
.MODEL  SMALL
.STACK
.DATA
X   DB  8CH
Y   DB  64H
Z   DB  ?
.CODE
.STARTUP
    MOV AL,X            ;AL←8CH
    ADD AL,Y            ;AL←8CH+64H
    MOV AH,00H          ;AH←00H
    ADC AH,00H          ;进位送 AH
    MOV BL,2            ;除数 2→BL
    DIV BL              ;AX 除以 BL 的内容,商→AL,余数→AH
```

```
    MOV  Z,AL                  ;结果送入 Z 单元
.EXIT 0
END
```

例 4.18 设有一个 64 位的数据,要求将它算术左移 8 位。

解:为保证数据各位正确移位,64 位数据的 8 个字节应从高字节开始依次左移 8 位(一个字节),采用字节传送指令。

```
.MODEL  SMALL
.STACK
.DATA
 QVAR  DQ  1234567887654321H
.CODE
.STARTUP
 MOV  AL,BYTE PTR QVAR[6]
 MOV  BYTE PTR QVAR[7],AL
 MOV  AL,BYTE PTR QVAR[5]
 MOV  BYTE PTR QVAR[6],AL
 MOV  AL,BYTE PTR QVAR[4]
 MOV  BYTE PTR QVAR[5],AL
 MOV  AL,BYTE PTR QVAR[3]
 MOV  BYTE PTR QVAR[4],AL
 MOV  AL,BYTE PTR QVAR[2]
 MOV  BYTE PTR QVAR[3],AL
 MOV  AL,BYTE PTR QVAR[1]
 MOV  BYTE PTR QVAR[2],AL
 MOV  AL,BYTE PTR QVAR[0]
 MOV  BYTE PTR QVAR[1],AL
 MOV  BYTE PTR QVAR[0],0
.EXIT 0
END
```

4.8　汇编语言分支程序设计

分支程序结构有单分支 IF-THEN 和双分支 IF-THEN-ELSE 两种基本形式。当程序的逻辑根据某一条件表达式为真或为假来执行两个不同处理之一时,便是双分支形式;当其中一个处理为空时,就是单分支形式;如果分支处理中又嵌套有分支,或者说具有多个分支走向时,即为逻辑上的多分支形式。

4.8.1　无条件转移指令和条件转移指令

1. 无条件转移指令

在 8086/8088 系统中,程序的寻址由 CS 和 IP 两部分组成。改变 CS 和 IP 或只改变

IP 都能使程序转移到一个新的地址去执行。

格式：

```
JMP  dest
JMP  reg/m16
```

功能：JMP 指令无条件地转移到指令所指定的目标地址，dest 标号提供转移目的地址，或者由寄存器、存储器提供转移目的地址。

根据目标地址相对于转移指令的位置，转移可分为短转移、段内转移和段间转移。

短（SHORT）转移属于相对转移，指在段内短距离（−128～127）转移。

段内（NEAR）转移指 CS 值不变，只给出地址偏移值的转移。这种转移的目标地址与转移指令都在同一段内。

段间（FAR）转移指 CS 段值和 IP 值都发生改变的转移。在这种情况下，程序从一个段转移到另一段中的某一地址去执行，因此，JMP 指令中要同时给出段值和偏移值。

转移指令的寻址方式分直接寻址和间接寻址两种。直接寻址是在指令中直接给出转移地址。转移可以发生在段内，也可以发生在段间。间接寻址是在指令中给出的寄存器或存储单元中存放着转移的目标地址。因寄存器的长度与 IP 相同（其中只存放偏移值），故采用寄存器间接寻址的转移只可能是段内转移。存储器间接寻址的转移可以是段内转移，可以是段间转移，也可以是带标号的段内、段间转移。

例 4. 19

```
JMP  NEAR PTR TABLE[BX]          ;为段内转移,IP←[BX+TABLE][BX+TABLE+1]
JMP  FAR PTR TABLE[BX]           ;为段间转移,IP←[BX+TABLE][BX+TABLE+1]
                                 ;CS←[BX+TABLE+2][BX+TABLE+3]
```

在 16 位寻址方式下，可以用 WORD 和 DWORD 来区分不带标号的转移是段内转移还是段间转移。

例 4. 20

```
JMP  WORD PTR [BX]               ;为段内转移,IP←[BX][BX+1]
JMP  DWORD PTR [BX]              ;为段间转移,IP←[BX][BX+1],CS←[BX+2][BX+3]
```

例 4. 21 下面给出在 16 位寻址方式下段内转移的程序段，其功能是转移到 ENTRY 去执行。

```
DRVTBL  LABEL  WORD
   DW   DRV$INIT
   DW   MEDI$CHK
     ⋮
   DW   ENTRY
     ⋮
ENTRY:
     ⋮
   MOV  AX,SEG DRVTBL
   MOV  DS,AX
```

```
MOV  SI,NUMBER          ;NUMBER 为表中 ENTRY 存储地址相对 DRVTBL 的偏移量
JMP  NEAR PTR DRVTBL[SI]
```

2. 条件转移指令

执行条件转移指令时是否发生转移，应根据当时的 CPU 标志来决定。在 8086/8088 中，所有的条件转移均为短转移。条件转移指令分无符号数的条件转移和带符号数的条件转移。

1）无符号数条件转移指令格式及其功能。

JE/JZ ZF＝1：若相等或为零则转移。

JNE/JNZ ZF＝0：若不相等或不为零则转移。

JA/JNBE CF＝0 AND ZF＝0：若高于或不低于等于则转移。

JAE/JNB CF＝0：若高于等于或不低于则转移。

JB/JNAE CF＝1 AND ZF＝0：若低于或不高于等于则转移。

JBE/JNA CF＝1：若低于等于或不高于则转移。

2）带符号数条件转移指令格式及其功能

JE/JZ ZF＝1：若相等或为零则转移。

JNE/JNZ ZF＝0：若不相等或不为零则转移。

JG/JNLE SF＝OF AND ZF＝0：若大于或不小于等于则转移。

JGE/JNL SF＝OF：若大于等于或不小于则转移。

JL/JNGE SF!＝OF：若小于或不大于等于则转移。

JLE/JNG SF!＝OF OR ZF＝1：若小于等于或不大于则转移。

3）特殊算数标志位的条件转移指令

JC CF＝1：若有进位则转移。

JNC CF＝0：若无进位则转移。

JO OF＝1：若有溢出则转移。

JNO OF＝0：若无溢出则转移。

JP/JPE PF＝1：若有偶数个 1 则转移。

JNP/JPO PF＝0：若有奇数个 1 则转移。

JS SF＝1：若为负数则转移。

JNS SF＝0：若为正数则转移。

JCXZ LABEL：CX 中的值为 0，则转移到 LABEL 指定的地址。

条件转移指令和无条件转移指令 JMP 用于实现程序的分支结构。JMP 指令仅实现了转移到指定位置，条件转移指令则可根据条件转移到指定位置或不转移而顺序执行后续指令序列。条件转移语句不支持一般的条件表达式，它是根据当前的某些标志位的设置情况实现转移或不转移。因此，需在条件转移指令前安排算术运算、比较、测试等影响相应标志位的指令，细节请参考第 3 章。

3. 80386 控制转移指令

80386 控制转移指令包括 JMP、JZ、JB 等，它们与在 8086 中的意义基本相同。

但是,JZ、JB等条件转移指令的跳转范围不再局限在-128~127之间,在80386中,条件转移指令的相对转移地址不受范围限制,这样,目的地址可以是存储空间的任何地方。相对转移地址用4个字节表示,加上2个字节的操作码,80386的条件转移指令长达6个字节,这和8086中只含1个字节操作码和1个字节相对地址的条件转移指令差别甚大,这样做的主要原因是为了提高汇编语言对高级语言的支持性。

针对JCXZ指令,80386指令系统增加了一条JECXZ指令。它的跳转条件是ECX是否为0而不是CX是否为0。这个指令的跳转范围也仍然是-128~+127。

4.8.2 分支结构程序设计实例

1. 单分支结构

对于单分支程序,需要正确选择分支条件。因为条件转移指令是条件成立时发生转移,所以分支语句体是在条件不成立时顺序执行,如图4.5(a)所示。

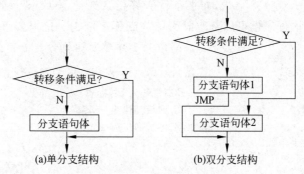

图4.5 分支结构程序的流程图

例4.22 计算AX中符号数绝对值的程序段。

```
        CMP  AX,0
        JGE  NONNEG        ;分支条件:AX≥0
        NEG  AX            ;条件不满足,为负数,需要执行分支体进行求补
NONNEG: MOV  RESULT,AX     ;条件满足,为正数,保存结果
```

该程序段是一个典型的单分支结构。这一点与高级语言的分支IF语句不同,请特别注意。如果把求绝对值的程序段写为如下形式:

```
        CMP  AX,0
        JL   YESNEG        ;分支条件:AX<0
        JMP  NONENG        ;条件不满足,为正数,不需要求补,转向保存结果
YESNEG: NEG  AX            ;条件满足,为负数,需要求补
NONNEG: MOV  RESULT,AX     ;保存结果
```

比较上述两个程序段,由于后者选择分支条件不当,不仅多了一个JMP指令,而且也容易出错。对于后者,这个JMP指令是不可缺少的。

2. 双分支结构

对于双分支程序，两种情况都有各自的分支语句体，选择条件并不关键。但是，顺序执行的分支语句体 1 不会自动跳过分支语句体 2，所以分支语句体 1 最后一定要有一条 JMP 指令跳过分支语句体 2，即分支汇点处；否则将进入分支语句体 2 而出现错误，如图 4.5(b)所示。这一点也与高级语言不同。

例 4.23 显示 BX 最高位的程序段。

```
        SHL    BX,1          ;BX 最高位移入 CF 标志
        JC     ONE           ;CF=1,即最高位为 1,转移
        MOV    DL,'0'        ;CF=0,即最高位为 0,DL←'0'
        JMP    TWO           ;一定要跳过另一个分支语句体
ONE:    MOV    DL,'1'        ;DL←'1'
TWO:    MOV    AH,2
        INT    21H           ;显示
```

该程序段是一个双分支结构，如果条件转移指令选择 JNC，则只要交换两个分支语句体的位置即可。该程序也可以修改成为单分支程序结构。这只要事先假设一种情况，例如假设 BX 最高位为 0，则只要 BX 最高位为 1 才需要执行分支语句。程序段如下：

```
        MOV    DL,'0'        ;DL←'0'
        SHL    BX,1          ;BX 最高位移入 CF 标志
        JNC    TWO           ;CF=0,即最高位为 0,转移
        MOV    DL,'1'        ;CF=1,即最高位为 1,DL←'1'
TWO:    MOV    AH,2
        INT    21H           ;显示
```

由此可见，编写分支程序，必须留心分支的开始点和结束点，当出现多分支时更是如此。这正是汇编语言编写程序的繁杂体现之一，也是学习上的一个难点。

3. 分支程序设计综合举例

例 4.24 判断方程 $AX^2 + BX + C = 0$ 是否有实根，若有实根则将字节变量 TAG 置 1，否则置 0。假设 A、B、C 均为字节变量，数据范围为 $-128 \sim +127$。

解：依题意，二元一次方程有根的条件是：$B^2 - 4AC \geqslant 0$。依据题意，首先计算出 B^2 和 $4AC$，然后比较两者大小，根据比较结果分别给 TAG 赋不同的值。

```
.MODEL SMALL
.STACK
.DATA
    _A      DB    ?
    _B      DB    ?
    _C      DB    ?
    TAG     DB    ?
.CODE
.STARTUP
```

```
        MOV    AL,_B
        IMUL   AL
        MOV    BX,AX        ;BX 中为 B²
        MOV    AL,_A
        IMUL   _C
        MOV    CX,4
        IMUL   CX           ;AX 中为 4AC(按照题目假设 DX 不含有效数值)
        CMP    BX,AX        ;比较二者大小
        JGE    YES          ;条件满足?
        MOV    TAG,0        ;分支语句体 1:条件不满足,TAG←0
        JMP    DONE         ;跳过分支语句体 2
YES:    MOV    TAG,1        ;分支语句体 2:条件满足,TAG←1
DONE:   .EXIT 0
        END
```

实际上,程序中利用这两种基本分支结构可以形成许多分支形式。例如,DOS 功能调用利用 AH 指定各个子功能,就可以采用如下程序段实现多分支:

```
OR   AH,AH               ;等效于 CMP  AH,0
JZ   FUNCTION0           ;AH=0,转向 FUNCTION0
DEC  AH                  ;等效于 CMP  AH,1
JZ   FUNCTIONL           ;AH=1,转向 FUNCTIONL
DEC  AH                  ;等效于 CMP  AH,2
JZ   FUNCTION2           ;AH=2,转向 FUNCTION2
```

如果分支较多,上述方法显得有些烦琐。但是,可以借鉴中断向量表的工作原理,构造一个入口地址表,下面通过一个简单的示例说明。

例 4.25 设计根据键盘输入的 1~8 数字转向 8 个不同的处理程序段的程序。

解:依题意,在数据段定义一个存储区,顺序存放 8 个处理程序段的起始地址。由于所有程序都在一个代码段,所以,用字定义伪指令 DW 存入偏移地址。另外,为了具有良好的交互性,程序首先提示输入数字,然后判断是否为 1~8。若不是有效数字,则重新提示;若是有效数字,则形成表中的正确偏移,并按地址表跳转。为了简化处理程序段,假设只是显示 8 个不同的信息串。

```
    .MODEL  SMALL
    .STACK
    .DATA
MSG   DB   'Input number(1~8):',0dh,0ah,'$'
MSG1  DB   'Chapter 1:Fundamentals of Assembly Language',0dh,0ah,'$'
MSG2  DB   'Chapter 2:80x86 Instruction Set',0dh,0ah,'$'
MSG3  DB   'Chapter 3:Statements of Assembly Language',0dh,0ah,'$'
MSG4  DB   'Chapter 4:Basic Assembly Language Programming',0dh,0ah,'$'
MSG5  DB   'Chapter 5:Advanced Assembly Language Programming',0dh,0ah,'$'
MSG6  DB   'Chapter 6:32- bit Instructions and Programming',0dh,0ah,'$'
MSG7  DB   'Chapter 7:Mixed Programming with C/C++',0dh,0ah,'$'
MSG8  DB   'Chapter 8:FP Instructions and Programming',0dh,0ah,'$
```

```
TABLE   DW DISP1,DISP2,DISP3,DISP4,DISP5,DISP6,DISP7,DISP8
                                  ;取得各个标号的偏移地址

        .CODE
        .STARTUP
        START1: MOV   DX,OFFSET MSG        ;提示输入数字
                MOV   AH,9
                INT   21H
                MOV   AH,1                 ;等待按键
                INT   21H
                CMP   AL,'1'               ;数字<1?
                JB    START1
                CMP   AL,'8'               ;数字>8?
                JA    START1
                AND   AX,000FH             ;将 ASCII 码转换成数字
                DEC   AX
                SHL   AX,1                 ;等效于 ADD AX,AX
                MOV   BX,AX
                JMP   TABLE[BX]            ;(段内)间接转移:IP←[TABLE+BX]
        START2: MOV   AH,9
                INT   21H
        .EXIT 0
        DISP1:    MOV   DX,OFFSET MSG1       ;处理程序 1
                  JMP   START2
        DISP2:    MOV   DX,OFFSET MSG2       ;处理程序 2
                  JMP   START2
        DISP3:    MOV   DX,OFFSET MSG3       ;处理程序 3
                  JMP   START2
        DISP4:    MOV   DX,OFFSET MSG4       ;处理程序 4
                  JMP   START2
        DISP5:    MOV   DX,OFFSET MSG5       ;处理程序 5
                  JMP   START2
        DISP6:    MOV   DX,OFFSET MSG6       ;处理程序 6
                  JMP   START2
        DISP7:    MOV   DX,OFFSET MSG7       ;处理程序 7
                  JMP   START2
        DISP8:    MOV   DX,OFFSET MSG8       ;处理程序 8
                  JMP   START2
        END
```

本例的 JMP TABLE［BX］中采用寄存器相对寻址方式取得存储器操作数，这个操作数是转移地址。转移地址采用的是存储器相对寻址方式。该指令的操作数还可以采用其他存储器寻址方式，也可以采用寄存器寻址方式。当然，这就需要相应地修改部分指令。另外，该指令也可以替换成 CALL TABLE［BX］，但所有处理程序中最后的 JMP START2 指令都应该更改为 RET 指令。

4.9　汇编语言循环程序设计

当需要重复执行某段程序时,可以利用循环程序结构。循环结构一般是根据某一条件判断为真或假来确定是否重复执行循环体,条件永真或无条件的重复循环就是逻辑上的死循环(永真循环、无条件循环)。

循环一般由 4 个部分组成,分别是循环初始部分、循环体部分、修改部分以及循环控制部分。

(1) 循环初始部分。为开始循环准备必要的条件,如循环次数、循环体需要的初始值等。

(2) 循环体部分。该部分是循环工作的主要部分,是为完成某种特定功能而设计的重复执行的程序段。

(3) 修改部分。保证每次循环时相关信息(如计数器的值、操作数地址等)能发生有规律的变化,为下次循环做好准备,即对循环条件修改的程序段。

(4) 循环控制部分。判断循环条件是否成立,决定是否继续循环,循环控制部分是编程的关键和难点。循环条件判断的循环控制可以在进入循环之前进行,即形成"先判断、后循环"的循环程序结构。如果循环之后进行循环条件判断,即形成"先循环、后判断"的循环程序结构。

80x86 CPU 指令集中有一组专门用于循环控制的指令,它们是 JCXZ、LOOP、LOOPE/LOOPZ 和 LOOPNE/LOOPNZ。从某种意义上讲,它们都是计数循环,即用于循环次数已知或最大循环次数已知的循环控制,且须预先将循环次数或最大循环次数置入 CX 寄存器;LOOPE/LOOPZ 和 LOOPNE/LOOPNZ 只是在记数循环的基础上增加了关于 ZF 标志位的测试,可根据标志位 ZF 值的当前状态提前退出计数循环或继续下一次循环。

4.9.1　循环指令

8086/8088 与 80386 循环控制指令相同,都包括 LOOP、LOOPE/LOOPZ、LOOPNE/LOOPNZ。循环指令实际上也是条件转移指令,它用存放在 CX 中的数作为循环重复计数值递减计数,直到 CX 中的数为 0 时终止循环。

1. LOOP 循环指令

格式:

```
LOOP  label
```

功能:在执行 LOOP 指令时,处理器先将 CX 中的计数值减 1,再判断其值:如果计数值不为 0,则转到 LOOP 指令中指出的目标语句(执行循环体内的语句);如果计数值为0,则执行 LOOP 指令后的下条指令(退出循环);如果 CX 的初值为 0,则循环将进行

2^{16} 次。

例 4.26

```
    MOV  CX,10
ABC:
        ⋮
    LOOP  ABC          ;此例中,循环进行 10 次
```

需注意的是,所有循环指令所发生的转移都只能是短转移。

2. LOOPE/LOOPZ 循环指令

格式:

```
LOOPE  label
LOOPZ  label
```

LOOPE 和 LOOPZ 是同一条指令的两种不同的助记符,其指令功能是:执行本指令时,将 CX 寄存器的内容减 1 并回送 CX 寄存器,ZF 不受 CX 减 1 的影响。

这两条指令执行后是否循环,依下述条件判断:

- 如果 CX≠0 且 ZF=1,则转移到目的标号执行,IP←IP(现行)+偏移量。
- 如果 CX≠0 且 ZF=0,则停止循环,按指令顺序执行。
- 如果 CX=0(无论 ZF 如何),则停止循环,按指令顺序执行。

3. LOOPNE/LOOPNZ 循环指令

格式:

```
LOOPNE  label
LOOPNZ  label
```

LOOPNE 和 LOOPNZ 也是同一条指令的两种不同的助记符,其指令功能是:将 CX 寄存器的内容减 1 并回送 CX 寄存器,ZF 不受 CX 减 1 的影响。

这两条指令执行后,判断是否循环的条件如下:

- 如果 CX≠0 且 ZF=0,继续循环,转到目的标号执行,即 IP←IP(现行)+偏移量。
- 如果 CX≠0 且 ZF=1,则停止循环,按指令顺序执行。
- 如果 CX=0,则停止循环,按指令顺序执行。

注意:LOOPE/LOOPZ 与 LOOPNE/LOOPNZ 指令对标志位没有影响。

以上 3 类循环指令都属段内短转移。指令的机器码为两个字节,第一个字节为操作码,第二个字节为偏移量,偏移量为 8 位,其值在 −128～127 范围内。

4.9.2 循环程序设计实例

1. 计数循环程序设计

例 4.27 计算 1～100 数字之和,并将结果存入字变量 SUM 中。

解：依题意，程序要求 SUM＝1＋2…＋100，这是一个典型的记数循环，完成 100 次简单加法。编写一个 100 次的计数循环结构。循环开始前将被加数清零，加数置 1，循环体内完成一次累加，每次的加数递增 1。LOOP 指令要求循环次数预置给 CX，每次循环 CX 递减 1。这样，循环体内加数就可以直接用循环控制变量 CX 来控制，简化了循环体，完成与题目等价的 100～1 的累加。

```
        .MODEL  SMALL
        .STACK
        .DATA
              SUM   DW ?
        .CODE
        .STARTUP
              XOR   AX,AX            ;被加数 AX 清零
              MOV   CX,100
AGAIN:  ADD   AX,CX            ;按 100,99,…,2,1 倒序累加
              LOOP  AGAIN
              MOV   SUM,AX           ;将累加和送入指定单元
        .EXIT 0
        END
```

2. 条件判断循环程序设计

例 4.28　确定字变量 WORDX 中为 1 的最低位数（0～15），并将结果存于变量 BYTEY 中；若 WORDX 中没有为 1 的位，则将－1 存入 BYTEY。

解：依题意，对 WORDX 中的 16 个位从低位向高位依次循环测试，第一个为 1 的位数便是题目所求。因此，循环的最大次数为 16。循环开始前将计数器置－1，循环体内每次对计数器加 1 后，测试目标最低位，再将目标循环右移 1 位（为下一次测试做准备）。由于循环移位指令不影响 ZF 标志位，故可根据当前 ZF 的设置情况得到判断：若 ZF＝0，则测试结果非 0，被测位为 1，从而找到定位，退出循环；若 ZF＝1，则被测位不满足要求，应进行下一次循环继续测试目标的次低位。此循环控制与 LOOPE 指令功能吻合。循环体结束后，根据 ZF 的设置将计位数或－1 送 BYTEY 单元。

```
        .MODEL  SMALL
        .STACK
        .DATA
              WORDX   DW 56
              BYTEY   DB ?
        .CODE
        .STARTUP
              MOV   AX,WORDX         ;测试目标送 AX
              MOV   CX,16            ;循环计数器置初值
              MOV   DL,-1            ;计位器置初值
AGAIN:  INC   DL
```

```
          TEST    AX,1
          ROR     AX,1                  ;循环指令不影响 ZF
          LOOPE   AGAIN                 ;CX<>0 且 ZF=1(测试位为 0),继续循环
          JE      NOTFOUND
          MOV     BYTEY,DL
          JMP     DONE
NOTFOUND: MOV     BYTEY,-1              ;ZF=1,测试目标的 16 个位均为 0
DONE:     .EXIT 0
          END
```

在例 4.26 中,循环控制条件是循环次数,这是比较常见和简单的情况。在例 4.27 中,循环控制条件又加上了 ZF。但实际上,循环控制条件有时是比较复杂的,很多循环并不能预先知道循环次数或确切的最大循环次数,而且循环体内可能还需将 CX 另作他用,与循环控制计数器冲突。换句话说,循环指令的功能是较弱的,不能满足更复杂的循环结构要求。

转移指令可以指定目标标号来改变程序的运行顺序,如果目标标号指向一个重复执行的语句体的开始或结束,实际上便构成了循环控制结构。这时,程序重复执行带标号的语句至转移指令之间的循环体。利用条件转移指令支持的转移条件作为循环控制条件,这种循环称为条件控制循环。这种循环还可以构造复杂的循环程序结构。例如,循环体中嵌套循环(多重循环结构),循环体中具有分支结构,分支体中采用循环结构。

例 4.29 把一个字符串中的所有大写字母改为小写字母,该字符串以 0 结尾。

解:依题意,这是一个循环次数不定的循环程序结构,宜用转移指令决定是否结束循环,并应该先判断后循环。循环体判断每个字符,如果是大写字母则转换为小写,否则不予处理。循环体中具有分支结构。大小写字母的 ASCII 码不同之处是:大写字母 $D_5 = 0$,而小写字母 $D_5 = 1$。

```
      .MODEL  SMALL
      .STACK
      .DATA
STRING  DB  'HELLO,EVERYBODY! ',0   ;可以任意给定一个字符串
      .CODE
      .STARTUP
          MOV  BX,OFFSET STRING
AGAIN:    MOV  AL,[BX]              ;取一个字符
          OR   AL,AL               ;是否为结尾字符 0
          JZ   DONE                ;是,退出循环
          CMP  AL,'A'              ;是否为大写 A~Z
          JB   NEXT
          CMP  AL,'Z'
          JA   NEXT
          OR   AL,20H              ;是,转换为小写字母(使 D₅=1)
          MOV  [BX],AL             ;仍保存在原位置
```

```
NEXT:    INC  BX
         JMP  AGAIN                          ;继续循环
DONE:    .EXIT 0
         END
```

例 4.30 采用"冒泡法"把一个长度已知的数组元素按从小到大排序。假设数组元素为无符号字节。

解：依题意，实际的排序算法很多，"冒泡法"是一种易于理解和实现的方法，但并不是最优的算法。冒泡法从第一个元素开始，依次对相邻的两个元素进行比较，使前一个元素不大于后一个元素。将所有元素比较完之后，最大的元素排到了最后。然后，除掉最后一个元素之外的元素依上述方法再进行比较，得到次大的元素排在后面。如此重复，直至完成实现元素从小到大的排序。可见，这是一个双重循环程序结构。外循环由于循环次数已知，可用 LOOP 指令实现；而内循环次数在每次外循环后减少一次，用 DX 表示。循环体比较两个元素大小，又是一个分支结构。

```
.MODEL   SMALL
.STACK
.DATA
ARRAY DB 56H,23H,37H,78H,0FFH,0,12H,99H,64H,0B0H
      DB 78H,80H,23H,1,4,0FH,2AH,46H,32H,42H
COUNT EQU  ($-ARRAY)/TYPE ARRAY         ;计算数据个数
.CODE
.STARTUP
        MOV  CX,COUNT                   ;CX←数组元素个数
        DEC  CX                         ;元素个数减 1 为外循环次数
OUTLP:  MOV  DX,CX                      ;DX←内循环次数
        MOV  BX,OFFSET ARRAY
INLP:   MOV  AL,[BX]                    ;取前一个元素
        CMP  AL,[BX+1]                  ;与后一个元素比较
        JNA  NEXT                       ;前一个元素不大于后一个元素,则不进行交换
        XCHG AL,[BX+1]                  ;否则,进行交换
        MOV  [BX],AL
NEXT:   INC  BX                         ;下一对元素
        DEC  DX
        JNZ  INLP                       ;内循环尾
        LOOP OUTLP                      ;外循环尾
.EXIT 0
END
```

例 4.31 现有一个以 $ 结尾的字符串,要求剔除其中的空格字符。

解：依题意,这是一个循环次数不定的循环程序结构,显然应该用判断字符是否为 $ 作为循环控制条件。循环体判断每个字符:如果不是空格,不予处理,继续循环;如果是空格,则进行剔除,也就是将后续字符前移一个字符位置,将空格覆盖,这又需要一个循

环,循环结束条件仍然用字符是否为 $ 进行判断。可见,这还是一个双重循环程序结构。

```
        .MODEL   SMALL
        .STACK
        .DATA
            STRING DB    'LET US HAVE A TRY !','$'  ;假设一个字符串
        .CODE
        .STARTUP
                MOV   SI,OFFSET STRING
    OUTLP:      CMP   BYTE PTR [SI],'$'          ;外循环,先判断后循环
                JZ    DONE                       ;为 0 结束
    AGAIN:      CMP   BYTE PTR [SI],' '          ;检测是否是空格
                JNZ   NEXT                       ;不是空格继续循环
                MOV   DI,SI                      ;是空格,进入剔除空格分支。该分支是循环程序段
    INLP:       INC   DI
                MOV   AL,[DI]                    ;前移一个位置
                MOV   [DI-1],AL
                CMP   BYTE PTR [DI],'$'          ;内循环,先循环后判断
                JNZ   INLP
                JMP   AGAIN                      ;继续判断是否为空格
    NEXT:       INC   SI                         ;继续对后续字符进行判断处理
                JMP   OUTLP
    DONE:       .EXIT 0                          ;结束
                END
```

4.10　串处理程序设计

4.10.1　8086/8088 串操作指令

一般情况下,串操作处理的数据不只是一个字节(或字),而是在内存中地址连续的字节串(或字串),也就是处理一组数据或字符,这个数据串的长度最长为 64KB。

串操作类指令要求 SI 为源串操作数指针,DI 为目标操作数指针,每条指令一般只处理一个字节(或字)数据,而且每处理完一个数据,其地址指针会自动±1(或±2),指向下一个要处理的数据。指针是增还是减取决于状态寄存器(FLAGS)中 DF 的状态(DF=0,则增址;DF=1,则减址)。指针是增(减)1 还是增(减)2 取决于是字节操作还是字操作。

单独的串操作指令只能对单个串元素进行操作,只有在这些指令前加上重复前缀 REP 才能实现对整个串的操作。在重复前缀的作用下,串指令的基本操作不断重复。

1. 串传送指令

格式:

```
MOVSB
MOVSW
```

功能：串传送指令 MOVSB、MOVSW 分别将 DS：SI 所指向的串元素移送到由 ES：DI 指向的位置。MOVSB 作用于字节元素，MOVSW 作用于字元素，根据 DF 的值确定增或减 SI 与 DI 的值。

当串传送指令与重复前缀 REP 一起使用时，才能完成将整个串从源存储区域传送到目的存储区域的操作。为此，程序必须在执行串传送指令前设置好 CX、SI 和 DI 的值。

2. 串比较指令

格式：

```
CMPSB
CMPSW
```

功能：串字节比较指令 CMPSB 把寄存器 SI 所指向的一个字节数据与由寄存器 DI 所指向的一个字节数据采用相减方式比较，相减结果影响有关标志位（AF、CF、OF、PF、SF 和 ZF），但不会影响两个操作数，然后根据方向标志位 DF 的值使 SI 和 DI 之值分别增 1 或减 1。串字比较指令 CMPSW 把寄存器 SI 所指向的一个字数据与由寄存器 DI 所指向的一个字数据比较，结果影响有关标志位，但不会影响两个操作数，然后根据方向标志位 DF 的值使 SI 和 DI 之值分别增 2 或减 2。

3. 串扫描指令

格式：

```
SCASB
SCASW
```

功能：串字节扫描指令 SCASB 把累加器 AL 的内容与由寄存器 DI 所指向的一个字节数据采用相减方式比较，相减结果影响有关标志位（AF、CF、OF、PF、SF 和 ZF），但不影响两个操作数，然后根据方向标志 DF 的值使 DI 的值增 1 或减 1。串字扫描指令 SCASW 把累加器 AX 的内容与由寄存器 DI 所指向的一个字数据比较，结果影响标志，然后根据方向标志 DF 的值使 DI 的值增 2 或减 2。

4. 串装入指令

格式：

```
LODSB
LODSW
```

功能：串装入指令是将寄存器 SI 所指的字节或字数据装入 AL 或 AX。如果操作数的类型为字节，则采用 LODSB 指令；如果操作数的类型为字，则采用 LODSW 指令。使用上述格式的串装入指令时，仍必须先给 SI 赋合适的值。

5. 串存储指令

格式：

```
STOSB
STOSW
```

功能：字符串存储指令只是把累加器的值存到字符串中，即替换字符串中的一个字符。串存储指令 STOSB/STOSW 把累加器 AL/AX 的内容送到寄存器 DI 所指向的存储单元中，然后根据方向标志 DF 的值使 DI 的值增 1/2 或减 1/2。

6. 重复前缀

格式：

```
REP
REPE/REPZ
REPNE/REPNZ
```

这 3 种重复前缀指令不能单独使用，只能加在串操作指令之前，用来控制跟在其后的字符串操作指令，使之重复执行，重复前缀不影响标志位。

1）无条件重复前缀 REP

功能：该指令无条件执行其后的指令，由 CX 寄存器指定重复次数，每执行一次，则 CX←CX−1，若 CX≠0，继续执行其后的指令，一直到 CX=0 为止。REP 前缀常与 MOVS 和 STOS 串操作指令配合使用。

当串传送指令与重复前缀 REP 一起使用时，才能完成将整个串从源存储区域传送到目的存储区域的操作。为此，程序必须在执行串传送指令前置好 CX、SI 和 DI 的值。

2）有条件重复前缀 REPE/REPZ

功能：该指令条件为相等/结果为 0 时重复前缀，该前缀与 CMPS 和 SCAS 串操作指令配合使用。

只有当 CX≠0 且 ZF=1（表示两个操作数相等）时，继续执行其后的比较或扫描指令；否则，当 CX=0 或者 ZF=0（表示两个操作数不相等）时，则停止执行其后的字符串指令，结束该操作。

3）有条件重复前缀 REPNE/REPNZ

功能：该指令条件为不相等/结果不为 0 时重复前缀。

如果在 CMPS 和 SCAS 指令前使用 REPNE 或 REPNZ 前缀，则当 CX≠0 且 ZF=0（表示两个操作数不相等）时，继续执行其后比较或扫描的指令；否则，当 CX=0 或者 ZF=1（表示两个操作数不相等）时，则停止执行其后的字符串指令，结束该操作。也就是说，只有两数不相等，才可继续比较或扫描，而遇到两数相等或 CX=0，均可结束串操作。

有关串操作指令的重复前缀、操作数以及地址指针所用的寄存器等情况的归纳如表 4.10 所示。

表 4.10　串操作指令的重复前缀、操作数和地址指针寄存器

指令	重复前缀	操作数	地址指针寄存器
MOVS	REP	目标	ES:DI
		源	DS:SI
CMPS	REPE/REPZ	目标	DS:SI
		源	ES:DI
SCAS	REPE/REPZ	目标	ES:DI
LODS	无	源	DS:DI
STOS	REP	目标	ES:DI

4.10.2　80386 位串操作指令

串操作指令包括 MOVS、CMPS、SCAS、LODS、STOS、INS、OUTS。前 5 个指令是 8086 中原有的，80386 指令系统增加了对 32 位寄存器的支持，如 MOVS 可以写成 MOVSB、MOVSW、MOVSD。它们的源变址寄存器、目的变址寄存器及计数器是用 ESI、EDI、ECX 还是用 SI、DI、CX 由其所在的段决定，若是 32 位段，则使用前者，否则使用后者。

INS 和 OUTS 是 80386 中新增加的两条串操作指令，前者允许从一个输入端口读入数据送到连续的存储单元，后者则将连续存储单元中的数据输出到端口，从而实现如磁盘读写这样的数据块传送。

INS 指令在使用时，以 INSB、INSW 或 INSD 的形式出现，分别代表字节串输入、字串输入或双字串输入。和其他串操作指令一样，INS 指令受 DF 控制，每输入一次，EDI 按 DF 位为 0 或 1 做增量修改或减量修改。与此类似，OUTS 指令的使用形式为 OUTSB、OUTSW 或 OUTSD，OUTS 指令亦受 DF 控制，每输出一次，EDI 按 DF 位为 0 或 1 做增量修改或减量修改。

注意：INS 和 OUTS 要求用 DX 存放端口号，而不能用直接寻址方式在指令中给出端口号。

4.10.3　串操作程序设计实例

例 4.32

```
S_POINT   DD S_ADDR
D_POINT   DD D_ADDR
S_ADDR    DB…              ;源数据区
    ⋮
D_ADDR    DB…              ;目的数据区
```

```
        ⋮
LDS     SI,S_POINT          ;置全地址指针 DS：SI 值
LES     DI,D_POINT          ;置全地址指针 ES：DI 值
CLD                         ;将方向标志 DF 清零
MOV     CX,LENGTH           ;置串长度值
REP     MOVSB
```

该程序将以 S_ADDR 为首址的存储区域的 LENGTH 个字节传送到以 D_ADDR 为首址的相应存储区域。若 MOVSB 前无 REP 重复前缀，则该指令只是将 S_ADDR 单元内容传送到 D_ADDR 单元。重复前缀 REP 的作用是重复串元素的基本操作（每传送一个字节，SI 和 DI 都自动加1，使串指针指向下一个字节），CX 减 1，直到 CX 的值减至 0 完成整个串的传送操作为止。

例 4.33 把 DATA1 段从 0020H 开始的 30H 个字节串和 DATA2 段从 0100H 开始的 30H 个字节串进行比较。

完成上述功能的程序段如下：

```
MOV   AX,DATA1
MOV   DS,AX
MOV   AX,DATA2
MOV   ES,AX
MOV   SI,0020H
MOV   DI,0100H
MOV   CX,0030H
CLD
REPE  CMPS
```

例 4.34 编写程序查找 STR1 串中是否有字母 J，如果有则输出 Y，否则输出 N。

```
DATAS   SEGMENT
    STR1  DB'ASDFGHJK'
DATAS   ENDS
CODES   SEGMENT
    ASSUME  CS:CODES,DS:DATAS,ES: DATAS
START:
    MOV  AX,DATAS
    MOV  DS,AX
    MOV  ES,AX
    MOV  DI,OFFSET SRT1
    MOV  AL,'J'
    MOV  CX,8
    REPNZ  SCASB          ;字符搜索
    JNZ  JM1
    MOV  DL,'Y'
    MOV  AH,2
```

```
        INT  21H
        JMP  EXT
JM1:MOV  DL,'N'
        MOV  AH,2
        INT  21H
EXT:MOV  AH,4CH
        INT  21H
CODES  ENDS
END  START
```

4.11 子程序设计

当程序功能相对复杂时,如果将所有的语句序列均写到一起,程序结构将显得零乱,特别是由于汇编语言的语句功能简单,源程序更显得冗长,这将降低程序的可阅读性和可维护性。为了简化问题,实际编程时功能相对独立的程序段常常单独编写和调试,作为一个相对独立的模块供程序使用,这就是子程序。子程序可以实现源程序的模块化,简化源程序结构。子程序还可以使模块得到复用,进而提高编程效率。

4.11.1 子程序的定义与调用

汇编语言的子程序(subroutine)相当于高级语言的过程和函数。汇编语言中,子程序也称为过程(procedure)。

1. 子程序的定义

子程序是具有唯一的子程序名的程序段。子程序的定义由一对过程伪指令 PROC 和 ENDP 来完成,格式如下:

```
子程序名  PROC [NEAR/FAR]
          子程序体
子程序名  ENDP
```

其中子程序名(过程名)为符合语法的标识符,同一源程序中该名字是唯一的。过程属性可为 NEAR 或 FAR。NEAR 属性的过程只能被相同代码段的其他程序调用,为段内近调用;属性为 FAR 的过程可以被相同或不同代码段的程序调用,为段间远调用。

对简化段定义格式,在微型、小型和紧凑存储模式下,过程的默认属性为 NEAR;在中型、大型和巨型存储模式下,过程的默认属性为 FAR。对完整段定义格式,过程的默认属性为 NEAR。当然,用户可以在过程定义时用 NEAR 或 FAR 改变默认属性。

2. 子程序的调用与返回

子程序编写成一个单独的程序模块,存放该程序的起始地址即为入口地址。被调用的子程序可以在本代码段内（近子程序），也可以在其他代码段（远子程序）。调用的子程序地址可以用直接的方式给出，也可以用间接的方式给出。子程序调用指令和返回指令对标志位没有影响。

1) 调用指令 CALL

CALL 用于调用子程序。

(1) 段内直接调用。

格式：

```
CALL  DST
```

要求：DST 为子程序名。

功能：调用一个近子程序，该子程序在本段内。指令汇编后，得到 CALL 的下一条指令与被调用的子程序入口地址之间的 16 位相对偏移量 DISP。段内调用指令功能是将当前指令指针 IP 内容自动压入堆栈，堆栈指针 SP 自动减 2，然后将相对偏移量 DISP 送到 IP 中，使控制转移到调用的子程序。

例 4.35

```
CALL  SUB1            ;子程序入口地址 IP←SUB1 地址
```

(2) 段内间接调用。

格式：

```
CALL  SRC
```

要求：SRC 为 16 位寄存器或者各种寻址方式的存储器操作数。

功能：将指令指针寄存器 IP 的内容自动压入堆栈，然后将 SRC 的内容传送到 IP，控制转到子程序的入口地址去执行。

例 4.36

```
CALL  CX                          ;子程序入口地址的偏移量为 CX 的内容
CALL  WORD PTR [BX+SI+20H]        ;子程序入口地址：IP←[BX+SI+20H]单元中的字数据
```

(3) 段间直接调用。

格式：

```
CALL  DST
```

要求：DST 给出子程序入口地址的完整信息，即段基地址 CS 和偏移量 IP。

功能：把现行 CS 和 IP 值压入堆栈，再把子程序对应的段基址和偏移地址分别送入 CS 和 IP，程序转向子程序执行。

例 4.37

```
CALL  2500H:1000H            ;子程序入口地址为 2500H:1000H
CALL  FAR PTR PROCNAME       ;子程序入口地址在另一段内
```

(4) 段间间接调用。

格式：

```
CALL  SRC
```

要求：SRC为各种寻址方式的存储器操作数，在此类指令中，入口地址放在存储器中，包括段基址和偏移地址，指令操作数是一个32位的存储器地址。

功能：先将现行CS的内容压入堆栈，并将SRC的后两个字节送CS中；再将现行IP的内容压入堆栈，然后将SRC的前两个字节送IP，控制转到另一个代码段执行子程序。

例4.38 假设在存储器中存有两个目标子程序地址SIP0和SIP1，序号分别为0,1，下面一段程序根据SI寄存器的赋值能调用不同目标子程序。

```
PROCTABL  DD SIP0
          DD SIP1
          ⋮
          MOV  AX,SEG  PROCTABL
          MOV  DS,AX
          MOV  SI,ENTRY            ;ENTRY是目标子程序的序号的4倍
                                   ;即相对于PROCTABL的字节地址
          CALL  FAR  PTR  PROCTABL [SI]
```

这段程序中的CALL指令为存储器段间间接寻址方式，程序的入口地址由数据段(DS)和PROCTABL＋(SI)的双字间接指出。这段程序很有用，在使用时可以根据不同的SI内容转到不同的子程序。

例4.39

```
CALL  DWORD  PTR  AR[BX][SI]          ;子程序入口地址在内存中
```

2) 返回指令RET

被调用的子程序通过执行RET指令返回调用程序，它使子程序在功能完成后返回原来调用程序的地方继续执行，该指令一般放在子程序的末尾。

(1) 段内返回。

格式：

```
RET
```

功能：把保护堆栈区的断点偏移地址送入指令指针寄存器IP，返回调用程序的地方继续执行。

(2) 段间返回。

格式：

```
RET
```

功能：把保护堆栈区的断点偏移地址送入指令指针寄存器IP，段地址送到CS寄存器，返回调用程序的地方继续执行。使用该指令时，应注意保证CALL指令的类型与子程序中RET指令的类型匹配，以免发生返回地址错误。如果在定义子程序中，该子程序定义为远子程序(FAR)，对应的返回指令RET属于段间返回；如果子程序定义为近子程序(NEAR)，对应的返回指令RET属于段内返回。

（3）带参数返回。

格式：

RET *n*

注意：*n* 为常数或表达式，只能是 16 位偶数，不能为奇数。

该指令也分为段内（近子程序）返回和段间（远子程序）返回，其操作与返回指令 RET 基本相同，不同之处是最后将修改堆栈指针 SP，即 SP←SP＋*n*。

子程序的调用与返回是由指令 CALL 和 RET 来完成的。应特别注意的是，为保证过程的正确调用与返回，除定义时需正确选择属性外，还应该注意子程序运行期间的堆栈状态。我们知道，当发生过程调用时，CALL 指令的功能之一是将返回地址压入堆栈；当过程返回时，RET 则直接从当前栈顶取内容作为返回地址；而过程中可能还有其他指令涉及堆栈操作。因此，要保证 RET 指令执行前堆栈栈顶的内容刚好是过程返回的地址，即相应 CALL 指令压栈的内容，否则将造成不可预测的错误。所以，过程中对堆栈的操作应特别小心。

进行过程设计时，必须注意寄存器的保护与恢复。过程体中一般要使用寄存器，除了要带回结果的寄存器（返回参数）外，希望过程的执行不改变其他寄存器的内容，即避免过程的副作用。由于处理器中可用的寄存器数量有限（8086 CPU 只有 8 个通用寄存器），如果要使用某些寄存器，但又不能改变其原来的内容，解决这个矛盾常见的方法是：在过程开始部分先将要修改内容的寄存器顺序压栈（不包括返回值寄存器），在过程最后返回调用程序之前，再将这些寄存器内容逆序弹出。

例 4.40 实现回车、换行功能的子程序。

```
DPCRLF  PROC                    ;具有默认属性的过程
        PUSH    AX              ;保护寄存器：顺序压入堆栈
        PUSH    DX
        MOV     DL,0DH          ;回车控制字符为 0DH
        MOV     AH,2
        INT     21H
        MOV     DL,0AH          ;换行控制字符为 0AH
        MOV     AH,2
        INT     21H
        POP     DX              ;恢复寄存器：逆序弹出堆栈
        POP     AX
        RET                     ;子程序返回
DPCRLF  ENDP                    ;过程结束
```

80386 调用指令 CALL 和返回指令 RET 在用法和含义上类同于 8086，只是在 80386 中，EIP 寄存器为 4 个字节，所以，堆栈操作时，对应 EIP 的操作为 4 个字节。80386 的返回指令和 8086 一样，RET 后面也可带一个偶数，例如 RET 8，以便返回时丢弃栈顶下面一些用过的参数。

3. 子程序与宏

子程序与宏都可以把一段程序用一个名字定义,简化源程序的结构和设计。一般来说,子程序能实现的功能,用宏也可以实现,但是,宏与子程序是有质的不同的,主要反映在调用方式上,另外在传递参数和使用细节上也有很多不同。

宏调用在汇编时进行程序语句的展开,不需要返回,它仅是源程序级的简化,并不减小目标程序,因此执行速度没有改变。子程序调用在执行时由 CALL 指令转向子程序体,子程序需要执行 RET 指令返回,它是目标程序级的简化,形成的目标代码较短。但是,子程序需要利用堆栈保存和恢复转移地址、寄存器等,有一定的时空开销,特别是当子程序较短时,这种额外开销所占比例较大。

宏调用的参数通过形参、实参结合实现传递,简洁直观,灵活多变。子程序需要利用寄存器、存储单元或堆栈等传递参数。对宏调用来说,参数传递错误通常是语法错误,会由汇编程序发现;而对子程序来说,参数传递错误通常反映为逻辑或运行错误,不易排除。

除此之外,宏与子程序都还具有各自的特点,程序员应该根据具体问题选择使用哪种方法。通常,当程序段较短或要求较快执行时,应选用宏;当程序段较长或要减小目标代码时,要选用子程序。

4. 子程序设计举例

例 4.41 编制一个过程把 AL 寄存器内的二进制数用十六进制形式在屏幕上显示出来。

解:AL 中 8 位二进制数对应 2 位十六进制数,先转换高 4 位成 ASCII 码并显示,然后转换低 4 位并显示。屏幕显示采用 02 号 DOS 功能调用。

```
ALDISP    PROC                    ;实现 AL 内容的显示
          PUSH   AX               ;过程中使用了 AX、CX 和 DX
          PUSH   CX
          PUSH   DX
          PUSH   AX               ;暂存 AX
          MOV    DL,AL            ;转换 AL 的高 4 位
          MOV    CL,4
          SHR    DL,CL
          OR     DL,30H           ;AL 高 4 位变成'3'
          CMP    DL,39H
          JBE    AL,DISP1
          ADD    DL,7             ;是 0AH~0FH,其 ASCII 码还要加上 7
ALDISP1:  MOV    AH,2             ;显示
          INT    21H
          POP    DX               ;恢复原 AX 值到 DX
          AND    DL,0FH           ;转换 AL 的低 4 位
          OR     DL,30H
          CMP    DL,39H
          JBE    ALDISP2
```

```
            ADD   DL,7
ALDISP2: MOV   AH,2                    ;显示
            INT   21H
            POP   DX
            POP   CX
            POP   AX
            RET                          ;过程返回
ALDISP   ENDP
```

下面将例 4.41 过程调用应用到例 4.30 中，实现对排序后的数据进行显示。调用程序段应位于外循环后，返回 DOS 前；而上述过程定义应放在主程序最后，END 语句之前，或者在.CODE 语句后，.STARTUP 语句前。

```
    .MODEL   SMALL
    .STACK
    .DATA
        ARRAY  DB 56H,23H,37H,78H,0FFH,0,12H,99H,64H,0B0H
               DB 78H,80H,23H,1,4,0FH,2AH,46H,32H,42H
        COUNT  EQU  ($-ARRAY)/TYPE ARRAY   ;计算数据个数
    .CODE
    .STARTUP
            MOV  CX,COUNT                    ;CX←数组元素个数
            DEC  CX                          ;元素个数减 1 为外循环次数
OUTLP:  MOV  DX,CX                       ;DX←内循环次数
            MOV  BX,OFFSET ARRAY
INLP:   MOV  AL,[BX]                     ;取前一个元素
            CMP  AL,[BX+1]                   ;与后一个元素比较
            JNA  NEXT                        ;前一个元素不大于后一个元素,则不进行交换
            XCHG AL,[BX+1]                   ;否则,进行交换
            MOV  [BX],AL
NEXT:   INC  BX                          ;下一对元素
            DEC  DX
            JNZ  INLP                        ;内循环尾
            LOOP OUTLP                       ;外循环
            MOV  BX,OFFSET ARRAY             ;调用程序段开始
            MOV  CX,COUNT
DISPLP:MOV  AL,[BX]
            CALL ALDISP                      ;调用显示过程
            MOV  DL,','                      ;显示一个逗号,以分隔两个数据
            MOV  AH,2
            INT  21H
            INC  BX
            LOOP DISPLP                      ;调用程序段结束
    .EXIT 0
        ⋮                                    ;过程定义,同例 4.41 源程序
    END
```

4.11.2 子程序的参数传递

主程序在调用子程序时,通常需要向其提供一些数据,对于子程序来说就是入口参数(输入参数);同样,子程序执行结束也要返回给主程序必要的数据,这就是子程序的出口参数(输出参数)。主程序与子程序间通过参数传递建立联系,相互配合,共同完成处理工作。

传递参数的多少反映程序模块间的耦合程度。根据实际情况,子程序可以只有入口参数或只有出口参数,也可以同时有入口参数和出口参数。汇编语言中参数传递可通过寄存器、变量或堆栈来实现,参数的具体内容可以是数据本身(传数值),也可以是数据的存储地址(传地址)。

由于子程序相对独立,具有多种参数传递方法,所以过程定义时加上适当的注释是很有必要的。完整的注释应该包括子程序的功能、入口参数和出口参数等。

1. 用寄存器传递参数

采用寄存器传递参数是把参数存于约定的寄存器中,这种方法简单易行,经常采用。例4.41就利用了 AL 寄存器传递入口参数,该例没有出口参数;02 号 DOS 功能调用也采用了 DL 传递欲显示字符的 ASCII 码。这两者都是利用寄存器直接传送数据本身。

例 4.42 设 ARRAY 是 10 个元素的数组,每个元素是 8 位数据。试用子程序计算数组元素的校验和,并将结果存入变量 RESULT 中。所谓"校验和"是指不计进位的累加,常用于检查信息的正确性。

解:依题意,子程序完成元素求和,主程序需要向它提供入口参数,使得子程序能够访问数组元素。子程序需要回送求和结果这个出口参数。本例采用寄存器传递参数。

由于数组元素较多,直接用寄存器传送元素有困难。因数组元素在主存中是顺序存放的,所以,选用寄存器 DS 和 BX 传入数组首地址,用计数器 CX 传入数组元素个数。一个输出参数可以用累加器 AL 传出。这样,主程序设置好入口参数后调用子程序CHECKSUMA,最后将结果送入指定单元。子程序首先保护寄存器,然后通过入口参数完成简单的循环累加,并在 AL 中得到校验和作为出口参数。

```
.MODEL  SMALL
.STACK
.DATA
    COUNT  EQU  10                        ;数组元素个数
    ARRAY  DB 12H,25H,0F0H,0A3H,3,68H,71H,0CAH,0FFH,90H      ;数组
    RESULT  DB  ?                         ;校验和
.CODE
.STARTUP                                  ;设置入口参数(含有 DS←数组的段地址)
    MOV   BX,OFFSET ARRAY                 ;BX←数组的偏移地址
    MOV   CX,COUNT                        ;CX←数组的元素个数
    CALL  CHECKSUMA                       ;调用求和过程
```

```
        MOV   RESULT,AL                          ;处理出口参数
.EXIT 0
;计算字节校验和的通用过程
;入口参数:DS:BX 为数组的段地址:偏移地址,CX 为元素个数
;出口参数:AL 为校验和
;说明:除 AX/BX/CX 外,不影响其他寄存器
CHECKSUMA  PROC
        XOR   AL,AL            ;累加器清零
  SUMA: ADD   AL,[BX]          ;求和
        INC   BX               ;指向下一个字节
        LOOP  SUMA
        RET
CHECKSUMA  ENDP
END
```

由于通用寄存器个数有限,能直接传送数据的个数较少。而这种采用寄存器传送存储地址的方法在参数传递中常常运用,它可以传递较多的数据。09 号 DOS 功能调用的入口参数就采用了 DS:DX 指示显示信息串。采用寄存器传递参数,应注意带有出口参数的寄存器不能保护和恢复,带有入口参数的寄存器可以保护,也可以不保护。DOS 功能调用没有保护带入口参数的寄存器,例如反映功能号的 AX,09 号调用的偏移地址 DX 等。

2. 用变量传递参数

主程序与被调用过程直接用同一个变量名访问传递的参数,就是利用变量传递参数。如果调用程序与被调用程序在同一个源程序文件中,只要设置好数据段寄存器 DS,则子程序与主程序访问变量的形式相同,也就是它们共享数据段的变量。调用程序与被调用程序不在同一个源文件中,必须利用 PUBLIC/EXTERN 进行声明,才能用变量传递参数。

例 4.43 针对例 4.42 的问题,现在用变量传递参数,计算数组元素的校验和。

解:依题意,采用变量传递参数,本例是共用 COUNT、ARRAY 和 RESULT 变量。主程序只要设置数据段 DS,就可以调用子程序;子程序直接采用变量名存取数组元素。

```
.MODEL  SMALL
.STACK
.DATA
    COUNT  EQU  10                      ;数组元素个数
    ARRAY  DB 12H,25H,0F0H,0A3H,3,68H,71H,0CAH,0FFH,90H        ;数组
    RESULT  DB  ?                       ;校验和
.CODE
.STARTUP                               ;含有 DS←数组的段地址
    CALL  CHECKSUMB                    ;调用求和过程
.EXIT 0
```

```
;计算字节校验和
;入口参数:ARRAY 为数组名,COUNT 为元素个数
;         RESULT 为校验和存放的变量名
CHECKSUMB  PROC
        PUSH  AX
        PUSH  BX
        PUSH  CX
        XOR   AL,AL              ;累加器清零
        MOV   BX,OFFSET ARRAY    ;BX←数组的偏移地址
        MOV   CX,COUNT           ;CX←数组的元素个数
SUMB:   ADD   AL,[BX]            ;求和
        INC   BX
        LOOP  SUMB
        MOV   RESULT,AL          ;保存校验和
        POP   CX
        POP   BX
        POP   AX
        RET
CHECKSUMB  ENDP
        END
```

利用变量传递参数,过程的通用性较差。显然,例 4.43 不如例 4.42 通用,也不如例 4.42 来得自然。然而,在多个程序段间,尤其在不同的程序模块间,利用全局变量共享数据也是一种常见的参数传递方法。

3. 用堆栈传递参数

上面用共享寄存器和变量(存储单元)的方法实现了参数传递。同样,也可以通过共享堆栈区,即利用堆栈传递参数。主程序将子程序的入口参数压入堆栈,子程序从堆栈中取出参数;子程序将出口参数压入堆栈,主程序弹出堆栈取得它们。

例 4.44 针对例 4.42 的问题,现在用堆栈传递参数,计算数组元素的校验和。

解: 依题意,通过堆栈传递参数,主程序将数组的偏移地址和元素个数压入堆栈,然后调用子程序;子程序通过 BP 寄存器从堆栈相应位置取出参数(非栈顶数据),求和后用 AL 返回结果。由于共用数据段,所以没有传递数据段基地址。本例利用堆栈传递入口参数,但出口参数仍利用寄存器传递。

```
.MODEL  SMALL
.STACK
.DATA
    COUNT   EQU 10                              ;数组元素个数
    ARRAY  DB 12H,25H,0F0H,0A3H,3,68H,71H,0CAH,0FFH,90H        ;数组
    RESULT  DB  ?                   ;校验和
.CODE
```

```
        .STARTUP
                MOV    AX,OFFSET ARRAY          ;设置入口参数
                PUSH AX                         ;压入数组的偏移地址
                MOV    AX,COUNT
                PUSH AX                         ;压入数组的元素个数
                CALL   CHECKSUMC                ;调用求和过程
                ADD    SP,4                     ;主程序平衡堆栈
                MOV    RESULT,AL                ;保存校验和
        .EXIT 0
;计算字节校验和的近过程
;入口参数:在堆栈压入数组的偏移地址和元素个数
;出口参数:AL 为校验和
CHECKSUMC   PROC
                PUSH BP
                MOV    BP,SP                    ;BP指向当前栈顶,用于取出入口参数
                PUSH BX                         ;保护使用的 BX 和 CX 寄存器
                PUSH CX
                MOV    BX,[BP+6]                 ;BX←SS:[BP+6](数组的偏移地址)
                MOV    CX,[BP+4]                 ;CX←SS:[BP+4](数组的元素个数)
                XOR    AL,AL                     ;累加器清零
SUMC:   ADD    AL,[BX]                     ;求和:AL←(AL)+DS:[BX]
                INC    BX
                LOOP   SUMC
                POP    CX                        ;恢复寄存器
                POP    BX
                POP    BP
                RET
CHECKSUMC   ENDP
        END
```

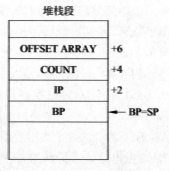

图 4.6　例 4.44 的堆栈区

上述程序执行过程中利用堆栈传递参数的情况如图 4.6 所示。进入子程序后,设置基址指针 BP 等于当前堆栈指针 SP,这样利用 BP 相对寻址(默认采用堆栈段 SS)可以存取堆栈段中的数据。主程序压入了两个参数,使用了堆栈区的 4 个字节;为了保持堆栈的平衡,主程序在调用 CALL 指令后用一条"ADD SP,4"指令平衡堆栈。平衡堆栈也可以利用子程序实现,返回指令采用 RET 4,使 SP 加 4。

由此可见,由于堆栈采用"先进后出"原则存取,而且返回地址和保护的寄存器等也要存于堆栈,因此,用堆栈传递参数时要时刻注意堆栈的分配情况,保证参数的正确存取以及子程序的正确返回。

4.11.3　子程序的嵌套、递归与重入

与高级语言类似,子程序也允许嵌套。满足一定条件的子程序还可以实现递归和重入。

1.　子程序的嵌套

子程序内包含子程序的调用就是子程序嵌套。嵌套深度(即嵌套的层次数)逻辑上没有限制,但由于子程序的调用需要在堆栈中保存返回地址以及寄存器等数据,因此实际上受限于开设的堆栈空间。嵌套子程序的设计要注意子程序的调用和返回应正确使用CALL 和 RET 指令,还要注意寄存器的保存与恢复,以避免各层子程序之间因寄存器使用冲突而出错。

在例 4.41 的过程中有两段程序一样,可以将其写成过程,形成过程(子程序)嵌套:

```
ALDISP  PROC                      ;显示 AL 中的 2 位十六进制数
        PUSH    AX                ;保护入口参数
        PUSH    CX
        PUSH    AX                ;暂存数据
        MOV     CL,4
        SHR     AL,CL             ;转换 AL 的高 4 位
        CALL    HTOASC            ;子程序调用(嵌套)
        POP     AX                ;转换 AL 的低 4 位
        CALL    HTOASC            ;子程序调用(嵌套)
        POP     CX
        POP     AX
        RET                       ;子程序返回
        ALDISP  ENDP
;
HTOASC  PROC                      ;将 AL 的低 4 位表达的一位十六进制数转换为 ASCII 码
        PUSH    AX                ;保护入口参数
        PUSH    BX
        PUSH    DX
        MOV     BX,OFFSET ASCII   ;BX 指向 ASCII 码表
        AND     AL,0FH            ;取得一位十六进制数
        XLAT    CS:ASCII          ;换码:AL←CS:[BX+ AL],注意数据在代码段 CS
        MOV     DL,AL             ;显示
        MOV     AH,2
        INT     21H
        POP     DX
        POP     BX
        POP     AX
        RET
;子程序的数据区
```

```
ASCII   DB 30H,31H,32H,33H,34H,35H,36H,37H,38H,39H
        DB 41H,42H,43H,44H,45H,46H
HTOASC  ENDP
```

本例利用换码方法实现一位十六进制数转换为 ASCII 码，需要一个按 0～9、A～F 顺序排列的 ASCII 码表。这个数码表只提供给该子程序使用，是该子程序的局部数据，所以设置在代码段的子程序中。此时，子程序应该采用 CS 寻址这些数据。于是，又需要利用换码指令 XLAT 的另一种助记格式。这里，写出指向缓冲区的变量名，就是为了便于指明段超越前缀。串操作 MOVS、LODS 和 CMPS 指令也可以这样使用，以便使用段超越前缀。

2. 子程序的递归

当子程序直接或间接地嵌套调用自身时称为递归调用，含有递归调用的子程序称为递归子程序。递归子程序的设计必须保证每次调用都不破坏以前调用时所用的参数和中间结果，因此将调用的输入参数、寄存器内容及中间结果都存放在堆栈中。递归子程序必须采用寄存器或堆栈传递参数，递归深度受堆栈空间的限制。

递归子程序对应于数学上对函数的递归定义，往往能设计出效率较高的程序，可完成相当复杂的计算。下面以阶乘函数为例说明递归子程序的设计方法。

例 4.45 编制计算 $N!=N\times(N-1)\times(N-2)\times\cdots\times2\times1(N\geqslant0)$ 的程序。

解：依题意，可以设计成输入参数为 N 的递归子程序，每次递归调用的输入参数递减 1。如果 $N>0$，则由当前参数 N 乘以递归子程序返回值得到本层返回值；如果递归参数 $N=0$，则返回值为 1。递归子程序的执行过程中要频繁存取堆栈，例如求 3! 的堆栈最满的情况如图 4.7 所示。

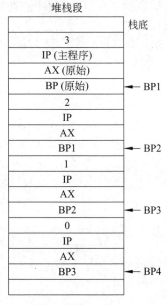

图 4.7　例 4.45 的堆栈区

```
.MODEL   SMALL
.STACK
.DATA
    N       DW      3
    RESULT  DW      ?
.CODE
.STARTUP
            MOV     BX,N
            PUSH    BX
            CALL    FACT
            POP     RESULT
```

```
        .EXIT 0
        FACT    PROC                        ;计算 N!的近过程
                PUSH    AX                  ;入口参数:压入 N
                PUSH    BP                  ;出口参数:弹出 N!
                MOV     BP,SP
                MOV     AX,[BP+6]
                CMP     AX,0
                JNE     FACT1
                INC     AX
                JMP     FACT2
FACT1:  DEC AX
                PUSH    AX
                CALL    FACT
                POP     AX
                MUL     WORD PTR [BP+6]
FACT2:          MOV     [BP+6],AX
                POP     BP
                POP     AX
                RET
        FACT    ENDP
        END
```

由于采用 16 位量表示阶乘,所以本程序只能计算 8 以内的阶乘。

3. 子程序的重入

子程序的重入是指子程序被中断后又被中断服务程序所调用,能够重入的子程序称为可重入子程序。在子程序中,注意利用寄存器和堆栈传递参数和存放临时数据,而不要使用固定的存储单元(变量),这样就能够实现重入。子程序的重入性在采用中断与外设交换信息的系统中是重要的,这样中断服务程序就可以调用这些可重入子程序而不致发生错误。遗憾的是,DOS 功能调用却是不可重入的。

子程序的重入不同于子程序的递归。重入是被动地进入,而递归是主动地进入;重入的调用间往往没有关系,而递归的调用间却是密切相关的。递归子程序也是可重入子程序。

4.11.4 子程序的应用

程序开发中,子程序是经常采用的方法。这里再举几个比较复杂的子程序实例。

例 4.46 从键盘输入有符号的十进制数的子程序。

解:依题意,子程序从键盘输入一个有符号的十进制数。负数用"-"引导,正数直接输入或用"+"引导。子程序还包含将 ASCII 码转换为二进制数的过程,其算法如下:

(1) 判断输入的是正数还是负数,并用一个寄存器记录下来。

（2）输入数字 0～9(ASCII 码)，并减 30H 转换为二进制数。

（3）将前面输入的数值乘以 10，并与刚输入的数字相加得到新的数值。

（4）重复(2)、(3)步，直到输入一个非数字字符结束。

（5）如果是负数，进行求补，转换成补码；否则直接保存数值。

本例采用 16 位寄存器表达结果数值，所以输入的数据范围是 −32 768～+32 767，但该算法适合更大范围的数据输入。

子程序的出口参数用寄存器 AX 传递。主程序调用该子程序输入 10 个数据。

```
.MODEL   SMALL
.STACK
.DATA
         COUNT=10
         ARRAY  DW  COUNT  DUP(0)
.CODE
.STARTUP
         MOV   CX,COUNT
         MOV   BX,OFFSET ARRAY
AGAIN:   CALL  READ              ;调用子程序,输入一个数据
         MOV   [BX],AX           ;将出口参数存放到数据缓冲区
         INC   BX
         INC   BX
         CALL  DPCRLF            ;调用子程序,光标回车换行以便输入下一个数据
         LOOP  AGAIN
.EXIT 0
;
READ     PROC                    ;输入有符号十进制数的通用子程序：READ
         PUSH  BX                ;出口参数：AX 为补码表示的二进制数值
         PUSH  CX                ;说明:负数用"-"引导,数据范围是-32 768~+32 767
         PUSH  DX
         XOR   BX,BX             ;BX 保存结果
         XOR   CX,CX             ;CX 为正负标志,0 为正,1 为负
         MOV   AH,1              ;输入一个字符
         INT   21H
         CMP   AL,'+'            ;是"+",继续输入字符
         JZ    READ1
         CMP   AL,'- '           ;是"-",设置-1 标志
         JNZ   READ2
         MOV   CX,-1
READ1:   MOV   AH,1              ;继续输入字符
         INT   21H
READ2:   CMP   AL,'0'            ;不是 0~9 之间的字符,则输入数据结束
         JB    READ3
         CMP   AL,'9'
```

```
        JA      READ3
        SUB     AL,30H              ;是 0~9 之间的字符,则转换为二进制数
                                    ;利用移位指令,实现数值乘以 10,即 BX←BX×10
        SHL     BX,1
        MOV     DX,BX
        SHL     BX,1
        SHL     BX,1
        ADD     BX,DX
        MOV     AH,0
        ADD     BX,AX              ;已输入数值乘以 10 后与新输入数值相加
        JMP     READ1              ;继续输入字符
READ3:  CMP     CX,0               ;是负数,进行求补
        JZ      READ4
        NEG     BX
READ4:  MOV     AX,BX              ;设置出口参数
        POP     DX
        POP     CX
        POP     BX
        RET                        ;子程序返回
READ    ENDP
DPCRLF  PROC                       ;使光标回车换行的子程序
        PUSH    AX
        PUSH    DX
        MOV     AH,2
        MOV     DL,0DH
        INT     21H
        MOV     AH,2
        MOV     DL,0AH
        INT     21H
        POP     DX
        POP     AX
        RET
DPCRLF  ENDP
        END
```

例 4.47　向显示器输出有符号十进制数的子程序。

解：依题意,子程序在屏幕上显示一个有符号十进制数,负数用"-"引导。子程序还包含将二进制数转换为 ASCII 码的过程,其算法如下：

(1) 判断数据是零、正数或负数,是零显示 0 并退出。

(2) 是负数,显示"-",求数据的绝对值。

(3) 数据除以 10,余数加 30H 转换为 ASCII 码压入堆栈。

(4) 重复(3)步,直到余数为 0 结束。

(5) 依次从堆栈弹出各位数字,进行显示。

　　本例采用 16 位寄存器表达数据，所以只能显示－32 768～＋32 768 之间的数值，但该算法适合更大范围的数据。

　　子程序的入口参数用共享变量 WTEMP 传递。主程序调用子程序显示 10 个数据。

```
.MODEL   SMALL
.STACK
.DATA
        ARRAY   DW 1234,-1234,0,1,-1,32767,-32768,5678,-5678,9000
        COUNT   =   ($-ARRAY)/2
        WTEMP   DW  ?
.CODE
.STARTUP
        MOV    CX,COUNT
        MOV    BX,OFFSET ARRAY
AGAIN:  MOV    AX,[BX]
        MOV    WTEMP,AX          ;将入口参数存放到共享变量
        CALL   WRITE            ;调用子程序,显示一个数据
        INC    BX
        INC    BX
        CALL   DPCRLF           ;光标回车换行以便显示下一个数据
        LOOP   AGAIN
.EXIT 0
;
WRITE   PROC                    ;显示有符号十进制数的通用子程序:WRITE
        PUSH   AX               ;入口参数:共享变量 WTEMP
        PUSH   BX
        PUSH   DX
        MOV    AX,WTEMP         ;取出显示数据
        TEST   AX,AX            ;判断数据是零、正数或负数
        JNZ    WRITE1
        MOV    DL,'0'           ;是零,显示 0 后退出
        MOV    AH,2
        INT    21H
        JMP    WRITE
WRITE1: JNS    WRITE2           ;是负数,显示"-"
        MOV    BX,AX            ;AX 数据暂存于 BX
        MOV    DL,'-'
        MOV    AH,2
        INT    21H
        MOV    AX,BX
        NEG    AX               ;数据求补(绝对值)
WRITE2: MOV    BX,10
        PUSH   BX               ;10 压入堆栈,作为退出标志
WRITE3: CMP    AX,0             ;数据(余数)为零,转向显示
```

```
        JZ     WRITE4
        SUB    DX,DX           ;扩展被除数 DX:AX
        DIV    BX              ;数据除以 10,DX:AX÷10
        ADD    DL,30H          ;余数(0~9)转换为 ASCII 码
        PUSH   DX              ;数据各位先低位后高位压入堆栈
        JMP    WRITE3
WRITE4: POP    DX              ;数据各位先高位后低位弹出堆栈
        CMP    DL,10           ;是结束标志 10,则退出
        JE     WRITE5
        MOV    AH,2            ;进行显示
        INT    21H
        JMP    WRITE4
WRITE5: POP    DX
        POP    BX
        POP    AX
        RET                    ;子程序返回
WRITE   ENDP
        ⋮
```

例 4.48 计算有符号数的平均值的子程序。

解：依题意，子程序对 16 位有符号二进制数求和，然后除以数据个数得到平均值。为了避免溢出，被加数要进行符号扩展，得到倍长数据（大小没有变化），然后求和。因为采用 16 位二进制数表示数据个数，这样扩展到 32 位二进制数表示累加和时不会出现溢出。子程序的入口参数利用堆栈传递，如图 4.8 所示，主程序需要压入数据个数和数据缓冲区的偏移地址。子程序通过 BP 寄存器从堆栈段相应位置取出参数（非栈顶数据），子程序的出口参数用寄存器 AX 传递。主程序提供 10 个数据，并保存平均值。

```
.MODEL  SMALL
.STACK
.DATA
        ARRAY  DW 1234,-1234,0,1,-1,32767,-32768,5678,-5678,9000
        COUNT  =   ($-ARRAY)/2
        WMED   DW ?             ;存放平均值
.CODE
.STARTUP
        MOV    AX,COUNT
        PUSH   AX               ;压入数据个数
        MOV    AX,OFFSET ARRAY
        PUSH   AX               ;压入数据缓冲区的偏移地址
        CALL   MEAN             ;调用子程序,求平均值
        ADD    SP,4             ;平衡堆栈
        MOV    WMED,AX          ;保存出口参数(未保留余数部分)
.EXIT 0
;
```

```
MEAN    PROC                    ;计算16位有符号数平均值子程序:MEAN
        PUSH  BP                ;入口参数:顺序压入数据个数和数据缓冲区偏移地址
        MOV   BP,SP             ;出口参数:AX为平均值
        PUSH  BX                ;保护寄存器
        PUSH  CX
        PUSH  DX
        PUSH  SI
        PUSH  DI
        MOV   BX,[BP+4]         ;从堆栈中取出缓冲区偏移地址→BX
        MOV   CX,[BP+6]         ;堆栈中的数据个数→CX(参见图4.8)
        XOR   SI,SI             ;SI保存求和的低16位值
        MOV   DI,SI             ;DI保存求和的高16位值
MEAN1:  MOV   AX,[BX]           ;取出一个数据→AX
        CWD                     ;符号扩展→DX
        ADD   SI,AX             ;求和低16位
        ADC   DI,DX             ;求和高16位
        INC   BX                ;指向下一个数据
        INC   BX
        LOOP  MEAN1             ;循环
        MOV   AX,SI             ;累加和转存到DX:AX
        MOV   DX,DI
        MOV   CX,[BP+6]         ;数据个数在CX
        IDIV  CX                ;有符号数除法,求得的平均值在AX中(余数在DX中)
        POP   DI                ;恢复寄存器
        POP   SI
        POP   DX
        POP   CX
        POP   BX
        POP   BP
        RET
MEAN    ENDP
        END
```

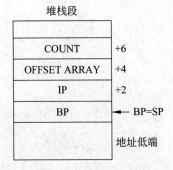

图 4.8 例 4.48 利用堆栈传递参数

4.12 高级汇编语言程序设计

前面介绍了基本的汇编语言程序设计方法。分支、循环和子程序是程序的基本结构，但是用汇编语言编写程序非常烦琐、易出错。为了克服这些缺点，MASM 6.0 开始引入高级语言具有的程序设计特性，即分支和循环的流程控制伪指令以及带参数的过程定义、声明和调用伪指令，使汇编语言可以像高级语言一样来编写分支、循环和子程序结构，大大减轻了汇编语言编程的工作量。

4.12.1 条件控制伪指令

MASM 6.0 引入条件控制伪指令. IF、. ELSEIF、. ELSE 和. ENDIF，它们类似高级语言中的 IF、THEN、ELSE 和 ENDIF 的相应功能。这些伪指令在汇编时要展开，自动生成相应的比较和条件转移指令序列，实现程序分支，利用条件控制伪指令可以简化分支结构的编程。这些伪指令的格式定义如下：

```
.IF 条件表达式
    分支体 1
[.ELSEIF 条件表达式

    分支体 2]
    ⋮
[.ELSE
    分支体 N]
.ENDIF
```

功能：如果. IF 条件表达式条件为真（值为非 0），执行分支体 1，执行完分支体 1 后继续执行. ENDIF 后的指令；否则判断. ELSEIF 条件表达式的条件，如果条件为真（值为非 0），执行分支体 2，执行完分支体 2 后继续执行. ENDIF 后的指令，如果前面的. IF（以及前面的. ELSEIF）条件都不成立，则执行分支体 N，执行完分支体 N 后继续执行. ENDIF 后的指令。

说明：方括号内的部分可选。条件表达式允许的操作符如表 4.11 所示。

表 4.11 条件表达式中的操作符

操作符	功 能	操作符	功 能	操作符	功 能
==	等于	&&	逻辑与	OVERFLOW?	OF=1?
!=	不等于	‖	逻辑或	PARITY?	PF=1?
>	大于	!	逻辑非	SIGN?	SF=1?
>=	大于等于	&	位测试	ZERO?	ZF=1?
<	小于	( )	改变优先级		
<=	小于等于	CARRY?	CF=1?		

例如,求 AX 绝对值的单分支结构指令如下:

```
.IF     AX<0                      ;等价于.IF  SIGN?
        NEG AX                    ;满足,求补
.ENDIF
        MOV RESULT,AX
```

对于采用条件控制伪指令编写的双分支结构的源程序段,可用下述程序段代替:

```
.IF     AX==5
        MOV BX,AX
        MOV AX,0
.ELSE
        DEC AX
.ENDIF
```

查看其形成的列表.LST 文件,用如下程序段实现(带有 * 号的语句是由汇编程序产生的):

```
.IF         AX==5
*           CMP    AX,05H
*           JNE    @C0001
            MOV    BX,AX
            MOV    AX,0
.ELSE
*           JMP    @C0003
* @C0001:   DEC    AX
.ENDIF
* @C0003:
```

汇编程序在翻译相应条件表达式时将生成一组功能等价的比较、测试和转移指令。操作符的优先关系为逻辑非"!"最高,然后是表 4.11 中左列的比较类操作符,最低的是逻辑与"&&"、逻辑或"||",当然也可以加圆括号()来改变运算的优先顺序,即先括号内,后括号外。位测试操作符的使用格式是"数值表达式 & 位数"。

值得一提的是,要注意条件表达式比较的两个数值是无符号数还是带符号数,因为它将影响产生的条件转移指令。

在 4.2.2 节学习了 DB/BYTE、DW/WORD、DD/DWORD 等数据定义伪指令,分别用于定义字节、字及双字变量,既可以把它作为带符号数,也可以把它作为无符号数处理。例如 CL=0FFH,则

```
MUL    CL       ;即 AX←AL×CL(255)
IMUL   CL       ;即 AX←AL×CL(-1)
```

因此处理 DB,DW,DD 等定义的变量时,要时刻清楚它表达的是带符号数还是无符号数,并选择相应的指令(特别是不同的条件转移指令),否则将造成逻辑错误。

对于条件表达式中的变量,若是用 DB、DW、DD 定义的,则一律作为无符号数。若需

要进行带符号数的比较,这些变量在数据定义时须用相应的带符号数据定义语句来定义,依次为 SBYTE、SWORD、SDWORD。

采用寄存器或常量作为条件表达式的数值参加比较时,默认也是无符号数。如果是有符号数,可以利用 SBYTE PTR 或 SWORD PTR 操作符指明。若其中一个数值为有符号数,则条件表达式强制另一个数据作为有符号数进行比较。

例 4.49 用条件控制伪指令实现有根判断的源程序(对比例 4.24)。

```
.MODEL  SMALL
.STACK
.DATA
    _A      SBYTE  ?
    _B      SBYTE  ?
    _C      SBYTE  ?
    TAG     BYTE   ?
.CODE
.STARTUP
        MOV     AL,_B
        IMUL    AL
        MOV     BX,AX           ;BX 中为 B²
        MOV     AL,_A
        IMUL    _C
        MOV     CX,4
        IMUL    CX              ;AX 中为 4AC
.IF    SWORD  PTR BX>=AX        ;比较二者大小
        MOV     TAG,1           ;分支体 1:条件满足,TAG←1
.ELSE
        MOV     TAG,0           ;分支体 2:条件不满足,TAG←0
.ENDIF
.EXIT 0
END
```

4.12.2 循环控制伪指令

用处理器指令实现的循环控制结构非常灵活,但可读性不如高级语言,易出错,不小心就会将循环与分支混淆。利用 MASM 6.x 提供的循环控制伪指令设计循环程序,可以简化编程,使结构清晰。用于循环结构的流程控制伪指令有 .WHILE/.ENDW、.REPEAT/.UNTIL 以及 .REPEAT/.UNTILCXZ,另外有 .BREAK 和 .CONTINUE 分别表示无条件退出循环和转向循环体开始。利用这些伪指令可以形成两种基本循环结构形式,如图 4.9 所示,分别是先判断循环条件的 WHILE 结构和后判断循环条件的 UNTIL 结构。

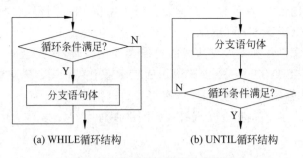

(a) WHILE循环结构   (b) UNTIL循环结构

图 4.9　循环程序结构的流程图

1. WHILE 结构的循环控制伪指令

伪指令格式：

```
.WHILE 条件表达式
    循环体
.ENDW
```

功能：先判断循环条件，当 WHILE 条件表达式的条件为真时执行循环体，否则不执行循环体。

要求：格式中条件表达式的要求与伪指令.IF 后的条件表达式的要求相同，下面不再赘述。例如，例 4.30 实现 1～100 求和，可以编写为

```
    XOR     AX,AX               ;被加数 AX 清零
    MOV     CX,100
.WHILE  CX!=0
    ADD     AX,CX               ;按 100,99,…,2,1 倒序累加
    DEC     CX
.ENDW
MOV         SUM,AX              ;将累加和送入指定单元
```

2. UNTIL 结构的循环控制伪指令

伪指令格式：

```
.REPEAT                         ;重复执行循环体
    循环体
.UNTIL 条件表达式                ;直到条件为真
```

功能：后判断循环条件，首先执行一次循环体，当 UNTIL 条件表达式条件为假时重复执行循环体，直到条件为真时才不执行循环体。

这样，例 4.30 实现 1～100 求和，循环体部分也可以编写为

```
.REPEAT
        ADD  AX,CX
        DEC  CX
```

```
.UNTIL   CX==0
```

3. UNTIL 结构另一种格式

伪指令格式：

```
.REPEAT                    ;重复执行循环体
    循环体
.UNTILCXZ [条件表达式]     ;CX←CX-1,直到 CX=0 或条件为真
```

功能：后判断循环条件，首先执行一次循环体，CX←CX−1，直到 CX＝0 或条件为真时才不执行循环体。

不带表达式的.REPEAT/.UNTILCXZ 伪指令将汇编成一条 LOOP 指令，即重复执行直到 CX 减 1 后为 0。带有表达式的.REPEAT/.UNTILCXZ 伪指令的循环结束条件是 CX 减 1 后等于 0 或指定的条件为真。.UNTILCXZ 伪指令的表达式只能是比较寄存器与寄存器以及存储单元与常量相等(＝＝)或不等(!＝)。

这样，例 4.26 实现 1～100 求和，循环体部分还可以编写为

```
.REPEAT
    ADD  AX,CX
.UNTILCXZ
```

4. 循环程序设计

例 4.50 设 ARRAY 是 100 个字元素的数组，试计算其中前若干个非负数之和，直到出现第一个负数为止，并将结果存入 RESULT 单元(不考虑进位和溢出)。

解：依题意，由于已知 ARRAY 中最多有 100 个非负数，所以可以采用计数循环。循环开始前置循环计数器 CX 为 100，累加和清零。依题意，循环体内每取一个元素，都要判断其是否大于等于 0，若是则累加，否则应立即退出整个循环。循环出口后将累加和存入 RESULT 单元。

```
.MODEL   SMALL
.STACK
.DATA
 ARRAY   SWORD   100  DUP(?)
 RESULT  SWORD   ?
.CODE
.STARTUP
        MOV  CX,100
        XOR  AX,AX
        LEA  BX,ARRAY
.REPEAT
    .IF SWORD PTR [BX]>=0
        ADD  AX,[BX]
    .ELSE
```

```
        .BREAK
    .ENDIF
        INC   BX
        INC   BX
.UNTILCXZ
        MOV   RESULT,AX
.EXIT 0
END
```

4.12.3　过程声明和过程调用伪指令

通过前面的学习,已经知道堆栈是一个重要和主要的参数传递方式。但利用堆栈传递参数,相对来说是比较复杂和容易出错的。为此,MASM 6.x 参照高级语言的函数形式扩展了 PROC 伪指令的功能,使其具有带参数的能力,极大地方便了过程或函数间参数的传递。

1. 过程定义伪指令

在 MASM 6.x 中,带有参数的过程定义伪指令 PROC 格式如下:

```
过程名   PROC   [调用距离][语言类型][作用范围][<起始参数>]
                [USES 寄存器列表][,参数[:类型][,…]]
         LOCAL 参数表
            ⋮    ;汇编语言语句
过程名   ENDP
```

其中过程所具有的各个选项参数如下:

(1) 过程名。表示该过程名称,应该是遵循相应语言类型的标识符。

(2) 调用距离。可以是 NEAR、FAR,表示该过程是近或远调用。简化段格式中,默认值由.MODEL 语句选择的存储模式决定。

(3) 语言类型。可以是任何有效的语言类型,确定该过程采用的命名约定和调用约定;语言类型还可以由.MODEL 伪指令指定。MASM 6.x 支持的语言类型及命名和调用约定如表 4.12 所示。

表 4.12　MASM 6.x 的语言类型

语言类型	C	PASCAL	BASIC	FORTRAN
命名约定	名字前加下画线	名字大写	名字大写	名字大写
参数传递顺序	从右到左	从左到右	从左到右	从左到右
平衡堆栈的程序	调用程序	被调用程序	被调用程序	被调用程序
保存 BP		是	是	是
允许 VARARG 参数	是			

(4) 作用范围。可以是 PUBLIC、PRIVATE、EXPORT,表示该过程是否对其他模块可见。默认是 PUBLIC,表示其他模块可见;PRIVATE 表示对外不可见;EXPORT 隐含有 PUBLIC 和 FAR,表示该过程应该放置在导出表(export entry table)中。

(5) 起始参数。采用这个格式的 PROC 伪指令,汇编系统将自动创建过程的起始代码(prologue code)和收尾代码(epilogue code),用于传递堆栈参数以及清除堆栈等。起始参数表示传送给起始代码的参数;它必须使用尖括号"<>"括起来,多个参数用逗号分隔。

(6) 寄存器列表。指通用寄存器名,用空格分隔多个寄存器。只要利用"USES 寄存器列表"列出该过程中需要保存与恢复的寄存器,汇编系统将自动在起始代码中产生相应的入栈指令,并对应在收尾代码中产生出栈指令。

(7) 参数[:类型]。表示该过程使用的形式参数及其类型。在 16 位段中默认的类型是字(WORD),在 32 位段(32 位 Intel 80x86 CPU 支持的保护方式)中默认的类型是双字(DWORD)。参数类型可以是任何 MASM 有效的类型或 PTR(表示地址指针);在 C 语言等的语言类型中,参数类型还可以是 VARARG,它表示长度可变的参数。PROC 伪指令中要使用参数,必须定义语言类型。参数前的各个选项采用空格分隔,而使用参数必须用逗号与前面的选项分隔,多个参数也用逗号分隔。

2. 过程局部变量定义伪指令

如果过程使用局部变量,紧接着过程定义伪指令 PROC,可以采用一条或多条 LOCAL 伪指令说明。它的格式如下:

```
LOCAL  变量名  [个数] [:类型] [,…]
```

其中,可选的"个数"表示同样类型数据的个数,类似数组元素的个数。在 16 位段中,默认的类型是字(WORD),在 32 位段中默认的类型是双字(DWORD)。使用 LOCAL 伪指令说明局部变量后,汇编系统将自动利用堆栈存放该变量,其方法与高级语言的方法一样。

3. 过程声明伪指令

为了在汇编语言程序中能够更好地采用这种形式,MASM 6.x 又引入了 PROTO 和 INVOKE 伪指令。

PROTO 是一个过程声明伪指令,用于事先声明过程的结构。它的格式如下:

```
过程名  PROTO  [调用距离]  [语言类型] [,参数[:类型]]
```

过程声明伪指令 PROTO 语句中的各个项必须与相应过程定义伪指令 PROC 的各个项一致。使用 PROTO 伪指令声明过程之后,汇编系统将进行类型检测,才可以使用 INVOKE 调用过程。

4. INVOKE 过程调用伪指令

汇编语言程序中,CALL 是进行子程序调用的硬指令。对于具有参数的过程定义伪指令,采用 CALL 指令进行调用就显得比较烦琐。与 PROTO 配合使用的过程调用伪指

令是 INVOKE,它的格式如下:

```
INVOKE      过程名[,参数,…]
```

过程调用伪指令自动创建调用过程所需要的代码序列,调用前将参数压入堆栈,调用后平衡堆栈。其中"参数"表示通过堆栈将传递给过程的实在参数,可以是数值表达式、寄存器对(reg::reg)、ADDR 标号。"ADDR 标号"传送的是标号的地址(如果是双字(DWORD)类型则是段地址和偏移地址,如果是字(WORD)类型则是偏移地址)。

5. 过程的程序设计

通过修改前面的几个实例程序,以理解过程说明伪指令和过程调用伪指令。

例 4.51   运用过程声明和过程调用编写汇编语言子程序(参见例 4.46 与例 4.48)。

```
.MODEL   SMALL
    CHECKSUMD   PROTO  C,:WORD,:WORD              ;声明过程
.STACK 256
.DATA
    COUNT    EQU  10                              ;数组的元素个数
    ARRAY DB 12H,25H,0F0H,0A3H,3,68H,71H,0CAH,0FFH,90H    ;数组
    RESULT   DB   ?                               ;校验和
.CODE
.STARTUP
    INVOKE   CHECKSUMD,COUNT,OFFSET ARRAY         ;调用过程
    MOV  RESULT,AL                                ;保存校验和
.EXIT 0
;计算字节校验和的过程
;入口参数:COUNTP 为数组的元素个数,ARRAYP 为数组的偏移地址
;出口参数:AL 为校验和
CHECKSUMD   PROC  C  USES  BX  CX,COUNTP:WORD,ARRAYP:WORD
    MOV      BX,ARRAYP                            ;BX←数组的偏移地址
    MOV      CX,COUNTP                            ;CX←数组的元素个数
    XOR      AL,AL
SUMD:        ADD  AL,[BX]                         ;求和:AL←AL+DS:[BX]
             INC  BX
             LOOP SUMD
             RET
CHECKSUMD   ENDP
    END
```

由此可见,采用过程声明和过程调用伪指令后,汇编语言子程序间也可以像高级语言一样利用实参、形参结合传递参数。但实参、形参结合的实质还是用堆栈传递参数,以下是汇编系统产生的列表文件(注释除外):

```
INVOKE      CHECKSUMD,COUNT,OFFSET ARRAY
*    MOV     AX,WORD PTR OFFSET ARRAY
```

```
*    PUSH    AX
*    MOV     AX,+000AH
*    PUSH    AX
*    CALL    CHECKSUMD
*    ADD     SP,04H
     ….                          ;这部分与源程序相同
CHECKSUMD PROC C USES BX CX,COUNTP:WORD,ARRAYP:WORD
*    PUSH    BP              ;起始代码
*    MOV     BP,SP
*    PUSH    BX              ;保护 BX 和 CX
*    PUSH    CX
     MOV     BX,ARRAYP       ;ARRAYP=[BP+6](数组的偏移地址)
     MOV     CX,COUNTP       ;CUONTP=[BP+4](数组的元素个数)
     XOR     AL,AL
SUMD ADD AL,[BX]
     INC     BX
     LOOP    SUMD
     RET
*    POP     CX              ;结尾代码
*    POP     BX
*    POP     BP
*    RET     0000H
CHECKSUMC       ENDP
```

4.13　汇编语言与 C 语言混合编程

　　汇编语言运行速度快,占用存储空间小,可直接对硬件进行控制。在一些实时控制的场合,汇编语言有着不可替代的作用。但用汇编语言开发程序,开发周期长,容易出错且不易调试。通常在软件开发过程中,大部分程序采用高级语言编写,以提高程序的开发效率。因此在实际开发和软件编制过程中,常常需要使用汇编语言与高级语言混合编程,充分利用各种语言的优势,这在工业控制及科学计算中具有很强的实用性。本节主要介绍汇编语言与 C 语言混合编程。

　　汇编语言与 C 语言混合编程可以分为 C 语言程序内嵌汇编指令和汇编语言与 C 语言模块连接。

4.13.1　C 语言程序内嵌汇编指令

　　C 语言程序内嵌汇编指令的方法简单明快,不必考虑两者间的接口,省去了独立汇编和连接的步骤,从而使用更加方便灵活,在内嵌汇编语句中可以通过名字引用 C 语言有效的标号、常量、变量名、函数名、宏等信息。Turbo C 程序内嵌汇编指令的几点说明如下。

（1）在嵌入的汇编指令前必须用关键字 asm，格式如下：

asm <操作码><操作数><;或换行>

其中，操作码是有效的 80x86 指令及某些汇编伪指令，如 db、dw、dd 及 extern。操作数可以是 C 语言中的常量、变量和标号，也可以是操作码可接受的数。内嵌的汇编指令用分号或换行作为结束。需要注意的是，不能像 MASM 中那样用分号作为注释的开始，必须用 C 语言的方式即 /＊…＊/ 来标出注释行。一条汇编指令不能超越两行，但同一行中可有多条汇编指令。

例 4.52

```
asm   mov ax,ds      ; /* ds->ax */
asm   push ds;
```

或者用换行结束也可以，如下：

```
asm mov ax,ds
asm push ds
```

（2）内嵌汇编指令中的操作数。

内嵌汇编指令的操作数可以是 C 语言程序中的符号，编译时它会自动转换为适当的操作数。当汇编指令中使用寄存器名时，只能是 80x86 的寄存器名，并且不分大小写。另外，在 C 语言中，DI 和 SI 两个寄存器常被用来存放 Register 变量，只有在 C 语言程序中没有指定 Register 变量时，内嵌汇编程序才可以任意使用这两个寄存器。

（3）汇编指令操作数可以是结构数据。

例 4.53

```
struct student
{
    int num;
    char name[10];
}stu;
```

在汇编指令中可以用结构体的成员作为操作数，例如：

```
asm mov ax,stu.num
```

（4）转移指令的执行。

内嵌汇编指令可以使用任何有条件和无条件转移汇编指令，它们只能在函数体内有效，不允许段间转移。由于在 asm 语句中无法给出标号，所以转移指令只能使用 C 语言中的 goto 语句用的标号。

例 4.54

```
asm jmp exitfunc
...
exitfunc;
```

```
return 1;
```

(5)程序编译。

C 语言程序中内嵌汇编指令时,编译连接只能用 TCC 命令行,而且必须有_B 选项。

例 4.55

```
main()
{
    int i,a,b;
    printf("Input two int num:\n");
    scanf("%d%d",&a,&b);
        i= max(int v1,int v2);
    printf("the maximum is %d",i);
}
int max(int v1,int v2)
{
    asm mov ax,v1
    asm cmp ax,v2
    asm jge exitfunc
    asm mov ax,v2
        exitfunc:
        return(_AX);/*或者直接用 return;也可以,因为默认返回的是 AX 寄存器的值*/
}
```

注意:

(1) C 语言程序调用汇编语言中的寄存器时,要用大写且前面加一个下画线,如上例中 return(_AX)。

(2) 在编译之前从 TC 下 include 文件夹中把 stdio. h 和 stdarg. h 复制到 TC 文件夹下,把 lib 文件夹中的 cs. obj、cs. lib、emu. lib 和 maths. lib 复制到 TC 文件夹下。

(3) 若 TC 文件夹中没有 TASM.exe,可以把微软公司的 MASM.exe 复制到 TC 文件夹下并且改名为 TASM.exe。

(4) 编译时只能在纯 DOS 方式下(不是 Turbo C 的 SHELL),用 Turbo C 中的 TCC 进行编译和连接。编译时在命令行输入 C:\TC\TCC _B asm.c。可以生成文件 asm.bak、asm.obj、asm.map、asm.exe。其中 asm.exe 是得到的可执行文件。

VC++6.0 是微软公司为开发 32 位应用程序而推出的基于 C/C++ 的集成开发环境。它支持内嵌汇编指令的混合编程,并且 VC++ 的编译器中已经集成了汇编指令编译器,使得编译连接非常方便。实现步骤如下:

(1) 在 VC++ 中启用汇编语句的关键字是_asm。

(2) _asm 不能单独出现,后面必须有汇编指令或者是由大括号括起来的多条指令。

例 4.56

```
_asm mov al,2
_asm mov dx,0D007H
```

```
    _asm out al,dx
```

或者

```
    _asm
    {
        mov al,2
        mov dx,0d007H
        out al,dx
    }
```

（3）在_asm 所带的一组汇编指令中可以有标号，C/C++ 中的 goto 语句和汇编指令的跳转语句可跳到汇编指令组中的标号处，也可以跳转到汇编指令组外的标号处。

例 4.57

```
void func(void)
{
    goto C_Dest;
    goto A_Dest;
    _asm
    {
        jmp C_Dest
        jmp A_Dest
        A_Dest;
    }
    C_Dest;
    return;
}
```

（4）在_asm 所带的汇编语句块中只能调用没有重载的全局的 C++ 函数，也可以调用声明为 extern C 类型的函数。因为 C 语言标准库的函数全部声明为这种形式，所以 C 语言标准库函数都可以调用。

（5）对于类、结构体和共用体的成员变量，汇编指令可以直接使用。

4.13.2　汇编语言与 C 语言模块连接

模块连接方式是不同编程语言之间混合编程经常使用的方法。各种语言的程序分别编写，利用各自的开发环境编译形成 OBJ 模块文件，然后将它们连接在一起，最终生成可执行文件。但是，为了保证各种语言的模块文件正确连接，必须对它们的接口、参数传递、返回值及寄存器的使用、变量的引用等进行约定，这些约定包括两者之间相互传送参数的方式与顺序，寄存器使用以及返回值的方法等，以保证连接程序能得到必要的信息。

1. 汇编语言与 C 语言模块结构

在前几节中已经讲解了 Intel 80x86 CPU 的内存组织形式。该系列 CPU 把内存分成若干个段,以段和组来组织内存。在 C 编译程序生成的目标模块中,也含有与汇编语言中相应的段和组的信息。C 源程序中的代码和各类数据均被分配到这些段中。

Microsoft C 和 Turbo C 编译系统将不同类型的变量保存在不同段内,其具体情况如下,段的定位方式、联合方式和类型名也一样,但随着编译时"内存模式"的不同指定而稍有差异:

- BSS 段,存放未初始化的静态变量。
- DATA 段,存放所有的全局变量和已初始化的静态变量。
- CONST 段,存放只读常数。
- STACK 段,存放自动变量和函数参数。
- TEXT 段,存放程序的执行代码,而且经常将 DATA、CONST、BSS 和 STACK 段组合成一个 DGROUP 段组。

C 编译系统对不同的段的段名、边界类型、结合类型及类型规定了统一的命名规则,如表 4.13 所示。

表 4.13 统一的命名规则表

段名	边界类型	结合类型	类型
TEXT	BYTE	PUBLIC	'CODE'
DATA	WORD	PUBLIC	'DATA'
BSS	WORD	PUBLIC	'BSS'
CONST	WORD	PUBLIC	'CONST'
STACK	PARA	STACK	'STACK'

可被 C 语言程序调用的一般汇编子程序结构如下:

```
<code> SEGMENT  BYTE  PUBLIC 'CODE'
    ASSUME CS:<code>,DS:<dseg>
    ...
<code> ENDS
<dseg> GROUP  DATA,BSS
<data> SEGMENT  WORD  PUBLIC 'DATA'
    ...
<data> ENDS
BSS  SEGMENT  WORD  PUBLIC 'BSS'
    ...
BSS ENDS
END
```

在该结构中<code>、<data>、<dseg>要根据存储模式换成相应的名字,按 Turbo C 的规定,必须按如下约定替换:在微、小、紧凑模式下,<code>—TEXT,<data>—DATA,<dseg>—DGROUP;在中、大模式下,<code>—TEXT,<data>—DATA、<dseg>—DGROUP;在巨模式下,<code>—TEXT,<data>—DATA,<dseg>—

DATA。

该结构中未定义 CONST 段和 STACK 段，因 C 语言程序调用汇编子程序时，常量和局部变量及参数均放在 C 语言程序的 CONST 段和 STACK 段中，故在汇编子程序中无须再设置 CONST 段和 STACK 段。若需要也可以设置。实际上汇编子程序可根据需要设置，仅有代码段也可以。

2．调用约定

当进行实际编程时，除了掌握上面所述的两种语言生成的模块结构外，还必须严格遵循它们之间相互调用的有关约定，如公共变量的说明与引用，函数（或子程序）参数的传递方式与顺序，返回值如何回送给调用的函数或子程序等，只有这样才能使两种语言的相互调用有正确接口。

1）标识符的约定

标识符是指供引用的变量名、函数名等。C 语言编译程序所生成的目标模块中在标识符（变量名和函数名）前自动加上一个下画线，它作为标识符的一部分，如 _TEXT、_DATA 等。因此，在书写供 C 语言程序调用的汇编语言子程序的名字前必须加上一个下画线，如 _TCADD16 等。汇编语言程序在引用 C 语言的函数和变量时，也应该在其名字前加一个下画线。另外，编程时还必须注意标识符的书写形式，C 语言编译程序对标识符的大小写非常敏感。如 TCADD16 与 tcadd16 是两个不同的标识符。而汇编程序生成的标识符却均为大写字母。

为使在汇编语言中定义的变量名和子程序名（或称函数名）能够被 C 语言程序所引用，必须用 PUBLIC 伪指令来说明，其格式如下：

PUBLIC 变量名(或函数名)

在汇编语言程序中引用 C 语言程序定义的变量名和函数名，必须用伪指令 EXTERN 对其进行说明，其格式如下：

EXTERN 变量名(或函数名)：变量类型(或函数类型)

其中变量类型有 BYTE、WORD、DWORD、QWORD、TBYTE，函数类型有 NEAR 和 FAR。

同样，为使在 C 语言程序中定义的变量名能被汇编语言程序所引用，必须声明为全局变量，但不能为全局静态变量（即不能使用 static 关键字）。由于 C 语言程序中函数本身就是全局的，故无须声明。在 C 语言程序中引用汇编语言程序定义的变量名和函数名时，也必须使用关键字 extern 对其加以说明，其格式如下：

extern 变量类型(或函数类型) 变量名(或函数原型)

2）参数传递约定

通常情况下，高级语言与汇编语言接口时，程序设计者需考虑两个问题：调用者与被调用者之间的程序控制权问题和参数传递问题。程序控制权是通过对函数或过程的定义与调用来实现的，如上节所述。参数传递的方式有两种：通过寄存器和堆栈。高级语言程序与汇编语言程序之间一般采用堆栈方式传送入口参数,通过寄存器返回出口(结果)参数。即调用程序(高级语言程序或汇编语言程序)将初始参数按次序逐个压入堆栈,被调用程序再从堆栈中逐个获取入口参数(直接数据或数据地址)。对于参数入/出栈的顺序,不同的语言有不同的要求。C 语言把函数参数表中的参数按从右至左的顺序依次入栈,例如,若给调用函数 func(a,b,c),其压栈顺序为 c、b、a。若被调用函数有返回值给调用程序,原则上返回值的寄存器用法如表 4.14 所示。

表 4.14　返回值的寄存器用法

数据类型	寄存器及其含义	数据类型	寄存器及其含义
char	AX	unsigned long	DX/AX
short	AX	float	AX(偏移量)
unsigned char	AX	double	AX(偏移量)
unsigned short	AX	struct	AX(偏移量)
int	AX	union	AX(偏移量)
unsigned int	AX	(near)pointer	AX
long	DX/AX	(far)pointer	AX(偏移量) DX(段址)

3) 寄存器使用约定

除了上面已述的 AX 和 DX 寄存器作为存放被调用函数的返回值之外,其他寄存器的使用原则是函数调用的前后不得破坏它们的内容。在被调用函数中要显式改变某些寄存器的值时,需对它们进行保护,返回时再给予恢复。

3. 编程方法

1) C 语言程序调用汇编语言程序

在 C 语言程序中调用汇编语言的函数时,首先要写一个实现该函数的汇编语言接口程序,该接口程序必须完全符合调用约定的要求。可按调用约定直接编写汇编语言模块与 C 语言程序相连接,但往往会造成因汇编语言格式不一致而产生连接错误,所以一般使用 C 语言编译程序提供的手段来构造汇编语言接口程序。

Microsoft C 和 Turbo C 都有相应的编译开关来控制生成汇编语言程序框架格式,注意它们必须在非集成化编译环境中方能实现。前者使用 CL 的编译选择开关 FA,后者使用 TCC 的编译选择开关_S,均可生成汇编语言框架程序,这种框架式汇编格式能够保证与 C 语言程序的正确接口。

例 4.58　下面是在小模式下的混合编程例子。该文件由 min. c 和 min_num. asm 两个部分组成,功能为从 5 个数中找出最小的。min. c 是主程序,由 C 语言编写。min_num. asm 是汇编子程序,完成寻找小数的工作,由 min. c 来调用它。程序代码如下:

```
//min. c
int extern min_num (int count ,int x1,int x2,int x3,int x4,int x5);
main ()
```

```
{   int i;
    i=min_num (5,7,0,6,1,12 );
    printf ("The mininum of five is %d\n",i);
}


;min_num. asm
TEXT   SEGMENT   BYTE   PUBLIC 'CODE'
PUBLIC   min_num
min_num   proc   far
ASSUME CS: TEXT
    push bp
    mov bp ,sp
    mov ax,0
    mov cx, [ bp+4]
    cmp cx ,ax
    jle exit
    mov ax, [ bp+6]
    jmp ltest
comp: cmp ax ,[bp+6]
        jle ltest
        mov ax, [ bp+6]
ltest: add bp,2
        loop comp
exit: pop bp
        ret
min_num endp
TEXT ENDS
end
```

2）汇编语言程序调用 C 语言函数

在汇编语言程序中调用 C 语言函数或变量要比在 C 语言程序中调用汇编语言过程来得简单，即只需在汇编语言模块中将被调用的函数名或变量名声明为外部定义。使得它们在汇编模块中成为可见。若被调用的是函数时，还须将函数所要求的参数按调用约定逐个压入堆栈，然后发调用函数的指令即可。

设在 C 语言程序中已定义了如下的函数：

```
long fun(int x,int y,int z)
```

当汇编语言模块调用 fun 函数时，首先需对该函数进行说明：

EXTRN _fun：near(当在极小、小或紧凑模式下)；

EXTRN _fun：far (当在中、大或特大模式下)。

再把 fun 函数所需要的 3 个参数按从右向左的顺序逐个压入堆栈。即 z 先入栈，其次是 y 入栈，接下来是 x 入栈。最后调用 fun。当从 fun 函数返回时，需恢复堆栈指针 SP：

add sp,6(当在极小、小或紧凑模式下)；

add sp,8(当在中、大或特大模式下)。

下面给出汇编语言调用 fun 函数(在小模式下编译)的格式：

```
EXTRN   _fun:near
_TEXT   SEGMENT  BYTE  PUBLIC  'CODE'
ASSUME  CS:_TEXT,DS:DGROUP,SS:DGROUP
…
MOV     AX,z
PUSH    AX              ;z 入栈
MOV     AX,y
PUSH    AX              ;y 入栈
MOV     AX,x
PUSH    AX              ;x 入栈
CALL    _FUN            ;调用 fun 函数
ADD     SP,6            ;恢复栈指针
MOV     W,AX            ;将返回值送入 ANS 中
MOV     W+2,DX
…
_TEXT ENDS
```

其中的 y、x、z、w 已分别在_DATA 和_BBS 段中定义并组合成 DGROUP 的组。

小结

与高级语言源程序的编辑、编译和连接过程类似,汇编语言程序的实现也是先利用某种编辑器编写汇编语言源程序(∗.ASM),然后经汇编得到目标模块文件(∗.OBJ)、连接后形成可执行文件(∗.EXE)。

一般程序设计语言的源程序除了程序主体之外,还有相应的变量、类型、子程序等说明部分;汇编语言源程序也不只是由指令系统中的指令组成,程序中一般还有存储模式、主存变量、子程序、宏及段定义等很多不产生 CPU 动作的说明性工作,并在程序执行前由汇编程序完成处理,这些工作由被称为伪指令的语句完成;与之相对应,使 CPU 产生动作,并在程序执行时处理的语句为硬指令或真指令。

CPU 的指令系统是由处理器本身确定的,相应的代码必须在相应系列以上的机器上运行。伪指令则与机器无关,但与汇编程序的版本有关。不同的汇编程序版本所支持的CPU 指令系统和伪指令都可能有所不同。一般说来,汇编程序的版本越高,支持的硬指令越多,具有的伪指令越丰富,功能越强大。

本章分别通过用两种格式书写(简化段定义格式与完整段定义格式)的一个简单汇编语言源程序的例子,引出了汇编语言程序的开发过程。然后详细介绍了 MASM 6.0 汇编语言的运算符、伪指令及宏汇编的宏定义与宏调用,由浅入深地详细讲解了汇编语言的程序设计方法,为学习后续的输入输出接口编程打下了基础。

习题

1. 伪指令语句与硬指令语句的本质区别是什么？伪指令有什么主要作用？

2. 什么是标识符？汇编程序中的标识符怎样组成？

3. 什么是保留字？举例说明汇编语言的保留字有哪些类型。

4. 汇编语句有哪两种？每个语句由哪4个部分组成？

5. 汇编语言程序的开发有哪4个步骤？分别利用什么程序完成？产生什么输出文件？

6. 区分下列概念：

(1) 变量和标号。

(2) 数值表达式和地址表达式。

(3) 符号常量和字符串常量。

7. 假设 MYWORD 是一个字变量，MYBYTE1 和 MYBYTE2 是两个字节变量，指出下列语句中的错误及其原因。

(1) MOV   BYTE   PTR [BX],1000

(2) MOV   BX,OFFSET[SI]

(3) CMP   MYBYTE1,MYBYTE2

(4) MOV   AL,MYBYTE1＋MYBYTE2

(5) SUB   AL,MYWORD

(6) JNZ   MYWORD

8. 设 OPRL 是一个常量，下列语句中两个 AND 操作有什么区别？

```
AND   AL,OPRL  AND  0FEH
```

9. 请给出下列语句中的指令立即数（数值表达式）的值。

(1) MOV AL,23H AND 45H OR 67H

(2) MOV AX,1234H/16＋10H

(3) MOV AX,NOT(65535 XOR 1234H)

(4) MOV AL,LOW 1234H OR HIGH 5678H

(5) MOV AX,23H SHL 4

(6) MOV AX,1234H SHR 6

(7) MOV AL,'A' AND （NOT （'A' －'A'））

(8) MOV AL,'H' OR 00100000B

(9) MOV AX,(76543 LT 32768) XOR 7654H

10. 画图说明下列语句分配的存储空间及初始化的数据值。

(1) BYTE_VAR DB 'ABC',10,10H,'EF',3 DUP （－1,?,3 DUP(4)）

(2) WORD_VAR   DW   10H,－5,'EF',3 DUP （?）

11. 请设置一个数据段 MYDATASEG,按照如下要求定义变量。

(1) MY1B 为字符串变量: PERSONAL COMPUTER。

(2) MY2B 为用十进制数表示的字节变量: 20。

(3) MY3B 为用十六进制数表示的字节变量: 20。

(4) MY4B 为用二进制数表示的字节变量: 20。

(5) MY5W 为 20 个未赋值的字变量。

(6) MY6C 是值为 100 的常量。

(7) MY7C 表示字符串: PERSONAL COMPUTER。

12. 变量和标号有什么属性?

13. 设在某个程序中有如下片段,请写出每条传送指令执行后寄存器 AX 的内容。

```
    MYDATA    SEGMENT
        ORG    100H
        VARW   DW    1234H,5678H
        VARB   DB    3,4
        ALIGN 4
        VARD   DD    12345678H
        EVEN
        BUFF   DB    10    DUP(?)
        MESS   DB    'HELLO'
BEGIN:  MOV    AX,OFFSET VARB+OFFSET MESS
        MOV    AX,TYPE BUFF+TYPE MESS+TYPE VARD
        MOV    AX,SIZE OF VARW+SIZE OF BUFF+SIZE OF MESS
        MOV    AX,LENTH OF VARW+LENTH OF VARD
        MOV    AX,LENTH OF BUFF+SIZE OF VARW
        MOV    AX,TYPE BEGIN
        MOV    AX,OFFSET BEGIN
```

14. 利用简化段定义格式,必须具有 . MODEL 语句。MASM 定义了哪 7 种存储模式? TINY 和 SMALL 模式创建什么类型(EXE 或 COM)程序? 设计 32 位程序应该采用什么模式?

15. 源程序中如何指明执行的起始位置? 源程序应该采用哪个 DOS 功能调用实现程序返回 DOS?

16. 在 SMALL 存储模式下,简化段定义格式的代码段、数据段和堆栈段的默认段名、定位、组合以及类别属性分别是什么?

17. 如何用指令代码代替. STARTUP 和. EXIT 指令,使得例 4.1 能够在 MASM 5. x 下汇编通过?

18. 创建一个 COM 程序完成例 4.1、例 4.2 的功能。

19. 按下面的要求写一个简化段定义格式的源程序。

(1) 定义常量 NUM,其值为 5;数据段中定义字数组变量 DATALIST,它的头 5 个字单元中依次存放 −1、0、2、5 和 4,最后 1 个单元初值不定。

（2）代码段中的程序将 DATALIST 中头 NUM 个数的累加和存入 DATALIST 的最后 1 个字单元中。

20. 按下面的要求写一个完整段定义格式的源程序。

（1）数据段从双字边界开始，其中定义一个 100 字节的数组，同时该段还作为附加段。

（2）堆栈段从节边界开始，组合类型为 STACK。

（3）代码段的类别是 TOODE，指定段寄存器对应的逻辑段；主程序指定从 100H 开始，给有关段寄存器赋初值；将数组元素全部设置为 64H。

21. 编制程序完成两个已知双精度数（4 字节）A 和 B 相加并将结果存入双精度变量单元 SUM 中（不考虑溢出）。

22. 编制程序完成 12H、45H、0F3H、6AH、20H、0FEH、90H、0C8H、57H 和 34H 共 10 个字节数据之和，并将结果存入字节变量 SUM 中（不考虑溢出）。

23. 结构数据类型如何说明？结构变量如何定义？结构字段如何引用？

24. 记录数据类型如何说明？记录变量如何定义？WIDTH 和 MASK 操作符起什么作用？

25. 8086 的条件转移指令的转移范围有多大？实际编程时，如何处理超出范围的条件转移？

26. 判断下列程序段跳转的条件。

（1）XOR   AX,1E1EH

     JE   EQUAL

（2）TEST   AL,10000001B

     JNZ   THERE

（3）CMP   CX,64H

     JB   THERE

27. 假设 AX 和 SI 存放的是有符号数，DX 和 DI 存放的是无符号数，请用比较指令和条件转移指令实现以下判断。

（1）若 DX＞DI，转到 ABOVE 执行。

（2）若 AX＞SI，转到 GREATER 执行。

（3）若 CX＝0，转到 ZERO 执行。

（4）若 AX-SI 产生溢出，转到 OVERFLOW 执行。

（5）若 SI≤AX，转到 LESS_EQ 执行。

（6）若 DI≤DX，转到 BELOW_EQ 执行。

28. BUFX、BUFY 和 BUFZ 是 3 个有符号十六进制数，编写一个比较相等关系的程序。

（1）如果这 3 个数都不相等，则显示 0。

（2）如果这 3 个数中有两个数相等，则显示 1。

（3）如果这 3 个数都相等，则显示 2。

29. 编制一个程序,把变量 BUFX 和 BUFY 中较大者存入 BUFZ;若两者相等,则把其中之一存入 BUFZ 中。假设变量存放的是 8 位无符号数。

30. 设变量 BUFX 为有符号 16 位数,请将它的符号状态保存在 SIGNX,即:如果 X 大于等于 0,保存 0;如果 X 小于 0,保存−1(FFH)。编写该程序。

31. 编写一个程序,将 AX 寄存器中的 16 位数连续 4 位分成一组,共 4 组,然后把这 4 组数分别放在 AL、BL、CL 和 DL 寄存器中。

32. 编写一个程序,把从键盘输入的一个小写字母用大写字母显示出来。

33. 已知用于 LED 数码管显示的代码表为

```
LEDTABLE   DB 0C0H,0FGH,0A4H,0B0H,99H,92H,82H,0F8H
           DB 80H,90H,88H,83H,0CGH,0C1H,86H,8EH
```

它依次表示 0~9,A~F 这 16 个数码的显示代码。编写一个程序实现将 LEDNUM 中的一个数字(0~9,A~F)转换成对应的 LED 显示代码。

34. 设置 CX＝0,则 LOOP 指令将循环多少次？例如:

```
       MOV  CX,0
DELAY: LOOP DELAY
```

35. 有一个首地址为 ARRAY 的 20 个字的数组,说明下列程序段的功能。

```
           MOV   CX,20
           MOV   AX,0
           MOV   SI,AX
SUM_LOOP:  ADD   AX,ARRAY[SI]
           ADD   SI,2
           LOOP  SUM_LOOP
           MOV   TOTAL,AX
```

36. 按照下列要求,编写相应的程序段。

(1) 起始地址为 STRING 的主存单元中存放有一个字符串(长度大于 6),把该字符串中的第 1 个和第 6 个字符(字节量)传送给 DX 寄存器。

(2) 从主存 BUFFER 开始的 4 个字节中保存了 4 个非压缩 BCD 码,现按低(高)地址对低(高)位的原则,将它们合并到 DX 中。

(3) 编写一个程序段,在 DX 高 4 位全为 0 时,使 AX＝0;否则使 AX＝−1。

(4) 假设从 B800H：0 开始存放有 100 个 16 位无符号数,编程求它们的和,并把 32 位的和保存在 DX：AX 中。

(5) 已知字符串 STRING 包含 32KB 内容,将其中的 $ 符号替换成空格。

37. 已知数据段 500H～600H 处存放了一个字符串,说明下列程序段执行后的结果。

```
MOV  SI,600H
MOV  DI,601H
MOV  AX,DS
MOV  ES,AX
```

```
MOV  CX,256
STD
REP  MOVSB
```

38. 说明下列程序段的功能。

```
CLD
MOV  AX,0FEFH
MOV  CX,5
MOV  BX,3000H
MOV  ES,BX
MOV  DI,2000H
REP  STOSW
```

39. 串操作指令常要利用循环结构,现在不用串操作指令实现将字符串 STRING1 内容传送到字符串 STRING2,字符长度为 COUNT。请编写实现程序。

40. 不用串操作指令,求主存 0040H：0 开始的一个 64KB 物理段中共有多少个空格,请编写实现程序。

41. 编程实现把输入的一个字符用二进制形式(0/1)显示出它的 ASCII 代码值。

42. 编写程序,要求从键盘接收一个数 BELLN(0~9),然后响铃 N 次。

43. 编写程序,将一个包含 20 个有符号数据的数组 ARRAYM 分成两个数组：正数数组 ARRAYP 和负数数组 ARRAYN,并分别把这两个数组中的数据个数显示出来。

44. 编写计算 100 个正整数之和的程序。如果和不超过 16 位字的范围(65 535),则保存和到 WORDSUM；如超过,则显示 OVERFLOW。

45. 编程判断主存 0070H：0 开始的 1KB 中有无字符串 DEBUG。这是一个字符串包含的问题,可以采用逐个向后比较的简单算法。

46. 编程把一个 16 位无符号二进制数转换成为用 8421BCD 码表示的 5 位十进制数。转换算法可以是：用二进制数除以 10 000,商为万位；再用余数除以 1000；得到千位,依次用余数除以 100,10 和 1,得到百位、十位和个位。

47. 请描述过程定义的一般格式。子程序入口为什么常有 PUSH 指令,出口为什么有 POP 指令? 下面的程序段有什么不妥吗? 若有,请改正。

```
CRAZY   PROC
        PUSH  AX
        XOR   AX,AX
        XOR   DX,DX
AGAIN:  ADD   AX,[BX]
        ADC   DX,0
        INC   BX
        INC   BX
        LOOP  AGAIN
        RET
ENDP          CRAZY
```

48. 子程序的参数传递有哪些方法？请简单比较。

49. 采用堆栈传递参数的一般方法是什么？为什么应该特别注意堆栈平衡问题。

50. 什么是子程序的嵌套、递归和重入？

51. 请按如下子程序说明编写过程：

(1) 子程序功能：把用 ASCII 码表示的两位十进制数转换为对应的二进制数。

(2) 入口参数：DH 为十位数的 ASCII 码，DL 为个位数的 ASCII 码。

(3) 出口参数：AL 为对应的二进制数。

52. 写一个子程序，根据入口参数 AL＝ 0/1/2，分别实现对大写字母转换成小写、小写转换成大写或大小写字母互换。欲转换的字符串在 STRING 中，用 0 表示结束。

53. 编制一个子程序把一个 16 位二进制数用十六进制形式在屏幕上显示出来，分别运用如下 3 种参数传递方法，并用一个主程序验证它。

(1) 采用 AX 寄存器传递这个 16 位二进制数。

(2) 采用 WORDTEMP 变量传递这个 16 位二进制数。

(3) 采用堆栈方法传递这个 16 位二进制数。

54. 设有一个数组存放学生的成绩(0~100)，编制一个子程序统计 0~59 分、60~69 分、70～79 分、80 ～ 89 分、90 ～ 100 分的人数，并分别存放到 SCOREE、SCORED、SCOREC、SCOREB 及 SCOREA 单元中。编写一个主程序与之配合使用。

55. 条件表达式中，逻辑与 && 表示两者都为真时整个条件才为真，对于以下程序段：

```
.IF (X==5) && (AX!=BX)
    INC  AX
.ENDIF
```

请用转移指令实现上述分支结构，并比较汇编程序生成的代码序列。

56. 条件表达式中，逻辑或"||"表示两者之一为真时整个条件就为真，对于以下程序段：

```
.IF (X==5)||(AX!=BX)
    INC  AX
.ENDIF
```

请用转移指令实现上述分支结构，并比较汇编程序生成的代码序列。

57. 对于以下程序段：

```
.WHILE    AX    !=10
          MOV   [BX],AX
          INC   BX
          INC   BX
          INC   AX
.ENDW
```

请用处理器指令实现上述循环结构，并比较汇编程序生成的代码序列。

58. 对于程序段：

```
.REPEAT
        MOV   [BX],AX
        INC   BX
        INC   BX
        INC   AX
.UNTIL   AX==10
```

请用处理器指令实现上述循环结构，并比较汇编程序生成的代码序列。

59. 宏是如何定义、调用和展开的？

60. 宏定义中的形式参数有什么特点？它是如何进行形参和实参结合的？

61. 宏结构和子程序在应用中有什么不同？如何选择采用何种结构？

62. 定义一个宏 MOVESTR STRN,DSTR,SSTR，它将 STRN 个字符从一个字符区 SSTR 传送到另一个字符区 DSTR。

63. 给出宏定义如下：

```
DIF   MACRO  X,Y
        MOV  AX,X
        SUB  AX,Y
ENDM
ABSDIF MACRO  V1,V2,V3
        LOCAL   CONT
        PUSH   AX
        DIF    V1,V2
        CMP    AX,0
        JGE    CONT
        NEG    AX
CONT: MOV    V3,AX
        POP    AX
ENDM
```

试展开以下宏调用：

(1) ABSDIF P1,P2,DISTANCE

(2) ABSDIF [BX],[SI],[DI]

64. DOS 功能调用采用 AH 存放子功能号，而有些功能需要 DX 存放一个值。定义一个宏 DOS21H，实现调用功能；如果没有提供给 DX 的参数，则不汇编给它赋值的语句。

第 5 章　存储器技术

现代计算机系统都以存储器为中心,存储器是各种信息存储和交换的中心,是计算机系统必不可少的一大功能部件。现代计算机存储系统是由速度各异、容量不等的多级层次存储器组成。存储系统的性能是影响计算机系统性能的一大瓶颈。主要原因是冯·诺伊曼体系结构是建立在存储程序概念的基础上,访存操作约占中央处理器(CPU)时间的70%,存储管理与组织的好坏影响到整机效率。现代的信息处理,如图像处理、数据库、知识库、语音识别、多媒体等,对存储系统的要求很高。如何设计容量大、速度快、价格低的存储系统是计算机系统发展的一个重要问题。

本章的主要内容如下:
- 存储器概述。
- 半导体随机存取存储器。
- 高速缓冲存储技术。
- 虚拟存储技术。

5.1　存储器概述

5.1.1　存储器的发展及分类

1. 存储系统的发展

计算机最初采用串行的延迟线存储器,不久又用磁鼓存储器。20 世纪 50 年代中期,主要使用磁芯存储器作为主存。20 世纪 60 年代中期以后,半导体存储器已取代磁芯存储器。在逻辑结构上,并行存储和从属存储器技术的采用提高了主存的读取速度,缓和了主存和高速的中央处理器速度不匹配的矛盾。1968 年,IBM 360/85 最早采用了高速缓冲—主存储器的存储层次。高速缓冲存储器的存取周期与中央处理器主频周期一样,由硬件自动调度高速缓冲存储器与主存储器之间信息的传递,使中央处理器对主存储器的绝大部分进行存取操作可以在中央处理器和高速缓冲存储器之间进行。1970 年,美国RCA 公司研究成功虚拟存储器系统。IBM 公司于 1972 年在 IBM370 系统上全面采用了虚拟存储技术。

由于科学计算和数据处理对存储系统的要求越来越高,需要不断改进已有的存储技术,研究新型的存储介质,改善存储系统的结构和管理。大规模集成电路和磁盘依然是主要的存储介质。利用新型材料制作大规模集成电路、大容量的联想存储器可大大提高速度,对于计算机系统和软件都会发生影响。磁盘技术、光盘技术、约瑟逊结器件以至研究新的存储模型,都是计算机存储系统发展的研究课题。此外,还要进行新的存储机制的研究。这方面的研究方向是：①由一维线性存储发展到面向二叉树存储结构，提供类型更广泛的数据结构所需的动态存储空间。②由单纯的数据存储发展到能融合图像、声音、文字、数据等为一体的多维存储系统。③由存储精确的数据到能接收模糊数据的输入。④面向对象的存储管理的研究。⑤智能存储技术的研究，探索新的记忆原理，发明新的存储器件，构造新的存储系统。

2. 存储器分类

存储器是计算机系统中的记忆设备，用来存放程序和数据。目前，主要采用半导体器件和磁性材料作为存储介质。一个双稳态半导体电路或磁性材料的存储元均可以存储一位二进制代码。这个二进制代码位是存储器中最小的存储单位，称为一个存储位或存储元。由若干个存储元组成一个存储单元，然后再由许多存储单元组成一个具有一定容量的存储器。根据存储元件的性能及使用方法不同，存储器有各种不同的分类方法。

1）按功能分类

（1）主存储器。

主存储器是内部存储器，又叫内存，用来存储当前正在使用的或经常使用的程序和数据。CPU 可以对它直接访问，存取速度较快。

（2）外部存储器。

外部存储器又叫辅助存储器，它是一种外部设备，简称外存或辅存。外存的特点是容量大，所存的信息既可以修改也可以保存。外存存取速度较慢，要用专用的设备来管理。计算机工作时，当需要运行外存中的程序或数据时，需将所需内容成批地从外存调入内存供 CPU 访问，CPU 不能直接访问外存，CPU 运行的最终结果存入外部存储器。

（3）高速缓冲存储器。

高速缓冲存储器又称 Cache，它仅仅是为提高计算机系统性能而增设的一个暂存部件，存储的内容是主存储器中的部分副本，用于存储 CPU 正在执行的部分程序或正在处理的部分数据（包括执行的结果数据），其容量比主存和外存要小很多，并且不管 Cache 容量有多大，都不计入计算机存储系统的总容量中。

2）按存取方式分类

（1）随机存取存储器（Random Access Memory，RAM）。

CPU 根据 RAM 的地址将数据随机地写入或读出，也就是说存取时间和存储单元的物理位置无关。电源切断后，所存数据全部丢失。按照集成电路内部结构不同，RAM 又分为静态 RAM(Static RAM)和动态 RAM(Dynamic RAM)两类。静态 RAM 速度非常快，只要电源不切断，内容就不会消失，一般高速缓冲存储器（Cache memory）用它组成。动态 RAM 用电容的充放电存取数据，但因电容本身有漏电问题，因此必须每几微秒就要刷新（refresh）一次，否则数据会丢失，因此必须周期性地在内容消失之前进行刷新。动态 RAM 成本低，通常都用作计算机的主存储器。

（2）只读存储器。

只读存储器的存取时间和存储单元的物理位置无关，它将程序及数据固化在芯片中，数据只能读出不能写入，电源关掉，数据也不会丢失。只读存储器按集成电路的内部结构可以分为以下几类：①只读的 ROM(Read Only Memory)，在制造过程中，将设计好的程序以一特制掩膜(mask)烧录于线路中，其内容在写入后就不能更改，有时又称为掩膜只读存储器(mask ROM)；②可编程的 PROM(Programable ROM)，可只一次固化设计好的程序，写入后内容不可更改；③可擦除、可编程的 EPROM(Erasable PROM)，可编程固化程序，且在程序固化后可通过紫外线光照擦除，以便重新固化新数据；④电可擦除可编程的 EEPROM(Electrically Erasable PROM)，简称 E^2PROM，可编程固化程序，且在程序固化后可通过电信号擦除。只读存储器可作为主存储器的一部分，在微型计算机系统中主要用于存放用于系统启动、自检等功能的 BIOS 系统。

(3) 闪速存储器。

闪速存储器(Flash memory)是发展很快的新型半导体存储器。它的主要特点是在不加电的情况下能长期保持存储的信息。就其本质而言，闪速存储器属于 EEPROM 类型。它既有 ROM 的特点，又有很高的存取速度，而且易于擦除和重写，功耗很小。从 Pentium 微机开始，已把 BIOS 系统驻留在闪速存储器中。

(4) 顺序存取存储器(Sequential Access Memory，SAM)。

顺序存取存储器所存信息的排列、寻址和读写操作均是按顺序进行的，并且存取时间与存储器中的物理位置有关。例如，磁带存储器就是顺序存储器。一般来说，顺序存储器的存取周期较长。

(5) 直接存取存储器(Direct Access Memory，DAM)。

目前，广泛使用的磁盘存储器是一种直接存取存储器。直接存取存储器既不像 SAM 那样完全按顺序存取，也不像 RAM 那样完全随机存取，因此是半顺序存储器。因为磁盘存储器在存取磁盘上的信息时需要进行两个逻辑操作，第一是寻道，第二是在备选磁道上顺序存取，前者为随机操作，后者为顺序操作。

3) 按存储介质分类

作为存储介质的基本要求，必须具备能表示两个有明显区别的物理状态的性能，分别用来表示二进制的代码 0 和 1。另一方面，存储器的存取速度又取决于这种物理状态的改变速度。存储器按存储介质主要可分为以下几类。

(1) 磁芯存储器。

磁芯存储器采用具有矩形磁滞回线的铁氧体磁性材料制成的环形磁芯，利用它的两个不同剩磁状态存放二进制代码 0 和 1。

(2) 半导体存储器。

半导体存储器用半导体器件组成，根据工艺不同，可分为双极型和 MOS 型。

(3) 磁表面存储器。

磁表面存储器是在非磁性的合金材料表面涂上一层很薄的磁性材料，通过磁层的磁化来存储二进制代码。

(4) 光存储器。

光存储器利用光学原理，通过能量高度集中的激光束照在基本表面引起物理或化学的变化来存储二进制信息。

4）按信息的可保存性分类

断电后信息即消失的存储器称为非永久记忆的存储器。断电后仍能保存信息的存储器称为永久性记忆的存储器。磁性材料做成的存储器是永久性存储器，半导体读写存储器 RAM 是非永久性存储器。

5）按串、并行存取方式分类

目前使用的半导体存储器大多为并行存取方式，但也有以串行存取方式工作的存储器，如电耦合器件（CCD）、串行移位寄存器和镍延迟线构成的存储器等。

5.1.2 存储器主要技术指标

位（bit）是二进制数的最基本单位，也是存储器存储信息的最小单位，亦称存储元。若干个存储元组成一个存储单元，大量的存储单元的集合组成一个存储体（memory bank）。为了区分存储体内的存储单元，必须将它们逐一进行编号，简称编址，对应的编址码称为地址码。地址码与存储单元之间一一对应，且是存储单元的唯一标志。8 位二进制数称为一个字节（byte），一般来说 2 个字节为 1 个字（word）。应注意存储单元的地址和它里面存放的内容完全是两回事。衡量存储器的主要技术指标有速度、容量和带宽等。

1. 速度

目前，计算机的主存储器由半导体存储器组成，而主存储器往往由若干具有一定容量的存储器芯片构成。计算机系统运行时，时刻与主存储器进行信息的交换（包括运行的程序和需加工处理的数据）。因此，主存储器的工作速度是决定计算机系统工作效率的一大瓶颈。由此可知，工作速度是存储器（或存储器芯片）的一项重要指标。存储器芯片的速度通常用存取时间或存取周期表示。

存取时间也称为访问时间（memory access time），是指从启动一次存储器存取操作到完成该操作所经历的时间。对存储器的某一个单元进行一次读操作，如 CPU 取指令或取数据，访问时间就是从把要访问的存储单元的地址加载到存储器芯片的地址引脚上开始，直到读取的数据或指令在存储器芯片的数据引脚上并可以使用为止。

存取周期（memory cycle time）又称存储周期或读写周期，是指对存储器进行连续两次存取操作所需要的最小时间间隔。半导体存储器的存取周期一般为 60～100ns。一般情况下存取周期略大于存取时间。

2. 存储容量

存储器可以容纳的存储单元总数称为该存储器的存储容量。存储容量越大，能存储的信息就越多。一般情况下，衡量存储容量大小的基本单位是 B（Byte，字节），1B＝8b。在此基础上，反映容量的单位有 KB（KiloByte）、MB（MegaByte）、GB（GigaByte）、TB（TeraByte）、PB（PetaByte）、EB（ExaByte）、YB（YottaByte）等，其相互关系为

$$1YB = 2^{10}EB = 2^{20}PB = 2^{30}TB = 2^{40}GB = 2^{50}MB = 2^{60}KB = 2^{70}B$$

当今微机系统的主存和外存容量大，一般情况下用 GB 或以上的单位表示容量。

3. 存储带宽

存储带宽表示单位时间内存储器所存取的信息量,它描述了单位时间内传输数据容量的大小,表示吞吐数据的能力。通常以位/秒或字节/秒作为度量单位。带宽是衡量数据传输速率的重要技术指标。设 B 表示带宽(MB/s),F 表示存储器时钟频率(MHz),D 表示存储器数据总线位数,对于存储器的带宽可用下式计算:

$$B = F \times D / 8$$

例如,PC-100 的 SDRAM 带宽为 100MHZ×64Bit/8＝800MB/S。

4. 存储器的可靠性

存储器的可靠性用平均故障间隔时间来衡量,可以理解为两次故障之间的平均时间间隔。

除了上述几个指标外,影响存储器性能的指标还有价格、功耗等因素。

5.1.3 存储器的基本结构框架

前面已经讲过,构成存储器的最小单位是可存储 0 或 1 的存储元;某几个存储元按一定的规则连接,构成一个存储单元;然后,将这些存储单元进行有序的连接,构成一个存储体;再将这个存储体进行集成设计,构成我们所熟知的存储芯片。因此,存储芯片的容量可以写为 $n\text{K}(\text{M 或 G}) \times mb$ 的形式,其中 $n\text{K}(\text{M 或 G})$ 表示该芯片有 $n\text{K}(\text{M 或 G})$ 个存储单元,n 一般取 2^x,$x = 0, 1, 2, \cdots$,m 表示每个单元有多少位,一般取 1、2、4 或 8 等,如某存储芯片为 1M×1b,256K×8b 等。

为了区分各个存储单元,把它们进行统一编号,该编号称为地址,如 1M×1b 的存储芯片的地址的十六进制是 00000～0FFFFFH,称其为地址码。需注意的是地址码与存储单元一一对应,对某一存储单元进行访问时,必须首先给出存储单元的地址。为方便起见,可将一个存储器的基本结构用图 5.1 表示。

地址码	单元位数(bits)		
0	1	⋯	m
1	1	⋯	m
⋮	⋮	⋮	⋮
J−1	1	⋯	m
J	1	⋯	m

图 5.1 存储器的基本结构框架框图

图 5.1 中的 J 即 $n\text{K}$、$n\text{M}$ 或 $n\text{G}$ 等。在静态随机存取的存储器芯片中,地址码的大小决定了有多少条地址线,如 $J = 256\text{K}$,则地址线需 18 条($256 \times 1024 = 2^8 \times 2^{10} = 2^{18}$),每个单元的位数决定了有多少条数据线。但需注意的是动态随机存取的存储器的地址码与地址线不满足上述关系,其原因在 5.2.2 节介绍。主存中可寻址的最小单位称为编址单位。目前多数计算机是按字节编址的,最小可寻址单位是一个字节。

5.1.4 存储系统的层次结构

容量大、速度快、价格低是存储系统发展的永恒方向。但在一个存储系统中要同时满足这三方面的要求是很困难的。为了解决这一矛盾,在目前的计算机系统中通常采用多级存储体系结构，如图 5.2 所示。

图中由上至下，每位的价格（简称位价）越来越低，速度越来越慢，容量越来越大，CPU 访问的频度也越来越少。最上层的寄存器通常都制作在 CPU 芯片内。寄存器中的数值直接在 CPU 内部参与运算，CPU 内可以有十几个、几十个寄存器，它们的速度最快，位价最高。主存用来存放将要参与运行的程序和数据，其速度与 CPU 速度差距较大，为了使它们之间的速度能更好地匹配，在主存与 CPU 之间插入了一种比主存速度更快、容量更小的高速缓冲存储器（Cache），显然其位价要高于主存。主存与缓存之间的数据调度是由硬件自动完成的，对程序员是透明的。以上三层存储器都是由速度不同、位价不等的半导体存储材料制成的，它们都设在主机内。第四、五层是辅助存

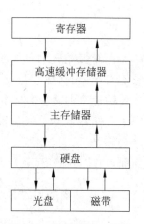

图 5.2 存储器层次结构

储器，其容量比主存大得多，大都用来存放暂时未用到的程序和数据文件。CPU 不能直接访问辅存，辅存只能与主存交换信息，因此辅存的速度比主存慢很多。辅存与主存之间信息的调度均由硬件和操作系统来实现。辅存的位价是最低廉的。

实际上，存储器的层次结构主要体现在缓存—主存和主存—辅存这两个存储层次上，如图 5.3 所示。

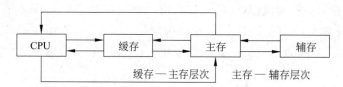

缓存—主存层次 主存—辅存层次

图 5.3 缓存—主存层次和主存—辅存层次

从 CPU 角度来看，缓存—主存这一层次的速度接近于缓存，高于主存，其容量和位价却接近于主存，这就从速度和成本的矛盾中获得了理想的解决办法。主存—辅存这一层次，从整体分析，其速度接近于主存，容量接近于辅存，平均位价也接近于低速、廉价的辅存，这又解决了速度、容量、成本这三者的矛盾。现代的计算机系统几乎都具有这两个存储层次，构成了缓存、主存、辅存三级存储系统。

在主存—辅存这一层次的不断发展中，形成了虚拟存储系统。在这个系统中，程序员编程的地址范围与虚拟存储器的地址空间相对应。对具有虚拟存储器的计算机系统而言，编程时可用的地址空间远远大于主存空间，使程序员以为自己占有一个容量极大的主存，其实这个主存并不存在，这就是将其称为虚拟存储器的原因。对虚拟存储器而言，其逻辑地址变换为物理地址的工作是由计算机系统的硬设备和操作系统自动完成的，对程序员是透明的。当虚地址的内容在主存时，机器便可立即使用；若虚地址的内容不在主存，则必须先将此虚地址的内容传到主存的合适单元后再为 CPU 所用。

5.2 半导体随机存取存储器

半导体随机存取存储器是构成计算机主存储器、高速缓冲存储器的核心部件。根据信息的存储机理,可分为静态随机存取存储器(SRAM)和动态随机存取存储器(DRAM)。SRAM的优点是速度非常快,只要电源不切断,内容就不会消失,一般高速缓冲存储器(Cache)用SRAM组成。DRAM的特点是成本低,集成度很高,存储容量比SRAM大很多,通常用作计算机的主存储器。

5.1.3节已经讲过,从广义上来讲,不管是什么类型的存储器,容量都可以描述为 nK(或 M、G 等)$\times mb$,其中 n 一般为 2^x,$x=0、1、2、\cdots$,m 表示每个单元有多少位。构成存储器的基本单位是可存储一位信息(0 或 1)的存储元,由若干个存储元组成可存储若干位信息的存储单元,由若干个存储单元组成一个存储器芯片,再由若干存储芯片构成所需容量的存储器系统。基于这样的概念,下面分析 SRAM 和 DRAM 存储器。

5.2.1 SRAM 存储器

1. 基本存储元及存储阵列

SRAM 存储器的存储元(也可称为静态存储元)其实就是一个锁存器,其特征是:只要一直给这个记忆电路供电,它就永远保持记忆的 1 或 0 状态;如果不供电或断电,则存储的数据(即 0 或 1)就会丢失。SRAM 存储元的电路原理结构如图5.4(a)所示。图中的 X_i 是选择线(为输入),DI_i 为数据输入信号,DO_i 为数据输出信号。图 5.4(b)是 SRAM 存储元的结构框图。根据图5.4,当选择线 X_i 为有效信号(即高电平)时,与非门的输出为 $\overline{DI_i}$,经 RS 触发器后的稳态输出为 $DO_i=DI_i$。当若干个这样的存储元构成一个假设为 8 位的存储单元时,其连接结构框图如图 5.5 所示,图中这个存储单元的选择线是同一条线,即 X_i,而输入线为 $DI_0\sim DI_7$,输出线为 $DO_0\sim DO_7$,由若干个图 5.5 所示的存储单元再进行组合设计,可构成如图 5.6 所示的基本的存储元阵列,再经集成技术可设计成一定容量的存储器芯片。在图 5.6 中,由 128×8 个静态存储元构成了含有 128 个存储单元、每个存储单元为 8b 的静态存储器。从图 5.6 可知,一个 SRAM 与外界进行信息交互的信号有三大类:

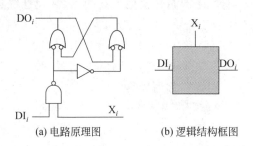

(a) 电路原理图　　(b) 逻辑结构框图

图 5.4　SRAM 存储元的电路原理图和逻辑结构框图

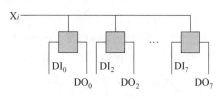

图 5.5　SRAM 存储单元连接结构框图

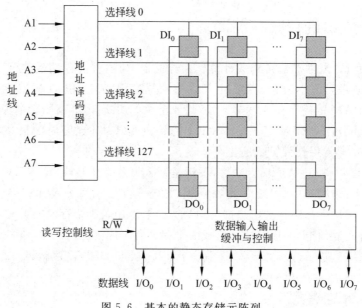

图 5.6　基本的静态存储元阵列

（1）地址信号（亦称地址线），决定了存储器的存储容量，图 5.6 有 7 条地址线，分别为 A1、A2、A3、A4、A5、A6、A7，即该存储器有 $2^7 = 128$ 个存储单元。

（2）数据信号（亦称数据线），决定了存储器每个单元的字长，即每个单元可存储的比特数。

（3）控制信号（亦称控制线），决定了对存储器进行读或写的控制。图 5.6 中，当 R/$\overline{W}$ 为高电平时，表示对存储器进行读；当 R/$\overline{W}$ 为低电平时，表示对存储器进行写。应注意的是，在某时刻对某一存储单元只能读或只能写，不能同时进行读写。

图 5.6 中，7 条地址线经地址译码器译出 128 条选择线（亦称行线），用于选择 128 个存储单元中的某一存储单元（对应图 5.4、图 5.5 中的 X_i），当然，在某一时刻只能选中某一存储单元。

2. 存储器芯片的逻辑结构

SRAM 存储器芯片的容量可表示为 $Z \times Bb$ 的形式，其中 Z 表示该芯片的容量，即有多少个存储单元，一般 $Z = 2^n$，n 为正整数，表示该存储器芯片上地址线的条数，地址线通常用 A_{n-1}，A_{n-2}，$\cdots$，A_1，A_0 表示。B 表示该芯片某存储单元的位数，即数据宽度，B 的取值一般为 $1,2,4,8,\cdots$，数据宽度常用 $I/O_{B-1}I/O_{B-2}\cdots I/O_1I/O_0$ 或 $D_{B-1}D_{B-2}\cdots D_1D_0$ 表示。为了便于组织更大容量的 SRAM 存储器，其芯片都采用双译码形式，即采用 x 向和 y 向的两级译码结构。可将 x 向译码称行译码，y 向译码称列译码。

图 5.7(a)是存储容量为 $16K \times 8b$ 的 SRAM 存储器芯片的结构图。它的地址线共 14 条，表明该存储芯片的容量为 $2^{14} = 16K$，其中 x 方向 7 条（$A_0 \sim A_6$），经行译码后输出 128 行，y 方向 7 条（$A_7 \sim A_{13}$），经列译码后输出 128 列，存储器阵列为三维结构，即 128 行 $\times$ 128 列 $\times 8$ 位。该存储器芯片有 8 条双向数据线。存储器芯片中的 $\overline{CS}$ 为片选控制信号，

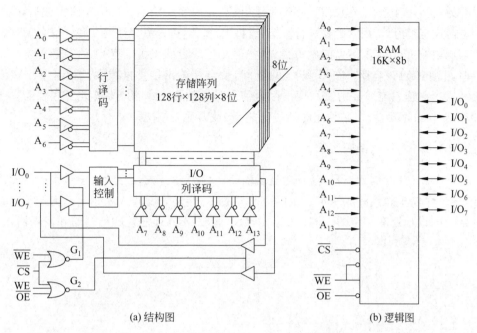

(a) 结构图 　　　　　　　　　　　　　　(b) 逻辑图

图 5.7　16K×8b SRAM 结构图和逻辑图

$\overline{\text{OE}}$为读出使能控制信号，$\overline{\text{WE}}$为读写控制信号。

　　在向 SRAM 存数时，$\overline{\text{CS}}$有效（即为低电平），$\overline{\text{WE}}$有效，$\overline{\text{OE}}$无效（即为高电平），此时门 G_1 开启，门 G_2 关闭，8 个输入缓冲器被打开，而 8 个输出缓冲器被关闭，因而 8 条数据线上的数据写入到存储器阵列中；从 SRAM 读数时，$\overline{\text{CS}}$有效，$\overline{\text{WE}}$无效，$\overline{\text{OE}}$有效，此时门 G_1 关闭，门 G_2 开启，8 个输出缓冲器被打开，而 8 个输入缓冲器被关闭，读出的数据送到 8 条数据线上。若$\overline{\text{CS}}$无效，则该存储器芯片不能进行读写操作。

　　图 5.7(b) 为 SRAM 的逻辑图。常用的 SRAM 存储器芯片有 6116(2K×8b)、6264 (8K×8b)、62256(32K×8b)、62512(64K×8b)、628128(128K×8b)等。

5.2.2　DRAM 存储器

1. 基本存储元

　　SRAM 存储器的存储元是一个稳态的触发器，而 DRAM 存储器的存储元是由一个 MOS 管和电容器组成的记忆电路，其电路原理图如图 5.8 所示。它由一个 T_1 管和一个电容 C 组成。

　　当字选线（或行线）为高电平时，该存储元被选中。写入时，若写入 1，位线 D 为高电平，对电容 C 进行充电；若写入 0，位线 D 为低电平，电容 C 上的电荷经位线进行泄放。读出时，若原存为 1，C 上有电荷，经 T_1 管在位线上产生读电流，完成读 1 操作；

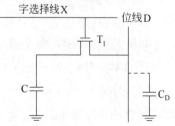

图 5.8　单管动态存储元电路原理图

若原存为 0，C 上无电荷，在位线上不产生读电流，完成读 0 操作。当读操作完成后，电容 C 上的电荷被全部泄放，因此必须进行刷新（或再生）操作，否则所保存的 0 和 1 信息丢失。

存储电容 C 的容量不可能做得很大，一般比位线上的寄生电容 C_D 的容量还要小。在读出时，T_1 导通后，电荷将在 C 和 C_D 间分配，就会使读出信息量减少，因此，要求在设计读出放大器时应具有较高的灵敏度。因为信息是存储在一个很小的电容 C 上，也只能保留 2ms 左右的时间，所以必须定时地进行刷新（或再生）操作。

2. DRAM 芯片的逻辑结构

有了 DRAM 存储元，可以按照上述 SRAM 存储器的构造思路，从存储元构造成存储单元，再由存储单元设计成一定容量的存储器芯片，当然，与 SRAM 相比，DRAM 存储器芯片结构的设计还有一定的不同之处。图 5.9 是某 DRAM 芯片的结构图和逻辑图，它的存储容量是 1M×4b。

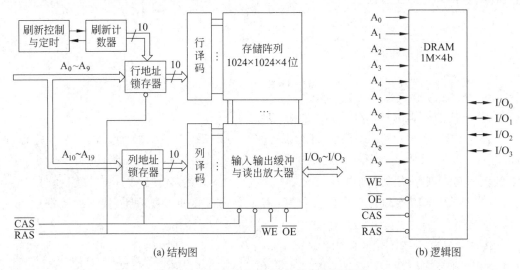

图 5.9 1M×4b DRAM 结构图和逻辑图

DRAM 与 SRAM 有以下几点不同：

（1）SRAM 存储器芯片地址线的多少决定了芯片存储容量的大小，而对 DRAM 而言，不能通过芯片地址线的多少判断存储容量。

（2）为了解决 DRAM 芯片的很大存储容量与芯片地址线引脚数的问题，在 DRAM 设计中，采用分时传送地址码的技术。图 5.9 中，要访问 1M 容量需 20 条地址线，但芯片引脚只提供了 10 条地址线，对此，DRAM 设计了两个地址锁存器，一个叫行地址锁存器，另一个叫列地址锁存器，两个锁存器的选通信号分别是 $\overline{RAS}$ 和 $\overline{CAS}$。在访问 DRAM 的某一个存储单元时，先通过地址线传送 $A_0 \sim A_9$，在 $\overline{RAS}$ 的控制下，将其存入行地址锁存器中，再传送 $A_{10} \sim A_{19}$，在 $\overline{CAS}$ 的控制下，将其存入列地址锁存器中。当两部分地址分别保存在各自的锁存器中时，通过 CPU 发送的读写命令（$\overline{WE}=0$ 为写，$\overline{WE}=1$ 为读）完成对某一存储单元的读写。

（3）增加了刷新控制部件。DRAM 的读出操作是破坏性的，另外，从 DRAM 存储元的结构组成上来说，即使由它构成的存储芯片的某些单元未被长期访问，所保存的信息也会丢失。因此在读出后，必须行再生操作，或者叫刷新操作，而且一定要定期进行刷新。从图 5.9 中可知，刷新计数器为 10 位，它在刷新控制电路的控制下进行定时的循环计数，并将计数结果送到行地址锁存器，按行进行定时刷新，一般的 DRAM 每隔 2ms 必须刷新一次，称为刷新最大周期。随着半导体芯片技术的发展，刷新周期可达 4ms 或更长。需注意的是，刷新操作与读写操作是交替进行的，而且刷新操作是定时的，读写操作是随机的，同时刷新时以存储阵列中的一行为单位进行。

3. DRAM 的刷新

常见的刷新操作有集中式、分散式和异步式 3 种。

1）集中式刷新方式

这种刷新方式是按照存储器芯片容量的大小，集中安排时间段完成对芯片内所有存储元的刷新操作。在刷新操作期间，不允许 CPU 对存储器进行正常的读写访问，可将这段 CPU 无法进行正常访问存储器的时间段称为 CPU 的"死时间"，或称"死区"。举例来说，若某存储器芯片的存储阵列为 1024×1024，一次刷新操作可同时刷新 1024 个存储元，一次刷新操作需一个存取周期，对该芯片的所有存储元全部刷新一次需进行 1024 次刷新操作，即对整个存储芯片刷新一次需 1024 个存取周期。假设该存储器芯片的刷新周期为 4ms，存取周期为 400ns，则刷新周期内共有 10 000 个存取周期，在一个刷新周期内需集中安排 1024 个存取周期（即 409.6μs）专门用于刷新，在规定的刷新周期内的其余 8976 个存取周期（即 3590.4μs）用于正常的存储器随机读写操作，集中式刷新如图 5.10(a)所示。

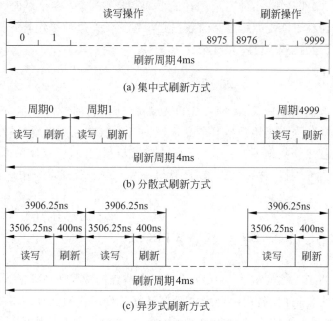

(a) 集中式刷新方式

(b) 分散式刷新方式

(c) 异步式刷新方式

图 5.10　刷新方式示意图

2）分散式刷新方式

分散式刷新是指对每行存储单元的刷新分散到每个读写周期内完成。把存储周期分成两部分，前半部分用于存储器的正常读写，后半部分用于存储器的刷新，每次刷新一行，如图 5.10(b)所示。这种刷新方式增加了系统的存取周期，若存储器芯片的存取周期为400ns，则系统的存取周期就为800ns。仍以前述的 1024×1024 存储阵列为例，在 4ms 内只能安排 5000 个存取周期，整个存储芯片刷新一遍需要 1024×800ns＝819.2μs。显然这种刷新方式没有"死时间"，但由于没有充分利用所允许的最大刷新时间间隔，以致产生频繁刷新现象，降低了存储器的存取速度。

3）异步式刷新方式

这种刷新方式是集中式和分散式刷新方式的结合，把刷新操作平均分配到刷新周期内进行，存在以下关系：

相邻两行的刷新间隔＝刷新周期/行数

对于前述的 1024×1024 存储阵列，在 4ms 的刷新周期内要将 1024 行刷新一遍，则相邻两行的时间间隔为 4ms/1024＝3906.25ns，即每隔 3906.25ns 安排一个刷新周期，在刷新时停止读写，如图 5.10(c)所示。

异步式刷新方式也有"死时间"，但比集中式刷新的"死时间"要小得多，以上述的1024×1024 存储阵列为例，仅为 400ns。这样可以避免 CPU 连续等待过长的时间，而且根据存储容量决定刷新间隔，大大减少了刷新次数，是常用的一种刷新方式。

5.2.3 只读存储器

正常工作时，只能读出，不能写入的存储器叫只读存储器，在掉电时，ROM 不丢失所保存的数据。然而在 ROM 中所存储的数据必须在它工作以前采用特殊方式写入。

只读存储器分为掩膜 ROM 和可编程 ROM。

1. 掩膜式只读存储器

掩膜式只读存储器(Mask ROM，MROM)的存储内容固定，是由生产厂家规模化生产的产品。其存储的内容是用户按其产品定制的具有特殊控制功能的程序或数据，或者是一些标准化的程序和数据等。一旦 MROM 芯片定制完成，所存储的内容就不能更改。MROM 成本低，可靠性高，保密性强，在计算机系统及一些智能设备中得到了广泛应用。

2. 可编程只读存储器

可编程 ROM 有 PROM、EPROM 和 E^{2}PROM 3 种。

1）PROM

PROM 通常指用户能够进行一次性编程写入信息的成品 ROM 芯片，即厂家生产出的 ROM 芯片中无任何内容，用户可将自己调试好的程序或数据通过专用设备写入该类芯片中，而且这种写入操作是一次性的，无法更改，也无法删除。PROM 的可靠性高，价格低，主要用于定型生产的产品和小批量试制产品。

2）EPROM

EPROM 是紫外线可擦除可编程的只读存储器，它的存储内容可以根据需要写入，当需要更新时将原存储内容用紫外光抹去，再写入新的内容。

图 5.11 是一个 EPROM 的基本存储元电路和 T_2 管的结构图。

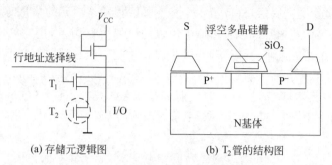

(a) 存储元逻辑图　　　　　　(b) T_2 管的结构图

图 5.11　EPROM 的基本存储元电路

图 5.11(a)中的 EPROM 存储元设计的关键在于 T_2 管，如图 5.11(b)中所示，它是在 N 型硅衬底上制造了两个 P 区，即 P^+ 区和 P^- 区，分别引出源极 S 和漏极 D，在 S 和 D 之间，有一个用多晶硅做成的栅极，它被埋在 SiO_2 绝缘层中，与外部绝缘，因而称之为浮空多晶硅栅。

EPROM 写 1 和读 1：在 EPROM 芯片制造好后，浮空多晶硅栅上没有电荷，S 和 D 之间不导通，即已保存了 1。若图 5.11(a)的行地址选择线为 1，T_1 管导通，此时在 I/O 线上将输出 1。

EPROM 写 0 和读 0：若在 S 和 D 之间加脉宽约为 50ms 的 +12.5V 的编程电压（对不同的芯片，该电压的要求是不同的），由于浮空多晶硅栅与硅基片间的绝缘层很薄，在强电场作用下，S 和 D 之间迅速击穿，于是有电子通过绝缘层注入浮空多晶硅栅。当高压电源去掉后，因为浮空多晶硅栅被绝缘层包围，故注入的电子无法泄漏，硅栅变负，吸引 N 基体中的正电荷，于是就形成了导电沟道，从而当图 5.11(a)的行地址选择线为 1 时，T_1 管导通，T_2 管也导通，此时 I/O 线上将输出 0。

EPROM 芯片封装时，在芯片的正面上留有一个石英玻璃窗口，专门用于紫外线擦除。擦除时，紫外线通过窗口照射浮空多晶硅栅若干分钟（一般为 10 分钟左右）之后，浮空多晶硅栅上的电子获得能量穿过 SiO_2 绝缘层跑掉，于是擦除了整个芯片中写入的 0 信息。经过重新编程又可写入想要的内容。

EPROM 存储器芯片在出厂时存储内容为全 1。

常见的 EPROM 芯片有 27 系列，如 2716(2K×8b)、2732(4K×8b)、2764(8K×8b)、27128(16K×8b)、27256(32K×8b)、27512(64K×8b)等。

3）E^2PROM

EPROM 虽然满足了可改写的需求，但擦除过程时间较长，而且不能选择性地进行擦除，即只能针对整个芯片的存储空间擦除，不能针对某一位或某一单元进行擦除。E^2PROM 可以在线擦除和改写，不必采用专用的紫外线擦除设备进行擦除。较新款的 E^2PROM 在写入时可自动完成擦除，且不需专门的编程电源，可直接用系统的 +5V

电源。

E²PROM 既具有 ROM 的非易失的特点，又像 RAM 一样可随机地进行读写，并且每个单元可重复进行一万次以上的改写，保留信息的时间长达 20 年。

图 5.12 是一个 E²PROM 的基本存储元的结构图。与 EPROM 相比，它在浮空硅栅上方的 SiO_2 上蒸发了金属层，构成了一个控制栅。擦除本单元的信息时，把控制栅接地，并在源极 S 加较高的正电压，使浮空栅在较强的电场力作用下，把它的电子拉出吸到源极。随着技术和工艺的进步，在 E²PROM 的制造中把埋藏在浮空栅的 SiO_2 层做的很薄，使许多 E²PROM 芯片在写入数据时不需要先擦除原来存储的信息，也不需要额外提高擦除和写入电压，支持在线写入，只是写入时间比 RAM 要长。E²PROM 存储器芯片在出厂时存储内容为全 1。

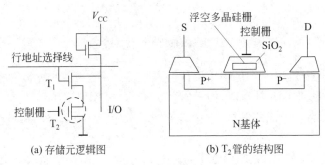

(a) 存储元逻辑图　　　　(b) T₂管的结构图

图 5.12　E²PROM 的基本存储元电路

常见的 E²PROM 芯片有 28 系列，但不同公司产品的表示有所不同，如 Atmel 公司新推出的 E²PROM 芯片有 AT28C64(8K×8b)、AT28C256(32K×8b)、AT28C010(128K×8b)、AT28C040(512K×8b)等。

3. 闪速存储器

闪速存储器(Flash Memory)既具有 RAM 的优点，又有 ROM 的优点，堪称存储器的划时代进展。闪速存储器的擦写速度比 E²PROM 快得多，比普通的 DRAM 要低，但读写速度相当。

现在闪速存储器用途很广，主要用于 U 盘和计算机的显卡、网卡、声卡等。另外，闪速存储器还广泛用于一些智能设备以及终端设备中，如数码相机、数码摄像机、MP3、MP4 等。

5.2.4　新型存储器芯片

存取速度和存储容量是衡量存储器芯片的重要指标，从 20 世纪到现在，主存储器的基本核心部件仍然是 DRAM。为了解决高速发展的 CPU 技术对存储技术的访问速度和访问带宽的需求，人们从提高时钟频率和带宽、缩短存取周期等方面开发了基于基本DRAM 结构的增强型芯片，包括 FPM DRAM、CDRAM、SDRAM、RDRAM 和 DDRSDRAM 等新型存储器芯片。

1. FPM-DRAM

FPM DRAM(Fast Page Mode DRAM,快速页切换模式动态随机存取存储器)是改良版的 DRAM,大多数为 72Pin 或 30Pin 的模块。传统的 DRAM 在存取一个位的数据时,必须送出行地址和列地址各一次才能读写数据。而 FPM DRAM 在触发了行地址后,如果 CPU 需要的地址在同一行内,则可以连续输出列地址而不必再输出行地址了。由于一般的程序和数据在内存中排列的地址是连续的,这种情况下输出行地址后连续输出列地址就可以得到所需要的数据。FPM 将存储体内部分成许多页(page),每页的大小从512B 到数 KB 不等,在读取一个连续区域内的数据时,就可以通过快速页切换模式来直接读取各页内的信息,从而大大提高读取速度。1996 年以前,在 80486 时代和 Pentium时代的初期,FPM DRAM 被大量使用。

2. CDRAM

CDRAM(Cache DRAM)是三菱电气公司首先研制的专利技术,它是在 DRAM 芯片的外部插针和内部 DRAM 之间插入一个高速 SRAM 作为高速缓冲存储器(Cache),并集成相应的同步控制接口。当前,几乎所有的 CPU 都装有一级 Cache 来提高效率,随着CPU 时钟频率的成倍提高,Cache 不被选中对系统性能产生的影响将会越来越大,而Cache DRAM 所提供的二级 Cache 正好用以补充 CPU 一级 Cache 的不足,因此能极大地提高 CPU 效率。目前,三菱电气公司可提供的 CDRAM 为 4MB 和 16MB 版本,其片内 Cache 为 16KB,与 128 位内部总线配合工作。

3. SDRAM

SDRAM(Synchronous Dynamic Random Access Memory,同步动态随机存储器),主要用在 Pentium Ⅲ 及以下的计算机上,是 20 世纪 90 年代中后期与 21 世纪初期普遍使用的内存,就像它的名字所表明的那样,这种 RAM 可以使所有的输入输出信号保持与系统时钟同步。SDRAM 采用 3.3V 工作电压,带宽 64 位。SDRAM 将 CPU 与 RAM 通过一个相同的时钟锁在一起,使 RAM 和 CPU 能够共享一个时钟周期,以相同的速度同步工作。SDRAM 基于双存储体结构,内含两个交错的存储体(或存储阵列),当 CPU 从一个存储体(或存储阵列)访问数据时,另一个就已为读写数据做好了准备,通过这两个存储体的紧密切换,读取效率就能得到成倍的提高。

SDRAM 不仅可用作主存,也广泛用于显示卡的显存。SDRAM 曾经是长时间使用的主流内存,但随着 DDR SDRAM 的普及,SDRAM 也正在慢慢退出主流市场。

4. RDRAM

RDRAM(Rambus DRAM)是 Rambus 公司最早提出的一种内存规格。它采用了一种和 SDRAM 不同的新一代高速简单内存架构,使得整个系统性能得到提高。在 Intel公司推出 PC100 后,由于技术的发展,PC100 内存的 800MB/s 带宽已经不能满足需求,而 PC133 的带宽提高并不大(1064MB/s),同样不能满足发展需求。此时,Intel 公司为了达到独占市场的目的,与 Rambus 联合在 PC 市场推广 Rambus DRAM。Rambus DRAM 内存以高时钟频率来简化每个时钟周期的数据量,因此内存带宽相当出色,带宽可达到 4.2GB/s,RDRAM 曾一度被认为是 Pentium 4 的绝配。尽管如此,Rambus DRAM 内存生不逢时,后来依然被更高速度的 DDR SDRAM"掠夺"了其宝座地位。

5. DDR SDRAM

DDR SDRAM(Double Data Rate SDRAM,双倍速率同步动态随机存储器)习惯上简称为 DDR。它是目前内存市场上的主流模式,是在 SDRAM 内存基础上发展而来的,仍沿用 SDRAM 生产体系。

DDR 大致在 2004 年开始用于计算机主存,经历了 DDR2、DDR3 到 DDR4 等技术的发展。DDR2 在 2008 年普及,2009 年就开始下滑;DDR3 在 2010 年开始普及,一直到现在都是主流;DDR4 逐步从幕后走到台前,但能否取代 DDR3,或推出其他更新技术的 DDR5 取代 DDR3,还不能完全下结论。

DDR 内存在一个时钟周期内传输两次数据,它能够在时钟的上升沿和下降沿各传输一次数据,DDR 内存可以在与 SDRAM 相同的总线频率下达到更高的数据传输率。

DDR2 内存拥有两倍于 DDR 内存的预读取能力(即 4b 数据预读取),换句话说,DDR2 内存每个时钟能够以 4 倍外部总线的速度读写数据,并且能够以内部控制总线 4 倍的速度运行。

DDR3 内存采用了 ODT(核心整合终结器)技术以及用于优化性能的 EMRS 技术,同时也允许输入时钟异步,采用更为先进的 FBGA 封装技术和制造工艺,可工作在 1.5V 的电压下,DDR3 有两倍于 DDR2 的内存预读取能力(即 8b 数据预读取),与 DDR2 相比,其具有更高的外部数据传输率,更先进的地址/命令与控制总线的拓扑架构,更低的能耗等优点。

DDR4 内存是新一代的内存规格。相比于 DDR3,其最大的区别有 3 点:16b 预取机制,同样内核频率下理论速度是 DDR3 的两倍;更可靠的传输规范,数据可靠性进一步提升;工作电压降为 1.2V,更节能。

6. 内存条

目前,常见内存条主要是 DDR 类型,如图 5.13 所示。内存条的两面都有金手指,是直接插在内存条插槽中的,因此这种结构也叫双列直插式存储模块,英文为 DIMM。目前绝大部分内存条都采用这种 DIMM 结构。

在不同的内存条上都分布了不同数量的块状颗粒,称为内存颗粒。不同规格的内存,内存颗粒的外形和体积不太一样,这是因为内存颗粒"包装"技术的不同导致的。一般来说,DDR 内存采用了 TSOP(Thin Small Outline Package,薄型小尺寸封装)技术,又长又大。而 DDR2 和 DDR3 内存均采用 FBGA(底部球形引脚封装)技术,与 TSOP 相比,内存颗粒就小巧很多,FBGA 封装形式在抗干扰、散热等方面优势明显。FBGA 封装把

DDR2 和 DDR3 的内存颗粒做成了正方形,而且体积大约只有 DDR 内存颗粒的三分之一。

从 DDR、DDR2、DDR3 内存发展角度分析,它们的传输速度越来越快,频率越来越高,容量也越来越大,功耗越来越低,制造工艺不断改善,成本更低,工作也更稳定。DDR 内存的工作电压为 2.5V,其工作功耗在 10W 左右;而到了 DDR2 时代,工作电压从 2.5V 降至 1.8V;到了 DDR3 内存时代,工作电压从 1.8V 降至 1.5V。DDR 内存颗粒广泛采用 $0.13\mu m$ 制造工艺,而 DDR2 颗粒采用了 $0.09\mu m$ 制造工艺,DDR3 颗粒则采用了全新 65nm 制造工艺($1\mu m=1000nm$)。

(a) DDR内存条

(b) DDR2内存条

(c) DDR3内存条

图 5.13 DDR、DDR2、DDR3 内存条

5.2.5 主存容量的扩展

一个存储器系统的容量往往比较大,单个存储芯片的容量和数据宽度不能满足计算机存储器系统的要求,因此,主存储器需要多个芯片组成。使用多个芯片组成存储器的技术称为存储器的扩展技术。如果只是扩展存储器存储元的个数,即扩展每个单元的数据位数,称为位扩展;如果只是扩展存储器存储单元的个数,称为字扩展;如果两者都要扩展,称为字位扩展。主存储器同 CPU 连接时,要完成地址线、数据线和控制线的连接,还要涉及芯片间的片选译码等。

1. 位扩展

当所选用的存储芯片的每个单元的数据位不能满足存储器所需的位数时，就要进行位扩展。位扩展的连接方式是将所有芯片的地址线、片选线、读写线对应连接，数据线分别引出。

假设用 $4K \times 2b$ 的 SRAM 存储器芯片构成 $4K \times 8b$ 的存储器，所需芯片数为 $(4K \times 8)/(4K \times 2)=4$。由于 $4K \times 2b$ 的芯片有 12 条地址线 $A_{11} \sim A_0$、2 条数据线 D_1 和 D_0、1 个片选信号 $\overline{CS}$ 和 1 个读写控制信号 $R/\overline{W}$，因此由 $4K \times 2b$ 的 SRAM 存储器芯片构成的 $4K \times 8b$ 存储器有 12 条地址线 $A_{11} \sim A_0$、8 条数据线 $D_7 \sim D_0$、1 个片选信号 $\overline{CS}$ 和 1 个读写控制信号 $R/\overline{W}$。连接方式如图 5.14 所示。经过位扩展后，可以把经图 5.14(a)扩展后的存储器等效为一个 $4K \times 8b$ 的存储器模块，如图 5.14(b)所示。

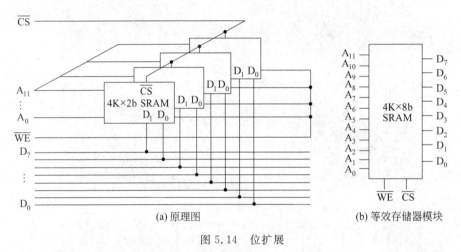

(a) 原理图　　　　　　　　(b) 等效存储器模块

图 5.14　位扩展

2. 字扩展

字扩展就是进行存储器容量的扩展。在进行位扩展时，存储器容量未增加，仅仅是扩展了一个存储单元的数据位。从另一个角度讲，即在位扩展后，存储器的地址线未增加，只增加了数据线。字扩展的连接方式是将所有芯片的地址线、数据线、读写线对应连接，每个芯片的片选线要用译码器将高位地址译码后分别连接。

假设用 $4K \times 8b$ 的 SRAM 存储器芯片构成 $16K \times 8b$ 的存储器，所需芯片数为 $(16K \times 8)/(4K \times 8)=4$。从所要设计的 $16K \times 8b$ 的存储器分析，它有 14 条地址线 $A_{13} \sim A_0$、8 条数据线 $D_7 \sim D_0$，而现在所用的 $4K \times 8b$ 的 SRAM 存储器芯片的地址线是 12 条，为了构成 $16K \times 8b$ 的存储器，需要 4 个 $4K \times 8b$ 的 SRAM 存储器芯片。因此在进行字扩展时，用 12 条地址线 $A_{11} \sim A_0$ 分别与每个 $4K \times 8b$ 的 SRAM 存储器芯片连接，用两条高位地址线 A_{13}、A_{12} 经过一个 2-4 译码器产生的译码信号分别与每个 $4K \times 8b$ 的 SRAM 存储器芯片的片选信号 $\overline{CS}$ 连接，如图 5.15 所示。图中的 $\overline{E}$ 引脚是译码器的使能端。当 $\overline{E}=0$ 时，译码器工作，它的输出满足输入的二进制译码规律；当 $\overline{E}=1$ 时，译码器不工作，它的所有输出引脚全是高电平。$\overline{E}$ 通常与 CPU 的存储器请求引脚连接。

根据图 5.15 的字扩展原理,可计算每个 $4K \times 8b$ 的 SRAM 存储器芯片(或称由位扩展形成的存储模块)所分配的存储空间。0 号的片选引脚接 $\overline{Y_0}$,对应 $A_{13}A_{12} = 00$ 状态,而 $A_{11} \sim A_0$ 由 0 号芯片自己译码,因此在该 16KB 存储器空间分配中,分配了第一个 4KB。同样,1~3 号存储模块分别分配了第 2、第 3 和第 4 个 4KB。表 5.1 描述了地址空间分配的情况。

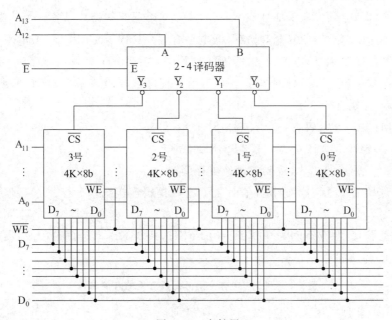

图 5.15 字扩展

表 5.1 地址空间分配

芯片或模块号	译码器地址 $A_{13}A_{12}$	芯片自身地址空间 $A_{11} \sim A_0$	芯片在所扩展的存储器 中的地址空间
0	00	0000 0000 0000 ⋮ 1111 1111 1111	0000H ⋮ 0FFFH
1	01	0000 0000 0000 ⋮ 1111 1111 1111	1000H ⋮ 1FFFH
2	10	0000 0000 0000 ⋮ 1111 1111 1111	2000H ⋮ 2FFFH
3	11	0000 0000 0000 ⋮ 1111 1111 1111	3000H ⋮ 3FFFH

3. 字位扩展

当构成一个容量较大的存储器时，往往需要在字数（容量）方面和位数方面同时进行扩展，即位扩展和字扩展的结合，这种扩展方式称为字位扩展。在进行存储器字位扩展时，一般尽可能使用集成度高的存储芯片，这样可降低成本，还可减轻系统负载，缩小存储器模块的尺寸。

例 5.1 CPU 具有 16 条地址线（$A_{15} \sim A_0$），16 条双向数据线（$D_{15} \sim D_0$），控制总线中与主存有关的信号有 $\overline{\text{MREQ}}$（允许访存，低电平有效），$R/\overline{W}$（读写控制，低电平为写，高电平为读）。主存按字编址，其地址空间分配如下：0～1FFFH 为系统程序区，由 EPROM 芯片组成；从 2000H 起共 24KB 地址空间为用户程序区；最后（最大）4KB 地址空间为系统程序工作区。现有如下芯片：

EPROM：4K×8b（仅有一个 $\overline{\text{CS}}$ 端），8K×8b。

SRAM：16K×1b，2K×8b，4K×8b，8K×8b。

（1）请选择适当的芯片，按要求设计主存储器。

（2）可选用 3-8 译码器，画出主存储器与总线逻辑连接图。

解：

（1）根据题意，主存空间为 0000H～0FFFFH，共 64KB，其空间分配及各存储空间设计时可选用的存储芯片如表 5.2 所示。

表 5.2 例 5.1 主存空间分配及选用的存储芯片

地 址 空 间	空 间 功 能	可选用的存储类型
0000H～1FFFH	系统程序区	EPROM
2000H～7FFFH	用户程序区	SRAM
8000H～EFFFH	保留	
0F000H～0FFFFH	系统程序工作区	SRAM

依给定条件，可选用以下芯片：2 片 8K×8b 的 EPROM，用于 8K×16b 系统程序区的设计；6 片 8K×8b 的 SRAM，用于 24K×16b 的用户程序区设计；2 片 4K×8b 的 SRAM，用于 4K×16b 系统程序工作区的设计。

（2）在各存储空间的设计中，首先根据所选用芯片进行位扩展，即 2 片 8K×8b 的 EPROM 芯片扩展成 8K×16b 的 EPROM 模块，2 片 8K×8b 的 SRAM 芯片扩展成 8K×16b 的 SRAM 模块，2 片 4K×8b 的 SRAM 芯片扩展成 4K×16b 的 SRAM 模块。各模块的位扩展图如图 5.16 所示。

其次进行字扩展，考虑到系统程序区和用户程序区都选择了以 8K 为基础的存储容量芯片，因此在字扩展时，可用整个 64KB 存储空间的高 3 位地址（即 $A_{15} \sim A_{13}$），并利用 3-8 译码器进行译码。假设译码以后的信号为 $\overline{Y_0}$、$\overline{Y_1}$、$\overline{Y_2}$、$\overline{Y_3}$、$\overline{Y_4}$、$\overline{Y_5}$、$\overline{Y_6}$ 和 $\overline{Y_7}$，其分别对应译码输入 $A_{15}A_{14}A_{13}$ 信号的 000、001、010、011、100、101、110 和 111，则 8K×16b 存储模

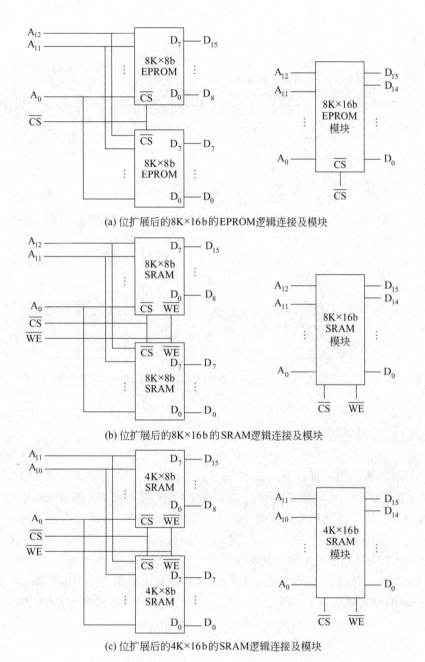

(a) 位扩展后的8K×16b的EPROM逻辑连接及模块

(b) 位扩展后的8K×16b的SRAM逻辑连接及模块

(c) 位扩展后的4K×16b的SRAM逻辑连接及模块

图 5.16　位扩展逻辑及扩展模块

块(系统程序区)的片选$\overline{CS}$接$\overline{Y_0}$,24K×16b 的用户程序区的 3 个 8K×16b 存储模块的片选$\overline{CS}$分别接$\overline{Y_1}$、$\overline{Y_2}$、$\overline{Y_3}$,4K×16b 存储模块(系统程序工作区)的片选$\overline{CS}$由译码器的$\overline{Y_7}$和$\overline{A_{12}}$(即当 $A_{12}=1$ 时)经逻辑或后连接。在此基础上形成的主存储器扩展与总线逻辑连接如图 5.17 所示。

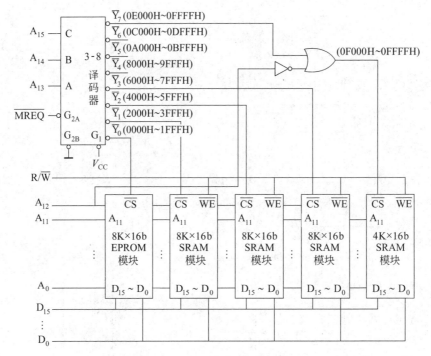

图 5.17　主存储器扩展与总线逻辑连接

5.3　高速缓冲存储技术

当今计算机的信息处理任务越来越繁重，信息量大，所涉及的信息处理内容越来越多，对存储器系统的工作速度和容量的要求越来越高，虽然 CPU 的功能越来越强，但主存的存取速度已成为计算机系统整体性能提升的主要瓶颈。为了提升主存的存取速度，除了采用更高速的芯片技术缩短主存的存取时间外，还可采用高速缓冲存储器（Cache）技术以提升 CPU 对存储系统的访问速度。

Cache 是为了解决 CPU 和主存之间的速度不匹配而采用的一项重要技术。如图 5.3 所示，Cache 的物理位置介于 CPU 和主存之间。Cache 的存取速度与 CPU 相匹配，容量小，Cache 的容量不能计入计算机系统的存储容量，它仅仅起到缓冲主存中一部分内容的作用，存储的是主存中的一部分信息。

5.3.1　Cache 的基本原理

1. 程序的局部性

大量典型程序的运行分析表明，当 CPU 从内存中取出指令和数据时，在某一个较短的时间内，由程序产生的访问地址往往局限在主存的某个区域内。这种在某时间段内对存储器局部范围的访问十分频繁而对范围以外的存储空间很少访问的现象，称为程序访问的局部性。

Cache 就是利用程序的局部性原理,把程序中正在使用的部分存放在一个容量较小的高速缓冲存储器中,使 CPU 的访问操作绝大部分时间针对 Cache 进行,从而使程序的执行速度大大提高。目前,CPU 芯片内集成了 1~2 个 Cache,称为片内 Cache;同时在构成计算机系统时,还在主板上扩充了高速 Cache,称为片外 Cache。

2. Cache 的工作原理

CPU 与 Cache 之间的数据交换以字为单位,而 Cache 与主存之间的数据交换以块为单位,一个块由若干个字或字节组成,大小相等,常将 Cache 的块称为 Cache 行。在一个时间段内,Cache 的某行中存放着主存某块的全部信息,即 Cache 的某一行是主存某块的副本(或叫映像)。

当 CPU 访问某一存储单元(按字访问)的内容时,通过地址总线向主存和 Cache 同时发出访问请求,若访问的内容在 Cache 中,表示命中,此时,终止内存访问;若访问的内容不在 Cache 中,表示未命中,此时继续访问内存,并将含有所访问内存单元的相应内存块调入 Cache 的某行。

5.3.2 Cache 的管理

1. Cache 的映射方式

Cache 的容量比主存容量要小很多,它保存的内容只是主存内容的一个子集,且 Cache 与主存的数据交换是以块为单位。地址映射是应用某种方法把主存地址定位到 Cache 中,即按照某种规则把主存中的某一块装入到 Cache 的某一行中,建立主存块与 Cache 行之间的对应关系。地址变换是指程序在实际运行过程中把主存地址如何变换成 Cache 地址。

地址变换和地址映射是紧密相关的,采用一种地址映射技术,就必然有与之对应的地址变换方法。在选择地址映射方式时,要考虑诸如地址变换的速度、主存或 Cache 空间利用率、主存块调入时发生 Cache 行位置冲突的概率等问题。

当 CPU 访问存储器时,它所给出的一个字内(或访存单元)的地址会自动变换为 Cache 的地址,这种变换全部由硬件实现,对用户完全是透明的。

常用的 Cache 的地址映射有全相联方式、直接方式和组相联方式 3 种。

全相联映射方式是主存中一个块可以映射到 Cache 中的任意一行上。若 Cache 的行数为 m,主存的块数为 n,有 $n \gg m$,则主存块和 Cache 行之间的映射关系共有 $m \times n$ 种。

直接映射方式也是一种多对一的映射关系,与全相联映射方式的区别在于直接映射的一个主存块只能映射到 Cache 的一个特定行。直接映射方式的优点是硬件简单,成本低。缺点是每个主存块只有一个固定的行位置可存放,容易产生冲突。当两个或两个以上的存储块映射到 Cache 相同的行而发生冲突时,即使其他 Cache 行有空闲也不能被使用。

组相联映射方式是全相联映射与直接映射方式的折中方案，是目前应用最多的一种地址映射方式。组相联映射方式把主存按 Cache 的容量分区，主存中的各区和 Cache 再按同样大小划分成相等的组，组内再划分为块。主存的组到 Cache 的组之间采用直接映射方式，对应的组内的存储块和 Cache 行之间采用全相联映射方式。

当一个新的主存块调入 Cache 的某一行时，当允许存放新调入主存块的 Cache 行已被其他主存块占有时，就必须进行替换操作。

2. 替换策略

替换问题与 Cache 的组织方式紧密相关。对直接映射来说，因为一个主存块只能由一个确定的 Cache 行存放，所以问题解决很简单，只要把此特定位置上的原主存块替换出 Cache 即可。对全相联映射和组相联映射 Cache 而言，就要从允许存放新主存块的若干特定行中选取一行替换出 Cache，如何选取就涉及替换策略，也称为替换算法。选择替换策略的主要目的是获得较高的 Cache 命中率，换句话说，要使得所访问的块不在 Cache 中的次数为最小，使 Cache 中尽可能地保存最新数据。目前常用的替换策略有最不经常使用策略、最近最少使用策略和随机替换策略。

1）最不经常使用（LFU）策略

将一段时间内被访问次数最少的 Cache 行数据替换出去的方法称为 LFU 算法。为了实现这种替换策略，Cache 的每一行设置一个计数器，从 0 开始计数，每访问一次，被访问的行计数器增 1。当需要替换时，将计数值最小的那一行替换出，同时将对应的行计数器清零。这种替换算法未能考虑近期的访问情况。

2）最近最少使用（LRU）策略

LRU 算法是将近期内长久未被访问的行替换出去。为实现这种替换策略，也为 Cache 的每一行设置一个计数器，这些计数器在 Cache 每次命中时对所命中行计数器清零，其他各行的计数器增 1。当需要替换时，将计数值最大的那一行替换出。这种算法保护了刚复制到 Cache 中的新数据行，从而保证了 Cache 有较高的命中率。

3）随机替换策略

随机替换策略就是随机地选取 Cache 的一行换出，这种策略硬件易于实现，且速度快于 LFU 和 LRU 算法，其缺点是可能换出的行随后马上又要使用，从而降低 Cache 命中率和工作效率。

3. 写操作策略

由于 Cache 的内容只是主存部分内容的副本，应当与主存内容保持一致。而 CPU 对 Cache 的写入更改了 Cache 的内容。如何使 Cache 与主存的内容保持一致，是 Cache 管理中的另一重要问题。

1）写回法

当 CPU 写 Cache 命中时，只修改 Cache 的内容，而不立即写入主存，只有当该行被换出时才写回主存；当 CPU 写 Cache 未命中时，将未命中的 Cache 行对应的内存块复制到 Cache，然后在 Cache 中进行修改，同样也只有当该行被换出时才写回主存。为了实现写回法的管理,在每个 Cache 的行上增设一个修改位,以表征此行是否被 CPU 修改过。当某行被换出时,根据此行修改位是 1 还是 0,决定将该行的内容是否写回主存。写回法的优点是可显著减少写主存的次数,其缺点是在 Cache 和主存之间存在内容不一致性的隐患。

2) 全写法

当 CPU 写 Cache 命中时,同时修改主存和 Cache 的内容,使主存和 Cache 的内容时刻保持一致;当 CPU 写 Cache 未命中时,只向主存写入,此时是否将修改过的主存块取到 Cache 呢?有两种可选方案,一种是 WTWA 法,另一种是 WTNWA 法,前者将修改过的主存块复制到 Cache,后者不复制到 Cache。

3) 写一次法

写一次法是基于写回法并结合全写法的一种写入方案。写命中与写未命中的处理方法与写回法基本相同,只是第一次写命中时要同时写入主存。

5.4 虚拟存储技术

Cache 技术主要是提升 CPU 对存储系统的访问速度,其目的是让计算机系统的运行速度尽可能达到所采用的 CPU 的访问速度。而虚拟存储技术所要解决的问题是如何为用户提供大容量、高数据传输性能的存储系统,让使用者感觉到他所面对的是一个具有无限容量的存储系统。

1. 什么是虚拟存储器

所谓虚拟存储,就是把多个存储介质模块(如硬盘、RAID)通过一定的手段集中管理起来,所有的存储模块在一个存储池(storage pool)中得到统一管理,从主机和工作站的角度看到的就不是多个硬盘,而是一个分区或者卷,就好像是一个超大容量(如 1TB 以上)的硬盘。这种可以将多种、多个存储设备统一管理起来的技术就称为虚拟存储技术。

虚拟存储器指的是主存—辅存的存储层次,如图 5.3 所示。它只是一个容量非常大的存储器的逻辑模型,不是任何实际的物理存储器;它以透明的方式给用户提供了一个比实际主存空间大得多的程序地址空间;它借助于磁盘等辅助存储器来扩大主存容量,使之为更大或更多的程序所使用。

用户编写程序时使用的地址称为逻辑地址或虚地址,其对应的存储空间称为逻辑地址空间或虚存空间。计算机物理内存的访问地址称为物理地址或实地址,它由 CPU 地址引脚送出,其对应的存储空间称为物理地址空间或主存空间。程序进行虚地址到实地址转换的过程称为程序的再定位。

主存—辅存层次和 Cache—主存层次用的地址变换映射方法和替换策略是相同的,都基于程序局部性原理。它们遵循的原则是:把程序中最近常用的部分驻留在高速的存储器中;一旦这部分变得不常用了,把它们送回到低速的存储器中;这种换入换出主要是由操作系统完成的,硬件也给予一定的支持,对用户是透明的;力图使存储系统的性能接近高速存储器,价格接近低速存储器。

2. 虚拟存储器的信息传送管理模式

主存—辅存层次的基本信息传送管理模式有 3 种方案，即段式、页式和段页式。

段是按照程序的逻辑结构划分成的多个相对独立部分，作为独立的逻辑单位。其优点是段的逻辑独立性使它易于编译、管理、修改和保护，也便于多道程序共享，某些类型的段具有动态可变长度，允许自由调度以便有效利用主存空间。缺点是因为段的长度各不相同，起点和终点不定，给主存空间分配带来麻烦，而且容易在段间留下许多空余的零碎存储空间，造成浪费。

页是主存物理空间中划分出来的等长的固定区域。其优点是页的起点和终点地址是固定的，方便建立页表，新页调入主存也很容易掌握，比段式空间浪费小。缺点是处理、保护和共享都不及段式来得方便。

段页式管理采用段式和页式结合的方法，程序按模块分段，段内再分页，进入主存以页为基本信息传送单位，用段表和页表进行两级定位管理。

3. 虚拟存储器的特点

虚拟存储器有以下特点：

（1）虚拟存储提供了一个大容量存储系统集中管理的手段，由网络中的一个环节（如服务器）进行统一管理，避免了由于存储设备扩充所带来的管理方面的麻烦。例如，使用一般存储系统，当增加新的存储设备时，整个系统（包括网络中的诸多用户设备）都需要重新进行烦琐的配置工作，才可以使这个"新成员"加入到存储系统之中。而使用虚拟存储技术，增加新的存储设备时，只需要网络管理员对存储系统进行较为简单的系统配置更改，客户端无需任何操作，感觉上只是存储系统的容量增大了。

（2）虚拟存储对于视频网络系统最有价值的特点是：可以大大提高存储系统整体访问带宽。存储系统是由多个存储模块组成的，而虚拟存储系统可以很好地进行负载平衡，把每一次数据访问所需的带宽合理地分配到各个存储模块上，这样系统的整体访问带宽就增大了。例如，一个存储系统中有 4 个存储模块，每一个存储模块的访问带宽为50MB/s，则这个存储系统的总访问带宽就可以接近各存储模块带宽之和，即 200MB/s。

（3）虚拟存储技术为存储资源管理提供了更大的灵活性，可以将不同类型的存储设备集中管理使用，保障了用户以往购买的存储设备的投资。

（4）虚拟存储技术可以通过管理软件为网络系统提供一些其他有用功能，如无需服务器的远程镜像、数据快照等。

4. 虚拟存储器与 Cache 的异同

从虚拟存储器的概念可以看出，它和 Cache 的访问机制是类似的，都是基于程序局部化思想，Cache 和主存之间以及主存与辅存之间分别有辅助硬件和辅助软硬件负责地址映射与管理，以便各级存储器能够组成有机的三级存储体系。Cache 和主存构成了系统的内存，而主存和辅存依靠辅助软硬件的支持构成了虚拟存储器。

Cache—主存和主存—辅存这两个存储层次有许多相同点：

（1）出发点相同。都是为了提高存储系统的性价比而构造的分层存储体系，都力图使存储系统的性能接近高速存储器，而价格和容量接近低速存储器。

（2）原理相同。都是利用了程序运行时的局部化原理，把最近常用的信息块从相对慢速而大容量的存储器调入相对高速而小容量的存储器。

Cache—主存和主存—辅存这两个存储层次也有许多不同之处：

（1）侧重点不同。Cache 主要解决主存与 CPU 间的速度差异问题；虚拟存储技术主要解决的是存储容量问题，还包括存储管理、主存分配和存储保护等。

（2）数据通路不同。CPU 与 Cache 和主存之间均有直接访问通路，Cache 不命中时，CPU 可直接访问主存；而虚拟存储所依赖的辅存与 CPU 之间不存在直接的数据通路，当主存不命中时，只能通过调页解决，CPU 最终还是要访问主存。

（3）透明性不同。Cache 的管理完全由硬件负责完成，对系统程序员和应用程序员均透明；而虚拟存储管理由软件（操作系统）和硬件共同完成，由于软件的介入，虚拟存储管理对系统程序员不透明，而只对应用程序员透明。

（4）未命中时的损失不同，在虚拟存储器中未命中的性能损失要远大于 Cache 系统中未命中的损失。

5. 虚拟存储机制需解决的关键问题

虚拟存储机制需要解决以下几个关键问题：

（1）调度问题，决定哪些程序和数据应调入主存。

（2）地址映射问题。在访问主存时，把虚拟地址变为主存物理地址（这一过程称为内存地址变换）；在访问辅存时，把虚地址变成辅存的物理地址（这一过程称为外地址变换），以便换页。此外，还要解决主存分配、存储保护与程序再定位等问题。

（3）替换问题，决定哪些程序和数据应被调出主存。

（4）更新问题，确保主存和辅存内容的一致性。

上述问题是在操作系统的控制下由硬件和系统软件自动为用户完成的，从而大大简化了应用程序的编程。

小结

本章在介绍存储器基本概念（包括存储器的分类、存储器的分级结构以及存储器的主要性能指标等）的基础上，以如何构建存储器为主线，介绍了构成存储器的基本单位，即存储元。由此介绍了如何构建存储单元的方法，以及由存储单元构成存储阵列进而构成存储器的方法，紧接着介绍了存储器容量扩展的方法。

对广泛使用的 SRAM 和 DRAM 而言，存储器扩展的思路和方法是相同的。前者速度比后者快，但集成度不如后者高。另外，DRAM 存储器需要刷新。

只读存储器和闪速存储器在断电后也能保存原写入的数据。闪速存储器具有低功耗、高可靠性以及移动性等特点，是一种全新的存储器结构。

Cache 仅仅是一种高速缓冲存储器，是为提高计算机系统性能所采用的一种硬件解决方案。主存与 Cache 的地址映射有 3 种方案，其中组相联映射方式是全相联映射和直接映射的折中方案，得到了广泛应用。

本章最后简单地介绍了虚拟存储管理技术。虚拟存储技术可大大提高存储系统的效率，增强系统的安全稳定性。

习题

1. 存储元、存储单元、存储体、存储单元地址有何区别与联系？

2. 半导体存储器有哪些主要特点？有哪几项主要性能指标？

3. 一个计算机系统中通常有几级存储器？它们各起什么作用？性能上有什么特点？

4. 试比较 DRAM 与 SRAM 的优缺点。

5. 存储器的刷新有几种方式？何谓"死时间"？

6. 简要说明 Cache 与虚拟存储器的异同。

7. 简要说明 Cache 的地址映射方式。Cache 的替换算法主要有哪些？为何要进行替换？

8. 什么是逻辑地址？什么是物理地址？它们之间有什么联系？各用在何处？

9. 假设有一个具有 20 位地址和 16 位字长的存储器，请问：

(1) 该存储器能存储多少个字节的信息？

(2) 如果该存储器由 $32K \times 8b$ 的 SRAM 芯片组成，需要多少片？

(3) 需要多少位地址进行芯片选择？

10. 已知某 64 位机的主存采用半导体存储器，其地址码为 26 位，若使用 $256K \times 16b$ 的 DRAM 芯片组成该机所允许的最大主存空间，并选用存储模块的结构形式，请问：

(1) 若每个存储模块 $1024K \times 16b$，共需多少个存储模块？

(2) 每个存储模块由几个 DRAM 芯片组成？

(3) 主存共需多少 DRAM 芯片？

11. 有一个 $1024K \times 16b$ 的存储器体，由 $128K \times 8b$ 的 DRAM 芯片组成，请问：

(1) 共需多少个 DRAM 芯片？

(2) 设计此存储体的组成框图。

(3) 采用异步刷新方式，若单元刷新间隔不超过 8ms，则刷新信号的周期是多少？

12. 用 $32K \times 16b$ 的 SRAM 芯片设计一个 $512K \times 32b$ 的存储器。SRAM 芯片有两个控制端：当 $\overline{CS}$ 有效时，进行片选；当 $R/\overline{W}$ 有效时，执行读写操作。

13. 用 $4K \times 4b$ 的 SRAM 芯片设计一个 $32K \times 8b$ 的存储器，要求该存储器的起始地址为 8000H。

14. 试为某 8 位计算机系统设计一个具有 8KB ROM 和 40KB RAM 的存储器。要求 ROM 用 EPROM 芯片 2732（容量是 4KB）组成，从 0000H 地址开始；RAM 用 SRAM 芯片 6264（容量是 8KB）组成，从 4000H 地址开始。

第6章 输入输出接口及数据传输控制方式

CPU 与外部设备之间进行数据交换是微机系统中至关重要的部分,但是 CPU 与外设之间的速度、时序、数据格式等不匹配,决定了两者之间不能直接进行数据交换,那么就必须有一个中间电路调节 CPU 与外设之间的数据交换工作,这个电路就是接口电路。计算机输入输出接口就是用于外部设备或用户电路与 CPU 之间进行数据、信息交换以及控制的电路。本章主要介绍输入输出接口的功能以及 CPU 与接口之间数据传输的控制方式。

本章的主要内容如下:

- 接口的功能。
- I/O 端口及其编址方式。
- CPU 与外设数据的传输控制方式。

6.1 接口概述

6.1.1 接口的功能

1. 接口概念

接口(interface)是一个广义的概念,人类与程序之间的接口称为用户界面(User Interface,UI)。计算机软件组件间的接口叫软件接口,如应用程序编程接口(Application Programming Interface,API)。计算机硬件组件间的接口叫硬件接口。本章介绍的接口是指硬件接口。

硬件接口通常称为 I/O 接口,把外围设备同微型计算机连接起来的电路称为外设接口电路,简称外设接口。这里的"外围设备"主要包括 I/O 设备、控制设备、测量设备、通信设备、多媒体设备等。I/O 接口是 CPU 与外界进行信息交换的中转站。

为什么要用接口部件呢? 一般来说,CPU 在与外部设备进行数据交换时通常存在以下问题:

(1) 速度不匹配。外部设备的工作速度要比 CPU 慢许多,而且由于种类的不同,它们之间的速度差异也很大,例如硬盘的传输速度就要比打印机快得多。

(2) 时序不匹配。各个外部设备都有自己的定时控制电路,以自己的速度传输数据,无法与 CPU 的时序取得统一。

(3) 信息格式不匹配。不同的外部设备存储和处理信息的格式不同,如有二进制格式、ASCII 格式和 BCD 格式等。

（4）信息类型不匹配。不同外部设备采用的信号类型不同，有些是数字信号，而有些是模拟信号，因此所采用的处理方式也不同。

基于以上原因，为了要把外设与 CPU 连接起来，必须有接口部件，以实现它们之间的速度匹配、信号匹配和完成某些控制功能等。

CPU 与外设之间的信息交换是由接口控制完成的，提供这种接口控制功能的部件称为接口芯片。目前，接口芯片大多采用可编程的大规模集成电路芯片（LSI），可由 CPU 进行控制，这使得同一个接口芯片可以执行多种不同的接口功能，因而十分灵活。另外，一些接口芯片自带处理器，可自动执行接口内部的固化程序，形成智能接口。这些技术使安全、高效、可靠的电子信息的交换和共享成为现实。

2. CPU 与外设之间所传送的信息类型

CPU 与 I/O 端口之间所交换的信息可以分为下列几种类型：

（1）数据信息。包括数字量、模拟量、开关量等，可以输入，也可以输出。

（2）状态信息。这是 I/O 端口送给 CPU 的有关本端口所对应的外设当前状态的信息，供 CPU 进行分析、判断和决策等。

（3）控制信息。这是 CPU 送给 I/O 端口的控制命令，使相应的外部设备完成特定的操作。

数据信息、状态信息和控制信息是不同类型的信息，它们所起的作用也不一样。但在 8086/8088 微机系统中，这 3 种不同类型的信息的输入输出过程基本相同。为了加以区分，可以使它们具有不同的端口地址，在端口地址相同的情况下，可以规定操作的顺序，或者在输入输出的数据中设置特征位。

3. 接口的功能

简单地说，一个接口的基本功能是在系统总线和 I/O 设备之间传输信号，提供缓冲作用，以满足接口两边的时序和速度匹配要求。微机的接口一般有如下几个功能：

（1）执行 CPU 命令的功能。CPU 将对外设的控制命令发到接口电路中的命令寄存器（命令口）中，以便控制外设按要求进行工作。

（2）返回外设状态的功能。通过状态寄存器（状态口）完成，包括正常工作状态和故障状态等。

（3）数据缓冲的功能。接口电路中的数据寄存器（数据口）对 CPU 与外设间传送的数据进行中转。

（4）设备寻址的功能。CPU 某个时刻只能和一台外设交换数据，CPU 发出的地址信号经过接口电路中的地址译码电路选中 I/O 设备。

（5）信号转换的功能。当 CPU 与外设信号的逻辑关系、电平高低及工作时序不兼容时，接口电路要完成信号的转换功能。

（6）数据宽度与数据格式转换的功能。当外设（或 CPU）需要传输的数据宽度（或称为数据位数）以及数据格式与 CPU（或外设）不一致时，需要进行转换，如串并转换或并串转换等。

6.1.2 I/O 端口及其编址方式

1. I/O 端口和 I/O 操作

端口(port)是指接口电路中能被微处理器直接访问的寄存器的地址。微处理器通过这些地址(即端口)向接口电路中的寄存器发送命令、读取状态和传送数据。一般一个接口部件可以有几个端口,如 8255A 并行接口芯片有 4 个端口。计算机给接口电路中的每个寄存器分配一个端口,因此,CPU 在访问这些寄存器时,只需要指明它们的端口,不需要指出是什么寄存器。这样,在输入输出程序中访问端口就是访问接口电路中的寄存器。同样,通常所说的 I/O 操作就是指对 I/O 端口的操作,即 CPU 所访问的是与 I/O 设备相关的端口,而不是 I/O 设备本身。

2. I/O 端口编址方式

一般来说,I/O 端口有存储器映像编址和独立编址两种方式。

1) 存储器映像编址的 I/O 端口

在这种编址方式下,将 I/O 端口地址置于存储器空间,和存储单元统一编址。因此,存储器的各种寻址方式都可用来寻址端口。这样,对端口的访问非常灵活,而且 I/O 接口与 CPU 的连接方法和存储器芯片与 CPU 的连接方法类似。这种方法的缺点是端口占用了一部分存储空间,而且端口地址的位数和存储器单元地址位数一样,比独立编址的 I/O 端口地址长,因而访问速度较慢。

2) 独立编址的 I/O 端口

独立编址是把接口中的端口地址单独编址。这样,在一个计算机系统中可形成两个独立的地址空间,即存储器地址空间和 I/O 地址空间。IBM-PC 系列机就采用这种方式。I/O 端口独立编址的主要优点是 I/O 端口地址不占用存储器空间,使用专门的 I/O 指令对端口进行操作,I/O 指令短,执行速度快,并且由于专门 I/O 指令与存储器访问指令有明显的区别,使程序中 I/O 操作和存储器操作层次清晰,程序的可读性强。其缺点是需设置专门的 I/O 指令和控制信号,从而增加了系统的开销。

在具体设计微机应用系统的 I/O 端口地址时,首先应明确该系统采用何种编址方式,否则极易造成地址空间的冲突。

6.1.3 I/O 端口地址译码

CPU 为了对 I/O 端口进行读写操作,就需要确定与自己交换信息的端口。那么,是通过什么媒介把来自地址总线上的地址代码翻译成所要访问的端口呢? 这就是所谓的端口地址译码问题。这个媒介就是 I/O 地址译码电路。

I/O 端口地址译码的方法灵活多样,可按地址和控制信号不同的组合进行译码。一般情况下,可有两种译码方案。一是高位地址线与 CPU 的控制信号进行逻辑组合,经过译码电路产生 I/O 接口芯片的片选信号,实现系统中的片间寻址;二是低位地址线不参与译码,直接连接 I/O 接口芯片,进行 I/O 接口芯片的片内端口寻址,即寄存器寻址,此时,低位地址线又称为接口电路中的寄存器寻址线,低位地址线的条数取决于接口中寄存器的个数。例如,并行接口芯片 8255A 内部有 4 个寄存器,就需要两条低位地址线。若从系统的角度考虑,低位地址线的条数应由系统中含有寄存器数目最多的接口芯片来决定。

I/O 端口地址译码电路的形式随设计任务的复杂度而变化,一般可分为固定式单端口地址译码电路、固定式多端口地址译码电路和可选式地址译码电路。

1. 固定式单端口地址译码电路

固定式单端口地址译码电路是指该译码电路只能产生一个不可更改的端口地址。由于形式比较简单,故一般用门电路实现。

例 6.1 假设某微处理器共有 12 条地址线,即 $A_{11}A_{10}A_9A_8A_7A_6A_5A_4A_3A_2A_1A_0$,试用 74LS20/30/32 和 74LS04 设计 I/O 端口地址为 2FFH(片选信号为低电平有效)。

解:依题意,要产生 2FFH 端口地址,则译码电路的输入地址线 $A_{11}A_{10}A_9A_8A_7A_6A_5A_4A_3A_2A_1A_0$ 的值应为 001011111111,采用门电路的译码电路如图 6.1 所示。

2. 固定式多端口地址译码电路

固定式多端口地址译码电路能同时译出多个地址,但每个地址是固定不变的,一般采用译码器译码比较方便。译码器的型号很多,如 74LS138(3-8 译码器)、74LS154(4-16 译码器)和 74LS139(2-4 译码器)等。

3. 可选式地址译码电路

如果用户要求接口电路的端口地址能适应不同的地址分配场合,或为系统以后扩充留有余地,则可采用可选式地址译码电路。其电路可由地址开关、译码器、异或门等组成,随着 PLD 器件的普及,甚至可使用 GAL、PAL 等 PLD 器件来构成可选式地址译码电路。

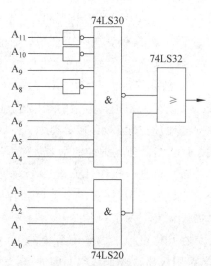

图 6.1 固定式单端口地址译码电路

例 6.2 分析图 6.2 所示的 I/O 端口地址译码电路,假设该微处理器共有 12 条地址线。

解:依题意,若 $S_3S_2S_1S_0$ 的状态为全闭合,当 CPU 地址线的高 4 位 $A_{11}A_{10}A_9A_8$(CPU 地址线的高 4 位 $A_{11}A_{10}A_9A_8$ 与比较器 74LS85 的 $A_3A_2A_1A_0$ 引脚相连)为 0000 时,74LS85 的 A＝B 引脚输出为逻辑 1。

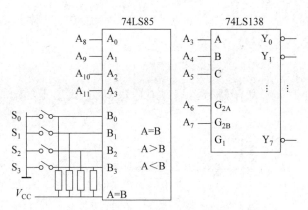

图 6.2　用比较器组成的可选式译码电路

由于 74LS138 的 G_{2A}、G_{2B} 引脚接 CPU 地址线的 A_7A_6，要使 74LS138 能正常译码，A_7A_6 必须为 00，因此当比较器在 A＝B 时，I/O 端口地址对应的 CPU 地址线的高 6 位 $A_{11}A_{10}A_9A_8A_7A_6$＝000000，此时，74LS138 按 $A_5A_4A_3$ 的值进行译码。另外，由于 CPU 地址线的低 3 位没有进行连接，故这 3 位地址线的取值可能是 000～111 之间的某一个值。

依上述分析，当 74LS138 译码器译码后，若译码输出端为 Y_0 有效（即为低电平），表示 $A_5A_4A_3$＝000，此时，对应的端口地址范围可能是 000H～007H；若译码输出端为 Y_5 有效，表示 $A_5A_4A_3$＝101，此时，对应的端口地址范围可能是 028H～02FH，等等。

思考：若 $S_3S_2S_1S_0$ 可变，即有的开关接高电平，有的接低电平，当 A＞B 且 74LS85 的输出引脚 A＞B 接 74LS138 的 G_1，此时译码器译出的端口地址范围为多少？而当 A＞B 时的情况又如何呢？

6.1.4　I/O 操作指令

8086 和其他微处理器一样，将累加器作为数据传输的核心，8086 指令系统中的输入输出指令是通过累加器 AX 或 AL 完成数据传输，并对所有外设地址采用独立于存储器的编址方式。外设地址称为端口号。

CPU 对外设端口有两种寻址方式，即立即寻址和间接寻址。间接寻址时，只能用 DX 作为间址寄存器。直接寻址范围为 00H～0FFH 共 256 个端口，间接寻址范围为 0000H～0FFFFH 共 64K 个端口。

1. I/O 端口寻址

I/O 端口寻址是对输入输出设备的端口地址寻址，可分为两种形式，即直接端口寻址和间接端口寻址。

1）直接端口寻址

直接端口寻址由指令直接给出端口地址，端口地址范围为 0～255。

例 6.3

```
IN  AL,32H              ;32H 为 8 位端口地址
```

2) 间接端口寻址

间接端口寻址由 DX 寄存器指出端口地址,这种方式给出的端口地址范围为 0～65 535。

例 6.4

```
IN  AL,DX               ;DX 寄存器的内容为端口寻址
```

2. I/O 操作指令

1) 输入指令

格式:

```
IN  累加器,端口
```

功能:把一个字节/字由输入端口传送到 AL/AX 中。

例 6.5

```
IN  AL,21H       ;将端口 21H 的 8 位数读到 AL 中
MOV DX,201H
IN  AX,DX        ;将端口 201H 和 202H 的 16 位数读到 AX 中
```

2) 输出指令

格式:

```
OUT  端口,累加器
```

功能:把 AX 中的 16 位数或 AL 中的 8 位数输出到指定端口。

例 6.6

```
OUT  22H,AL;       将 AL 中的数据传到 22H 端口
MOV DX,511H
OUT  DX,AX         ;将 AX 的数据输到 511H 和 512H 端口
```

6.2 CPU 与外设数据的传输控制方式

CPU 与外设之间传输数据的控制方式通常有 3 种:程序控制方式、中断控制方式和 DMA 方式。

6.2.1 程序控制方式

程序控制方式指用输入输出指令实现信息传输的方式,是一种软件控制方式,根据程序控制的方法不同,又可以分为无条件传送方式和条件传送方式。

1. 无条件传送方式

在这种方式下,CPU 不需要了解外设的工作状态,每隔一定时间,CPU 与外设进行数据交换,即进行数据的发送和接收。图 6.3 为无条件传送时的典型接口控制逻辑,其中图 6.3(a)为 CPU 从外设读取数据的接口控制逻辑,图 6.3(b)为 CPU 向外设输出数据的接口控制逻辑。由图可知,当 CPU 从外设读取数据时,执行输入指令(80x86 中的输入指令为 IN),此时由地址译码信号、$\overline{\text{RD}}$ 和 IO/$\overline{\text{M}}$(80x86 输入指令执行时产生的信号)的逻辑组合产生控制三态缓冲器的选通信号,将外设已准备好的数据经三态缓冲器送到数据总线上,并读入 CPU。当 CPU 向外设传送数据时,执行输出指令(80x86 中的输出指令为 OUT),此时由地址译码信号、$\overline{\text{WR}}$ 和 IO/$\overline{\text{M}}$(80x86 输出指令执行时产生的信号)的逻辑组合产生控制锁存器的打入信号,将数据总线上的数据送到锁存器中,并经锁存器送往外设。

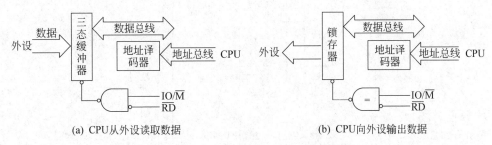

(a) CPU从外设读取数据　　　　　　(b) CPU向外设输出数据

图 6.3　无条件传送方式的接口控制逻辑

为了保证无条件传送的正确性,需在进行数据交换前,确保输入设备总是处于"准备好"状态,或输出设备处于"不忙"状态,否则传送的数据可能会出错。

这种方式下的硬件和软件设计都比较简单,但应用的局限性较大,因为很难保证外设在每次信息传送时都处于"准备好"状态或处于"不忙"状态,一般只用在诸如开关控制、七段数码管的显示控制等场合。

2. 条件传送方式

条件传送方式又称查询方式,即通过程序查询相应设备的状态,若设备未处于"准备好"或"不忙"状态,则 CPU 不能进行输入输出操作,需要等待;只有当设备的状态就绪时,CPU 才能进行相应的输入输出操作。

一般外设均可以提供一些反映其状态的信号。例如,对输入设备来说,可提供 READY 信号,当为 1 时,表示输入数据已准备好;输出设备可提供 BUSY 信号,当其为 1 时,表示当前时刻外设处于忙状态,不能接收 CPU 的数据,只有当 BUSY＝0 时,才可接收来自 CPU 的数据。条件传送方式的程序流程如图 6.4 所示。

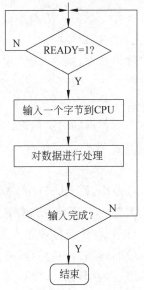

图 6.4　条件传送方式流程图

对 READY、BUSY 的状态查询通过读状态端口的相应位得到。这种传送控制方式的最大优点是能够保证输入输出数据的正确性。

条件传送方式的典型输入接口电路如图 6.5 所示，当输入设备在数据准备好以后便往接口发送一个选通信号。这个选通信号有两个作用：一方面将外设的数据送到接口的锁存器中；另一方面是将接口的 D 触发器置 1，从而使接口中三态缓冲器的 READY 位置 1。数据信息和状态信息从不同的端口经过数据总线送到 CPU。那么数据传送的过程以输入设备将数据送入锁存，发选通信号开始，CPU 先读取状态字，检查状态字是否数据准备就绪，即数据是否已经送入输入数据端口，如果准备就绪，则执行输入指令读数据，且使状态位清零，这样，便开始下一个数据的传输过程。

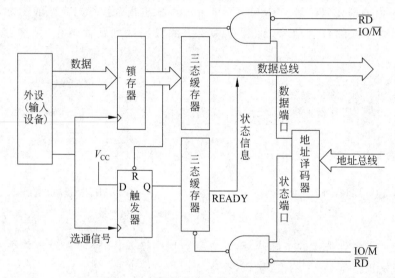

图 6.5　条件传送方式输入的接口电路

条件传送方式的典型输出接口电路如图 6.6 所示，当 CPU 要向一个外设输出数据时，先读取接口中的状态字，如果通过状态字表明外设有空（或者"不忙"），这说明可以往外设输出数据，此时 CPU 才执行输出指令，否则 CPU 必须等待。CPU 执行输出指令时，将数据总线上数据送入接口锁存器，同时使 D 触发器置 1。D 触发器的输出信号有两个作用：一方面为外设提供一个联络信号，告诉外设接口中已经有数据可供提取；另一方面使状态寄存器的对应标志位置 1（有些设备用"忙"标志状态，有些设备用"空"标志状态，两者有效电平正好相反），告诉 CPU 当前外设处于忙状态，从而阻止 CPU 输出新的数据。

当输出设备从接口中取走数据后，通常会送一个回答信号 $\overline{ACK}$，$\overline{ACK}$ 使接口中的 D 触发器置 0，从而使状态寄存器中的对应标志位置 0，这样就可以开始下一个输出过程。

归纳起来，条件传送方式输入输出一般是通过下列过程来实现的：程序先对接口进行连续的检测。当检测到的状态表明接口中已经有数据准备输入到 CPU 或接口准备好从 CPU 接收数据时，就可以进行输入输出操作。

当 CPU 需对多个设备进行查询时，就出现了所谓的优先级问题，即究竟先为哪个设

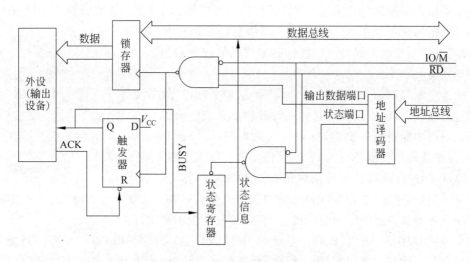

图 6.6 条件传送方式输出的接口电路

备服务。一般来讲,在这种情况下都是采用轮流查询的方式,如图 6.7 所示。很明显,先查询的设备具有较高的优先级。这种优先级管理方式存在着一个问题,即设备的优先级是变化的,如当为设备 B 服务以后,这时即使
A 已准备好,它也不理睬,而是继续查询 C,也就是说 A 的优先地位并不巩固(即不能保证随时处于优先)。为了保证 A 随时具有较高的优先级,可采用加标志的方法,当 CPU 为 B服务完以后,先查询 A 是否准备好,若此时发现 A 已准备好,立即转向对 A 的查询服务,而不是为 C 服务。

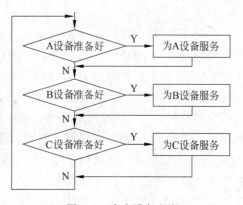

图 6.7 多个设备查询

  无论是无条件的程序控制 I/O,还是有条件的程序控制 I/O,其接口都比较简单,这是程序控制 I/O 的优点。但在此方式下,CPU要不断地查询外设的状态,当外设未准备好时,CPU 就只能循环等待,不能执行其他程序,这样就浪费了 CPU 的大量时间,降低了主机的利用率,所以程序控制的 I/O 有两个突出的缺点,一是浪费 CPU 时间,二是实时性差。这在实际应用中有很大的局限性。为了提高 CPU 的效率以及使系统具有实时性,通常采用中断传送方式。

6.2.2 中断控制方式

  采用中断控制 I/O 方式,当 CPU 进行主程序操作时,外设的数据已存入输入端口的数据寄存器,或端口的数据输出寄存器已空,由外设通过接口电路向 CPU 发出中断请求信号,CPU 在满足一定条件时,暂停当前正在执行的主程序,转入执行相应的中断服务程

序。中断服务程序执行结束后，CPU 返回原来被中断的主程序，并继续执行。这样 CPU 就避免了把大量时间耗费在等待、查询状态信号的操作上，使其工作效率大为提高。中断控制方式的原理示意图如图 6.8 所示。

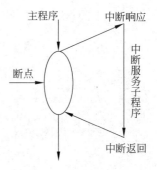

图 6.8　中断控制方式原理

引入中断机制后，使 CPU 与外设（甚至多个外设）处于并行工作状态，便于实现信息的实时处理和系统的故障处理。利用中断进行信息传送，可以大大提高 CPU 的利用率，但是其传送过程必须由 CPU 进行监控。每次中断，CPU 都必须进行断点及现场信息的保护和恢复操作，这些都是一些额外的操作，会占用一定的 CPU 时间。另外，由于系统需增加含有中断功能的接口电路，用来产生中断请求信号，所以中断方式也提高了系统的硬件开销。如果需要在内存的不同区域之间或者在内存与外设端口之间进行大量信息快速传送，用查询或中断方式均不能满足速度上的要求，这时应采用直接数据通道传送，即 DMA 方式。

6.2.3　DMA 方式

采用 CPU 程序查询或中断方式把外设的数据读入内存或把内存的数据传送到外设，都要通过 CPU 控制完成。虽然利用中断进行数据传送可以大大提高 CPU 的利用率，但每次进入中断处理程序，CPU 都要执行指令保护断点，保护现场，进入中断服务程序，中断服务完毕又要恢复现场，恢复断点，返回主程序。这些和数据传送没有直接联系的指令在中断较少的情况下对系统效率的影响并不明显。但是在需要大量数据交换，中断频繁的情况下，例如从磁盘调入程序或图形数据，执行很多与数据传送无关的中断指令，就会大大降低系统的执行效率，无法提高数据传送速率。因而对于一个高速 I/O 设备以及批量交换数据的情况，宜采用 DMA(Direct Memory Access)方式，即直接存储器传送方式，数据交换不通过 CPU，而利用专门的接口电路直接与存储器交换数据。在这种方式下，传送的速度就只取决于存储器和外设的工作速度，大大提高了系统效率。

DMA 主要应用于高速度大批量数据传送的系统中，如磁盘存取、图像处理、高速数据采集系统等，以提高数据的吞吐量。DMA 一般有 3 种形式，即存储器与 I/O 设备之间的数据传送，存储器与存储器之间的数据传送，以及 I/O 设备与 I/O 设备之间的传送。

6.2.4　数据传送控制方式的发展

数据传送控制方式的发展大体上经历了 4 个阶段，即早期阶段、接口模块和中断阶段、通道结构阶段、I/O 处理机阶段。

早期 I/O 设备种类较少，I/O 设备与主机交换信息都必须通过 CPU。这种方式下，要添加、撤销或更新 I/O 设备都非常困难。

在接口模块和中断阶段，I/O 设备通过接口模块与主机连接，计算机系统采用了总线结构,采用接口技术使多台 I/O 设备分时占用总线,多台 I/O 设备互相之间也可以实现并行工作,以提高整机工作效率。虽然这个阶段实现了 CPU 和 I/O 并行工作,但主机与 I/O 交换信息时,CPU 还要中断现行程序,还不是绝对的并行工作。

通道是用来负责管理 I/O 设备及实现主存与 I/O 设备之间交换信息的部件,它有专用的通道指令,能独立地执行用通道指令编写的输入输出程序。依赖通道管理的 I/O 设备在与主存交换信息时,CPU 不直接参与管理,故 CPU 的利用率更高。

I/O 处理机又叫外围处理机,它基本独立于主机工作,具有 I/O 处理机的计算机系统的并行性更高。

小结

计算机系统,不管是单片机系统、微机系统(掌上、台式、笔记本、移动 PAD 等),还是中型机、大型机以及分布式、并行、云计算系统等,它所加工处理的对象都是数据(或信息),那么,面对众多的数据,计算机系统如何获取这些数据呢? 同时,计算机系统通过一定的算法和策略对所输入的数据进行加工处理后,形成的处理结果或决策如何能以人类熟悉的各种方式表达呢? 这里所述的问题就是人机信息交互问题。

人机信息交互问题是计算机界一直非常关注的热点问题,也在不同时期都得到了快速的发展。本章介绍了人机交互的基本问题,即输入输出接口的基本概念以及人机数据的基本交互控制方式,可为后续各章的学习奠定一个良好的基础。

习题

1. 简述接口的概念与功能。
2. 简述独立编址或统一编址的接口的区别和各自的优缺点。
3. 程序控制方式中的无条件和有条件传送方式各有何特点? 举一个说明无条件传送方式的应用示例。

第 7 章　串并行接口技术

第 6 章介绍了计算机系统中接口的作用和功能,CPU 与外设数据的传输控制方式。从本章开始,将通过各种实际的接口芯片实例,介绍软、硬结合的各类接口技术以及它们的应用实例,包括串行通信和并行通信、中断和 DMA 技术、数/模和模/数转换技术、高速串行通信 USB 技术等。

本章主要介绍串行通信、并行通信技术和相关的接口芯片,同时,介绍可编程定时器/计数器的原理和应用。

本章的主要内容如下:

* 可编程定时/计数器 8253/8254。
* 并行通信技术以及接口 8255A。
* 串行通信基础。
* 串行通信技术以及接口 8251A。

7.1　定时/计数器 8253/8254

在计算机系统中,经常需要一些实时时钟进行延时控制,例如定时检测、定时扫描、定时中断等。例如,在 IBM PC 系列机器中,时钟计时、DRAM 的刷新等都采用了定时技术。在微机系统中定时信号的产生办法有软件定时和硬件定时。

软件定时是根据延时时间常数设计延迟子程序。微处理器执行某一条命令需要一定的时间,程序员可以挑选某些合适的指令,并结合循环次数,编写出一段延时子程序。这种方法一般应用在延时时间较短,并且重复次数有限的情况下。这种方法的缺点是执行延时子程序的时候,CPU 一直被占用,没有充分利用。

硬件定时可以采用两类不同的器件来实现。一是可采用不可编程的硬件,例如小规模集成电路器件,此方法电路简单,通过改变电路中的阻容件可以在一定范围内改变定时时间;二是采用可编程的定时器件,例如 Intel 8253/8254 定时/计数器,通过预先设定控制方式、定时时间等完成定时,采用可编程器件,使用灵活方便。

7.1.1　8253/8254 的内部结构和引脚

Intel 8253 是可编程间隔定时器(Programmable Interval Timer,PIT),也可以用来作事件计数器(Event Counter,EC),因此也叫定时/计数器。Intel 8253 按照设定的定时/计数常数进行递减,若作为计数器,则由外部事件控制计数器递减;若作为定时器,则由内部定时参数控制计数器递减。Intel 8254 是 8253 的改进型号,内部工作方式和外部引脚和 8253 完全相同,只是增加了一个读回命令和状态字。在后面的叙述中,关于 8253 的论述同样适合 8254,书中再不专门指出。

8253 的内部结构和外部引脚如图 7.1 所示。8253 的外部采用 24 引脚的双直插式封装,NMOS 工艺,输出和 TTL 兼容,最高计数频率 2.6MHz。

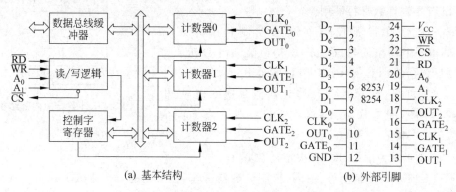

(a) 基本结构　　　　　　　　　　(b) 外部引脚

图 7.1　8253/8254 的基本结构和引脚

8253 具有 3 个独立的计数器,都可以按二进制或者十进制(BCD 码)计数,计数的方式可以编程决定。每个计数器有 3 个引脚和外部相连,这 3 个引脚分别是 CLK、GATE 和 OUT。

数据总线缓冲器:它是 8 位三态、双向数据缓冲器。其功能是 CPU 向 8253 的控制寄存器写控制字;CPU 向计数器 0、1 或 2 写入计数初值,如果是 16 位计数初值,需分两次写入,先低 8 位,后高 8 位;CPU 读取某个计数器现行的计数值。

读/写逻辑电路:接收来自系统总线的 5 个控制信号,包括读信号($\overline{\text{RD}}$)、写信号($\overline{\text{WR}}$)、地址选择($A_1 A_0$)和片选信号($\overline{\text{CS}}$),从而产生对 8253 的控制,例如选择计数器,读/写和片选等。表 7.1 为控制信号在不同逻辑组合下的功能。

控制寄存器:其中存放数据总线缓冲器传输过来的控制字,控制字由 CPU 经过数据总线缓冲器写入。不同的控制字决定相应的计数器工作在不同方式下。

表 7.1　8253 读/写逻辑信号输入及功能

$\overline{\text{CS}}$	$\overline{\text{RD}}$	$\overline{\text{WR}}$	A_1	A_0	功　　能
0	1	0	0	0	设置计数器 0 初值
0	1	0	0	1	设置计数器 1 初值
0	1	0	1	0	设置计数器 2 初值
0	1	0	1	1	设置控制字,以后为设置命令
0	0	1	0	0	从计数器 0 中读出计数值
0	0	1	0	1	从计数器 1 中读出计数值
0	0	1	1	0	从计数器 2 中读出计数值
0	0	1	1	1	高阻,无操作
1	×	×	×	×	

计数器 0、计数器 1 和计数器 2：图 7.1(a) 中右边的 3 个计数器是 3 个独立的 16 位的计数器，内部结构都是一样的，如图 7.2 所示。每个计数器都有一个 16 位的计数初值寄存器、16 位的计数执行部件（即减 1 计数器）和输出锁存，可以当 8 位计数寄存器用。

每一个计数器都有两个输入控制信号（CLK、GATE）和一个输出信号（OUT）。初值装入计数初值寄存器以后，在 GATE 和 CLK 信号的作用下，每来一个 CLK 脉冲，减 1 计数器就减 1，当计数值到达 0 以后，根据计数器的不同工作方式，将在 OUT 端输出不同的信号。

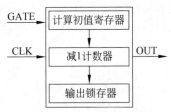

图 7.2　计数器的内部结构

- CLK：时钟信号，输入，决定计数频率。
- GATE：门控制信号，输入，控制计数器工作，在不同的工作方式下，可以是高电平有效或者上升沿有效。
- OUT：计数结束信号，输出，每当一次计数过程结束，就会在 OUT 端产生一个输出信号，在不同的工作方式下，输出信号波形有所不同。

7.1.2　8253/8254 的工作方式

8253 中的 3 个计数器，每一个都可以独立工作在 6 种工作方式下，3 个计数器之间互不影响。具体工作在哪一种工作方式，由方式控制字决定。

- 方式 0，计数结束产生中断。
- 方式 1，可重复触发的单稳态脉冲。
- 方式 2，分频器。
- 方式 3，方波发生器。
- 方式 4，软件触发选通。
- 方式 5，硬件触发选通。

6 种工作方式的工作原理大致相同。对于特定的计数器，首先写入方式控制字，决定工作方式；然后写入计数初值，启动计数。当控制字写入计数器时，所有的控制电路立即复位，输出端 OUT 进入初始状态。初始值写入后，如果需要硬件启动，则需在 GATE 端送一个上升沿脉冲（例如方式 1 和方式 5），否则，会在一个时钟上升沿和一个下降沿就开始执行计数。每次计数开始于每个时钟脉冲的下降沿，即在时钟脉冲的下降沿计数器减 1。在计数过程中，要求 GATE 信号始终保持为高。当计数值减为 0 的时候，表示本次计数结束，OUT 端输出一个信号。对于方式 0、1、4 和 5，如果不重新输入初值，则计数停止；而对于方式 2 和方式 3，将重复下一次计数，直到写入新的方式控制字或新的初值为止。下面分析 8253 的工作方式。

1. 方式 0：计数结束产生中断

在方式 0 下，8253 的某个计数器一旦写入控制字，则输出端 OUT 变低；当计数结束以后就在 OUT 端产生一个高电平。这个高电平可以用于中断请求信号,故称为"计数结束产生中断"方式。方式 0 只计数一遍,计数到零后就停止,直到写入新的初值或新的方式控制字。

方式 0 要求 GATE 为高电平才开始计数,若计数过程中 GATE 变低,则暂停计数,待 GATE 变高后重新计数,但中间过程中,OUT 还是不变,始终为低。在方式 0 中,若计数开始后又重新写入初值,则在下一个时钟周期开始,按新的初值开始计数。方式 0 下 CLK、GATE 和 OUT 的工作波形见图 7.3(a)。

2. 方式 1:可重复触发的单稳态脉冲

和方式 0 不同,方式 1 在写入控制字后,输出端 OUT 以高电平作为起始电平;写入初值以后,等待 GATE 上升沿的到来,然后开始计数,同时 OUT 才变低。计数到 0 后,OUT 变高,一直维持到下一个触发脉冲 GATE 到来后的第一个时钟周期。若计数过程有新的初值写入,则不受影响,直到下一个门控制触发信号 GATE 产生为止。若计数未完,又来一个触发脉冲,则又从初值开始计数(在下一个时钟周期开始)。

在方式 1 中,当写入控制字后,OUT 为高,当 GATE 到来且开始计数时,OUT 为低。当计数结束时,OUT 又为高,回到稳定状态,形成一个稳态的脉冲,并且可以用 GATE 上升沿来控制该脉冲的重复出现,故称为"可重复触发的单稳态脉冲"方式。方式 1 下 CLK、GATE 和 OUT 的工作波形见图 7.3(b)。

3. 方式 2:分频器

在方式 2 下,写入控制字后,输出端 OUT 以高电平作为起始电平,写入初值后的下一个脉冲后开始计数,当计数到 1(不是减到 0)时,OUT 才变低。当完成一次计数后,OUT 变高,开始一个新的计数过程。

在方式 2 中,门控制 GATE 信号为高,开始计数;GATE 为低,则计数结束,OUT 输出为高。在计数过程中,要求 GATE 为高,若此时有新的初值写入,则计数不受影响,直到下一个时钟周期开始按新的初值进行计数。

在方式 2 中,若计数初值为 N,则每隔 N 个时钟周期 OUT 输出一个脉冲,并且可以连续工作,所以叫分频器或者频率发生器。方式 2 下 CLK、GATE 和 OUT 的工作波形见图 7.3(c)。

4. 方式 3:方波发生器

方式 3 和方式 2 类似,但输出的是对称或者基本对称的方波。输入控制字后,OUT 以高电平作为起始电平,写入初值后,经过一个时钟周期,则开始计数;计数到一半后,OUT 变低,一直持续到计数为 0。然后又开始新的一次计数,如此重复。计数过程要求门控制 GATE 为高。

在方式 3 下,若初值 N 为偶数,则波形对称,产生方波,高电平和低电平持续的时间都是 $N/2$;若 N 为奇数,则高电平持续 $(N+1)/2$ 时间,低电平持续 $(N-1)/2$ 时间。所以方式 3 也叫方波发生器。方式 3 下 CLK、GATE 和 OUT 的工作波形见图 7.3(d)。

5. 方式 4：软件触发选通

当写入方式 4 的控制字后，OUT 变高，写入初值后，再过一个时钟周期，开始计数，计数过程中 OUT 持续为高，到计数结束的时候，OUT 输出为低，该低电平持续一个时钟周期，自动变高，然后就一直维持为高，直到写入新的初值。

在方式 4 下，如果初值为 N，经过 N 个时钟周期，输出一个负脉冲。计数过程中要求 GATE 为高，如果 GATE 为低，则计数停止，但维持 OUT 电平不变。若计数过程中写入新的初值，则从下一个时钟周期开始，重新计数。

在方式 4 下，由于计数结束产生一个节拍的负脉冲，一般将此负脉冲做选通信号；而一旦写入新的初值，则在下一个时钟周期就开始按新的初值重新计数，这个写新初值的过程就称软件触发。故称方式 4 为"软件触发选通"。方式 4 下 CLK、GATE 和 OUT 的工作波形见图 7.3(e)。

6. 方式 5：硬件触发选通

在方式 5 下，写入控制字后，OUT 变高，写入初值后，必须有门控 GATE 的上升沿到来，才在下一个时钟周期开始计数，计数结束的时候，OUT 输出为低，持续一个时钟周期，自动变高，一直维持为高。

在方式 5 下，若计数过程中又来一个门控制的上升沿，则在下一个时钟周期重新开始计数；若没有触发脉冲，则不影响。

方式 5 产生的负脉冲和方式 4 类似，也可用此负脉冲做选通信号。方式 5 受 GATE 信号控制，当 GATE 有新的脉冲产生时，则重新开始计数，故称"硬件触发选通"。方式 5 下 CLK、GATE 和 OUT 的工作波形见图 7.3(f)。

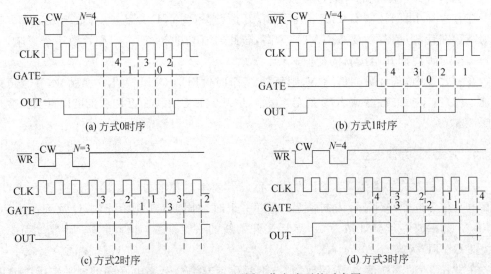

图 7.3 8253/8254 不同工作方式下的时序图

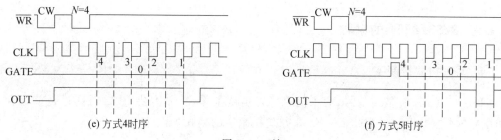

图 7.3 （续）

7. 工作方式小结

8253 的输出波形都是在时钟周期的下降沿产生电平的变化。每种工作方式写入计数值 N 以后，OUT 端的输出也各不相同。只有方式 0 在写入控制字后，OUT 为低，其他方式下 OUT 都为高。任何一种工作方式，只有在写入初值后才开始计数。其中方式 1、5 需要外部触发，而方式 0、2、3、4 在写入初值后就开始计数。在计数结束以后，方式 0、1、4、5 的计数值无自动加载功能，需要再次编程输入初始值才开始新的计数。而方式 2、3 具有计数值自动加载功能，输出连续的波形。计数值对波形的影响，以及改变计数初值对波形的影响各不相同，如表 7.2 所示。

表 7.2　计数值 N 与输出波形的关系

方式	N 与输出波形的关系	改变计数值
0	写入计数值 N 后，经 N＋1 个 CLK 脉冲，输出变高	下一个 CLK 周期立即有效
1	单稳脉冲的宽度为 N 个 CLK	外部触发以后有效
2	每 N 个 CLK 脉冲输出一个 CLK 周期的脉冲	计数到 1 以后有效
3	前一半为高电平、后一半为低电平的方波	外部触发有效/计数到 1 有效
4	写入 N 后经过 N＋1 个 CLK，输出宽度为 1 个 CLK 的脉冲	计数到 0 有效
5	门控触发后过 N＋1 个 CLK，输出宽度为 1 个 CLK 的脉冲	外部触发有效

门控制信号 GATE 的作用是低电平禁止计数，高电平允许计数，上升沿启动计数。在各种工作方式下，门控制信号 GATE 的作用也不尽相同，如表 7.3 所示。

表 7.3　门控信号 GATE 的作用

方式	GATE		
	低电平或变低电平	上升沿	高电平
0	禁止计数	—	允许计数
1	—	启动计数，下一个 CLK 脉冲使输出为低	—
2	禁止计数，立即使输出为高	重新装入计数值，启动计数	允许计数
3	禁止计数，立即使输出为高	重新装入计数值，启动计数	允许计数
4	禁止计数	—	允许计数
5	—	启动计数	

7.1.3 8253/8254 的编程

1. 写入方式控制字

Intel 8253 没有复位信号，为了使它可以正常工作，首先需要 CPU 对它进行初始化，即写入方式控制字和计数初值。8253 方式控制字的格式如图 7.4 所示。

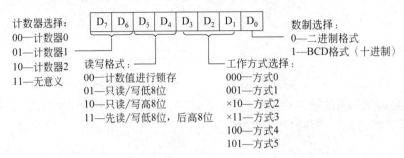

图 7.4 8253/8254 方式控制字格式

在 8253 中，从逻辑上看，3 个计数器都具有独立的方式控制字，互相之间不影响，但这 3 个计数器的方式控制字的对外接口只有一个地址，相当于共用一个方式控制字。所以用 $D_7 D_6$ 来选择此控制字是针对哪一个计数器的，$D_7 D_6 = 00$ 表示选择计数器 0，$D_7 D_6 = 01$ 表示选择计数器 1，$D_7 D_6 = 10$ 表示选择计数器 2。在 8253 中，$D_7 D_6 = 11$ 表示非法；而在 8254 中，用来表示读回命令。在设置方式控制字的时候，首先需要决定的就是 $D_7 D_6$ 位。

$D_5 D_4$ 用来表示读写格式。如果将要写入的初值在 $0 \sim 255$ 之间，则可以将 $D_5 D_4$ 设为 01，表示只用来对低 8 位进行读写，写入的初值直接存入计数初值寄存器的低 8 位；如果将要写入的计数初值虽然大于 255，但低 8 位为 0 时，则可以将 $D_5 D_4$ 设为 10，表示只对高 8 位进行读写，写入的计数初值直接存入计数初值寄存器的高 8 位，低 8 位自动补 0；如果要写入的计数初值大于 255，则将 $D_5 D_4$ 设为 11，先写入低 8 位，再写入高 8 位。当 $D_5 D_4 = 00$ 时，则表示锁存命令，对计数器当前计数值进行锁存，以便读出。

$D_3 D_2 D_1$ 用来进行工作方式选择。$000 \sim 101$ 分别表示工作在方式 0～方式 5，而 110 和 111 也表示方式 2 和方式 3。

D_0 用来进行数制选择。$D_0 = 1$ 表示计数初值采用 BCD 格式（十进制），$D_0 = 0$ 表示计数初值采用二进制格式。例如计数初值为 64，当 $D_0 = 1$ 时，表示 64（十进制）；当 $D_0 = 0$ 时，表示十六进制的 64H，也就是十进制的 100。

2. 写入计数初值

8253 的 3 个计数器有自己的独立地址，所以在编程的时候可以独立编程，无太多的顺序要求。但是在写入计数初值的时候要注意下面几个问题：

- 对计数器设置初值之前，必须先写控制字。

- 设置计数初值的时候,要和控制字中规定的读写格式对应。若控制字规定只读写低 8 位,则自动写入低 8 位,高 8 位填 0;若规定只读写高 8 位,则自动写入高 8 位,低 8 位填 0;若规定写 16 位,则先写低 8 位,再写高 8 位。
- 由于每一个计数器都是先减 1,再判断是否为 0,所以写入初值 0,实际上表示最大数。0000 在二进制时其实表示 65 536,在十进制时表示 10 000。

8253 初始化的时候,当决定了某一个计数器的工作方式以后,还需要决定计数初值,计数初值实际上和工作方式有关,计数初值的计算有下面几种情况:

- 当计数器工作在方式 2 或者方式 3 的时候,实际上是一个分频器,因此计数常数就是分频系数,分频系数 $= f_i / f_o$。(f_i:输入 CLK 频率;f_o:OUT 端输出频率)。
- 当计数器作为定时器工作时,CLK 通常来自系统内部的时钟,计数常数就是定时系数,定时系数 $= T / t_{CLK} = T \times f_{CLK}$($T$ 为定时时间,f_{CLK} 为输入的 CLK 频率)。
- 当计数器作为外部计数使用时,计数脉冲通常来自系统外部,计数常数就是要记录的外部事件的脉冲个数。

3. 计数值和状态的读回

在 8253 计数过程中,有时候需要读回某一个计数器的当前计数值,这可以利用读命令将计数值从某一个计数器中读出。但是对于 8253 来说,由于数据线是 8 位的,读取 16 位的计数值需要分两次。由于计数在不停地进行,在先读低位、再读高位的过程中,计数值有可能已经变化,可能不是我们想要读入的那个时间点上的值了。如何解决这一问题呢?在上面的方式控制字格式中,我们看到,如果 $D_5 D_4 = 00$,就表示锁存该计数器的值,用来进行读入。在计数过程中,锁存器是跟随计数器工作的,当锁存命令到来时,当前计数值锁存在锁存器中,不会发生变化;当计数值读取以后,或者对计数器重新编程,将自动解除锁存状态。在 8253 中,如果需要读出 16 位计数值,可以利用锁存命令先将计数值锁存,然后再分两次读出。

对于 8254 而言,它的改进就是多了一个专门的读回命令,可以将 3 个计数器的计数值和状态都进行锁存,并且向 CPU 返回一个状态字。如图 7.5 和图 7.6 所示。

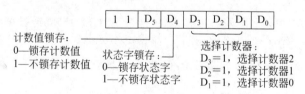

图 7.5　8254 的读回命令

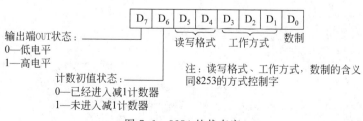

图 7.6　8254 的状态字

在 8254 中,读回命令写入控制端口,而状态字和计数值都通过相应的计数器端口读出。如果读回命令的 $D_5 D_4 = 00$,则先读入的是状态字,然后读入计数值。根据不同控制字,需要一条或者两条读指令读取计数值。

例 7.1 8253 的计数器 0 工作在方式 1 下,按十进制计数,初值为 3040。若 8253 的端口地址为 388~38BH,请写出初始化程序段。

解:计数器 0 工作在方式 1 下,按十进制计数,初值为 3040,则方式控制字为 00110011。该初始化程序段为

```
MOV   DX,38BH              ;控制端口地址送到 DX
MOV   AL,33H               ;控制字 00110011
OUT   DX,AL                ;写入方式控制端口
MOV   AL,40H
MOV   DX,388H
OUT   DX,AL                ;低 8 位写入计数器 0 的端口地址
MOV   AL,30H
OUT   DX,AL                ;高 8 位写入计数器 0 的端口地址
```

例 7.2 在 8253 中,读取计数器 1 的 16 位计数值,存入 CX 中,设地址同例 7.1,请写出程序段。

解:依图 7.4,要锁存计数器 1 的计数值,控制字为 01000000(没有用到的位写 0),则相应的程序段为

```
MOV   DX,38BH
MOV   AL,40H               ;控制字 01000000
OUT   DX, AL               ;写入方式控制端口
MOV   DX,389H
IN    AL,DX                ;从计数器 1 的地址读入低 8 位
MOV   CL,AL
IN    AL,DX                ;从计数器 1 的地址读入高 8 位
MOV   CH,AL
```

例 7.3 在 8254 中,利用读回命令,读回计数器 1 的 16 位计数值和状态字,计数值存入 CX,状态字存入 BL,设地址同例 7.1,请写出程序段。

解:依图 7.5,8254 读回计数器 1 的计数值和状态字的控制字为 11000100,相应程序为

```
MOV   DX,38BH
MOV   AL,0C4H              ;控制字 11000100,读回
OUT   DX, AL               ;写入方式控制端口
MOV   DX,389H
IN    AL,DX                ;从计数器 1 的地址读入状态字
MOV   BL,AL
IN    AL,DX                ;从计数器 1 的地址读入低 8 位
MOV   CL,AL
```

```
IN   AL, DX                        ;从计数器 1 的地址读入高 8 位
MOV  CH, AL
```

7.1.4 8253/8254 的应用实例

在 IBM PC 系列计算机中,用 8253 的 3 个计数器进行时钟计时、DRAM 刷新定时和控制扬声器发声声调,其连接如图 7.7 所示,地址范围为 40H～5FH,因此计数器 0、计数器 1、计数器 2 和控制端口的地址分别为 40H、41H、42H 和 43H。3 个计数器的输入时钟都为 1.193MHz。

1. 计数器 0 产生基本时钟

8253 计数器 0 在 PC 中用来产生 18.2Hz 的方波,作为中断控制器 8259 的 0 号中断 IRQ_0 的输入,提供系统计时器的基本时钟。下面是 PC 系列机的 ROM-BIOS 对计数器 0 的初始化程序:

```
MOV  AL, 36H                       ;计数器 0 的控制字为 00110110
OUT  43H, AL
MOV  AL, 0
OUT  40H, AL                       ;计数器 0 的初值为 0000
OUT  40H, AL
```

由上面的初始化程序可见,计数器 0 工作在方式 3 下,产生方波;初值为 0,也就是最大计数值 65 536,则其方波的输出频率为 $1.193 \times 10^6 / 65\ 536 = 18.2 Hz$。DOS 系统利用定时器 0,通过 08 号中断服务程序,实现时钟计时功能。

2. 计数器 1 控制 DRAM 刷新

在 PC 系列机中,要求在 2ms 内对 DRAM 进行 128 次刷新,也就是刷新的间隔为 $2/128 = 15.6\mu s$。计数器 1 输出间隔 15μs 的负脉冲,该脉冲的上升沿用来触发 D 触发器,使其输出高电平信号,作为 DMA 请求的 $DREQ_0$,这个信号使 DMA 控制器对 DRAM 进行刷新,如图 7.7 所示。

下面是计数器 1 的初始化程序:

```
MOV  AL, 54H                       ;计数器 1 的控制字为 01010100
OUT  43H, AL
MOV  AL, 18                        ;计数器 1 的初值为 18
OUT  41H,AL
```

由上面的初始化程序可见,计数器 1 工作在方式 2(分频器)下,只读写低位,初值为 18。由此可知,计数器 1 的输出频率为 $1.193 \times 10^6 / 18 = 66.278 kHz$,负脉冲的时间间隔为 $1/(66.278 \times 10^3) = 15\mu s$。

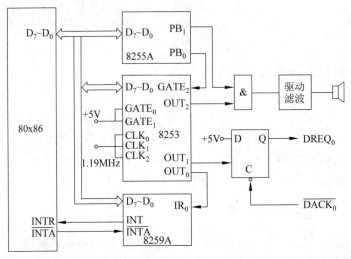

图 7.7　8253 在 PC 中的连接

3. 计数器 2 控制扬声器

在 PC 系列机中,利用计数器 2 的输出控制扬声器的发声音调,作为计算机的报警信号或者伴音信号。计数器 2 的 OUT 端经放大后接扬声器,由图 7.7 可以看出,OUT 端还和 8255A 的 B 端口输出 PB_1 相与。所以要使扬声器工作,要求 8255A 的 PB_1 和 PB_0 同时为 1。

计数器 2 的发声驱动程序如下:

```
BEEP    PROC    FAR
        MOV     AL,0B6H          ;计数器 2 控制字为 10110110,方式 3,16 位,二进制
        OUT     43H,AL
        MOV     AX,1190          ;设初值为 1190,则频率=1.193×10⁶/1190≈1kHz
        OUT     42H,AL
        MOV     AL,AH
        OUT     42H,AL           ;先低后高,输出初值
        IN      AL,61H
        MOV     AH,AL
        OR      AL,03H
        OUT     61H,AL           ;后 4 条指令将 8255A 的 PB₁ 和 PB₀ 修改为 1
                                 ;并将原来的值保存在 AH 中,以便恢复
        MOV     CX,0
L0:     LOOP    L0
        DEC     BL
        JNZ     L0               ;此段循环用来作为延时,BL 为 BEEP 子程序入口条件
                                 ;BL=6 表示发短声,BL=1 表示发长声
        MOV     AL,AH
        OUT     61H,AL           ;恢复 8255A 的 B 端口原来的值
```

```
              RET
        BEEP  ENDP
```

7.2　并行通信接口 8255A

并行通信接口有很多,例如三态缓冲器 74LS244/245 和锁存器 74LS273/373。但是这些基本的接口电路没有状态寄存器和控制寄存器等,无法解决应用环境中的驱动能力、时序配合以及各种控制等。Intel 8255A 是 Intel 公司生产的具有可编程能力的并行接口电路芯片,片内有 A、B、C 3 个 8 位数据端口,A 口和 B 口为两个数据端口,C 口既可以作为数据端口,也可以作为控制端口。

7.2.1　8255A 的内部结构和引脚

8255A 是一个具有 40 引脚的双列直插式芯片,内部结构和外部引脚如图 7.8 所示。

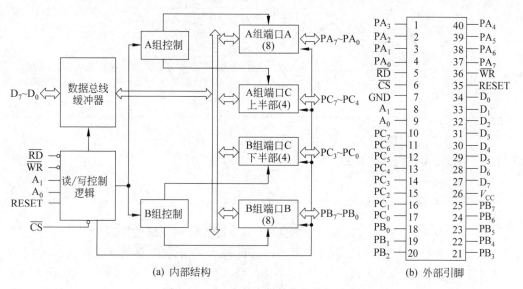

(a) 内部结构　　　　　　　　　　(b) 外部引脚

图 7.8　8255A 的内部结构与外部引脚

数据端口:8255A 具有 3 个 8 位的输入输出端口,即 $PA_7 \sim PA_0$、$PB_7 \sim PB_0$、$PC_7 \sim PC_0$。这 3 个端口分别受 A 组、B 组两组控制,端口 C 被分成两部分。A 组控制端口 A 和 C 的高 4 位,B 组控制端口 B 和 C 的低 4 位。一般情况下,C 端口可以用来与端口 A 和端口 B 配合工作,作为控制信号输出或者状态信号的输入端口。

数据总线缓冲器:是一个双向、三态的 8 位数据寄存器,它与系统总线连接,构成 CPU 和 8255A 之间的数据通道。CPU 可以通过指令向 8255A 写入控制字或者数据,也可以读取外设通过 8255A 输入的数据。

读/写控制逻辑:接收 CPU 控制信号,并将其组合成 A 组、B 组控制信号。来自 CPU 的控制信号如下:

- RESET，复位信号。
- $\overline{CS}$，片选信号。
- $\overline{RD}$，读信号，低电平有效，当$\overline{RD}$有效时，CPU 可以从 8255A 中读数据。
- $\overline{WR}$，写信号，低电平有效，当$\overline{WR}$有效时，CPU 可以往 8255A 中写数据或控制字。
- A_0、A_1：端口选择信号，可以选择 3 个数据端口和 1 个控制端口。

各控制信号组合后形成的逻辑功能和作用如表 7.4 所示。

表 7.4　8255A 读写控制

$\overline{CS}$	A_1	A_0	$\overline{RD}$	$\overline{WR}$	说　明
0	0	0	0	1	数据从端口 A 送数据总线
			1	0	数据从数据总线送端口 A
	0	1	0	1	数据从端口 B 送数据总线
			1	0	数据从数据总线送端口 B
	1	0	0	1	数据从端口 C 送数据总线
			1	0	数据从数据总线送端口 C
	1	1	0	1	非法
			1	0	$D_7 = 1$，则写入方式控制字；$D_7 = 0$，则由数据总线输入的数据作为对 C 端口的置位/复位命令
1	×	×	×	×	$D_7 \sim D_0$ 为高阻

7.2.2　8255A 的工作方式

1. 方式 0：基本输入输出方式

方式 0 是一种基本的输入或输出方式，不需要应答式的联络信号。

A、B、C 3 个端口都可以工作于方式 0，任何一个端口根据需要既可以作为输入端口，也可以作为输出端口，尤其是 C 端口，高 4 位和低 4 位可以分别设置为输入或输出。方式 0 一般用于无条件传输或者查询方式的数据传输。在用于查询方式的数据传输的时候，可以用端口 C 的某些位作为状态位或控制位。在方式 0 下，8255A 对输出数据进行锁存，对输入数据不进行锁存。

8255A 没有时钟输入信号，其时序是由引脚控制信号定时的，图 7.9 是其工作在方式 0 下的时序图。$D_0 \sim D_7$ 是 8255A 和 CPU 之间的数据线，可以是 3 个端口中的任何一个。当 CPU 执行 IN 指令的时候，产生读信号$\overline{RD}$，控制 8255A 从端口读取外设的输入数据，然后从 $D_0 \sim D_7$ 输入 CPU。执行 OUT 命令时，产生写信号$\overline{WR}$，完成 CPU 经 8255A 的端口向外设传送数据的功能。

2. 方式 1：选通的输入输出方式

方式 1 是带有选通信号的单方向的输入或输出工作方式，它将 3 个端口分成两组，端

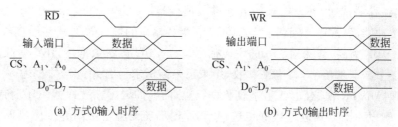

(a) 方式0输入时序　　　　　　　　　　(b) 方式0输出时序

图 7.9　8255A 方式 0 时序

口 A、B 可以作为两个数据口,分别工作在方式 1,而端口 C 用来配合端口 A、B 在方式 1 下的工作,作为选通信号。

需要注意的是,当端口 A 工作在方式 1 并且是输入时,端口 C 的 $PC_5\sim PC_3$ 作为选通信号;当端口 A 工作在方式 1 并且是输出时,端口 C 的 PC_7、PC_6、PC_3 作为选通信号;当端口 B 工作在方式 1 下时,端口 C 的 $PC_2\sim PC_0$ 作为选通信号。由于端口 A 和端口 B 只能工作在单向的输入或输出方式下,所以若端口 A、B 都工作在方式 1 下时,则需要端口 C 的 6 位作为其选通信号,剩下的 2 位仍可工作在方式 0 用来输入输出,当然 A 端口和 B 端口也可以使一个工作在方式 1 下,另外一个工作在方式 0 下。在方式 1 下,8255A 对输入输出的数据都进行锁存。

1) 方式 1 下的输入选通信号

当端口 A 和端口 B 工作在方式 1 并且是输入方式时,端口 C 的 $PC_5\sim PC_3$ 作为 A 端口的控制信号,端口 C 的 $PC_2\sim PC_0$ 作为 B 端口控制信号,内部结构如图 7.10 所示。端口 C 的各控制信号的含义如表 7.5 所示。

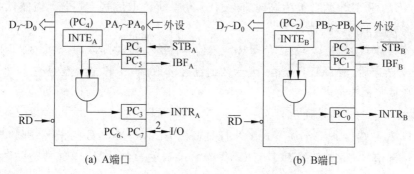

(a) A端口　　　　　　　　　　　(b) B端口

图 7.10　方式 1 输入方式的内部结构

表 7.5　8255A 方式 1(在输入方式下)端口 C 信号的含义

C 端口引脚	信号	意义	信号方向
PC_5/PC_1	IBF_A/IBF_B	缓冲器满	输出
PC_4/PC_2	$\overline{STB_A}/\overline{STB_B}$	选通信号	输入
PC_3/PC_0	$INTR_A/INTR_B$	中断请求信号	输出

$\overline{STB}$:选通信号,低电平有效,由外设送往 8255A。$\overline{STB}$有效时,A 端口或者 B 端口

的输入数据锁存器选通,外设输入的数据进入锁存器,供 CPU 读取。

IBF:缓冲器满,高电平有效,当 A 端口或者 B 端口的输入数据锁存器接收到外设输入的数据时,IBF 为高,作为对 $\overline{STB}$ 的响应信号。当 CPU 读取数据后,IBF 为低。

INTR:中断请求信号,高电平有效,用来以中断请求的方式进行数据输入。当 $\overline{STB}$、IBF 都为高时,INTR 置位(也就是接收数据结束,而新的数据在缓冲器中还没有取走)。

为了实现以中断方式进行数据传送,8255A 内部还设置了中断允许触发器 INTE,为 1 时允许中断,为 0 时禁止中断,它没有外部引脚,通过软件对 PC_4 和 PC_2 置 0/1 来实现允许或禁止,PC_4 对应 $INTE_A$,PC_2 对应 $INTE_B$。图 7.11 给出了方式 1 下 CPU 通过 8255A 从外设读入数据的时序关系,具体过程如下:

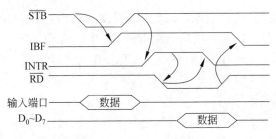

图 7.11　方式 1 的输入时序

（1）外设数据准备好,将选通信号 $\overline{STB}$ 设为有效,通知 8255A。

（2）8255A 利用 $\overline{STB}$ 信号,将数据锁存到输入数据锁存器,然后置缓冲器满,IBF 信号有效,告诉外设数据已经读入,并可以防止新的数据进入。

（3）当 $\overline{STB}$ 和 IBF 两者都为高时,向 CPU 发中断请求信号 INTR。当然,CPU 也可以通过查询方式来读入数据。

（4）CPU 执行 IN 指令,发读信号 $\overline{RD}$,读信号持续一段时间以后,清除 INTR 信号。

（5）$\overline{RD}$ 结束后,清除 IBF 信号,表示数据已经读取到 CPU,输入数据锁存器空,可以输入新的数据了。

2）方式 1 下的输出选通信号

当端口 A 和端口 B 工作在方式 1 并且是输出方式时,端口 C 的 PC_7、PC_6、PC_3 作为 A 端口的控制信号,端口 C 的 $PC_2 \sim PC_0$ 作为 B 端口的控制信号,内部结构如图 7.12 所示。引脚信号的功能如表 7.6 所示。

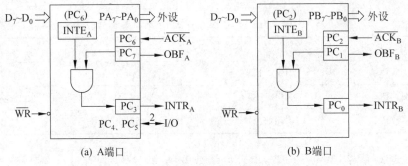

图 7.12　方式 1 输出方式的内部结构

表 7.6　8255A 方式 1 输出下端口 C 信号含义

引　脚	信　号	意　义	方　向
PC_7/PC_1	$\overline{OBF_A}/\overline{OBF_B}$	缓冲器满	输出
PC_6/PC_2	$\overline{ACK_A}/\overline{ACK_B}$	接收数据后的响应	输入
PC_3/PC_0	$INTR_A/INTR_B$	中断请求信号	输出

$\overline{OBF}$：输出缓冲器满信号,低电平有效,由 8255A 送给外设,表示 CPU 已经向指定端口输出了数据。

$\overline{ACK}$：外设响应信号,低有效,表示数据已经送到外设。

INTR：中断请求信号,高电平有效,用来以中断请求的方式进行数据传输。当 $\overline{ACK}$ 和 $\overline{OBF}$ 都为高的时候(表示数据已经由外设取走,新的数据还没有装入),8255A 向 CPU 提出中断请求,要求 CPU 发新的数据。

INTE 的含义和输入方式下相同,不同的是 PC_6 对应 $INTE_A$,PC_2 对应 $INTE_B$。

在方式 1 下,CPU 通过 8255A 向外设输出数据的时序关系如图 7.13 所示。

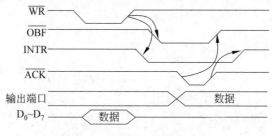

图 7.13　方式 1 的输出时序

由上面的时序可知:

- 若工作在中断方式,CPU 响应中断后,执行 OUT 指令,发出写信号 $\overline{WR}$,输出数据经 8255A 送给外设;如果是查询方式,则 CPU 查询端口 C 的状态,然后才输出数据。
- $\overline{WR}$ 有效时,同时清除了 INTR(表示已经响应了中断),并使缓冲器满 $\overline{OBF}$ 信号有效,通知外设接收数据。$\overline{OBF}$ 就作为外设的选通信号。
- $\overline{WR}$ 结束后,当外设接收完数据,发出响应信号 $\overline{ACK}$,表示数据接收完毕。
- $\overline{ACK}$ 的上升沿清除 $\overline{OBF}$ 信号,表示数据已经写入外设,输出数据缓冲器为空,发出新的中断请求,要求 CPU 发送新的数据。

3. 方式 2：双向传输方式

方式 2 是一种双向带选通信号的数据传输方式,它只适用端口 A,并且需要端口 C 的 5 位作为输入和输出的选通信号。当端口 A 工作在方式 2 的时候,端口 B 既可以工作在方式 1 下(此时需要端口 C 的另外 3 位作为选通信号),也可以工作在方式 0 下(此时端口 C 的剩余 3 位可以工作在方式 0 下,作基本的输入输出用)。方式 2 的内部结构如图 7.14

所示。各控制信号的含义如表 7.7 所示。

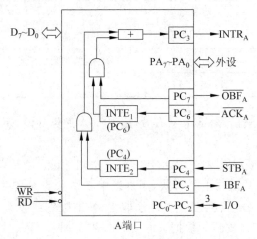

图 7.14 方式 2 内部结构

注意：方式 2 实际上是方式 1 的输入、输出两种工作方式的结合。图 7.14 中的 $\overline{OBF_A}$、$\overline{ACK_A}$ 和 $\overline{STB_A}$、IBF_A 信号的含义与方式 1 是一致的。PC_6 对应输出中断允许触发器 $INTE_1$，PC_4 对应输入中断允许触发器 $INTE_2$，中断请求信号都是通过 INTR 引脚输出。

表 7.7　8255A 方式 2 输出下端口 C 信号含义

引　脚	信　号	意　　义	方　向
PC_7	$\overline{OBF_A}$	输出缓冲器满	输出
PC_6	$\overline{ACK_A}$	接收数据后的响应	输入
PC_5	IBF_A	输入缓冲器满	输出
PC_4	$\overline{STB_A}$	选通信号	输入
PC_3	$INTR_A$	中断请求信号	输出

7.2.3　8255A 的编程

8255A 是通用的并行接口芯片，具体使用哪几个端口，用什么方式工作，应该根据实际情况来选择。但是有一点是确定的，就是首先要对它进行初始化编程。8255A 的初始化编程比较简单，按照格式设置控制字就可以了。控制字的端口地址 A_1A_0 为 11，见表 7.4。

控制字分两类，其一是方式选择控制字，其二是端口 C 置 0/置 1 控制字，控制字使用同一个端口地址。

1. 方式选择控制字

方式控制字的格式如图 7.15 所示。

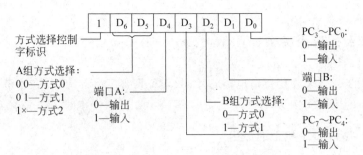

图 7.15 8255A 的方式选择控制字

当最高位为 1 时,表示是方式选择控制字,8255A 的 3 个端口从工作方式来说分成 A、B 两组,A 组为 A 端口和 C 端口的高位,B 组为 B 端口和 C 端口的低位。A 组有 3 种方式(方式 0、方式 1、方式 2),B 组有两种方式(方式 0、方式 1)。当 A、B、C 3 个端口作为输入、输出时,3 个端口是互相独立的。

2. 端口 C 置 0/置 1 控制字

由于 C 端口很多时候被用来配合 A 端口和 B 端口工作,作为它们的选通控制信号,因此经常需要对 C 端口置 1 或置 0。8255A 专门设计了端口 C 置 0/置 1 控制字,可以直接对 C 端口的某一位进行置 1 或置 0 操作。格式如图 7.16 所示。

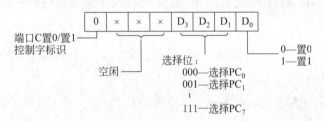

图 7.16 端口 C 置 0/置 1 控制字

最高位为 0,表示是端口 C 置 0/置 1 控制字。$D_6 \sim D_4$ 空闲,其值任意。$D_3 \sim D_1$ 表示选择的是 C 的哪一位,最低位为 0,则表示置 0;为 1,则表示置 1。

例 7.4 假设某 8255A 的芯片端口地址为 FF80H~FF83H,A 端口工作在方式 0,输出;B 端口工作于方式 1,输入。请写出初始化程序段。

解:根据方式控制字的格式,控制字应该是 1000×11×。

```
MOV  DX,0FF83H
MOV  AL,86H                      ;没有用到的几位都写0
OUT  DX, AL
```

例 7.5 8255A 的端口地址同例 7.4,要求对端口 C 的 PC_2 置 1。

解:根据端口 C 置 0/置 1 控制字格式,控制字应该是 00000101。

```
MOV  DX,0FF83H
MOV  AL,05H                      ;没有用到的几位都写0
OUT  DX, AL
```

7.2.4　8255A 的应用实例

作为通用的 8255A 并行接口电路芯片，8255A 具有广泛的应用，在本节中，给出几种典型的 8255A 的应用实例。

1. 8255A 在 PC/XT 机上的应用

8255A 芯片在 IBM PC/XT 系统中用来输入键盘和系统配置信息。在 IBM PC/XT 机中，系统配置是可以改变的，例如，磁盘驱动器的数目、插在 I/O 通道（即扩充槽）上的 RAM 大小、视频显示器的种类、主机板上 RAM 的大小，这些都是可以改变的。因此硬件应该提供一些信息给软件，以便它能按当前系统的配置正确运行。该信息是由两个 DIP 开关提供的。8255A 的端口 A 的作用是读取键盘扫描码和系统配置状态 DIP SW1，而端口 C 的低位用来连接系统配置状态开关 DIP SW2，端口 B 用于输出控制信号，其中 PB_0 和 PB_1 用来控制扬声器发声（见图 7.7），PB_6 和 PB_7 用来进行键盘管理。因此，8255A 的工作方式为方式 0，即设置为基本输入输出方式，端口 A 和端口 C 设为输入，端口 B 设为输出。

8255A 在系统中的 I/O 端口地址为 60H～7FH，但实际使用 60H～63H，端口 A、B、C 的地址分别为 60H、61H 和 62H，其中 63H 为控制寄存器地址。系统 BIOS 对 8255A 的初始化程序段如下：

```
MOV  AL, 99H          ;设置 A 端口、C 端口为方式 0 输入，B 端口为方式 0 输出
OUT  63H, AL
```

当 PB_7 设置为 1 的时候，从 A 端口读入的信息是 DIP SW1 的状态，可以确定系统的基本配置情况。例如：

```
MOV  AL, 80H          ;使 PB₇输出 1
OUT  61H, AL
IN   AL, 60H          ;读入 A 端口信息，为 DIP SW1 的状态
```

2. 8255A 作为开关和 LED 的接口

在很多情况下，8255A 用于 LED 的控制接口，通过 8255A 来控制 LED 显示。下面通过一个具体的例子来看一下 8255A 的使用。

例 7.6　8255A 的 A 端口连接 4 个开关 K_0～K_3，设定为方式 0 输入；B 端口连接一个共阴极七段 LED 显示器，设定为方式 0 输出。将 A 端口输入的 4 个开关状态 0～F 送 B 端口输出显示。画出接口电路连接图，并编制程序实现之。

解：本例是 8255A 方式 0 应用的一个例子，根据题意，接口电路设计如图 7.17 所示。8255A 的 D_7～D_0、$\overline{WR}$、$\overline{RD}$ 与 CPU 的 D_7～D_0、$\overline{WR}$、$\overline{RD}$ 对应连接，A_0 和 A_1 与 CPU 的地址线 A_0 和 A_1 连接，$\overline{CS}$ 与译码器输出端连接，A 端口的 PA_0～PA_3 连接 4 个开关 K_0～K_3，其输入的数据为组合的 16 种状态，即 0000～1111（0～0FH），B 端口经过驱动之后与

LED 显示器连接,可输出 1 位十六进制数 0~0FH。

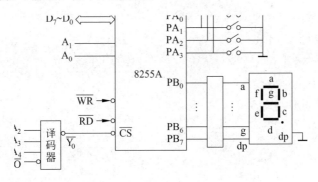

图 7.17 8255A 作为 LED 显示接口电路

8255A 的端口地址由地址线 A_0、A_1 和片选信号 $\overline{CS}$ 的逻辑组合确定,若 CPU 的地址线 A_2、A_3、A_4 连接译码器(如 3-8 线译码器)的输入,译码器的输出端 Y_0 连至 $\overline{CS}$,把未连接的 CPU 的地址线 $A_5 \sim A_{15}$ 的状态设定为 1,则可确定 8255A 的 4 个端口地址为FFE0H~FFE3H。

七段 LED 显示器由 8 个发光二极管组成(见图 7.18),其中 7 个发光二极管分别对应 a、b、c、d、e、f、g 7 个段,另外一个发光二极管为小数点 dp。LED 有共阳极和共阴极两种结构,共阳极 LED 的二极管阳极共接+5V,输入端为低电平时,二极管导通发亮。共阴极 LED 的二极管阴极共接地,输入端为高电平时,二极管导通发亮。因此通过七段组合可以显示 0~9 和 A~F 等字符。表 7.8 给出了共阴极和共阳极 LED 输出显示 0~9和 A~F 所对应的七段显示代码。

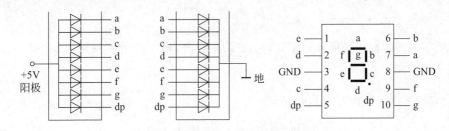

图 7.18 共阳极和共阴极 LED

表 7.8 共阳极和共阴极 LED 的显示代码

显示字符	0	1	2	3	4	5	6	7	8	9	A	B	C	D	E	F
共阳极 LED	C0	F9	A4	B0	99	92	82	F8	80	90	88	83	C6	A1	86	8E
共阴极 LED	3F	06	5B	4F	66	6D	7D	07	7F	6F	77	7C	39	5E	79	71

在本例中,由于采用共阴极 LED,当 A 端口输入 K3~K0 状态为 0011 时,B 端口对应数据 3 的显示代码为 4FH,程序如下:

```
DATA    SEGMENT
        LIST  DB   3FH,06H,5BH,4FH,66H,6DH,7DH,07H,7FH,6FH,77H,7CH,39H,5EH,
                   79H,71H
DATA    ENDS
CODE    SEGMENT
ASSUME      CS: CODE, DS: DATA
    START:  MOV  AX, DATA
            MOV  DS,AX
            MOV  AL, 90H            ;A 端口方式 0 输入
                                    ;B 端口方式 0 输出
            MOV  DX, 0FFE3H
            OUT  DX, AL
    L0:     MOV  DX, 0FFE0H
            IN   AL, DX             ;读取 A 端口状态
            AND  AL, 0FH            ;屏蔽 A 端口高 4 位
            MOV  BX, OFFSET LIST
            AND  AX, 00FFH
            ADD  BX, AX             ;查表得到对应的共阴极
            MOV  AL, [BX]           ;LED 编码
            MOV  DX, 0FFE1H         ;输出到 B 端口
            OUT  DX, AL
            CALL    DAILLY
            JMP     L0
    DALLY:  …    ;延时子程序
            …
CODE    ENDS
        END  START
```

说明：上面的程序是循环显示程序，如果有必要，还需要增加判别语句，以决定适当的时候退出。

3. 8255A 作为并行打印机的接口

8255A 可作为打印机的接口，利用 A 口工作于方式 1 输出，用查询方式将内存 BUFFER 中的 100 个字节数据送打印机输出。由于端口 A 工作在方式 1 下，需要 PC$_7$、PC$_6$ 作为控制信号分别接打印机的数据选通信号$\overline{DSTB}$和应答信号 ACK，由于采用查询方式输出，还需要用 PC 口的一根线连接打印机的状态（忙）信号 BUSY，在这里用 PC$_4$，因此 C 端口的高 4 位需要工作在方式 0 输入。

打印机的工作原理如下：当数据选通信号$\overline{DSTB}$有效的时候，数据通过 8255A 端口送到打印机内部数据缓冲区，同时将忙信号 BUSY 置 1，表示打印机正在处理输入的数据，等到数据全部打印完毕，则撤销忙信号（BUSY 清零），同时送出应答信号 ACK。图 7.19 是打印机接口电路。

打印机驱动程序如下：

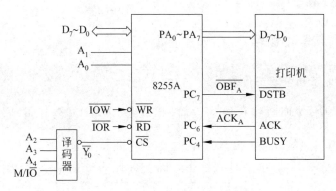

图 7.19　8255A 作为打印机接口电路

```
    ...
    MOV   AL,0A8H                ;A端口方式1输出,PC₄、PC₅方式0输入
    OUT   43H,AL
    MOV   CX,100                 ;传送字节数
    MOV   SI,OFFSET BUFFER       ;SI为缓冲器首地址
L1: IN    AL,42H                 ;读取C端口状态
    AND   AL,10H
    JNZ   L1                     ;BUSY=1?是,继续查询
    MOV   AL,[SI]
    OUT   40H,AL                 ;通过A端口输出
    INC   SI
    LOOP  L1                     ;未完?继续
    ...
```

7.3　串行通信基础

计算机系统的信息交换方式有并行数据传输方式和串行数据传输方式。并行通信是多位数据同时传送,传输单位一般为 8 位、16 位或者 32 位,适合计算机和外设之间进行近距离、快速的数据交换。串行通信是数据按位传送,数据在同一根信号线上传输,适合远距离的数据传输,传输速度相对较慢。串行通信和并行通信的示意图如图 7.20 所示。

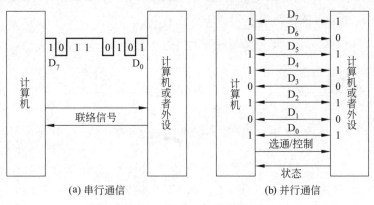

(a) 串行通信　　　　　　　　　(b) 并行通信

图 7.20　串行通信和并行通信

7.3.1 串行通信基本概念

1. 单工、半双工和全双工传输

在串行通信中，按照数据传输的方向，有单工、半双工、全双工 3 种传输方式，如图 7.21 所示。

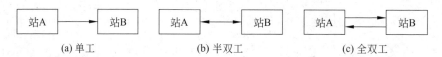

(a) 单工　　　　　　　(b) 半双工　　　　　　　(c) 全双工

图 7.21　单工、半双工和全双工传输

如果使用一条线进行传输，只能进行发送或者接收，这种方式称为单工（simplex）传输方式，在这种情况下，发送方只能发送数据而不能接收数据，接收方只能接收数据而不能发送数据；如果在同一条传输线上既可以进行接收也可以进行发送，但在同一个时刻，发送和接收不能同时进行，这种方式称为半双工（half duplex）传输方式；如果信号的接收和发送采用两条不同的传输线，在同一个时刻既可以接收也可以发送，称为全双工（full duplex）传输方式

2. 异步通信、同步通信

在串行通信时，由于只有一条信号线用于信息的传输，数据、控制和状态都在同一条信号线上，因此接收和发送双方必须遵守共同的协议来解决数据的同步问题。根据同步方式的不同，可以分成同步通信和异步通信。

异步通信是指两个字符之间的传输间隔是任意的。在异步通信中，通信双方必须约定字符的格式，例如数据的起始位、停止位以及校验方式等。异步通信的数据编码采用 ASCII 编码，可以是 5、6、7 或 8 位；奇偶校验可以是奇校验、偶校验或者没有；停止位根据字符的数据编码位数，可以是 1、2 或者 1.5 位，如果停止位是 1.5 位，就表示停止位持续的时间是 1.5 倍的宽度，这些都由初始化程序决定。在字符和字符的传输之间也可以插入空闲位。异步通信的格式如图 7.22 所示。

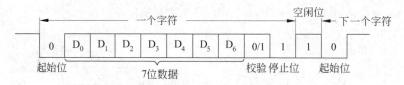

图 7.22　串行通信的异步通信格式

在异步通信中，每秒传输的位数称为波特率（bps），常用波特率有 110、300、600、1200、2400、4800、9600、14 400、19 200 等。例如，若每秒传输 120 个字符，1 个字符由 7 个数据位、1 个校验位、1 个起始位、1 个停止位组成，则波特率为

$$120 \times (7+1+1+1) = 1200\text{bps}$$

同步通信指每次传送的不是一个字符,而是一组数据,可将这组数据称为帧,每组数据(或每帧数据)由用于同步控制的同步字符、传送数据和校验数据组成。同步通信格式如图 7.23 所示。

图 7.23 串行通信的同步通信格式

在同步通信中,通信双方约定同步字符的编码和个数,接收方搜索到同步字符,如果与事先约定的相符,表示已完成同步。此时,接收方就开始接收数据,并按规定的长度装载数据,直到整个数据传输完毕,如果接收方校验无错,则表示一帧传输完毕。

在异步通信中,每一个字符都具有起始位和停止位,因此信息的传输效率不高,同步通信的速率比异步通信高,但是硬件控制电路相应地更为复杂。

7.3.2 串行通信接口标准

在串行通信中,目前常用的总线接口标准有 RS-232、RS-422/485、20mA 电流环等。PC 系列机上配置有 COM1 和 COM2 两个串行接口,它们都采用的是 RS-232 接口标准。RS-232 是美国电子工业协会(Electronic Industry Association,EIA)于 1962 年公布的,1969 年修订为串行接口标准,称为 RS-232C。它最初的设计目的是应用于调制解调器中,但目前已经成为数据终端设备(DTE,如计算机)和数据通信设备(DCE,如 Modem)的标准接口。

1. RS-232C 的机械特征及信号定义

RS-232C 接口具有两种连接器,一种是 DB-25,另一种是 DB-9。DB-25 有 25 个引脚,所定义的信号引脚只有 22 个。DB-9 只有 9 个引脚。这两种连接器的插座头如图 7.24 所示。

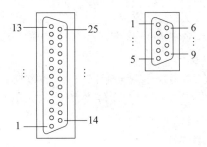

图 7.24 DB-25 和 DB-9 插座头

RS-232C 接口的引脚信号和功能见表 7.9。

表 7.9　RS-232C 引脚定义（带 * 的为 DB-9 引脚定义）

引脚	方向	功能	引脚	方向	功能
1		保护地 GND	14	到 DCE	次信道发送数据 TxD
2(3 *)	到 DCE	发送数据 TxD	15	到 DTE	发送时钟 RxC
3(2 *)	到 DTE	接收数据 RxD	16	到 DTE	次信道接收数据 RxD
4(7 *)	到 DCE	请求传送 RTS	17	到 DTE	接收时钟 TxC
5(8 *)	到 DTE	允许传送 CTS	18	未定义	
6(6 *)	到 DTE	数据设备就绪 DSR	19	到 DCE	次信道请求传送 RTS
7(5 *)		信号地 GND	20(4 *)	到 DCE	数据终端就绪 DTR
8(1 *)	到 DTE	载波检测 CD	21	到 DTE	信号质量检测
9	留作测试用		22(9 *)	到 DTE	振铃指示 RI
10	留作测试用		23	到 DCE	数据信号速率选择器
11	未定义		24	到 DCE	终端发送器时钟
12	到 DTE	次信道载波检测 CD	25	未定义	
13	到 DTE	次信道允许传送 CTS			

　　RS-232C 接口包括两个信道，即主信道和次信道。次信道为辅助串行通道提供数据控制和通信，但其传输速率比主信道要低得多，其他跟主信道相同，通常较少使用。DB-25 中有 15 条信号线用于主信道的传输，其余的用于次信道的通信。各信号的功能和作用如下。

　　TxD：发送数据，是串行数据的发送端。

　　RxD：接收数据，是串行数据的接收端。

　　RTS：请求发送，当数据终端设备准备好送出数据时，就发出有效 RTS 信号，用于通知数据通信设备准备接收数据。

　　CTS：清除发送，当数据通信设备已准备好接收数据终端设备传送的数据时，发出 CTS 有效信号来响应 RTS 信号，其实质是允许发送。RTS 和 CTS 是数据终端设备与数据通信设备间一对用于数据发送的联络信号。

　　DTR：数据终端准备好，通常当数据终端设备一加电，该信号就有效，表明数据终端设备准备就绪。

　　DSR：数据装置准备好，通常表示数据通信设备（即数据装置）已接通电源，并连到通信线路上，处于数据传输而不是测试方式或断开状态。DTR 和 DSR 也可用于数据终端设备与数据通信设备间的联络信号。

　　GND：信号地，为所有的信号提供一个公共的参考电平。

　　CD：载波检测，当本地调制解调器接收到来自对方的载波信号时，就从该引脚向数据终端设备提供有效信号。

RI：振铃指示，当调制解调器接收到对方的拨号信号时，该引脚作为电话铃响的指示。

GND：保护地（机壳地），这是一个起屏蔽保护作用的接地端，一般应参照设备的使用规定，连接到设备的外壳或机架上，必要时要连接到大地。

TxC：发送器时钟，用来控制数据终端发送串行数据的时钟信号。

RxC：接收器时钟，用来控制数据终端接收串行数据的时钟信号。

2. RS-232C 的电气特性

RS-232C 接口标准采用 EIA 电平，它规定高电平为＋3V～＋15V，低电平为−3V～−15V。实际应用时，常采用±12V 或±15V。数据线 TxD 和 RxD 使用负逻辑，即高电平表示逻辑 0，低电平表示逻辑 1，而联络信号线为正逻辑，高电平有效。计算机的信号为 TTL 电平，与 RS-232C 是不兼容的，所以两者间需要进行电平转换，传统的转换器件有 MC1488（完成 TTL 电平到 EIA 电平的转换）和 MC1489（完成 EIA 电平到 TTL 电平的转换）等芯片。

3. RS-232C 的连接

在一般的串行通信接口中，即使是主信道，也不是所有的线都一定要用，最常用的也就是其中的几条最基本的信号线。根据具体的应用场合不同，有下面几种连接方式。

1）使用 Modem 连接

计算机通过 Modem 或其他数据通信设备（DCE）使用一条电话线进行通信时，一般只需要 RS-232C 的 9 个常用信号，如图 7.25 所示。

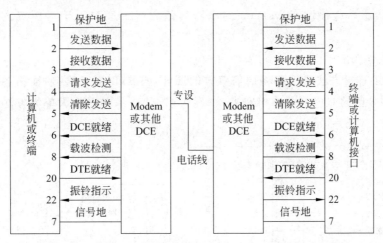

图 7.25　RS-232C 通过 Modem 的连接

在图 7.25 中，计算机终端（DTE）发送数据的过程如下：首先 DTE 向本地 DCE（Modem）发出 DTR 和 RTS 有效信号，表示 DTE 请求发送数据，当 DCE 返回有效的 DSR 信号时，表明 DCE 已做好接收数据的准备，此时又向 DTE 发有效信号 CTS。只有当 DTE 收到从本地 DCE 发回肯定的 DSR 和 CTS 信号后,DTE 才能由 TxD 线向 DCE 发送数据。

当接收数据时,DTE 向本地 DCE 发出 DTR 的信号,表示 DTE 和 DCE 之间可以建立通道。一旦通道建立好了,DCE 向 DTE 发出 DSR 信号,这时,数据就可以通过 RxD 线传到 DTE 设备。

2)直接连接

当计算机和终端之间不使用 Modem 或其他通信设备(DCE),而直接通过 RS-232C 接口连接时,一般只需要 5 个信号线,如图 7.26 所示。

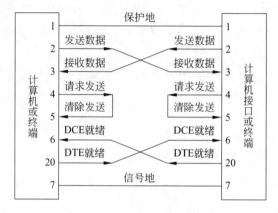

图 7.26　RS-232C 的直接连接

在图 7.26 中,通信双方的 TxD 和 RxD 交叉线为最基本的连线,以保证 DTE 和 DCE 间能正常地进行全双工通信。DSR 和 DTR 也是交叉连接检测,其目的是检测对方"数据已就绪"的状态。这种没有 Modem 的串行通信方式一般只用于近距离的通信(不超过 15m)。

3)三线连接法

最简单的连接方法只需要将通信双方的 TxD 和 RxD 交叉连接,而将各自的 RTS、DSR 分别和自己的 CTS、DTR 相连接,如图 7.27(a)所示。而更简单的方法就是只用 3 根线,如图 7.27(b)所示。

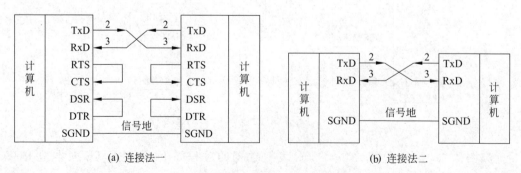

(a) 连接法一　　　　　　　　　　　　　　(b) 连接法二

图 7.27　RS-232C 的三线连接法

7.4 串行通信芯片 8251A

8251A 是可编程的异步串行通信接口,具有以下特点:

- 可用于同步或异步传送,同步波特率 0～64kbps,异步波特率 0～19.2kbps。
- 同步传送时,5～8 位/字符,可用内同步或外同步控制,可自动插入同步字符。
- 异步传送时,5～8 位/字符,自动为每个数据增加 1 个起始位,1、1.5 或 2 个停止位。
- 完全双工,双缓冲器发送和接收数据。
- 具有出错检查,有奇偶校验、溢出和帧错误等检测电路。

7.4.1 8251A 的内部结构和引脚

1. 8251A 的内部结构

8251A 的内部结构如图 7.28(a)所示,它包含接收器、发送器、读/写控制逻辑、数据总线缓冲器和调制/解调控制电路五大部分。

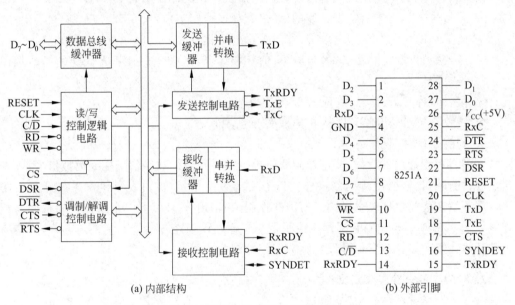

图 7.28 8251A 的内部结构和外部引脚

1) 接收器

接收器包括接收缓冲器、串并转换逻辑和接收控制电路 3 个部分。接收缓冲器对外的引脚为 RxD,它的功能就是从 RxD 引脚上接收串行数据,并按照相应的格式将串行数据转换成并行数据,它由接收移位寄存器和接收数据缓冲器组成双缓冲结构,接收控制电路是配合接收缓冲器工作的。其作用如下:

- 在异步方式下,芯片复位后,先检测输入信号中的有效1,一旦检测到,就接着寻找有效的低电平来确定启动位。
- 消除假启动干扰。
- 对接收到的信息进行奇偶校验,并根据校验结果建立相应的状态位。
- 检测停止位,并按检测结果,建立状态位。

2）发送器

发送器包括发送缓冲器、并串转换逻辑和发送控制电路3个部分。发送缓冲器用来将CPU发送的并行数据加上相应的控制位变成串行数据,从TxD引脚发送出去,它由发送数据缓冲器和发送移位寄存器组成了发送的双缓冲器结构。发送控制电路配合发送缓冲器进行发送数据的控制。具体作用如下：

- 在异步方式下,为数据加上起始位、校验位和停止位。
- 在同步方式下,插入同步字符,在数据中插入校验位。

3）数据总线缓冲器

数据总线缓冲器提供用于8251A和CPU系统数据总线的连接,在CPU执行输入输出操作时,进行数据交换或者读/写命令。

4）读/写控制逻辑电路

读/写控制逻辑电路用来配合总线缓冲器的工作。具体作用如下：

- 写信号$\overline{WR}$,将来自数据总线的信号（数据或控制字）写入8251A。
- 读信号$\overline{RD}$,将数据/状态字从8251A送到数据总线上。
- 接收控制/数据信号C/$\overline{D}$,与读/写信号相结合,标识8251A正在处理的是数据还是控制信息。
- 接收时钟CLK信号,完成8251A的内部定时。
- 接收复位信号RESET,使8251A处于空闲状态。

5）调制/解调控制电路

在进行远程通信的时候,要用调制器将串行接口送出的数字信号变为模拟信号,再发送出去；在接收端则要用解调器将模拟信号变为数字信号,再由串行接口送往计算机主机。调制解调控制电路提供了一组通用的控制信号,使8251A可以直接和调制解调器相连接。当8251A不与调制解调器连接而是与其他外设相连时,图7.28中与调制/解调有关的联络信号可以作为其他外设控制数据传输的联络线。

2. 8251A的外部引脚定义

根据8251A的内部结构,可以将它的外部引脚信号分成两大部分,一是和CPU相连的信号,二是和外设相连接的信号,如图7.28（b）所示。

1）与CPU的连接信号

$\overline{CS}$：片选信号,低电平有效,由M/$\overline{IO}$和地址信号经过译码得到。

$D_0 \sim D_7$：8位数据信号。

$\overline{RD}$：读信号,低电平有效,当它为低时,表明CPU从8251A读取数据或者状态信息。

$\overline{WR}$：写信号,低电平有效,当它为低时,表明CPU向8251A写入数据或者控制信息。

C/$\overline{D}$：控制/数据选择信号，用来区分当前读/写的是数据还是控制命令或者状态信息。具体地说，当 CPU 读操作时，若 C/$\overline{D}$ 为低电平，读取的是数据信息，否则读取的是8251A 当前的状态信息；当 CPU 写操作时，若 C/$\overline{D}$ 为低电平，则写入的是数据，否则写入的是 CPU 对 8251A 的控制命令。C/$\overline{D}$、$\overline{RD}$ 及 $\overline{WR}$ 这 3 个信号和读/写操作之间的关系如表 7.10 所示。

表 7.10 C/$\overline{D}$、$\overline{RD}$、$\overline{WR}$ 和对应的操作

C/$\overline{D}$	$\overline{RD}$	$\overline{WR}$	具体的操作
0	0	1	CPU 从 8251A 输入数据
0	1	0	CPU 向 8251A 输出数据
1	0	1	CPU 读取 8251A 的状态
1	1	0	CPU 向 8251A 写入控制命令

需要说明的是：8251A 只有两个连续的端口地址，数据输入端口和数据输出端口合用同一个偶地址，而状态端口和控制端口合用同一个奇地址。而在 8086/8088 系统中，利用地址线 A_1 来区分奇地址端口和偶地址端口，所以将 A_1 和 C/$\overline{D}$ 信号相连。$A_1 = 0$ 选中偶地址，刚好表示选择数据端口；$A_1 = 1$ 选中奇地址，刚好表示选中控制端口。这样，地址线 A_1 的电平变化正好符合了 8251A 对 C/$\overline{D}$ 端的信号要求。

TxRDY：发送器准备好信号，输出，高电平有效。表明发送器准备好，即表示 8251A 可以发送数据，也就是发送缓冲器为空，于是 CPU 可以向 8251A 写入数据。若用中断方式，则 TxRDY 可做中断请求信号；若用查询方式，则可查询 TxRDY 的状态。

TxE：发送器空信号，输出，高电平有效。指示并串转换器为空，即表示一个发送动作的完成，若 8251A 得到一个数据，则 TxE 为低。在同步方式下，不允许字符间有空隙，但若 CPU 来不及往 8251A 上送数据，则 TxE 为高时，插入同步字符。

RxRDY：接收器准备好信号，输出，高电平有效。表示已从外设接收到一个数据，等待 CPU 处理，同样，若用中断方式，则 RxRDY 可做中断请求信号；若用查询方式，则可查询 RxRDY 的状态。CPU 一旦读走字符，RxRDY 则变低。

SYNDET：同步检测/断电检测信号，高电平有效，输出/输入。同步方式时表示同步检测，在内同步时，作为输出，输出为 1 时，表示已经寻找到同步字；在外同步时，作为输入，变高后，在 $\overline{RxC}$ 的下一个下降沿装配字符。若在异步方式下，为空白检测信号，输出，若收到一个全 0 组成的字符，输出高电平。

2）与外设之间的连接信号

$\overline{DTR}$：数据终端准备好信号，由 8251A 送往外设，表示 CPU 就绪。

$\overline{DSR}$：数据设备准备好信号，由外设送给 8251A，表示外设准备好。

$\overline{RTS}$：请求发送信号，由 8251A 送往外设，表示 CPU 已准备好发送。

$\overline{CTS}$：清除请求发送信号，由外设送给 8251A，表示可以往外设发送数据。

TxD：数据输出端，CPU 送到 8251A 的并行数据变为串行数据后，由 TxD 送往

外设。

RxD：数据接收端，RxD 接收外设输入的串行数据，数据进入 8251A 以后，变为并行方式。

CLK：产生 8251A 的内部时序，要求 CLK 的频率在同步方式下大于接收/发送数据波特率的 30 倍，在异步方式下大于数据波特率的 4.5 倍。

TxC：发送器时钟，输入，控制字符的发送速度，在同步方式下等于字符传送波特率，在异步方式下可以是字符传送波特率的 1 倍、16 倍、64 倍，具体倍数由 8251A 编程时指定的波特率因子决定。

RxC：接收器时钟，控制字符的接收速度，和 TxC 类似。

在实际应用中，往往将 TxC 和 RxC 连接在一起，由同一个外部时钟来提供，而 CLK 则由一个频率较高的外部时钟来提供。

7.4.2 8251A 的工作方式

根据 8251A 的工作方式不同，它可以工作在异步方式或者同步方式。下面分别从接收和发送两个方面来说明它的工作方式和过程。

1. 异步方式

1）异步接收方式

当 8251A 工作在异步方式并准备接收一个字符时，就在 RxD 线上检测低电平（无有效信息时，RxD 上为高电平）。8251A 将 RxD 线上检测到的低电平作为起始位，并且启动接收控制电路中的一个内部计数器进行计数，计数脉冲就是 8251A 的接收器时钟脉冲。当计数进行到相应于半个数位传输时间（例如时钟脉冲为波特率的 16 倍时，则计到第 8 个脉冲）时，又对 RxD 线进行检测，如果此时仍为低电平，则确认收到一个有效的起始位。于是，8251A 开始进行常规采样并进行字符装配，具体地说，就是每隔一个数位传输时间对 RxD 进行一次采样。数据进入输入移位寄存器被移位，并进行奇偶校验和去掉停止位，变成了并行数据，再通过内部数据总线送到数据输入寄存器，同时发出 RxRDY 信号送 CPU，表示已经收到一个可用的数据。对于少于 8 位的数据，8251A 则将它们的高位填上 0。

在异步接收时，有时会遇到这样的情况，即 8251A 在检测起始位时，过半个数位传输时间后，再次检测，没有测得低电平，而是测得高电平，这种情况下，8251A 就会把刚才检测到的信号看成干扰脉冲，于是重新开始检测 RxD 线上是否又出现低电平。

2）异步发送方式

在异步发送方式下，当程序置 TxEN（允许发送信号，见图 7.31）和 $\overline{CTS}$ 为有效后，便开始发送过程。在发送时，发送器为每个字符加上 1 个起始位，并且按照编程要求加上奇偶校验位以及 1 个、1.5 个或者 2 个停止位。数据及起始位、校验位、停止位总是在发送时钟 TxC 的下降沿时从 8251A 发出，数据传输的波特率为发送时钟频率的 1、1/16 或者 1/64，具体取决于编程时给出的波特率因子。

2. 同步方式

1）同步接收方式

在同步接收方式下，8251A 首先搜索同步字符。具体地说，8251A 监测 RxD 线，每当 RxD 线上出现一个数据位时，就把它接收下来并把它送入移位寄存器移位，然后把移位寄存器的内容与同步字符寄存器的内容进行比较，如果两者不相等，则接收下一位数据，并且重复上述比较过程。当两个寄存器的内容相等时，8251A 的 SYNDET 引脚就升为高电平，以告示同步字符已经找到，同步已经实现。

有的时候，采用双同步字符方式。这种情况下，就要在测得输入移位寄存器的内容与第一个同步字符寄存器的内容相同后，再继续检测此后的输入移位寄存器的内容是否与第二个同步字符寄存器的内容相同。如果不同，则重新比较输入移位寄存器和第一个同步字符寄存器的内容；如果相同，则认为同步已经实现。

在外同步情况下，与上面的过程有所不同，因为这时是通过在同步输入端 SYNDET 上加一个高电位来实现同步的。SYNDET 端一出现高电平，8251A 就会立刻脱离对同步字符的搜索过程，只要此高电位能维持一个接收时钟周期，8251A 便认为已经完成同步。

实现同步之后，接收器和发送器之间就开始进行数据的同步传输。这时，接收器利用时钟信号对 RxD 线进行采样，并把收到的数据位送到移位寄存器中。每当收到的数据位达到规定的一个字符的数位时，就将移位寄存器的内容送到输入缓冲寄存器，并且在 RxRDY 引脚上发出一个信号，表示收到了一个字符。

2）同步发送方式

在同步发送方式下，也要在程序置 TxEN 和 $\overline{CTS}$ 为有效后才能开始发送过程。发送过程开始以后，发送器先根据编程要求发送一个或者两个同步字符，然后发送数据块。在发送数据块时，发送器会根据编程要求对数据块中的每个数据加上奇偶校验位，当然，如果在 8251A 编程时不要求加奇偶校验位，那么，在发送时就不添任何附加位。

在同步发送时，如果 8251A 正在发送数据，而 CPU 却来不及提供新的数据给 8251A，这时 8251A 的发送器会自动插入同步字符，于是，就满足了在同步发送时不允许数据之间存在间隙的要求。

7.4.3 8251A 的编程

1. 初始化流程

对 8251A 的使用，必须首先进行初始化，对 8251A 进行初始化的时候，需要遵守如下的初始化约定：

（1）芯片复位后，第一次用奇地址端口写入的值写到模式字寄存器。在模式字中规定为同步方式或者异步方式（同步方式和异步方式的模式字见图 7.30）。

- 若在模式字中规定同步工作方式，则 CPU 接着往奇地址输出的一个或两个字节就是同步字符，写入同步字寄存器，然后再将命令控制字写入奇端口。

- 若在模式字中规定异步工作方式,则 CPU 往奇端口输出的一个字就是命令控制字。

（2）在相关命令设置好后,只要不是复位命令,用奇地址端口写的是命令控制字,用偶地址端口写的是数据,送到数据输出缓冲器。

初始化流程图如图 7.29 所示,不管是同步方式还是异步方式,控制字的主要含义是相同的,在初始化流程图中可以看到,当 CPU 向 8251A 发送命令控制字以后,8251A 首先会判断是不是给出了复位命令。如是,则重新接收模式字,如果不是,则可以开始执行数据传输。

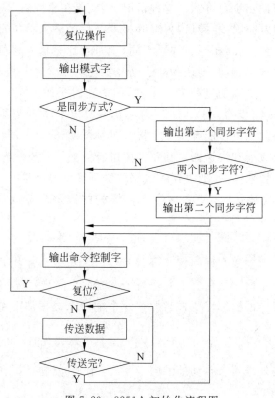

图 7.29　8251A 初始化流程图

2. 工作模式字

8251A 可以工作在异步方式下,也可以工作在同步方式下,模式字的最低两位决定同步方式还是异步方式,若最低两位等于 00,表示是同步方式,否则是异步方式。在异步方式和同步方式下,模式字的意义如图 7.30 所示。

在同步方式中,接收和发送的波特率分别和 TxC、RxC 引脚上的频率相同。而在异步方式下,要用模式字的最低两位来确定波特率因子,此时 TxC、RxC 的频率和波特率因子以及波特率之间具有下面的关系:

$$TxC \text{ 或 } RxC = 波特率因子 \times 波特率$$

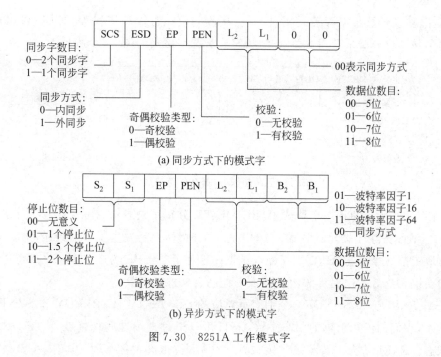

图 7.30 8251A 工作模式字

3. 命令控制字格式

在对 8251A 进行初始化的时候,还需要注意的是命令控制字,它的格式如图 7.31 所示。

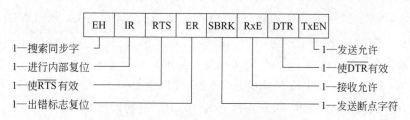

图 7.31 8251A 控制寄存器的格式

TxEN 为 1 时允许数据发往外设,只有 TxEN 为高的时候,TxRDY 引脚才可能有效,开始进行数据发送。DTR 置 1 使 $\overline{DTR}$ 为低,一般 $\overline{DTR}$ 和 Modem 的 CD 引脚相连,通知 Modem,CPU 已准备就绪。RxE 置 1,允许 8251A 开始接收数据。SBRK 为 1,使 TxD 引脚变低,输出一个空白字,以此作为断点标志。ER 置 1,使出错标志复位,出错标志包括覆盖错误、校验错误和帧格式错误。RTS 为 1,强制使 $\overline{RTS}$ 为低电平,一般 $\overline{RTS}$ 和 Modem 的 CA 引脚相连,使其获得发送请求。IR 为内部复位信号。EH 只用于内同步方式,EH 为 1 时,开始搜索同步字。

4. 状态字格式

状态字用来表示 8251A 在发送和接收过程中的实际工作状态。例如一个字符有没有接收完整，发送移位寄存器是不是为空，接收的数据有没有错误等。CPU 可以通过读入状态字并进行分析来获得 8251A 的状态。状态字格式如图 7.32 所示。

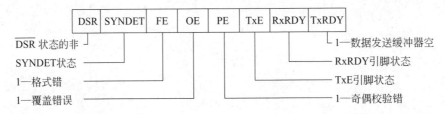

图 7.32　8251A 状态寄存器的格式

在图 7.32 所示的状态字格式中，FE、OE、PE 分别用来表示 3 种错误状态。当 FE 为 1 的时候，表示发生了帧格式错误；当 OE 为 1 的时候，表示发生了覆盖错误，也就是 CPU 还没有取走前一个字符，RxD 端又输入了下一个字符；当 PE 为 1 的时候，表示发生了奇偶校验错误。这 3 个出错标志可以用命令控制字来进行清除。

TxE、RxRDY 和 SYNDET 分别表示对应的 8251A 的 TxE、RxRDY 和 SYNDET 引脚的状态，它们的值和引脚的状态一致，CPU 可以通过查询这些位来获得 8251A 相应引脚的状态。RxRDY 为 1 表示接口接收到一个数据，正准备往 CPU 中输入，输入后自动清零。TxE 为 1，表示输出移位寄存器正等待输出缓冲寄存器传送一个数据。

需要注意的是 DSR 表示的是 $\overline{\text{DSR}}$ 引脚上电平的有效状态，实际上是 $\overline{\text{DSR}}$ 引脚上电平的非，例如当 $\overline{\text{DSR}}$ 引脚上的电平为高的时候，状态字中的 DSR 位为 0。

另外，TxRDY 只反映发送数据缓冲器的实际状态，只要数据缓冲器一空，就为 1。而不一定与实际的 8251A 中的 TxRDY 引脚的状态对应。8251A 中的 TxRDY 引脚还要受到命令控制字中的 TxEN 和引脚 $\overline{\text{CTS}}$ 的控制。

下面通过几个例子来看一下 8251A 的初始化编程和状态字的使用。

例 7.7　假设 8251A 工作在异步方式下，奇端口地址（即控制和状态端口）为 52H，字符数 7 位，偶校验，2 个停止位，波特率因子为 16，请写出初始化程序段。

解：根据题意，模式字为 11111010＝0FAH，控制字为 00110111＝37H，也就是发送允许、接收允许、发送启动、接收启动、出错标志复位。程序段如下：

```
MOV  AL,0FAH
OUT  52H,AL
MOV  AL,37H
OUT  52H,AL
```

例 7.8　假设 8251A 工作在同步方式下，奇端口地址为 52H，2 个同步字符，内同步，奇校验，7 位数据位，同步字为 16H，请写出初始化程序段。

解：根据题意，模式字为 00011000＝18H，控制字为 10010111＝97H，程序段如下：

```
MOV  AL,18H
OUT  52H,AL
```

```
MOV   AL,16H
OUT   52H,AL
OUT   52H,AL
MOV   AL,97H
OUT   52H,AL
```

例 7.9　假设 8251A 的控制和状态端口地址为 52H,数据输入和输出端口地址为 50H,8251A 工作在异步模式,波特率因子为 16,7 个数据位,2 个停止位,偶校验。要求通过查询 8251A 的状态字,从外设输入 80 个字符,写出初始化和数据输入程序段。假设字符输入后,放在 BUFFER 标号所指的内存缓冲区中。

解：根据题意,具体的程序段如下:

```
        MOV   AL, 0FAH
        OUT   552H, AL          ;根据要求设置模式字
        MOV   AL, 35H
        OUT   52H, AL           ;设置控制字,启动发送器、接收器,清除出错标识
        MOV   DI, 0             ;变址寄存器初始化
        MOV   CX, 80            ;共收取 80 个字符
BEGIN:IN    AL, 52H            ;读取状态字,测试 RxRDY 位是否为 1
        TEST  AL, 02H
        JZ    BEGIN            ;如为 0 表示未收到字符,故继续读取状态字并测试
        IN    AL, 50H           ;读取字符
        MOV   BX, OFFSET BUFFER
        MOV   [BX+DI],AL        ;将字符送入缓冲区
        INC   DI               ;修改缓冲区指针
        IN    AL, 52H           ;读取状态字
        TEST  AL, 38H          ;测试有无帧格式错误、奇偶校验错误和覆盖错误
        JNZ   ERROR           ;如有,则转出错处理程序
        LOOP BEGIN           ;如没有错,则再接收下一字符
        JMP   EXIT            ;如输入满 80 个字符,则结束
ERROR:
        CALL ERR _ OUT        ;调用出错处理程序
EXIT:       ...
```

上面的程序段先对 8251A 进行初始化,然后对状态字进行测试,以便输入字符。在程序的内循环中,对状态寄存器的状态位 RxRDY 不断测试,看 8251A 是否已经从外设接收到一个字符。字符接收过程本身会自动使 RxRDY 置 1。如果没有接收到字符,RxRDY 位置 0,内循环不断继续,当接收到下一个字符时,RxRDY 位置 1,于是退出内循环。当 CPU 从 8251A 接口读取字符后,RxRDY 位又自动复位,即成为 0。如果字符已经接收到,则将它读入并送到内存缓冲区。程序还对状态寄存器的出错指示位进行检测,如果发现传输过程中有奇偶校验错误、覆盖错误和帧格式错误,则停止输入,并调用出错处理子程序。这里,出错处理子程序没有具体给出,它的功能主要有两方面,一是打印出

错信息,二是清除状态寄存器中的出错指示位,出错指示位的清除可以通过设置控制字来实现。

7.4.4 8251A 的应用实例

在微型机系统中,8251A 被作为 CRT 显示器和键盘的串行通信接口,具体的线路如图 7.33 所示。8251A 的主时钟 CLK 连接系统主频,即为 8MHz;8251A 的发送时钟 TxC 和接收时钟 RxC 与 8253 的计数器 2 的输出相连;8251A 的片选信号 $\overline{CS}$ 与译码器输出相连,读信号 $\overline{RD}$ 和写信号 $\overline{WR}$ 分别与系统总线的 $\overline{IOR}$ 和 $\overline{IOW}$ 连接;8251A 的数据线 $D_0 \sim D_7$ 与 16 位数据总线的低 8 位 $D_0 \sim D_7$ 相连。

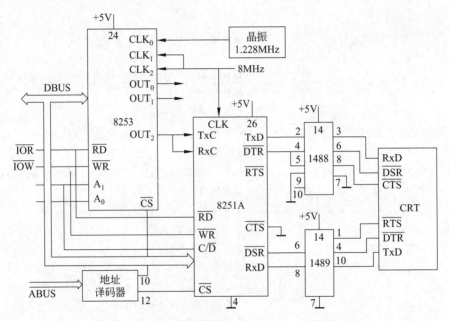

图 7.33 8251A 作为 CRT 接口的一个例子

8251A 的输出信号和输入信号都是 TTL 电平的,而 CRT 的信号电平是 RS-232C 电平,为此,要通过 MC1488 将 8251A 的输出信号变为 RS-232C 电平,再送给 CRT;反过来,要通过 MC1489 将 CRT 的输出信号变为 TTL 电平,再送给 8251A。

下面是 8251A 的初始化程序段。在实际使用中,当未对 8251A 设置模式字时,如果要使 8251A 进行复位,可以采用先送 3 个 00H,再送 1 个 40H 的方法,这也是 8251A 的编程约定,40H 可以看成是使 8251A 执行复位操作的实际代码。其实,即使置了模式字之后,也可以用这个方法来使 8251A 进行复位。

```
INIT:
    XOR  AX, AX          ;AX 清零
    MOV  CX, 0003
    MOV  DX, 00DAH       ;DX 寄存器中为控制端口地址
```

```
OUT1:
    CALL KKK
    LOOP OUT1                   ;向 8251A 的控制端口送 3 个 0
    MOV  AL, 40H
    CALL KKK                    ;向 8251A 的控制端口送 1 个 40H,使它复位
    MOV  AL, 4EH                ;设置模式字,异步模式;波特率因子为 16,8 位数据,1 位停止位
    CALL KKK
    MOV  AL, 27H                ;设置命令字,使发送器和接收器启动
    CALL KKK
    ...
KKK:                            ;下面是输出子程序,将 AL 中的数据输出到 DX 指定端口
    OUT  DX, AL
    PUSH CX
    MOV  CX,0002
ABC:
    LOOP ABC                    ;等待输出动作完成
    POP  CX                     ;恢复 CX 的内容,并返回
    RET
```

往 CRT 输出一个字符的程序段如下,要输出的字符事先放在堆栈中。程序段先对状态字进行测试,以判断 TxRDY 状态位是否为 1,如 TxRDY 为 1,说明当前数据输出缓冲区为空,于是,CPU 可以向 8251A 输出一个字符。

```
CHAROUT:
    MOV  DX , 0DAH              ;从状态端口 DAH 输入状态字
STATE:
    IN   AL, DX
    TEST AL , 01                ;测试状态位 TxRDY 是否为 1,如不是,则再测试
    JZ   STATE
    MOV  DX ,0D8H               ;DX 寄存器中为数据端口号
    POP  AX                     ;AX 中为要输出的字符
    OUT  DX , AL                ;向端口中输出一个字符
```

小结

本章介绍了在计算机系统和控制系统中具有定时/计数作用的 Intel 8253/8254,它是带有 3 个 16 位定时器/计数器的可编程芯片,每个计数器可以工作在 6 种不同的工作方式,并且互相之间不影响,可以用来作为频率发生器、实时时钟和外部事件计数器。在学习和使用过程中,需注意的是,在初始化时要先设置它的工作方式和计数初值。

Intel8251A 是一个 USART（Universal Synchronous-Asynchronous Receiver/Transmitter）,即既可以完成同步通信也可以完成异步通信的硬件接口电路。8251A 具有可编程能力,在学习和使用过程中需要注意该接口芯片的内部结构和工作方式以及它的初始化编程,同时需要注意串行通信的物理标准。另外,随着计算机技术的发展,还需

要注意到各个公司生产的其他串行接口芯片，如 ADM9551、INS8250 和 NS16550、16C750 等，这些串行接口芯片功能各有特色，但基本原理都是类似的。

并行接口的应用同样广泛，在各种驱动电路、直流步进电机控制、红外和无线遥控、数字和模拟开关设计、数据采集系统中都离不开它。Intel 8255A 是一个典型的并行接口芯片，不需要附加外部电路，使用灵活。在学习和使用的过程中要注意它的 3 个 8 位数据端口——端口 A、端口 B 和端口 C 的区别。其中端口 A 具有双向传输功能，并带有输入和输出双向锁存；而端口 B 和端口 C 具有输入缓冲和输出锁存功能；端口 C 一般用来配合端口 A 和端口 B，作为控制和状态信号的输入输出。

习题

1. 试说明 8253/8254 芯片的 6 种工作方式，其中 CLK 和 GATE 信号分别起什么作用？

2. 与 8253 相比，8254 有什么特点？

3. 若 8253 芯片的接口地址为 0D0D0H～0D0D3H，时钟信号为 2MHz，现利用计数器 0、1、2 分别产生周期为 $10\mu s$ 的方波、每隔 1ms 和 1s 产生一个负脉冲，试画出与系统的连接图，并写出初始化程序。

4. 某计算机系统采用 8253 的计数器 0 作为频率发生器，输出频率为 500Hz，用计数器 1 产生 1000Hz 的方波，输入的时钟频率为 1.19MHz。请问计数器 0 和计数器 1 分别工作在什么方式？计数初值分别是多少？

5. 利用 8254 的通道 1 产生 500Hz 的方波信号。设输入时钟频率 CLK1＝2.5MHz，端口地址为 0FFA0H～0FFA3H，试编制初始化程序。

6. 某系统使用 8254 的通道 0 作为计数器，计满 1000 时，向 CPU 发送中断请求，试编写初始化程序（端口地址自设）。

7. 试比较并行通信和串行通信的特点。

8. 试说明串行通信中同步通信和异步通信的数据格式。

9. 什么是波特率？假设异步传输的一帧信息由 1 位起始位、7 位数据位、1 位校验位和 1 位停止位构成，传送的波特率为 9600bps，则每秒能传输的字符个数是多少？

10. RS-232C 的逻辑电平是如何定义的？它与计算机连接时，为什么要进行电平转换？

11. 简述串行接口芯片 8251 的基本组成与功能。

12. 8251A 的模式字格式如何？假设 8251A 的两个端口地址为 64H、66H，通信格式为：异步方式，1 个停止位，偶校验，7 个数据位，波特率因子为 16，请编写初始化程序。

13. 假设 8251A 的两个端口地址为 64H、66H，通信格式为：内同步方式，两个同步字（都为 55H），偶校验，7 个数据位，请编写初始化程序。

14. 采用 8251 实现甲、乙两机之间的近距离通信，甲方发送，乙方接收，传送的数据块为 2KB。要求如下：

(1) 设计通信电路，画出系统硬件连接图。

（2）完成系统中芯片的初始化。

（3）编写甲方的发送程序和乙方的接收程序。

15. 8255A 有哪几种工作方式？对这些工作方式有什么规定？

16. 假设 8255A 的端口地址为 00C0H～00C6H，按下面的要求编写初始化程序。

（1）对 8255A 设置工作方式，要求：A 端口工作在方式 1，输入；B 端口工作在方式 0，输出；C 端口的高 4 位配合 A 端口工作，C 端口的低 4 位为方式 0，输入。

（2）用置 0/置 1 方式直接对 PC_6 置 1，对 PC_4 置 0。

17. 使用 8255A 作为开关和 LED 指示灯的接口。要求 8255A 的 A 端口连接 8 个开关，B 端口连接 8 个 LED 发光二极管，用作指示灯，将 A 端口的开关状态读入，然后送至 B 端口控制指示灯亮、灭。试画出接口电路设计图，并编写实现程序。

18. 在甲乙两机之间并行传送 1KB 的数据，甲机发送，乙机接收。要求甲机一侧的 8255A 工作在方式 1，乙机一侧的 8255A 工作在方式 0，双机都采用查询方式传送数据。试画出通信接口电路图，并编写甲机的发送程序和乙机的接收程序。

19. 设计一个应用系统，要求 8255A 的端口 A 输入 8 个开关信息，并通过 8251A 以串行方式将开关信息发送出去。8251A 采用异步查询方式，波特率因子为 16，数据长度为 8 位，2 位停止位，奇校验。已知 8255 的端口地址为 100H～103H，8251A 的端口地址为 50H～51H。请按下述要求完成设计。

（1）设计该系统的硬件接口电路（包括地址译码电路）。

（2）编写各芯片的初始化程序。

（3）编写完成上述功能的应用程序。

第8章　中断和 DMA 技术

随着计算机的不断发展,CPU 的处理速度不断加快,随之也出现了一个严重的问题,就是高速的 CPU 处理能力和慢速的外设之间的通信矛盾。为了解决这个问题,除了提高外设的速度之外,还引入了中断和 DMA 处理技术。

本章的主要内容如下:

- 80x86 中断系统。
- 可编程中断控制器 8259A。
- 可编程 DMA 控制器 8237A。

8.1　80x86 中断系统

8.1.1　中断操作和中断系统

当外部设备准备好与 CPU 传送数据或者有某些紧急情况需要处理时,如定时时间到、溢出处理等。这时,外设向 CPU 发出中断请求,CPU 接收到请求并在一定条件下,暂时停止执行原来的程序而转去中断服务处理。中断服务处理完毕后,再返回执行原来被中断的程序,这就是一个中断过程。

1. 中断请求

中断是 CPU 被动地响应外设要求的服务,发出中断请求的外部设备称为中断源。在计算机系统中,基本中断源有数据输入输出外设请求中断、定时时间到中断、满足规定状态的中断、电源断电请求中断、故障报警请求中断、程序调试设置中断等。

2. 中断响应

CPU 在没有接到中断请求信号时,一直执行原来的程序(称为主程序)。由于外设的中断申请随机发生,有中断申请后 CPU 能否马上为其服务呢? 这就要看中断的类型。若为非屏蔽中断申请,则 CPU 执行完现行指令后,做好保护现场工作即可去处理中断服务;若为可屏蔽中断申请,CPU 只有得到允许才能去服务。这就是说,CPU 能否在接到中断申请后立即响应要视情况而定。对可屏蔽的中断申请,CPU 要响应,必须满足 3 个条件,即无总线请求、CPU 被允许中断以及 CPU 执行完现行指令。

CPU 响应中断时,会自动完成 3 项任务:

(1) 关闭中断。

(2) 保护关键现场,通常将断点和标志寄存器内容入栈。

(3) 获得中断服务程序的入口地址,转中断服务程序。

3. 中断处理

一旦 CPU 响应中断,就可转入相应的中断服务程序,通常中断处理要完成以下 6 项工作:

(1) 保护现场。CPU 响应中断时自动完成断点和标志寄存器的保护,但主程序中使用的寄存器的保护则由用户视情况而定。由于中断服务程序中也要用到某些寄存器,若不保护这些寄存器在中断前的内容,有可能会被中断服务程序修改,这样,从中断服务程序返回主程序时,有可能不能正确执行。由用户保护这些寄存器内容的功能称为保护现场,实质上是执行 PUSH 指令将需要保护的寄存器的内容压入堆栈。

(2) 开中断。CPU 接收并响应一个中断后自动关闭中断,是为了不允许其他的中断来中断它的保护现场的工作。但在某些情况下,有比该中断更优先的中断请求要处理,此时,应停止对该中断的服务而转入优先级更高的中断处理,故需要再开中断。

(3) 中断服务。中断服务的核心就是对某些中断情况的处理,如传送数据、处理掉电紧急保护、各种报警状态的控制处理等。

(4) 关中断。为了保证在一个中断服务后能准确无误地返回到被中断的主程序,在一个中断服务程序的服务结束时需关中断,以便保证恢复现场的工作顺利进行而不被中断。

(5) 恢复现场。在返回主程序前,要将用户保护的寄存器内容从堆栈中弹出,以便中断返回后能继续正确执行主程序。恢复现场用 POP 指令。

(6) 开中断返回。在返回主程序前,也就是中断服务程序的倒数第二条指令往往是开中断指令,最后一条是返回指令,执行返回指令,CPU 自动从现行堆栈中弹出 CS、IP 和 FLAGS 的内容,以便继续执行主程序。

8.1.2 中断调用与返回指令

1. 软中断指令

格式:

```
INT  n
```

其中,n 为中断类型码,可为 0~255 中任意一个值,n 确定了,即可到 0000H 段中偏移地址 $4n$ 开始的 4 个单元中找到该服务程序入口的地址。

中断指令在执行时会自动完成如下工作:

- 标志寄存器压入堆栈保存,即 $SP \leftarrow SP-2$,$SS:[SP] \leftarrow$ 标志寄存器内容。
- 禁止新的可屏蔽中断和单步中断,即 $IF \leftarrow 0$,$TF \leftarrow 0$。
- 断点地址压入堆栈保存,即 $SP \leftarrow SP-2$,$SS:(SP) \leftarrow CS$,$SP \leftarrow SP-2$,$SS:(SP) \leftarrow IP$。
- 取中断服务程序的起始地址,即 $CS \leftarrow 0000H:[4n+3]$ 和 $0000H:[4n+2]$ 的内容,$IP \leftarrow 0000H:[4n+1]$ 和 $0000H:[4n]$ 的内容。

2. 溢出中断指令

格式:

INTO

功能:检测 OF。如果 OF＝1,启动中断子程序(INT n,其中 $n＝4$);如果 OF＝0,无操作。

溢出中断指令在执行时会自动完成如下工作:

- 标志寄存器压入堆栈保存,即 SP←SP−2,SS:[SP]←标志寄存器内容。
- 禁止新的可屏蔽中断和单步中断,即 IF←0,TF←0。
- 断点地址压入堆栈保存,即 SP←SP−2,SS:(SP)←CS,SP←SP−2,SS:(SP)←IP。
- 取中断服务程序的起始地址,即 CS←0000H:[0012H],IP←0000H:[000AH]。

3. 中断返回指令

格式:

IRET

功能:当执行中断返回指令时,会自动完成断点出栈(CS 出栈,IP 出栈)和 FLAGS出栈。

中断返回指令完成如下操作:

- 断点地址出栈恢复,即 IP←SS:(SP),SP←SP＋2,CS←SS:(SP),SP←SP＋2。
- 标志寄存器出栈恢复,即标志寄存器←SS:(SP),SP←SP＋2。

8.1.3　8086 中断系统

1. 8086 中断类型

8086/8088 中断属矢量中断也叫类型中断,共有 0～255 种类型,可分为软件中断和硬件中断。

1) 软件中断

由 CPU 执行某些指令引起的中断称为软件中断(亦称内部中断)。软件中断包括以下情况:

(1) 除法出错中断。在 CPU 作除法运算时,若除数为零或商超出了有关寄存器所能表示的范围,则产生除法出错中断,其类型为 0。

(2) 单步中断。在标志寄存器 FLAGS 中,若跟踪标志 TF＝1 且中断允许标志 IF＝1时,每执行一条指令就引起一次中断。该中断在单步调试程序时使用,单步中断的类型号是 1。

(3) INTO 溢出中断。当溢出标志 OF＝1 时,执行指令 INTO,则产生溢出中断。两个条件中一个不具备,溢出中断不发生。溢出中断的类型号为 4。

(4) 中断指令 INT n。在 8086/8088 指令系统中有一类中断指令 INT n,其中 n 为中断类型号(0~255)。CPU 每执行一次 INT 指令,就发生一次中断。在 DOS 操作系统中,用不同类型号可编写一些标准的中断服务程序,用户程序可以用 INT n 指令方便地调用,也可以用此调试中断服务程序。

2) 硬件中断

由 CPU 外部中断请求引脚 NMI 和 INTR 引起的中断称为硬件中断(也称外部中断)。硬件中断又分为非屏蔽中断和可屏蔽中断。

(1) 非屏蔽中断。

若 CPU 的 NMI 引脚接收到一个正跳变信号,则可产生一次非屏蔽中断。这种中断的响应不受中断允许标志 IF 的控制。8086/8088 要求 NMI 信号跳变成高电平后至少保持两个时钟周期以上的宽度,以便锁存下来,待当前指令完成之后响应。

IBM PC/XT 中的非屏蔽中断源有 3 种,分别是浮点运算协处理器 8087 的中断请求、系统板上 RAM 的奇偶校验错中断请求及扩展槽中的 I/O 通道错中断请求。以上三者中任何一个都可以单独提出中断请求,但是否真正形成 NMI 信号,还要受 NMI 屏蔽寄存器的控制。当这个寄存器的 D7=1 时才允许向 CPU 发 NMI 请求,否则即使有中断要求,也不能发出 NMI 信号。NMI 屏蔽寄存器的口地址为 A0H,可以用输出指令对这一位写入 1 或 0 达到允许或禁止 NMI 的效果。NMI 被响应,自动产生中断类型号为 2 的中断,并转入相应的服务程序。

(2) 可屏蔽中断。

若是一个高电平信号加到 CPU 的 INTR 引脚,且中断允许标志 IF=1,则产生一次可屏蔽中断。当 IF=0 时,INTR 的中断请求被屏蔽,在 IBM PC/XT 中,所有可屏蔽的中断源都先经过中断控制器 8259A 管理之后再向 CPU 发出 INTR 请求。

2. 8086 的中断处理

8086 系统把中断服务入口地址表的中断明确分成 3 部分。第一部分是类型 0 到类型 4,共 5 种类型,定义为专用中断,它们占中断矢量表中 000~013H,共 20B。这 5 种类型中断的入口已由系统定义,不允许用户作任何修改。这 5 种类型的中断如下:

- INT0,除法出错中断。
- INT1,单步中断。
- INT2,外部不可屏蔽(NMI)中断。
- INT3,断点中断。
- INT4 或 INTO,溢出中断。

第二部分是类型 5 到类型 31,为系统备用中断,这是 Intel 公司为进行系统软硬件开发而保留的中断类型,一般不允许用户改作其他用途,其中许多中断已被系统开发所使用,例如类型 21H 已用作系统功能调用的软件中断。

第三部分是类型 32 到类型 255,可供用户使用。这些中断可由用户定义为软中断,由 INT 指令引入,也可以是通过 INTR 引脚直接引入的或通过中断控制器 8259A 引入的可屏蔽硬件中断。

中断服务入口地址表又可称为中断指针表或中断矢量表，每个入口都是低位字为偏移地址，高位字为段基值，如图 8.1 所示。

有两种方法可获取中断类型号。第一种是直接获取，对于类型号 0～4 的中断，由于 8086 CPU 已规定了产生中断的原因，只要有相应中断就可获得相应类型号，而许多系统调用功能是用 INT n 指令直接获取类型号的。第二种是由外部引入的 INTR 中断，这类中断必须由硬件提供中断类型号，当 CPU 在中断响应周期，进行到第二个 INTA 周期时，用 INTA 将类型号放入数据总线，CPU 从数据总线上获取类型号，并自动将类型号乘 4 作为地址指针，获得中断服务程序的入口地址，IP 存储在低地址，CS 存储在高地址，转入相应的服务程序。

000H	除法出错中断入口
004H	单步中断入口
008H	NMI中断入口
00CH	断点中断入口
010H	溢出中断入口
014H	类型5中断入口
⋮	⋮
07FH	类型31中断入口
080H	类型32中断入口
⋮	⋮
3FCH	类型255中断入口

图 8.1　中断服务入口地址表

3. 8086 的中断矢量表的建立

前面讲到了 8086 利用矢量中断的方法，一旦响应中断，可以方便地找到中断服务程序的入口地址。它是在规定的内存区中每 4 个连续字节存放一个中断服务程序首地址，可以建立一个 1KB 大小的表，逻辑地址为 0000:0000H～0000:03FFH。尽管中断矢量表规定了内存区域，但表中的内容，即中断服务程序的入口地址是用户任选的。为了让 CPU 响应中断后正确转入中断服务程序，中断矢量表的建立是非常重要的。

下面介绍 4 种建立中断矢量表的方法。

1) 绝对地址置入法

利用伪指令 AT 和 ORG(这两条伪指令详见第 4 章)均可指定内存单元的绝对地址。AT 可以指定段基址(16 位)，但是不能指定代码段，而 ORG 将指定偏移地址。程序如下：

```
INT-TBL  SEGMENT  AT 0       ;设置中断向量表的段基址为 0
ORG  n * 4                    ;n 为中断类型码，n * 4 是中断向量表偏移地址
DD  INT-VCE                   ;伪指令 DD 定义双字类型存储空间
                             ;INT-VCE 为中断子程序的名字

INT-TBL  ENDS
;以上的段定义中 DD 伪指令将中断服务程序的首地址装入逻辑地址为
;0000:n * 4 开始的连续 4 个存储单元中


...
MCODE  SEGMENT               ;主程序
...
    INT-VCE  PROC  FAR       ;中断服务子程序
    ...
```

```
    IRET
    …
```

2) 使用串传送指令装入法

使用串指令 STOS(这条指令详见第 3 章),该指令是将 AX/AL 寄存器的内容写入附加段由 DI 所指向的目标偏移地址单元中。只要将 ES 设定为 0,DI 中设定为中断类型码×4 的内容,使用 STOSW 指令,即可以完成中断服务程序首地址的装入。程序如下:

```
    MOV  AX,0
    MOV  ES,AX                  ;设置中断向量表的段基址为 0
    MOV  DI,n * 4H              ;n * 4H 是中断向量表的偏移地址
    MOV  AX,OFFSET INT-VCE      ;OFFSET INT-VCE 的值是中断服务程序的偏移地址
    CLD
    STOSW                       ;执行的操作为(AX)→[(ES):(DI)],(DI)+2→(DI)
                                ;即将中断服务子程序首地址的偏移地址装入中断向量表
    MOV  AX,SEG INT-VCE         ;SEG INT-VCE 表达式的值是中断服务程序的段地址
    STOSW                       ;将中断服务子程序首地址的段基址装入中断向量表
```

3) 使用 DOS 调用

利用 DOS 中断 21H(详见第 4 章)以及专门为更新中断服务程序入口地址的 25H 功能来设置中断矢量,其特点是 DOS 会采取措施用最安全可行的方法来存放中断矢量。这是应用最为广泛的一种方法。程序如下:

```
    MOV  AH,25H                 ;DOS 中断功能号
    MOV  AL,n                   ;n 为中断类型码
    MOV  DX,SEG INT-VCE         ;SEG INT-VCE 表达式的值是中断服务程序的段基址
    MOV  DS,DX
    MOV  DX,OFFSET INT-VCE      ;OFFSET INT-VCE 的值是中断服务程序的偏移地址
    INT  21H
```

4) 直接装入的方法

利用指令直接将中断处理程序的首地址写入内存地址为 $4*n$ 的区域中。程序如下:

```
    MOV  AX,0
    MOV  DS,AX                  ;段地址寄存器 DS 设置为 0
    MOV  SI,0120H               ;设 n=48H,4 * n=120H
    MOV  AX,OFFSET INT-VCE      ;获取中断处理程序首地址的段内偏移地址
    MÓV  [SI],AX                ;段内偏移地址写入中断向量表 4 * n 地址处
    MOV  AX,SEG INT-VCE         ;获取中断处理程序首地址的段基址
    MOV  [SI+2],AX              ;段基址写入中断向量表 4 * n+2 地址处
```

8.1.4 80486 的中断

1. 中断和异常

80486 不仅具有前面讲到的所有中断类型,而且大大丰富了内部中断的功能,把许多

执行指令过程中产生的错误也纳入了中断处理的范围,这类中断称为异常中断,简称异常。从总体上异常分为3类:失效、陷阱和中止。3类异常的差别表现在两方面,一是发生异常的报告方式,二是异常中断服务程序的返回方式。3类异常的处理操作分别如下:

- 失效。若某条指令在启动之后,真正执行之前被检测到异常,即产生异常中断,而且在中断服务完成后返回该条指令,重新启动并完成执行。
- 陷阱。产生陷阱的指令在执行后才被报告,且其中断服务程序完成后返回主程序中的下一条指令。例如用户自定义的中断指令 INT n 就属于此类型。
- 中止。异常发生后无法确定造成异常指令的实际位置,例如硬件错误或系统表格中的错误值造成的异常。在此情况下原来的程序已无法继续执行,因此中断服务程序往往重新启动操作系统并重建系统表格。

2. 保留的中断

80486 最多可定义 256 个不同的中断或异常,其中系统已经定义了一些保留的中断及异常,剩下的可供用户自行定义。

3. 中断描述表

为了管理各种中断,80386/80486 设立了一个中断描述表(IDT),表中最多可包含 256 个描述项,对应 256 个中断或异常,描述项中包含了各个中断服务程序入口地址的信息。

当 80386/80486 工作于实地址方式时,系统的 IDT 变为 8086/8088 系统中的中断矢量表,存于系统物理存储器的最低地址区,共 1KB,每个中断矢量占 4B,即 2B 的 CS 和 2B 的 IP 值。

当 80386/80486 工作于保护方式时,系统的 IDT 可以置于内存的任意区域,其起始地址存放在 CPU 内部的 IDT 基址寄存器。有了这个起始地址,再根据中断或异常的类型码,即可获得相应的描述。每个描述项占 8B,包括 2B 的选择符、4B 的偏移量,这 6B 共同决定了中断服务程序的入口地址,其余 2B 存放类型值等说明信息。

4. 中断指令

80386/80486 和中断有关的指令 INT n、INTO 及 IRET 的含义和 8086 的一样。此外,80386 还增加了 IRETD 指令,这条指令在功能上和 IRET 类似,但执行时,从堆栈中先弹出 4 个字节装入 EIP,再弹出 2 个字节装入 CS。

8.2 中断控制器 8259A

在 PC 系统中,需要管理多级中断,这就要用到中断控制器。中断控制器的功能是在有多个中断源的系统中接收外部的中断请求,并进行判断,选择优先级高的中断请求,送到 CPU 的 INTR 端。在 CPU 响应中断后,仍负责对外部中断请求的管理。8259A 是 Intel 公司专门为 80x86 CPU 控制外部中断而开发的芯片。它具有中断优先权判断、中断源识别和中断屏蔽等功能,不需要增加任何辅助电路。单片 8259A 可以管理 8 级中断,而在多片级联的情况下,可用 9 片 8259A 构成 64 级的主从式中断系统。

8.2.1 8259A 的内部结构和引脚

1. 内部结构

8259A 的内部结构和引脚如图 8.2 所示,8259A 除了有与其他接口芯片类似的数据总线缓冲器和读写控制逻辑以外,还包括 4 个寄存器:中断请求寄存器(IRR)、中断服务寄存器(ISR)、优先权裁决器(PR)和中断屏蔽寄存器(IMR),这几个寄存器在 8259A 中具有相当重要的作用。另外级联缓冲/比较器用于 8259A 的级联控制中。下面介绍8259A 内部各个部分的功能。

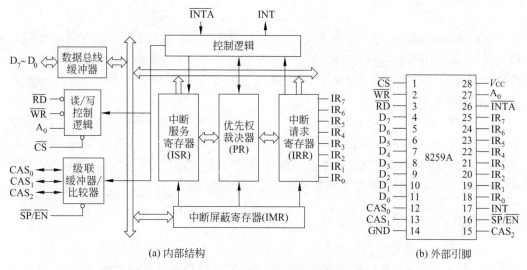

(a) 内部结构   (b) 外部引脚

图 8.2 8259A 的内部结构和外部引脚

1) 中断请求寄存器(Interrupt Request Register,IRR)

它是具有锁存功能的 8 位寄存器,存放外部输入的中断请求信号。当第 i 个 IR 端有中断请求时,IRR 中的相应位置 1;当中断请求响应时,IRR 的相应位复位为 0。其内容可用操作命令字 OCW_3 读出(关于 OCW_3 见 8.2.4 节)。

2) 中断服务寄存器(Interrupt Service Register,ISR)

中断服务寄存器是 8 位寄存器,与 8 级中断 $IR_0 \sim IR_7$ 相对应,用来保存正在处理的中断请求。

3) 优先权裁决器(Priority Resolver,PR)

优先权裁决器用来管理和识别各中断信号的优先级别。它的工作分两种情况:①对在 IRR 中的各个中断请求,判断确定优先权最高的中断请求,并在中断响应周期把它选通送入 ISR 的对应位。②新出现的中断请求比正在被服务的中断具有更高的优先级时,PR 通过控制电路向 CPU 发出中断申请信号,并在 8259A 获得一个中断响应信号 $\overline{INTA}$

时,使 ISR 寄存器中相应位置 1,进入中断嵌套。

4)中断屏蔽寄存器(Interrupt Mask Register,IMR)

IMR 是一个 8 位寄存器,与 8259A 的 $IR_0 \sim IR_7$ 相对应。当 IMR 的某一位 IMR_i 被置 0 时,表示对应的中断 IR_i 允许;当 IMR_i 的某一位被置 1 时,表示对应的中断 IR_i 被屏蔽。

5)数据总线缓冲器

数据总线缓冲器是 8 位的双向三态缓冲器,是 8259A 与系统数据总线的接口。8259A 通过它接收 CPU 发来的控制字,也通过它向 CPU 发送 8259A 的状态信息。

6)读/写控制逻辑

CPU 通过它实现对 8259A 的读出(状态信号)和写入(初始化编程)。

7)级联缓冲器/比较器

级联缓冲器/比较器实现 8259A 芯片之间的级联,负责主片和从片连接。

8)控制逻辑

该模块控制 8259A 芯片的内部工作,使芯片内部各部分按编程的规定有条不紊地工作。在 8259A 的控制逻辑电路中,有 7 个可编程寄存器,它们都是 8 位的。这 7 个可编程寄存器被分为两组,第一组为 4 个,是初始化命令字寄存器(Initialization Command Word,ICW),分别称为 $ICW_1 \sim ICW_4$;第二组为 3 个,是操作命令字寄存器(Operation Command Word,OCW),分别称为 $OCW_1 \sim OCW_3$。初始化命令字往往是计算机系统启动时由初始化程序设置的,初始化命令字一旦设定,一般在系统工作过程中就不再改变。操作命令字则是由应用程序设定的,它们用来对中断处理过程进行动态控制。在一个系统运行过程中,操作命令字可以被多次设置。

2. 外部引脚

8259A 的外部各个引脚定义及功能如下。

$D_7 \sim D_0$:数据线,CPU 通过数据线可以向 8259A 发各种控制命令和读取各种状态信息,在较大的系统中,数据线一般和总线驱动器相连接。

INT:中断请求,和 CPU 的 INTR 引脚相连,用来向 CPU 提出中断请求。

$\overline{INTA}$:中断响应,接收 CPU 的中断响应信号。8259A 要求响应信号是两个连续的负脉冲。若 CPU 接收到中断请求,并且允许中断,而且刚好一条指令执行完,则在随后的两个总线周期,在 INTA 引脚连续发出两个负脉冲,到第二个负脉冲结束,则 CPU 读取 8259A 送到数据总线上的中断类型号。

$\overline{RD}$:读信号,低电平有效,通知 8259A 将某个寄存器的内容送到数据总线上。

$\overline{WR}$:写信号,低电平有效,通知 8259A 从数据线上接收数据(即命令字)。

$\overline{CS}$:片选信号,低电平有效。

A_0:端口选择,指出当前哪个端口被访问。8259A 内部有多个寄存器,但是只有一根地址线,即只对应两个端口地址,因此对各个控制字的操作是按照一定的顺序并结合某些数据位来进行寻址的。由 A_0 的输入决定不同的端口,偶地址小,奇地址大。在 8088 系统中,数据总线是 8 位的,所以 8259A 的数据线 $D_7 \sim D_0$ 可以和系统的数据总线相连,让

地址总线的最低位 A_0 和 8259A 的 A_0 端相连,就能满足 8259A 对端口地址的编码要求。但是,在 8086 系统中,数据总线是 16 位的,而 8259A 只有 8 条数据引线,这时,把地址总线的 A_1 线和 8259A 的 A_0 端相连,让 CPU 和 8259A 的所有数据传送都局限在数据总线的低 8 位上进行。

$IR_0 \sim IR_7$:接收设备的中断请求。若 9 片构成多级中断,则 $IR_0 \sim IR_7$ 分别连下一级的 INT 端。

$CAS_2 \sim CAS_0$:级联端,指出具体的从片。在采用主从式级联的多片 8259A 的系统中,主从片的 $CAS_2 \sim CAS_0$ 对应连接在一起。对主片 8259A 来说,这 3 个引脚是输出线,它们的不同组合从 000 至 111,可以确定与连在哪个 IR 上的从片工作;对从片 8259A 来说,这 3 条是输入线,用来判别本从片是否被选中。

$\overline{SP}/\overline{EN}$:主从片/缓冲器允许,双向。当作为输入时,用来决定本片 8259A 是主片还是从片。如 $\overline{SP}/\overline{EN}$ 为 1,则为主片;如 $\overline{SP}/\overline{EN}$ 为 0,则为从片。当从 8259A 向 CPU 传送数据时,$\overline{SP}/\overline{EN}$ 信号作为总线启动信号,以控制总线缓冲器的接收和发送。$\overline{SP}/\overline{EN}$ 到底作为输出还是输入,取决于 8259A 是否采用缓冲方式工作。如果采用缓冲方式,则 $\overline{SP}/\overline{EN}$ 端作为输出;如果采用非缓冲方式,则 $\overline{SP}/\overline{EN}$ 端作为输入。

8.2.2　8259A 的中断过程

8259A 需要与 CPU 的中断响应周期共同配合以实现中断控制,中断响应周期的时序如图 8.3 所示。

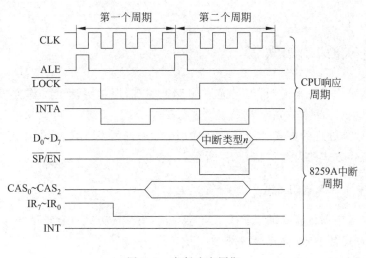

图 8.3　中断响应周期

8259A 对外部中断请求的处理过程如下:

(1) 当 8259A 接收来自引脚 $IR_0 \sim IR_7$ 的某一引脚的中断请求后,IRR 寄存器中的对应位便置 1,即对这一中断请求作了锁存。

(2) 锁存之后,逻辑电路根据中断屏蔽寄存器(IMR)中的对应位决定是否屏蔽此中断请求。如果 IMR 中的对应位为 0，则表示允许此中断请求，让它进入中断优先级裁决器(PR)作裁决；如果 IMR 中的对应位为 1，则说明此中断受到屏蔽，禁止它进入中断优先级裁决器(PR)。

（3）中断优先级裁决器(PR)把新进入的中断请求和当前正在处理的中断进行比较，从而决定哪一个优先级更高。如果新进入的中断请求具有更高的优先级，那么，PR 会通过相应的逻辑电路使 8259A 的输出端 INT 为 1，从而向 CPU 发出一个中断请求。

（4）如果 CPU 的中断允许标志 IF 为 1，那么，CPU 执行完当前指令后，就可以响应中断，这时，CPU（对 8086 而言）从 $\overline{\text{INTA}}$ 线上往 8259A 回送第一个 $\overline{\text{INTA}}$ 脉冲。第一个负脉冲到达时，8259A 完成以下操作：①使 IRR 的锁存功能失效，这样，在 $\text{IR}_0 \sim \text{IR}_7$ 线上的中断请求信号就暂时不予接收，直到第二个负脉冲到达时，才又使 IRR 的锁存功能有效；②使当前中断服务寄存器 ISR 中的相应位置 1，以便为中断优先级裁决器以后的工作提供判断依据；③使 IRR 寄存器中的相应位清零。在此周期中，8259A 并不向系统数据总线送任何内容。

（5）CPU 启动第二个中断响应周期，输出另一个 $\overline{\text{INTA}}$ 脉冲。在此周期，8259A 完成以下操作：①恢复 IRR 对外部中断请求的锁存功能；②中断类型寄存器中的内容 ICW_2 送到数据总线的 $\text{D}_7 \sim \text{D}_0$ 由 CPU 读入，CPU 读取此向量，从而获得中断服务程序的入口地址（包括段地址和段内偏移量）；③中断响应周期完成后，CPU 就可以转至中断服务程序。

若 8259A 工作在中断自动结束方式，即 AEOI 模式，在第二个 $\overline{\text{INTA}}$ 脉冲结束时，使 ISR 的相应位复位；否则，直至中断服务程序结束，发出 EOI 命令，才使 ISR 的相应的位复位。

8.2.3　8259A 的工作方式

8259A 的工作方式很灵活，可以通过编程来实现，但是灵活的工作方式导致初学者反而不容易掌握，因此本节先对工作方式进行简单介绍。8259A 可以从设置中断优先级的方式、结束中断处理的方式、屏蔽中断源的方式、中断触发方式、数据连接的方式这几个方面来进行工作方式的设置，如图 8.4 所示。

1. 设置中断优先级的方式

8259A 对应中断优先级的设置方式非常灵活，有 4 种方式：全嵌套方式、特殊嵌套方式、优先级自动循环方式、优先级特殊循环方式。

1）全嵌套方式

全嵌套方式是最基本的工作方式，也是 8259A 的默认方式。$\text{IR}_0 \sim \text{IR}_7$ 优先级固定，从高到低依次为 IR_0，IR_1，…，IR_7。中断请求后，8259A 响应最高优先级的中断，将中断类型码放到数据总线上，并将中断服务寄存器(ISR)中的对应 IS 位置 1，一直保持到中断结束。这样在进行中断服务处理时，若有新的中断请求，则和 ISR 中为 1 的位比较，如果优先级高，则实现嵌套，不允许响应同级和低优先级的中断请求。

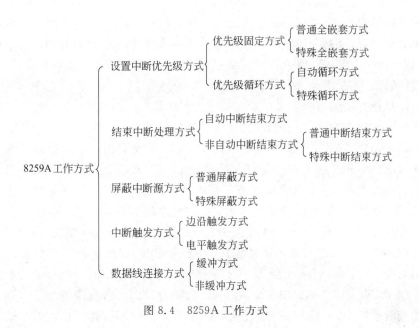

图 8.4　8259A 工作方式

2）特殊嵌套方式

特殊嵌套方式基本上和全嵌套方式相同,不同之处在于:在处理中断某一级服务时,如果有同级的中断请求,也会响应。一般用于多片级联的方式中,单片 8259A 一般不用。

3）优先级自动循环方式

在优先级自动循环方式中,$IR_0 \sim IR_7$ 优先级自动循环。最初的优先级顺序为 IR_0,IR_1,…,IR_7,当一个中断得到响应后,它的优先级自动降为最低。例如此时有 IR_2 中断请求,并且得到响应,处理完后,IR_2 的优先级自动降为最低,IR_3 的优先级为最高,优先级顺序为 IR_3,IR_4,IR_5,IR_6,IR_7,IR_0,IR_1,IR_2。此种方式一般用于系统中有多个中断源,且优先级要求相等的场合,是否采用自动循环方式,由操作命令字 OCW_2 决定(关于 OCW_2 见 8.2.4 节)。

4）优先级特殊循环方式

优先级特殊循环方式和优先级自动循环类似,只是可以由编程决定初始优先级的情况。例如,编程决定 IR_4 优先级最低,则优先级排列顺序是 IR_5,IR_6,IR_7,IR_0,IR_1,IR_2,IR_3,IR_4。是否采用该方式也由操作命令字 OCW_2 决定。

2. 结束中断处理的方式

当一个中断请求 IR_i 得到响应的时候,8259A 就将中断服务寄存器 ISR_i 置 1。当中断服务程序结束时,将中断服务寄存器 IS 中的对应位清零。8259A 的中断结束方式分为自动结束方式和非自动结束方式,而非自动结束方式又分为普通中断结束方式和特殊中断结束方式。

1）自动结束方式

在自动中断结束方式中,处理器一进入中断过程,8259A 就自动将中断服务寄存器中的对应位清除。这样,尽管处理器正在执行某个设备的中断服务程序,但对 8259A 来说,中断服务寄存器中却没有对应位作指示,表示已经结束了中断服务。之所以采用这种最简单的中断结束方式，主要是为了防止没有经验的程序员忘了在中断服务程序中给出中断结束命令而设立的，一般只用在单片 8259A 且多个中断不会嵌套的情况下。在初始化时，初始化命令字 ICW_4 中的 AEOI 位为 1 就表示设置中断自动结束方式。

2）非自动结束方式

非自动结束方式又分为普通中断结束方式和特殊中断结束方式。

普通中断结束方式配合全嵌套优先权方式使用。当 CPU 用输出指令向 8259A 发出普通中断结束命令（End of Interrupt，EOI）时，8259A 就会把所有正在服务的优先权最高的中断 ISR 位复位。因为在全嵌套方式中，当前 ISR 最高优先权中断对应了最后一次被响应的和被处理的中断，也就是当前正在处理的中断。所以，当前最高优先权的 ISR 位复位相当于结束了当前正在处理的中断。如何发中断结束命令呢？在程序中，向 8259A 的偶地址段输出一个操作命令字 OCW_2，并且 $EOI=1$，$SL=0$，$R=0$（参见 8.2.4 节）。

特殊中断结束方式配合循环优先权方式使用。CPU 在程序中向 8259A 发送一条特殊中断结束命令，这个命令中指出了要清除哪个 ISR 位（向 8259A 的偶地址段输出一个操作命令字 OCW_2，$EOI=1$，$SL=1$，$R=0$ 后，L_2、L_1、L_0 指出清除哪个 ISR 位）。在 8259A 的级联系统中，一般不采用自动中断结束方式。但不管是用普通中断结束方式还是用特殊中断结束方式，对于级联系统的从片，在一个中断服务程序结束时都必须发两次中断结束命令，一次对主片发送，另一次对从片发送。

3. 屏蔽中断源的方式

8259A 内部有一个中断屏蔽寄存器（IMR），它的每一位对应了一个中断请求输入。通过编程可以使 IMR 任一位或几位置 0 或置 1，从而允许或禁止相应中断。8259A 有两种屏蔽中断源的工作方式：普通屏蔽方式和特殊屏蔽方式。

1）普通屏蔽方式

在普通屏蔽方式中，将中断屏蔽寄存器的某一位 IMR_i 置 1，则对应的中断 IR_i 就被屏蔽，从而使这个中断请求不能从 8259A 送到 CPU。如果 IMR_i 置 0，则允许 IR_i 中断产生。可以通过 OCW_1 来设置屏蔽或取消屏蔽。

2）特殊屏蔽方式

有时希望一个中断服务程序可以动态地改变中断系统的优先级，如希望优先响应级别低的中断请求。一个解决办法是屏蔽优先级别高的中断请求，但是由于进入某一个中断时，当前中断服务寄存器 ISR 中将对应位置 1，只有当前中断服务结束后才复位，这样优先级别低的中断请求还是无法得到响应。设置特殊屏蔽方式后，再用 OCW_1 置 IMR_i 为 1，会自动将当前服务寄存器 ISR 中对应的 ISR_i 位清零，这样可以真正开放低优先级的中断。

4. 中断触发方式

中断触发方式是指中断请求信号 IR_i 的有效形式，可以是上升沿或高电平有效触发。

1）边沿触发方式

边沿触发方式利用上升沿作为中断触发信号，触发后，电平即使一直维持高，也不会引起再次中断请求。

2）电平触发方式

在电平触发方式下，中断请求端出现的高电平是有效的中断请求信号。在这种方式下，应注意及时撤除高电平。如果在发出 EOI 命令之前或 CPU 开放中断之前没有去掉高电平信号，则可能引起不应该有的第二次中断。

无论是边沿触发还是电平触发，中断请求信号 IR_i 都应维持足够的宽度。即在第一个中断响应信号 $\overline{INTA}$ 结束之前，IR 都必须保持高电平。如果 IR 信号提前变为低电平，8259A 就会自动假设这个中断请求来自引脚 IR_7。这种办法能够有效地防止由 IR 输入端上严重的噪声尖峰而产生的中断。为实现这一点，对应 IR_7 的中断服务程序可执行一条返回指令，以滤除这种中断。如果 IR_7 另有他用，仍可通过读 ISR 状态而识别非正常的 IR_7 中断。因为正常的 IR_7 中断会使相应的 ISR_7 位置 1，而非正常的 IR_7 中断则不会使 ISR_7 置 1。

5. 数据线连接方式

8259A 数据线与系统数据总线的连接有两种方式。

1）缓冲方式

在多片级联的大系统中，8259A 通过总线驱动器和数据总线相连，称为缓冲方式。在缓冲方式下，有一个对总线驱动器的启动问题，一般将 8259A 的 $\overline{SP}/\overline{EN}$ 和总线驱动器的允许端相连。因为在 8259A 工作在缓冲方式时，在输出中断类型码的同时，会在 $\overline{SP}/\overline{EN}$ 端输出一个低电平，刚好用来启动总线驱动器（接 $\overline{OE}$）。

2）非缓冲方式

非缓冲方式用于单片 8259A 时，直接和数据总线相连。在非缓冲方式下，$\overline{SP}/\overline{EN}$ 为输入端，单片时，$\overline{SP}/\overline{EN}$ 接高电平；多级时，主片的 $\overline{SP}/\overline{EN}$ 接高，从片的 $\overline{SP}/\overline{EN}$ 接低。

8.2.4　8259A 的初始化和控制命令字

对 8259A 的编程可以分成初始化编程和中断操作编程。8259A 在开始工作前必须进行初始化编程，也就是给 8259A 写入初始化命令字（ICW）。在 8259A 工作期间，可以通过写入操作命令字（OCW）将选定的操作传送给 8259A，使之按新的要求工作。同时，还可以读取 8259A 的信息，以便了解它的工作状态。

1. 初始化命令字

初始化命令字是对 8259A 进行初始化使用的，共有 4 个：$ICW_1 \sim ICW_4$，由程序员编写。一旦初始化完成，初始化命令字一直不变，除非复位。ICW_1 和 ICW_2 是必须初始化的命令字，而 ICW_3 和 ICW_4 是由 8259A 的工作方式决定的。在写初始化命令字之前，必须先确定它们的端口地址。

8259A 具有两个端口，即偶地址端口（$A_0 = 0$）和奇地址端口（$A_0 = 1$）。初始化命令字必须按顺序填写，ICW_1 写入偶地址端口，ICW_2、ICW_3、ICW_4 写入奇地址端口。

1）ICW_1 的格式和含义

ICW_1 的格式和含义如表 8.1 所示。ICW_1 必须写到偶地址端口，并且 $D_4 = 1$。

表 8.1　ICW_1 的格式

D_7	D_6	D_5	D_4	D_3	D_2	D_1	D_0
×	×	×	1	LTIM	×	SNGL	IC_4

各位的意义如下：

- $D_7 \sim D_5$：在 8088/8086 系统中不用。
- D_4：为 1，表示是初始化命令字，而不是操作命令字 OCW_2 和 OCW_3（它们也写入偶地址）。
- D_3（LTIM）：中断触发方式，$D_3 = 0$，表示中断为边沿触发方式；$D_3 = 1$ 表示为电平触发方式。
- D_2：可以任意。
- D_1（SNGL）：是否级联标志，$D_1 = 1$ 表示单片 8259A，$D_1 = 0$ 表示和其他 8259A 级联。
- D_0（IC_4）：设置 ICW_4 标志，$D_0 = 0$ 表示不设置，$D_0 = 1$ 表示必须设置。

2）ICW_2 的格式和含义

ICW_2 的格式和含义如表 8.2 所示。ICW_2 表示中断类型码的初始化命令字，必须写到奇地址端口。ICW_2 的高 5 位表示中断类型码的高 5 位，而中断类型码的低 3 位实际上由中断输入引脚决定。也就是说 ICW_2 的低 3 位不影响中断类型码的具体数值。例如 ICW_2 的值为 60H 和 62H 都表示对应 IR_0 的中断向量号为 60H，IR_1 的中断向量号为 61H……IR_7 的中断向量号为 67H。

表 8.2　ICW_2 的格式

D_7	D_6	D_5	D_4	D_3	D_2	D_1	D_0
T_7	T_6	T_5	T_4	T_3	×	×	×

3）ICW_3 的格式和含义

ICW_3 是标志主/从片的初始化命令字，必须写到奇地址端口。只有在 ICW_1 的 D_1（SNGL）= 0 时才设置 ICW_3，否则单片情况下就没有意义。ICW_3 的设置分主片、从片两种情况，如表 8.3 和表 8.4 所示。主片 ICW_3 表示从片的情况，如果某个 IR 引脚上连接有从片，则对应的位为 1。可以根据实际需要，让主片的某几个引脚连接从片。

从片 ICW_3 的含义和主片不同，在从片中，$D_7 \sim D_3$ 没有意义，$D_2 \sim D_0$ 则表示本从片到底连在主片的哪个引脚上。例如某个从片的 ICW_3 是 04H，则表示本从片连在主片的 IR_4 引脚上。

表 8.3　主片 ICW_3 的格式

D_7	D_6	D_5	D_4	D_3	D_2	D_1	D_0
IR_7	IR_6	IR_5	IR_4	IR_3	IR_2	IR_1	IR_0

表 8.4　从片 ICW₃ 的格式

D_7	D_6	D_5	D_4	D_3	D_2	D_1	D_0
×	×	×	×	×	ID_2	ID_1	ID_0

4）ICW₄ 的格式和含义

ICW₄ 是控制初始化命令字，可以不用，但若 ICW₁ 的 D_0（IC₄）＝1，则必须设置。ICW₄ 写入奇地址端口。ICW₄ 的格式如表 8.5 所示。

表 8.5　ICW₄ 的格式

D_7	D_6	D_5	D_4	D_3	D_2	D_1	D_0
0	0	0	SFNM	BUF	M/$\bar{S}$	AEOI	μPM

ICW₄ 的各位含义如下：

- $D_7 \sim D_5$：必须为 0，表示本初始化字是 ICW₄。
- D_4（SFNM）：若为 1，表示是特殊的全嵌套方式。
- D_3（BUF）：若为 1，表示是缓冲方式。
- D_2（M/$\bar{S}$）：决定在缓冲方式下本片是主片还是从片。若 BUF＝0，本位无意义；若 BUF＝1，则 M/$\bar{S}$＝1 表示主片，M/$\bar{S}$＝0 表示从片。
- D_1（AEOI）：若为 1，表示设置自动中断结束方式。
- D_0（μPM）：若为 1，表示当前的系统为 8086/8088 系统；若为 0，表示当前的系统为 8080/8085 系统。

8259A 的初始化发生在系统开机之时，并在整个系统工作过程中保持不变。初始化的目的就是设置 8259A 的工作方式，8259A 的初始化流程图如图 8.5 所示。

关于 8259A 的初始化流程，必须重申：①ICW₁ 必须写入偶地址端口，ICW₂、ICW₃、ICW₄ 必须写入奇地址端口，且顺序不可颠倒。② 对每一片 8259A，ICW₁ 和 ICW₂ 都是必须设置的，而 ICW₃ 和 ICW₄ 根据需要设置。只有在级联方式下需要设置 ICW₃。只有需要设置特殊的全嵌套、缓冲、中断自动结束等方式时，或者在 8086/8088 系统下，需要设置 ICW₄。

2. 操作命令字

8259A 有 3 个操作命令字，即 OCW₁ ～ OCW₃，设置时无顺序要求。OCW₁ 必须写入奇地址，OCW₂、OCW₃ 必须写入偶地址。8259A 在工作期间可以随时接收操作命令字。

1）OCW₁ 的格式和含义

OCW₁ 为中断屏蔽操作命令字，格式如表 8.6 所示。M_i＝0，表示该位对应的中断请求允许；M_i＝1，表示该位对应的中断请求被屏蔽。

表 8.6　OCW₁ 的格式

D_7	D_6	D_5	D_4	D_3	D_2	D_1	D_0
M_7	M_6	M_5	M_4	M_3	M_2	M_1	M_0

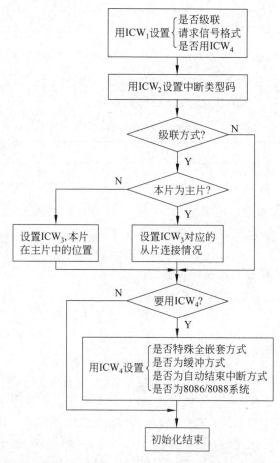

图 8.5　8259A 的初始化流程图

2）OCW$_2$ 的格式和含义

OCW$_2$ 为优先级循环方式和中断结束方式的操作命令字，格式如表 8.7 所示。

表 8.7　OCW$_2$ 的格式

D$_7$	D$_6$	D$_5$	D$_4$	D$_3$	D$_2$	D$_1$	D$_0$
R	SL	EOI	0	0	L$_2$	L$_1$	L$_0$

OCW$_2$ 各位的含义如下：

- R(D$_7$)：为 1，表示中断优先级按循环方式设置；为 0，表示非循环方式。
- SL(D$_6$)：决定了 L$_2$～L$_0$ 是否有效。为 1，表示有效；为 0，表示无效。
- EOI(D$_5$)：中断结束命令位，为 1，使 ISR 中对应的位复位。若在初始化命令字中没有设置中断自动结束（即 AEOI=0），则需要用操作控制字中的 EOI 强制结束中断。

- $L_2 \sim L_0 (D_2 \sim D_0)$：有两个作用，一是决定了 EOI 中要清除的 ISR 中的对应位是哪一位，二是在特殊循环方式时表示哪个引脚的中断优先级最低。
- D_4：为 0，表示是 OCW；为 1，表示是 ICW。
- D_3：为 0，表示是 OCW_2；为 1，表示是 OCW_3。

当 OCW_2 是优先级循环方式和中断结束命令字时，要求 $D_4 D_3 = 00$，其主要的功能是用 EOI、R、SL 三者的结合决定具体的优先级循环方式和中断结束命令，如表 8.8 所示。

表 8.8　关于 OCW_2 中 R、SL、EOI 三者组合的说明

EOI	R	SL	说　　　明	备　　　注
0	1	0	工作在中断优先级自动循环方式	这时不需要用 EOI 来结束中断，而是用 IWC_4 中的 AEOI=1 来处理
0	0	0	结束优先级自动循环方式	
0	1	1	按 $L_2 \sim L_0$ 的值决定最低优先级，并进行循环	
0	0	1	无意义	
1	1	0	使当前中断处理子程序对应的 ISR 中的位复位，并且优先级进行一次左移	
1	1	1	使当前中断处理子程序对应的 ISR 中的位复位，并且以 $L_2 \sim L_0$ 的值决定最低优先级	
1	0	1	将 $L_2 \sim L_0$ 的值对应 ISR 位复位	
1	0	0	一般的中断结束命令	

由表 8.8 可见，当 EOI=0 时，OCW_2 一般用来指定优先级循环方式；当 EOI=1 时，一般作为中断结束命令，并使系统按一定方式工作。

3）OCW_3 的格式和含义

OCW_3 可以用来设置和撤销特殊屏蔽方式，设置中断查询方式和设置对 8259A 内部寄存器的读出命令。OCW_3 必须写入偶地址，格式如表 8.9 所示。

表 8.9　OCW_3 的格式

D_7	D_6	D_5	D_4	D_3	D_2	D_1	D_0
0	ESMM	SMM	0	1	P	RR	RIS

OCW_3 各位的含义如下：

- ESMM(D_6)和 SMM(D_5)：分别称特殊的屏蔽模式允许位和特殊屏蔽模式位。若 ESMM=1、SMM=1，则只要 CPU 内部 IF=1，系统就可以响应任何未被屏蔽的中断请求，而和优先级规则没有关系；若 ESMM=1、SMM=0，则恢复原来的优先级；若 ESMM=0，则 SMM 不起作用。
- P(D_2)：为查询方式位。若 P=1，设置为中断查询方式，CPU 可从偶地址端口读取到当前优先级最高的中断是哪一个。查询字的格式如表 8.10 所示。例如，8259A 发出 OCW_3 命令时，P=1，若当前的优先级为 IR_3 最高，此时在引脚 IR_2、IR_4 上若有中断请求，那么，CPU 执行一条输入指令，从偶地址端口就可以读出查

询字的内容为 $1\times\times\times\times100$,表示目前优先级别最高的中断请求为 IR_4。若 $P=0$ 时,当 $RR=1$ 时,可从偶地址端口读取 8259A 内部寄存器 IRR 和 ISR 的内容。如果 $RR=1$ 且 $RIS=1$,则读中断服务寄存器(ISR);如果 $RR=1$ 且 $RIS=0$,读中断请求寄存器(IRR)。另外,中断屏蔽寄存器(IMR)的内容可以从奇地址端口读出。

表 8.10 查询字的格式

D_7	D_6	D_5	D_4	D_3	D_2	D_1	D_0
1	$\times$	$\times$	$\times$	$\times$	W_2	W_1	W_0

- D_4:为 0,表示是 OCW;为 1,表示是 ICW。
- D_3:为 1,表示是 OCW_3,为 0,表示是 OCW_2。

注意:OCW_3、OCW_2 都可以多次被设置,而且每次操作完后就失效,下次若再用,则必须重新设置。

例 8.1 假设 8259A 的端口地址为 80H、82H,请写出设置特殊屏蔽方式、撤销特殊屏蔽方式、设置中断查询方式并读入查询字、设置查询字并读入 ISR 内容和设置查询字并读入 IRR 内容的相应程序段。

解:

(1) 设置特殊屏蔽方式:

```
MOV  AL, 68H              ;OCW₃ 为 01101000,ESMM=SMM=1
OUT  80H, AL
```

(2) 撤销特殊屏蔽方式:

```
MOV  AL, 48H
OUT  80H, AL             ;OCW₃ 为 01001000,ESMM=1,SMM=0
```

(3) 设置中断查询方式并读入查询字:

```
MOV  AL, 0CH
OUT  80H, AL             ;OCW₃ 为 00001100,P=1,设置查询方式
IN   AL, 80H             ;读入查询字
```

(4) 设置查询字并读入 ISR 内容:

```
MOV  AL, 0BH
OUT  80H, AL             ;OCW₃ 为 00001011,RR=1,RIS=1,读 ISR
IN   AL, 80H             ;读入 ISR 内容到 AL
```

(5) 设置查询字并读入 IRR 内容:

```
MOV  AL, 0AH
OUT  80H, AL             ;OCW₃ 为 00001010,RR=1,RIS=0,读 IRR
IN   AL, 80H             ;读入 IRR 内容到 AL
```

3. 8259A 的级联方式

8259A 最多可以在 $IR_0 \sim IR_7$ 的 8 个引脚上级联 8 片从片,从而可以管理 64 级中断。8259A 的级联如图 8.6 所示。图中只画了 2 片从片的情况,省略了总线驱动和主片 CAS 和从片 CAS 之间的驱动器。8259A 的级联需要注意以下问题:主片的 IR_i 引脚连接从片的中断请求 INT,如果某一个引脚下面没有连接从片,则可以直接连接外部中断请求;而主片、从片的中断响应信号 $\overline{INTA}$ 和数据信号 $D_0 \sim D_7$ 互相连在一起。主片 CAS 和从片 CAS 互相连在一起,当从片数量较多时,可以在主片 CAS 和从片 CAS 之间增加驱动器。主片的 $\overline{SP/EN}$ 接高电平,或者当有总线驱动器的情况下,可以和总线驱动器的输出允许端 $\overline{OE}$ 相连,表示是缓冲方式。从片的 $\overline{SP/EN}$ 接低电平。在 8259A 的主从式级联方式中,中断的优先级设置类似于单片的情况。

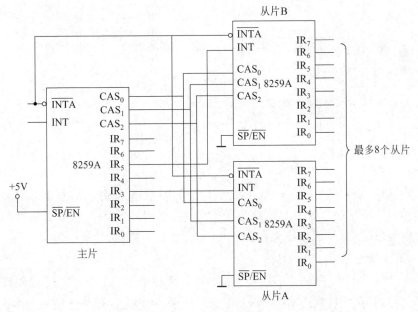

图 8.6 8259A 的级联

例 8.2 假设 8259A 的 IR_3 引脚和 IR_5 引脚下面分别连接了从片 A 和从片 B,从片 A 和 B 的优先级都是全嵌套方式,而在主片中当前的优先级设置为 IR_2、IR_3、IR_4、IR_5、IR_6、IR_7、IR_0、IR_1,请分析该中断系统的优先级顺序。

解:由于在主片中 IR_3 的优先级高于 IR_5,因此连接在 IR_3 引脚下的从片 A 的所有中断优先级整体比连接在 IR_5 引脚下的从片 B 的中断优先级高。优先级从高到低的顺序如下:

- 主片的 IR_2。
- 从片 A 的 $IR_0 \sim IR_7$。
- 主片的 IR_4。
- 从片 B 的 $IR_0 \sim IR_7$。

- 主片的 IR_6、IR_7、IR_0、IR_1。

8.2.5 8259A 的应用实例

1. 8259A 在 PC 中的应用

在 IBM PC/XT 中，采用一片 8259A 管理 8 级中断，8 个中断请求中，除了 IR_2 提供给用户使用以外，其他均为系统所用，分别作为日时钟、键盘、串行口、硬驱、软驱和打印机的接口。其系统连接如图 8.7 所示。

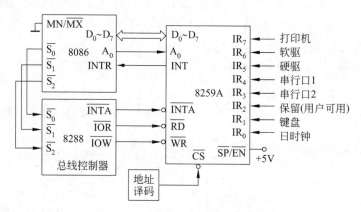

图 8.7 IBM PC/XT 机的中断系统

在 IBM PC/XT 中，8259A 的硬件连接比较简单，可以直接和 CPU 相连接，I/O 设备的读写信号和中断响应信号由总线控制器 8288 给出，因此 8259A 的读写信号 $\overline{RD}$、$\overline{WR}$ 和中断响应信号 $\overline{INTA}$ 分别和总线控制器 8288 的相关信号连接，片选 $\overline{CS}$ 连接到系统的地址译码电路，端口地址为 20H 和 21H。

在 IBM PC/AT 中，采用主、从两片 8259A 来管理中断，可以管理 16 级硬件中断，从片连接在主片的 IR_2 引脚（IBM PC/XT 作为用户保留用）上。硬件连接如图 8.8 所示。

主片的 $\overline{SP}/\overline{EN}$ 接 +5V，从片的 $\overline{SP}/\overline{EN}$ 接地。主片和从片的 $CAS_2 \sim CAS_0$ 信号对应连接，主片的地址为 20H、21H，从片的地址为 0A0H、0A1H。主片的 $IR_0 \sim IR_7$ 引脚对应 $IRQ_0 \sim IRQ_7$，中断向量对应 08H～0FH；从片的 $IR_0 \sim IR_7$ 引脚对应 $IRQ_8 \sim IRQ_{15}$，中断向量对应 70H～77H。

在 IBM PC/AT 中采用上升沿作为中断请求 IRQ 的有效信号，优先级采用普通全嵌套方式，优先级从高到低为 IRQ_0（主片）、IRQ_1（主片）、$IRQ_8 \sim IRQ_{15}$（从片）、$IRQ_3 \sim IRQ_7$（主片），中断结束方式为普通的中断结束方式。

中断结束的时候，需分两种情况发普通 EOI 结束命令：

（1）如果中断来自主片，则只需发一次普通的 EOI 命令：

```
MOV  AL, 20H                    ;普通 EOI 命令
OUT  20H, AL                    ;20H 为主片地址
```

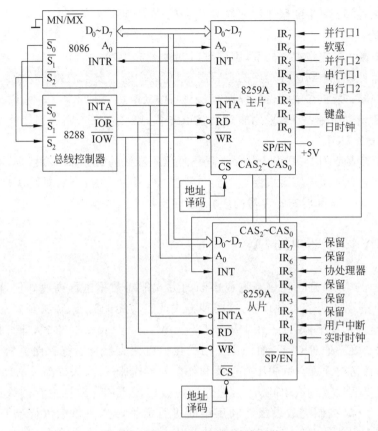

图 8.8　IBM PC/AT 机的中断系统

（2）如果中断来自从片，则需发两次 EOI 命令，一次给从片，一次给主片：

```
MOV  AL, 20H          ;普通 EOI 命令
OUT  0A0H,AL          ;0A0H 为从片地址
OUT  20H, AL          ;20H 为主片地址
```

另外，需要说明的一个问题是，在 IBM PC/XT 机中采用一片 8259A，它的 IR_2 引脚上的中断请求 IRQ_2（向量号为 0AH）供用户使用，在 IBM PC/AT 机中扩充了另外一片 8259A，将主片的 IR_2 连接了从片。于是，从片的 IR_1 引脚上的中断请求 IRQ_9（向量号为 71H）供用户使用。

2. 中断处理程序设计

8259A 的中断处理程序包括初始化和中断服务程序两个部分。初始化一般在主程序中完成，包括对 8259A 的初始化编程和中断向量的设置。中断服务程序根据不同的中断源进行编程，但是程序的基本框架是相同的。中断服务程序的基本流程图如图 8.9 所示。

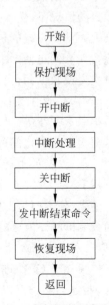

图 8.9　中断服务程序流程

(1) 保护现场：将中断服务程序需要用到的寄存器等内容放入堆栈，以保护原被中断程序的现场。

(2) 开中断：若允许中断嵌套，则用 STI 指令开放中断。

(3) 中断处理：中断服务程序的主要内容，完成中断源要求的相应功能。

(4) 关中断：禁止在中断返回以前有其他的中断响应，用 CLI 指令使 IF 清零。

(5) 中断结束命令：如果采用非自动结束方式，则必须在中断返回之前给 8259A 发送中断结束命令 EOI。

(6) 恢复现场：用 POP 指令将保护现场时压入堆栈的寄存器内容恢复。

(7) 中断返回：用 IRET 指令返回到主程序中。执行该指令的时候，CPU 自动从堆栈中弹出断点的地址和状态寄存器的内容，返回到被中断的程序。

8.3 DMA 控制器 8237A

虽然高速的 CPU 通过程序查询或中断的方式能对数据进行高速处理，但当计算机需要非常大量的数据交换或处理时，这两种方式就显得无能为力了，甚至降低 CPU 的工作效率。在这种情况下，可以采用 DMA(Direct Memory Access) 方式，即直接存储器传送方式，数据交换不通过 CPU，而利用专门的接口电路直接与系统存储器交换数据。在这种方式下，传送的速度只取决于存储器和外设的工作速度，大大提高了系统效率。

采用 CPU 程序查询或中断方式，把外设的数据读入内存或把内存的数据传送到外设，都要通过 CPU 控制完成。虽然利用中断进行数据传送可以大大提高 CPU 的利用率，但每次进入中断处理程序，CPU 都要执行指令保护断点、保护现场、进入中断服务程序，中断服务完毕又要恢复现场、恢复断点、返回主程序。这些和数据传送没有直接联系的指令在中断较少的情况下对系统效率的影响并不明显。但是在需要大量数据交换，中断频繁的情况下，例如从磁盘调入程序或图形数据，执行很多与数据传送无关的中断指令就会大大降低系统的执行效率，无法提高数据传送速率。另外，频繁地进出中断，频繁地清除指令队列也使 BIU 和 EU 部件并行工作机制失去功能。因而对于高速 I/O 设备以及批量交换数据的情况，宜于采用 DMA 方式。

DMA 传送主要应用于高速度大批量数据传送的系统中，如磁盘存取、图像处理、高速数据采集系统等。DMA 传送一般有 3 种形式：即存储器与 I/O 设备之间的数据传送，存储器与存储器之间的数据传送以及 I/O 设备与 I/O 设备之间的传送。

通常，系统的地址总线、数据总线和控制总线都是由 CPU 或者总线控制器管理的。在利用 DMA 方式进行数据传送时，当然要利用这些系统总线，因而接口电路要向 CPU 发出请求，使 CPU 把这些总线让出来(即 CPU 连到这些总线上的信号处于高阻状态)，而由控制 DMA 传送的接口电路接管总线控制权，控制传送的字节数，判断 DMA 是否结束，以及发出 DMA 结束信号。这种接口电路称为 DMA 控制器(DMAC)。DMA 控制器是可以独立于 CPU 进行操作的专用接口电路，它能提供内存地址和必要的读写控制。DMA 控制器必须有以下功能：

• 能接收外设发出的 DMA 请求信号，然后向 CPU 发出总线接管请求信号。

- 当 CPU 发出总线请求允许信号并放弃对总线的控制后,DMAC 能接替对总线的控制,进入 DMA 方式。
- DMAC 得到总线控制权后,要向地址总线发送地址信号,能修改地址指针,并能发出读/写控制信号。
- 能决定本次 DMA 传送的字节数,判断 DMA 传送是否结束。
- DMA 过程结束时,能发出 DMA 结束信号,将总线控制权交还给 CPU。

随着集成技术的发展,目前具有 DMA 控制功能的接口已与其他的一些接口集成在一起了,但 DMA 接口的基本原理还是相同的。本节以 Intel 8237A 接口芯片为主,介绍 DMAC 的基本原理和应用。

8.3.1 8237A 的结构和外部引脚

Intel 8237A 是一种高性能的可编程 DMA 控制器芯片。在 5MHz 时钟频率下,其传送速率可达每秒 1.6MB,具有以下特点:

- 每个 8237A 芯片有 4 个独立的 DMA 通道,即有 4 个 DMA 控制器(DMAC)。
- 每个 DMA 通道具有不同的优先权,可以编程决定,并且都可以分别允许和禁止。
- 每个通道有 4 种工作方式,一次传送的最大长度可达 64KB。
- 有 4 种 DMA 工作方式:单字节传送模式、块传送模式、请求传送模式和级联传送模式。
- 多个 8237A 芯片可以级联,任意扩展通道数。

1. 内部结构

8237A 内部结构和外部引脚如图 8.10 所示。它包括独立的 4 个通道,每个通道包含一个 16 位的地址寄存器、16 位的字节计数器和一个 8 位的模式寄存器。4 个通道公用的是控制寄存器和状态寄存器。

以通道 0 为例,基地址寄存器存放 DMA 传送时的地址初值,这个初值是在 CPU 编程的时候写入的,它同时还被写入当前地址寄存器。当前地址寄存器的值则在 DMA 数据传送过程中不停地加 1 或者减 1。基本字节计数器存放 DMA 传送时字节数的初值,也是由编程的时候写入的,同时也写入当前字节计数器,而当前字节计数器的值在 DMA 数据传送时自动减 1,当由 0 减到 0FFFFH 的时候,则产生计数结束信号 $\overline{EOP}$,表示 DMA 传送过程结束。

控制寄存器和状态寄存器则由 4 个通道共用,控制 DMA 传送的方向以及工作模式,并指示工作状态。

2. 外部引脚

8237A 的外部引脚按功能可以分成时序和读写控制逻辑类、DMA 控制类以及数据和地址线等,下面介绍各个引脚的含义。

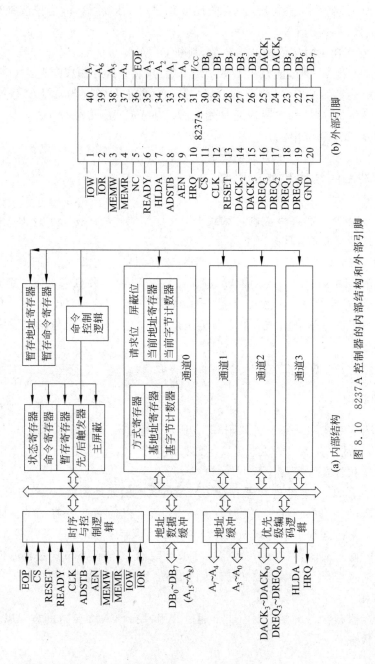

(b) 外部引脚

(a) 内部结构

图 8.10　8237A 控制器的内部结构和外部引脚

1) 时序和读写控制逻辑

CLK：时钟输入端，用来控制 8237A 内部的操作和数据传送的速度。标准的 8237A 的 CLK 频率为 3MHz，8237A-4 为 4MHz，8237A-5 为 5MHz。

$\overline{CS}$：片选，低电平有效。

RESET：复位信号，高电平有效。当其复位时，屏蔽寄存器置 1，其他寄存器为 0，复位以后 8237A 工作在空闲周期。

READY：准备就绪信号，输入。由外设发送给 DMAC，当外设速度慢时，需要用 READY 进行握手，传送完成时，READY 信号变高。

ADSTB：地址选通信号，输出，高电平有效。有效时，将 DMA 控制器中的当前地址寄存器中的高 8 位送到外部锁存器。

AEN：地址允许信号，输出。高电平有效，使地址锁存器中的高 8 位地址送到地址总线上，与地址缓冲器输出的低 8 位构成内存单元的偏移量。并使与 CPU 相连的外部地址锁存器信号无效（保证地址总线上的信号来自 DMA 控制器）

$\overline{MEMR}$、$\overline{MEMW}$：存储器读/写信号，输出。这两个信号只用于 DMA 传送，低电平有效。当 $\overline{MEMR}$ 信号有效的时候，所选中的存储单元的内容被读到数据总线；当 $\overline{MEMW}$ 有效的时候，数据总线上的内容被写入选中的存储单元。

$\overline{IOR}$、$\overline{IOW}$：输入输出设备读/写信号，这两个信号是双向三态信号，低电平有效。当 8237A 进行级联时，$\overline{IOR}$、$\overline{IOW}$ 两信号的作用为：① 当 DMA 控制器为从模块时，$\overline{IOR}$ 为输入信号，表示 CPU 读取 DMA 控制器中内部寄存器的值；当 DMA 控制器为主模块时，$\overline{IOR}$ 为输出信号，表示 I/O 接口中的数据被送到数据总线。② 当 DMA 控制器为从模块时，$\overline{IOW}$ 为输出信号，表示 CPU 往 DMA 控制器中内部寄存器中写入数据；当 DMA 控制器为主模块时，$\overline{IOW}$ 为输入信号，表示存储器读出的数据被写入 I/O 接口中。

$\overline{EOP}$：DMA 传送过程结束信号，双向，低电平有效。当它由外部输入时，则表示 DMA 过程被外部强迫终止；若内部通道计数由 0 减到 0FFFFH 时，也送出一个 $\overline{EOP}$，表示 DMA 过程结束。不管是内部引起的还是外部引起的，都将引起内部寄存器复位。

2) DMA 控制逻辑

$DREQ_3 \sim DREQ_0$：DMA 通道请求信号，输入，每个通道对应一个。当外设的 I/O 接口需要进行 DMA 传送时，则使 DREQ 处于有效电平。DREQ 到底是高电平有效还是低电平有效，可以编程决定。当 8237A 复位以后，DREQ 处于高电平，一直保持到 DMA 控制器发出 DMA 响应信号 DACK 后，才撤除 DREQ。

$DACK_3 \sim DACK_0$：DMA 控制器送给外设的应答信号，由 DMA 控制器获得总线允许信号 HLDA 后产生。DACK 到底是高电平有效还是低电平有效，也可以编程决定。当 8237A 复位以后，DACK 处于低电平。

HRQ、HLDA：总线请求/响应信号。HRQ 为总线请求信号，输出，高电平有效。DMA 控制器接到 DMA 请求后，若通道的屏蔽位为 0，则表示可以响应，于是向 CPU 送出 HRQ，请求总线。HLDA 为总线响应信号，也称为总线保持响应信号，输入，高电平有效。当 CPU 接到 8237A 的 HRQ 信号以后，在现行的总线周期完成以后，让出总线，并使 HLDA 信号有效。8237A 在接收到 HLDA 信号后，就可以获得总线控制权，开始 DMA

传送。HRQ 和 HLDA 是一对握手信号，在 HLDA 有效前，HRQ 至少应该保持一个时钟周期。

3）数据、地址线

$DB_7 \sim DB_0$：双向 8 位的三态数据线，与系统总线相连。在进行 DMA 传送时，$DB_7 \sim DB_0$ 输出当前地址寄存器的高 8 位，并用 ADSTB 信号打入 8237A 外部锁存器保存。

$A_3 \sim A_0$：地址的低 4 位，双向，三态信号。在 8237A 没有进行 DMA 传送时，$A_3 \sim A_0$ 作为地址输入信号，用来对内部寄存器进行寻址。在 DMA 传送时，$A_3 \sim A_0$ 作为输出信号，提供要访问的存储器单元的低 4 位地址。

$A_7 \sim A_4$：地址的高 4 位，输出，三态信号。在 8237A 没有进行 DMA 传送时，$A_7 \sim A_4$ 工作在浮空状态。在 DMA 传送时，$A_7 \sim A_4$ 作为输出信号，提供要访问的存储器单元的高 4 位地址。

8.3.2　8237A 的工作原理

1. 8237A 的工作模式

8237A 的每一个通道都可以工作在 4 种模式下，即单字节传送模式、数据块传送模式、请求传送模式和级联传送模式。

1）单字节传送模式

在这种传送模式下，一次只传送一个字节。每传送完一个字节，内部字节计数器减 1，地址寄存器加/减 1，然后 HRQ 变为无效，释放系统总线；一旦 DREQ 回到有效电平，再申请总线，再次进行 DMA 传送。在这种工作模式下，每传完一个数据，CPU 至少可以得到一个总线周期的时间。

2）数据块传送模式

在数据块传送模式下，一次 DMA 操作可以连续传送多个字节，只有当计数器由 0 减为 0FFFFH 时才输出一个 $\overline{EOP}$ 结束 DMA 传送，也可以由外部输入一个 $\overline{EOP}$ 结束 DMA 传送。

3）请求传送模式

请求传送模式与数据块传送模式类似，但是请求传送模式每传完一个字节以后就对 DREQ 进行测试，若 DREQ 无效，则暂停传送，释放系统总线，CPU 可以继续操作。此时 8237A 中相应的当前地址寄存器和当前字节寄存器的值还是保持原样。8237A 仍对 DREQ 进行测试，一旦 DREQ 回到有效电平，则继续 DMA 传送。

4）级联传送模式

8237A 可以通过级联方式扩展 DMA 通道，构成两级级联的 DMA 传送模式，如图 8.11 所示。

从片的 HRQ 和 HLDA 信号分别连接到主片的 DREQ 和 DACK，而主片的 HRQ 和 HLDA 信号连接到系统总线。在上面的级联方式中，主片在模式寄存器中设置级联方式，从片设置为另外 3 种工作模式之一。从片的优先级和它相连的通道有关。

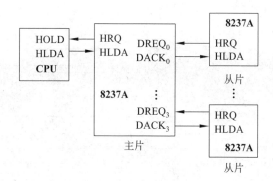

图 8.11 8237A 的级联

2. 8237A 的时序

8237A 有两种主要的工作周期：空闲周期和有效周期。DMA 的每一个时钟周期称为一个 S 状态。8237A 的工作时序包含 S_I、S_0、S_1、S_2、S_3、S_4、S_W 共 7 种状态。

1）空闲周期（idle cycle）

在进入 DMA 传输之前，8237A 一直处在连续的 S_I 状态，这时 8237A 作为从设备可以接受 CPU 的编程写入或读出。在每个 S_I 的下降沿，8237A 不断地采样 DREQ 信号。若检测到 DREQ 信号有效，则在 S_I 的上升沿产生 HRQ 信号，向 CPU 发出总线请求，同时结束 S_I 状态，进入 S_0 状态。

2）有效周期（active cycle）

若在空闲状态检测到 DREQ 有请求，则脱离 S_I 周期，进入 S_0 周期，在这个状态中，已经接收了外设的请求并向 CPU 发出了 HRQ，但没有收到响应信号 HLDA。一旦接收到 HLDA，则依次进入 S_1、S_2、S_3、S_4 周期，若传送速度较慢，可以在 S_3、S_4 之间插入等待周期 S_W。

8237A 的典型时序如图 8.12 所示。

S_0：8237A 等待 CPU 的总线响应信号 HLDA，在 HLDA 信号有效之前，8237A 一直重复 S_0 状态。S_0 状态中的 8237A 还是从属状态，可以接收 CPU 的读写。在 S_0 的上升沿检测到 HLDA 信号有效，则进入下一状态 S_1。真正的 DMA 传送是从 S_1 状态开始到 S_4 状态结束。

S_1：首先产生 AEN 信号，使 CPU 等其他总线器件的地址线和总线的地址线断开，而使 8237A 的地址线 $A_{15} \sim A_0$ 接通。AEN 信号一旦产生，在整个 DMA 过程中一直有效。S_1 状态还有一个作用是利用其下降沿产生 DMA 地址选通信号 ADSTB，在 $DB_7 \sim DB_0$ 线上送出 $A_{15} \sim A_8$ 的地址信号，用 ADSTB 的下降沿锁存到外部地址锁存器中。考虑到块传送方式，相邻字节的高位地址往往是相同的，在最极端的情况下，连续传送 256 个数据，地址 $A_{15} \sim A_8$ 才变化一次，因此不必每次都用 ADSTB 信号将一个不变的 $A_{15} \sim A_8$ 锁存一次。在这种情况下，接下去的 DMA 时序中省去输出和锁存高 8 位地址的 S_1 状态，直接从 S_2 状态开始。

S_2：产生 DMA 响应信号 DACK 给外部设备。得到响应的外部设备，可用 DACK 信

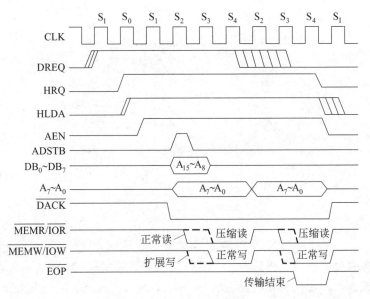

图 8.12　8237A 的典型时序

号代替 CPU 控制总线的片选信号,使自己在整个 DMA 期间都处于选中状态,同时地址总线上出现所要访问的存储器地址 $A_7 \sim A_0$。

S_3:产生 $\overline{\text{MEMR}}$ 或 $\overline{\text{IOR}}$ 读信号,于是数据线 $DB_7 \sim DB_0$ 上的数据稳定至 S_4 状态写入目的处。另一种压缩读方式是,取消 S_3 状态,读信号和写信号同时在 S_4 状态时产生,适应于高速电路。相反,若 DMA 传送数据的源或目的电路速度较慢,不能在 S_4 状态前使读出数据稳定,则可以将 8237A READY 信号变低,使 S_3 和 S_4 之间插入等待状态 S_w,直到准备好后,READY 变高才结束 S_w 进入 S_4 状态。

S_4:产生 $\overline{\text{MEMW}}$ 或 $\overline{\text{IOW}}$ 写信号,将 $DB_7 \sim DB_0$ 上的数据写入目的单元。写信号也可以提前到 S_3 状态时产生,这就是所谓的扩展写。若是块传送,则在结束后又进入 S_1(或 S_2),继续传送下一字节。若是单字节传输或是块传输的最后一个字节传输完成,则产生传输结束信号 $\overline{\text{EOP}}$,并撤销总线请求信号 HRQ,释放总线。外部输入的 $\overline{\text{EOP}}$ 信号强制 8237A 在完成传输当前字节的 S_4 后结束 DMA 过程。

8.3.3　8237A 的内部寄存器和命令

8237A 的内部寄存器可分为两类。一类称为通道寄存器,4 个通道中,每一个通道有 5 个寄存器:基地址寄存器、当前地址寄存器、基字节计数器、当前字节计数器和工作方式寄存器,这些寄存器的内容在初始化编程时写入。另一类为命令和状态寄存器,这类寄存器是 4 个通道共用的,命令寄存器用来设置 8237A 的传送方式和请求控制等,初始化编程时写入;状态寄存器存放 8237A 的工作状态信息,供 CPU 读取查询。

8237A 对外的端口具有 4 条地址线,也就是有 16 个端口地址,各寄存器的端口地址分配及读写功能如表 8.11 所示。

表 8.11　8237A 的内部寄存器的端口分配及读写功能

A₃	A₂	A₁	A₀	低 4 位地址	通道号	读操作功能(IOR̄=0)	写操作功能(IOW̄=0)
0	0	0	0	0	通道 0	读当前地址寄存器	写基地址和当前地址寄存器
0	0	0	1	1		读当前字节计数器	写基字节和当前字节计数器
0	0	1	0	2	通道 1	读当前地址寄存器	写基地址和当前地址寄存器
0	0	1	1	3		读当前字节计数器	写基字节和当前字节计数器
0	1	0	0	4	通道 2	读当前地址寄存器	写基地址和当前地址寄存器
0	1	0	1	5		读当前字节计数器	写基字节和当前字节计数器
0	1	1	0	6	通道 3	读当前地址寄存器	写基地址和当前地址寄存器
0	1	1	1	7		读当前字节计数器	写基字节和当前字节计数器
1	0	0	0	8	公用	读状态寄存器	写命令寄存器
1	0	0	1	9		非法	写请求寄存器
1	0	1	0	A		非法	写单通道屏蔽寄存器
1	0	1	1	B		非法	写模式寄存器
1	1	0	0	C		非法	清除先/后触发器
1	1	0	1	D		读暂存器	发主清除命令(软件复位)
1	1	1	0	E		非法	清除屏蔽寄存器
1	1	1	1	F		非法	写综合屏蔽命令

1. 模式寄存器

模式寄存器的格式如图 8.13 所示。

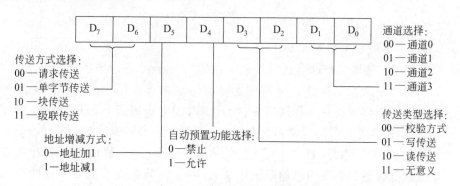

图 8.13　8237A 模式寄存器的格式

每一个通道都有一个模式寄存器,用来规定 8237A 的工作方式,但是它们共用一个地址(低 4 位为 0BH)。各位的具体意义如下。

- D_1D_0:用于选择通道。

- $D_7 D_6$：选择传送方式。$D_7 D_6 = 00$ 为请求传送，$D_7 D_6 = 01$ 为单字节传送，$D_7 D_6 = 10$ 为块传送；$D_7 D_6 = 11$ 为级联传送。
- D_5：用来选择地址增减方式。当 $D_5 = 0$ 时，一个字节数据传送完毕后地址加 1；当 $D_5 = 1$ 时，则地址减 1。
- D_4：用来选择自动预置功能。如果 $D_4 = 1$，则当计数器的值达到 0 时，会从基本地址寄存器和基本字节计数器中重新取值，重新开始下一个数据传送。若此功能打开，则本通道对应的屏蔽位必须为 0。
- $D_3 D_2$：用来选择传送类型。为 01，表示写传送，由 I/O 接口往内存写数据，此时 $\overline{IOR}$、$\overline{MEMW}$ 信号有效；为 10，表示读传送，读数据，此时 $\overline{IOW}$、$\overline{MEMR}$ 信号有效；为 00，表示器件测试，是一种空操作，存储器和 I/O 的读写信号无效，只是在每一个 DMA 周期，地址自动增加或减 1，字节计数器减 1，直到由 0 减为 0FFFFH 时产生 $\overline{EOP}$ 信号，可以利用这个操作进行校验。

2. 命令寄存器

命令寄存器存放 8237A 的命令字，命令字的格式如图 8.14 所示，用于设置 8237A 的操作方式，影响 8237A 的每一个通道，复位时清零。

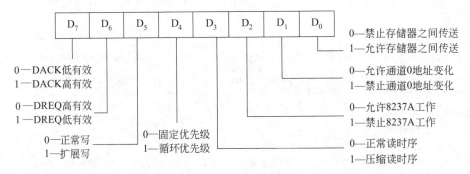

图 8.14 8237A 控制寄存器的格式

命令字中的各位含义如下。

- D_0：设置存储器到存储器之间的 DMA 传送。$D_0 = 0$ 表示禁止，$D_0 = 1$ 表示允许。
- D_1：设置存储器到存储器之间传送时源地址是否变化。在进行存储器之间的 DMA 传送时，由通道 0 和通道 1 进行操作，固定用通道 0 的地址寄存器放源地址，固定用通道 1 的地址寄存器和字节计数器存放目的地址和字节计数值。通道 0 从源地址读出数据，通道 1 写入目的单元。$D_1 = 1$ 表示源地址不变，也就是将一个数据传送到一组目的存储单元中去；$D_1 = 0$ 表示允许通道 0 的地址变化。当 $D_0 = 0$ 时，D_1 无意义。
- D_2：控制 8237A 工作。$D_2 = 0$ 时允许 8237A 工作，$D_2 = 1$ 时禁止 8237A 工作。
- D_3：控制 8237A 的读时序。$D_3 = 0$ 时为正常读时序，$D_3 = 1$ 时为压缩读时序。
- D_4：控制 8237A 的优先级设置。$D_4 = 0$ 时为固定优先级，通道 0 优先级最高，通道 3 最低；$D_4 = 1$ 时为循环优先级。

- D_5：控制 8237A 的工作时序。在 $D_5=0$ 的时候，也就是正常写时序；如果需要，可以设置 $D_5=1$，进行扩展写，将写信号扩展到 S_3 状态有效。
- D_6、D_7：控制 8237A 的 DREQ 和 DACK 的有效电平。

3. 状态寄存器

状态寄存器的格式如图 8.15 所示，高 4 位表示有 DMA 请求需要处理，低 4 位表示相应通道的计数结束，也就是 DMA 传送结束状态。状态寄存器可以由 CPU 读出。在复位或者被读出后，状态寄存器就被清零。

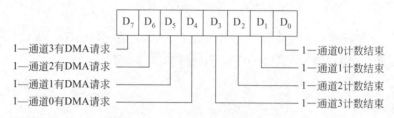

图 8.15   8237A 状态寄存器的格式

4. 请求寄存器

8237A 的每个通道有一条硬件的 DREQ 请求线，当工作在数据块传送模式下时，也可以由软件发出 DREQ 请求，相应有一个请求寄存器，其格式如图 8.16 所示，4 个通道共用一个端口，D_1D_0 选择通道，$D_2=1$ 表示 DMA 请求置位，$D_2=0$ 表示 DMA 请求复位。它的优先权同样由优先级逻辑控制，它可以由 $\overline{EOP}$ 或者内部计数结束清除。在 8237A 复位以后，请求寄存器内容全部清零。

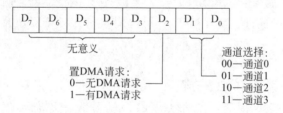

图 8.16   8237A 请求寄存器的格式

5. 屏蔽寄存器

屏蔽寄存器控制外设通过 DREQ 发出的 DMA 请求是否被响应，各个通道相互独立。当某一个通道相应的屏蔽位为 1 时，表示该通道对应的 DMA 请求被屏蔽。在 8237A 复位后，4 个通道全处于屏蔽状态，因此在编程时要根据需要清除屏蔽。另外，在非自动预置方式下，一旦某通道的 DMA 传送结束，该通道的屏蔽位也被置 1，要再次使用的时候，必须先清除对应的屏蔽位。

8237A 的屏蔽字设置比较灵活，有单通道屏蔽字（地址为 0AH）以及综合屏蔽字（地址为 0FH）两个，格式如图 8.17 所示。在综合屏蔽字中，一次可以对 4 个通道都设置屏

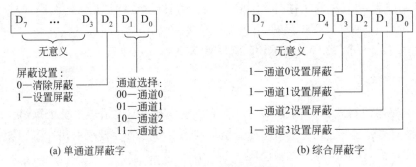

(a) 单通道屏蔽字　　　　　　　　　　(b) 综合屏蔽字

图 8.17　8237A 屏蔽字的格式

蔽。另外,8237A 还有一个清除所有屏蔽字的命令,端口地址为 0EH。例如,设 8237A 的端口地址为 00～0FH,则下面的命令可以清除屏蔽寄存器内容:

```
MOV  AL,0
OUT  0EH,AL
```

6. 暂存寄存器

8237A 进行从存储器到存储器的传送操作时,通道 0 先把源存储单元中的数据读出,送入暂存寄存器中保存,然后由通道 1 从暂存寄存器中读出数据,传送至目的单元中。传送完成后,暂存寄存器只会保留最后一个字节,可以由 CPU 读出。复位后,暂存寄存器的内容清零。

7. 主清除命令

主清除命令的功能与复位信号 RESET 类似,可以对 8237A 进行软件复位。只要对低 4 位为 0DH 的端口执行一次写操作,便可以使 8237A 处于复位状态。

8. 清除先/后触发器

8237A 通道内有 4 个 16 位寄存器,而数据线是 8 位,先/后触发器用来控制读、写 16 位寄存器的高字节还是低字节。先/后触发器为 0,对低字节操作;先/后触发器为 1,对高字节操作。需要注意的是:该触发器有自动反转功能,执行 SET 或清除命令后,该触发器为 0,CPU 可访问寄存器的低字节;访问之后,先/后触发器自动反转为 1,CPU 可访问寄存器的高字节;再访问之后,该触发器又自动反转为 0。该触发器的端口地址为 0CH。

9. 地址和字节数寄存器

8237A 的 4 个通道都有独立的地址和字节数寄存器,具体包括当前地址寄存器、基地址寄存器、当前字节计数寄存器、基字节计数寄存器。其中当前地址寄存器和基地址寄存器共用一个读写地址,当前字节计数寄存器和基字节计数寄存器共用一个读写地址。例如,对于通道 0 来说,对地址 0 的读操作就表示读当前地址寄存器,对地址 0 的写操作就表示写入基地址寄存器(详见表 8.11)。

8.3.4　8237A 的编程和应用

对 8237A 的初始化编程要考虑到 8237A 芯片和各个 DMA 通道的初始化。

8327A 芯片的初始化编程只要写入命令寄存器即可。必要时,可以先输出主清除命令,对 8237A 进行软件复位,然后写入命令字。命令字影响所有 4 个通道的操作。

对 DMA 通道进行初始化编程时,需要执行如下多次的写入操作:

- 将存储器起始地址写入地址寄存器(如果采用地址减量工作,则写入存储块的末尾地址)。
- 将本次 DMA 传送的数据个数写入字节数寄存器(减 1,计数方式)。
- 确定通道的工作方式,写入模式寄存器。
- 写入屏蔽寄存器让通道屏蔽位复位,允许 DMA 请求。

若不是软件请求,则在完成编程后,由通道的引脚输入有效 DREQ 信号,启动 DMA 传送过程。若用软件请求,需再写入请求寄存器,就可开始 DMA 传送。DMA 传送过程中不需要进行软件编程,完全由 DMA 控制器 8237A 采用硬件控制实现。需要注意的是,每个通道都需要进行 DMA 传送编程。如果不是采用自动初始化工作方式,每次 DMA 传送也都需要这样的编程操作。

例 8.3　编写外设到内存 DMA 传送的初始化程序。要求利用 8237A 通道 1 将外设长度为 1000 个字节的数据块传送到内存 2000H 开始的连续的存储单元中。采用块传送,外设的 $DREQ_1$ 为高电平有效,$DACK_1$ 为低电平有效,允许请求,设 8237A 的 I/O 地址为 70H～7FH。

解：初始化程序如下:

```
START:  OUT   7DH,  AL          ;软件复位,先/后触发器为 0
        MOV   AL,   00H
        OUT   72H,  AL          ;2000H 写入基和当前地址寄存器
        MOV   AL,   20H
        OUT   72H,  AL
        MOV   AX,   1000        ;传输的字节数 1000
        DEC   AX               ;计数值调整为 1000-1
        OUT   73H,  AL          ;计数值写入基(当前)字节计数器
        MOV   AL,   AH
        OUT   73H,  AL
        MOV   AL,   85H         ;块传送,地址增 1,写传送
        OUT   7BH,  AL          ;写方式字
        MOV   AL,   01H
        OUT   7AH,  AL          ;写屏蔽字,允许通道 1 请求
        MOV   AL,   00H         ;DACK₁=0，DREQ₁=1,允许 8237A 工作
        OUT   78H,  AL          ;写命令字
```

注意：写 8237A 的初始化程序时,需要对传送数据块的字节数进行调整。当传送的

数据块的字节数为 n 时,写入计数器的值应调整为 $n-1$。这是因为当计数器的值从初值减到 0 后,还要继续传送一个字节才发送传送结束信号 $\overline{EOP}$。

例 8.4 编写存储器到存储器 DMA 传送的初始化程序。要求:将内存 2000H 开始的 1000H 个字节的数据块传送到 4000H 开始的目的单元中,由通道 0 和通道 1 完成传送(设 8237A 的 I/O 地址为 70H~7FH)。

解:初始化程序如下:

```
START:  OUT   7DH,  AL          ;软件复位,先/后触发器为 0
        MOV   AL,   00H         ;源地址写入通道 0 基地址寄存器
        OUT   70H,  AL          ;写低位地址
        MOV   AL,   20H
        OUT   70H,  AL          ;写高位地址
        MOV   AX,   1000H       ;字节数 1000H 写入通道 0 基字节计数器
        DEC   AX                ;调整计数值
        OUT   71H,  AL          ;写低位计数值
        MOV   AL,   AH
        OUT   71H,  AL          ;写高位计数值
        MOV   AL,   00H         ;目的地址写入通道 1 基地址寄存器
        OUT   72H,  AL
        MOV   AL,   40H
        OUT   72H,  AL
        MOV   AX,   1000H       ;字节数 1000H 写入通道 1 基字节计数器
        DEC   AX                ;调整计数值
        OUT   73H,  AL
        MOV   AL,   AH
        OUT   73H,  AL
        MOV   AL,   88H         ;块传送,地址增 1,读传送
        OUT   7BH,  AL          ;写通道 0 工作方式字
        MOV   AL,   85H         ;块传送,地址增 1,写传送
        OUT   7BH,  AL          ;写通道 1 工作方式字
        MOV   AL,   81H
        OUT   78H,  AL          ;写命令寄存器,允许存储器之间传送
        MOV   AL,   04H
        OUT   79H,  AL          ;写请求寄存器,DMA 通道 0 请求
        MOV   AL,   00H
        OUT   7FH,  AL          ;写屏蔽寄存器,开放全部 DMA 请求
```

小结

中断系统是计算机中非常重要的技术,利用外部中断,计算机可以实时响应外部设备的请求,进行数据传输,或者及时处理外部意外紧急事件。本章以 80x86 的中断系统为例,介绍了中断的基本概念、中断的处理过程以及中断矢量的形成方法。

8259A 是一种可编程的中断管理器,实际上就是为管理 Intel 8088/8086 微处理器的可屏蔽中断而设计的。一片 8259A 可以管理 8 级中断,经过级联扩充,最多可以管理 64 级中断。

8259A 由于灵活的可编程空间,所以对初用者来说似乎过于复杂。实际上只需要理解了它的各种工作方式,注意 OCW 和 ICW 的含义,就可以进行编程了。

DMA 也称为直接存储器存取,是一种外设和存储器之间的直接传输数据方法,适用于高速数据传输的场合,DMA 传输利用 DMAC 进行控制,不需要 CPU 直接参与。Intel 8237A 就是这样一个 DMAC,它具有 4 个独立的通道,每个通道具有 4 种工作方式,一次最多传送数据 64KB。并且多个 8237A 之间可以级联,从而扩充通道数。

在 8237A 的学习过程中,要清楚 8237A 可以工作在主模块方式,也可以工作在从模块方式。同时还需要注意 8237A 内部的寄存器和外部端口地址的对应,8237A 的 4 个通道具有独立的基(当前)地址寄存器和基(当前)字节计数器,但是它们共用控制类寄存器,在实际应用的时候要注意它们的对应地址。

习题

1. 什么叫中断? 什么是软件中断? 什么是硬件中断?

2. 简述 8086 中断矢量表的建立方法。

3. 如何进入中断处理程序? 为何在进入中断处理程序后立即要进行关中断的操作?

4. 8259A 全嵌套方式和特殊嵌套方式有什么区别? 各自应用在什么场合?

5. 8259A 引入中断请求的方式有哪几种? 各自有什么特点?

6. 8259A 的初始化命令字有哪些? 各自如何定义? 如何解决地址问题?

7. 假设 8259A 的端口地址为 92H、93H,如何用它的屏蔽命令字来禁止 IR_3 和 IR_5 引脚上的请求? 又如何撤销这一禁止命令?

8. 假设 8259A 的端口地址为 92H、93H,按照如下要求对 8259A 设置初始化命令字:系统中只有一片 8259A,中断请求信号采用电平触发方式,中断类型码为 60H~67H,用特殊嵌套方式,不用缓冲方式,采用中断自动结束方式。

9. PC/XT 机的 ROM-BIOS 对 8259A 的初始化程序如下,请说明其设定的工作方式。

```
MOV  AL, 13H
OUT  20H, AL
MOV  AL, 08H
OUT  21H, AL
MOV  AL, 09H
OUT  21H, AL
```

10. 假设 8259A 的端口地址为 20H、21H,下面的程序执行以后 AL 中的内容是什么?

```
MOV  AL, 0BH
```

```
OUT  20H, AL
NOP
IN   AL, 20H
```

11. PC 系列机器，假设 8259A 的端口地址为 20H、21H，执行下面指令以后，会产生什么控制状态？

```
MOV  AL, 0BCH
OUT  21H, AL
```

12. DMA 方式的特点是什么？DMA 控制器在系统中起什么作用？

13. 8237A 有几个通道？其工作方式有哪几种？通道的优先级如何确定？

14. 对一个 DMA 控制器的初始化包括哪些内容？

15. 8237A 有哪几种工作模式？各自应用在什么场合？

16. 设计 8237A 的初始化程序，假设它的端口地址为 0000～000FH。通道 0 工作在块传输模式，地址加 1 变化，自动预置功能；通道 1 工作于单字节读传输，地址减 1 变化，无自动预置功能，通道 2、3 与通道 1 工作方式相同。然后对 8237A 设置控制命令，DACK 为高电平有效，DREQ 为低电平有效，用固定优先级方式，并启动 8237A 工作。

17. 某系统使用一片 8237A，目标数据块中的首地址为 4000H，完成从存储器到存储器的数据传送，已知源数据块首地址为 2000H，数据块长度为 2KB，试编写初始化程序。

18. 采用 8237A 的通道 1 控制外设与存储器之间的数据交换。试编写初始化程序，把外设中 1KB 的数据传送到内存 2000H 开始的存储区域，设该片的 $\overline{CS}$ 由地址线 $A_7 \sim A_4 =$ 031H 译码，传送完毕停止通道工作。

第 9 章 模拟接口技术

随着电子数字计算机的飞速发展,其应用范围也越来越广泛,已由过去单纯的计算工具发展成为现在复杂控制系统的核心部分。人们通过计算机能对生产过程、科学实验以及军事控制系统等实现更加有效的自动控制。这也是微机应用的一个非常重要的领域。

在测控系统中,被测控的对象,如温度、压力、流量、速度、电压等,都是连续变化的物理量。这种连续变化的物理量通常就是模拟电压或电流,被称为"模拟量"。当处理机参与测控时,要求的输入信号为"数字量",它是离散的数据量。能将模拟量转换为数字量的器件称为模拟/数字转换器(Analog-Digital Converter),简称模/数转换器或 ADC。处理机的处理结果是数字量,不能直接控制执行部件,需要转换为模拟量。将数字量转换为模拟量的器件称为数字/模拟转换器(Digital-Analog Converter),简称数/模转换器或 DAC。

本章的主要内容如下:
- 8 位数/模转换器 DAC0832。
- 12 位数/模转换器 AD567。
- 8 位模/数转换器 ADC0809。
- 12 位模/数转换器 AD574。

9.1 模拟输入输出系统

9.1.1 微机与控制系统接口

微型计算机不能直接处理模拟量,但在许多工业生产过程中,参与测量和控制的物理量往往是连续变化的模拟量,例如电流、电压、温度、压力、位移、流量等。一方面,为了利用处理机实现对工业生产过程的监测和自动调节及控制,必须将连续变化的模拟量转换成微机所能接受的信号,即经过 A/D 转换器转换成相应的数字量,再经输入电路送至处理机。另一方面,为了实现对生产过程的控制,有时需要输出模拟信号,即要经 D/A 转换,将数字量变成相应的模拟量,再经功率放大,去驱动模拟调节执行机构工作,这就需要通过模拟量输出接口完成此任务。这样,模拟量输入输出问题就归结到处理机如何与 A/D 转换器和 D/A 转换器进行连接的问题。

微机控制系统对所要监视和控制的生产过程的各种参数(如温度、压力等)必须先由传感器进行检测,并转换为电信号,然后对信号放大处理。接着,通过 A/D 转换器,将标准的模拟信号转换为等价的数字信号,再传给处理机。处理机对各种信号进行处理后输出数字信号,再由 D/A 转换器将数字信号转换为模拟信号,作为控制装置的输出去控制生产过程的各种参数。其过程如图 9.1 所示。图中上面的虚线框为模拟量输入通道，下面的虚线框为模拟量输出通道。

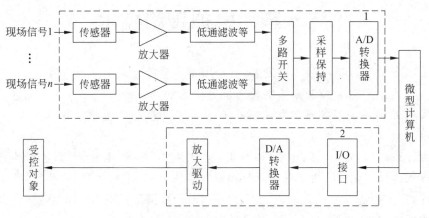

图 9.1　模拟输入输出系统

9.1.2　模拟输入通道

模拟量输入通道主要包括传感器、信号放大器和多路开关等，其目的是进行模拟量到数字量的转换。

1. 传感器（transducer）

能够把生产过程的非电物理量转换成电量（电流或电压）的器件称为传感器。例如，热电偶能够把温度这个物理量转换成几毫伏或几十毫伏的电信号，因此可作为温度传感器。有些传感器不是直接输出电量，而是把电阻值、电容值或电感值的变化作为输出量，反映相应的物理量的变化，例如，热电阻也可作为温度传感器。

2. 信号放大器（amplifier）

信号放大器把传感器输出的信号放大到 ADC 所需的量程范围。传感器输出的信号往往很微弱，并混有许多干扰信号，因此必须去除干扰，并将微弱信号放大到与 ADC 相匹配的程度。这就需要配接高精度、高开环增益的运算放大器或具有高共模抑制比的测量放大器。有时在使用现场，信号源与计算机两者电平不同或不能共地，这时就需进行电的隔离，又要用隔离放大器。

3. 低通滤波器（low-pass Filter）

滤波器用于降低噪声、滤去高频干扰，以增加信噪比。在模拟量输入通道中，滤波器通常使用 RC 低通滤波电路，也可用运算放大器构成的有源滤波电路，还可以编写数字滤波程序，用软件加强滤波效果。

4. 多路开关(multiplexer)

在实际应用中,常常要对多个模拟量进行转换,而现场信号的变化多是比较缓慢的,没有必要对每一路模拟信号单独配置一个 A/D 转换器。这时,可以采用多路开关,通过微型机控制,把多个现场信号分时地接到 A/D 转换器上转换,达到共用 A/D 转换器以节省硬件的目的。

5. 采样保持器(sample & hold)

对高速变化的信号进行 A/D 转换时,为了保证转换精度,需要使用采样保持器。周期性地采样连续信号,并在 A/D 转换期间保持不变。

9.1.3 模拟输出通道

微机输出的信号是以数字形式给出的,而有的执行元件要求提供模拟的电流或电压,故必须采用模拟量输出通道来实现。它的作用是把微机输出的数字量转换成模拟量,这个任务主要是由数/模(D/A)转换器来完成。由于 D/A 转换器需要一定的转换时间,在转换期间,输入待转换的数字量应该保持不变,而微机输出的数据在数据总线上稳定的时间很短,因此在处理机与 D/A 转换器间必须用带有锁存器的 I/O 接口电路来保持数字量的稳定;如果 I/O 接口电路没有锁存功能,则需要另外接锁存器。经过 D/A 转换器得到的模拟信号一般要经过低通滤波,使其输出波形平滑。同时,为了能驱动受控设备,可以采用功率放大器作为模拟量输出的驱动电路。

9.2 数/模转换芯片及接口

9.2.1 数/模转换原理

1. D/A 转换器的工作原理

数字量是用代码按数位组合起来表示的,对于有权码,每位代码都有一定的位权。为了将数字量转换成模拟量,必须将每 1 位的代码按其位权的大小转换成相应的模拟量,然后将这些模拟量相加,即可得到与数字量成正比的总模拟量,从而实现了数字到模拟的转换。这就是组成 D/A 转换器的基本指导思想。

图 9.2 表示了 4 位二进制数字量与经过 D/A 转换后输出的电压模拟量之间的对应关系。由图 9.2 还可看出,两个相邻数码转换出的电压值是不连续的,两者的电压差由最低码位代表的位权值决定。它是信息所能分辨的最小量用 LSB(Least Significant Bit,最低有效位)表示。对应于最大输入数字量的最大电压输出值(绝对值)用 FSR(Full Scale Range,满量程)表示。图中 $1LSB=1\lambda V$;$1FSR=15\lambda V$(λ 为比例系数)。

D/A 转换器的一般组成如图 9.3 所示。D/A 转换器由数码寄存器、模拟电子开关

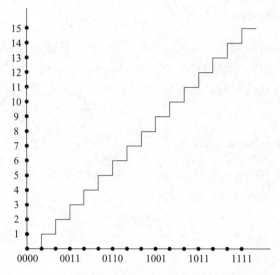

图 9.2　D/A 转换器输入数字量与输出电压的对应关系

电路、解码网络、求和电路及基准电压几部分组成。数字量以串行或并行方式输入，存储于数码寄存器中，数字寄存器输出的各位数码分别控制对应位的模拟电子开关，使数码为 1 的位在位权网络上产生与其权值成正比的电流值，再由求和电路将各种权值相加，即得到数字量对应的模拟量。

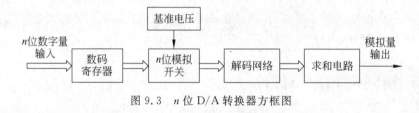

图 9.3　n 位 D/A 转换器方框图

2. D/A 转换器分类

按解码网络结构的不同，分为 T 形电阻网络 D/A 转换器、倒 T 形电阻网络 D/A 转换器、权电流 D/A 转换器和权电阻网络 D/A 转换器。

按模拟电子开关电路的不同，分为 CMOS 开关型 D/A 转换器（速度要求不高）和双极型开关 D/A 转换器。其中双极型开关 D/A 转换器又分为电流开关型（速度要求较高）和 ECL 电流开关型（转换速度更高）。

数模转换器中被广泛采用的是 R-2R 倒 T 形电阻网络 D/A 转换器，下面以此为例讲解 D/A 转换过程。R-2R 倒 T 形电阻网络 D/A 转换器原理图如图 9.4 所示，其等效电路如图 9.5 所示。

可见，流入求和运算放大器的电流为

$$I_{\Sigma} = \frac{I}{2}D_3 + \frac{I}{4}D_2 + \frac{I}{8}D_3 + \frac{I}{16}D_0 = \frac{V_{REF}}{2^4 R}(2^3 D_3 + 2^2 D_2 + 2^1 D_1 + 2^0 D_0)$$

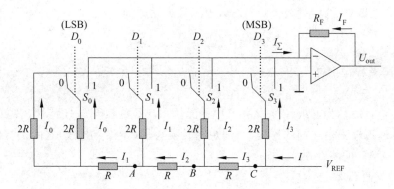

图 9.4 R-2R 倒 T 形电阻网络 D/A 转换器

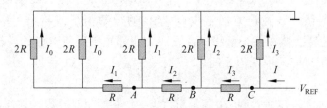

图 9.5 R-2R 倒 T 形电阻网络的等效电路

这样就实现了数字量到模拟量的转换。为了得到电压的输出,在电路中加入了运算放大器,求和运算放大器的输出电压为

$$V_0 = -\frac{V_{\text{REF}}}{2^4 R} \cdot R_{\text{F}}(2^3 D_3 + 2^2 D_2 + 2^1 D_1 + 2^0 D_0)$$

当 $R_{\text{F}} = R$ 时:

$$V_0 = -\frac{V_{\text{REF}}}{2^4}(2^3 D_3 + 2^2 D_2 + 2^1 D_1 + 2^0 D_0)$$

倒 T 形电阻网络由于流过各支路的电流恒定不变,故在开关状态变化时不需电流建立时间,所以该电路转换速度高,在数模转换器中被广泛采用。

3. 主要性能指标

D/A 转换器涉及的主要技术指标有分辨率、转换精度、线性误差、建立时间等,这些也是我们所关心的 DAC 的性能参数。

1) 分辨率

分辨率指 DAC 对输入模拟量的分辨能力,实际是最低位增 1 所引起的增量和最大输入量的比例:$1/(2^n - 1)$,n 为二进制的位数。通常也直接用位数来表示,如 8 位、12 位等。

2) 转换精度

转换精度表示 DAC 转换器的精确程度,又分为绝对转换精度和相对转换精度。绝对转换精度是数据量经 DAC 转换后实际输出的模拟电压和理想值的差。相对转换精度是相对于满量程输出的百分比,如在满量程为 10V,精度为 ±0.1% 时,表示最大误差为

$\pm 10\text{mV}$。n 位 DAC 的精度为 $\pm 1/2\text{LSB}$，表示最大误差为

$$\Delta A = \frac{1}{2} \times \frac{\text{FS}}{2^n} = \frac{\text{FS}}{2^{n+1}}$$

其中 FS 为满量程输出电压。

3）线性误差

线性误差有时称为非线性度。由于种种原因，DAC 的实际转换特性（各数字输入值所对应的各模拟输出值之间的连线）与理想的转换特性（始终点连线）之间是有偏差的，这个偏差就是 DAC 的线性误差。

4）微分线性误差

一个理想的 DAC，任意两个相邻的数字码所对应的模拟输出值之差应恰好是一个 LSB 所对应的模拟值。如果大于或小于一个 LSB，就出现了微分线性误差，其差值就是微分线性误差值。微分线性误差通常也以 LSB 的分数值形式给出。微分线性误差为 $\pm 1/2\text{LSB}$，指的是转换器在整个量程中任意两个相邻数字码所对应的模拟输出值之差都在 $(1\pm 1/2)\text{LSB}$ 所对应的模拟值之间。

5）建立时间

建立时间通常也叫转换时间，这是 DAC 的一个重要性能参数。它通常定义为：在数字输入端发生满量程码的变化以后，DAC 的模拟输出稳定到最终值 $\pm 1/2\text{LSB}$ 时所需要的时间。当输出的模拟量为电流时，这个时间很短；如果输出形式是电压，则它主要是输出运算放大器所需的时间。

D/A 转换的数据来源于处理机，而处理机输出指令送出的数据在数据总线上的时间是短暂的（不足一个输出周期），所以 DAC 和处理机间需要有数据寄存器来保持处理机输出的数据，供 DAC 转换用。目前使用的 DAC 大部分是集成芯片，有 8 位的，也有 16 位的，其内部电路构成并没有太大的区别。DAC 根据有无内部数据寄存器可分为两类：一类芯片内部设置有数据寄存器，不需外加电路就可直接与处理机系统相连，如 DAC0832、AD7524 等；另一类芯片内部没有数据寄存器，输出信号（电流或电压）随数据输入线的状态变化而变化，因此不能直接与处理机系统相连，必须通过并行接口相连，如 DAC0808、AD7521 等。

9.2.2　8 位数/模转换器 DAC0832

DAC0832 是美国国家半导体公司生产的 8 位集成电路芯片，是一种典型的电流输出型通用 DAC 芯片，20 条引线，双列直插式，内部具有两级数据寄存器。

DAC0832 具有以下特性：

- 输出为差动电流。
- 数字量输入具有双重缓冲。
- 内部具有数据寄存器，可以直接和处理机系统相连。
- 分辨率为 8 位，建立时间为 $1\mu\text{s}$，满量程误差为 $\pm 1\text{LSB}$。
- 电源为 $+5\sim +15\text{V}$，基准电压范围为 $-10\sim +10\text{V}$，功耗为 20mW。

1. DAC0832 的内部结构和引脚

DAC0832 的内部结构和引脚如图 9.6 所示。

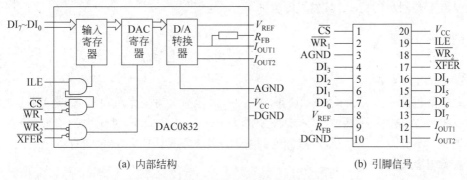

(a) 内部结构   (b) 引脚信号

图 9.6 DAC0832 的内部结构和引脚

由图 9.6 可见，DAC0832 内部对输入数据具有两级缓存：8 位输入寄存器和 8 位 DAC 寄存器，这两个寄存器可以分别选通。它可以在输出模拟信号的同时采集下一个数据，也可以利用多个 DAC0832 实现多位数据的转换。DAC0832 的内部有 T 形电阻，输出为差动电流，如果要得到电压，则需另外外接运算放大器。

DAC0832 的外部引脚信号含义如下：

- $\overline{CS}$：片选信号，低有效，和输入锁存信号 ILE、$\overline{WR_1}$ 一起决定第一级数据锁存是否有效。

- ILE：第一级允许锁存，高有效。

$\overline{WR_1}$：写信号 1，作为第一级锁存信号，必须和 $\overline{CS}$、ILE 同时有效。

$\overline{WR_2}$：写信号 2，作为第二级锁存信号，必须和 $\overline{XFER}$ 同时有效。

$\overline{XFER}$：控制信号，低有效，和 $\overline{WR_2}$ 一起决定第二级数据锁存是否有效。

- $DI_7 \sim DI_0$：8 位数据输入端。

- I_{OUT1}：模拟电流输出端，DAC 寄存器全 1 时最大，全 0 时为 0。

- I_{OUT2}：模拟电流输出端，和 I_{OUT1} 有一个常数差：$I_{OUT1} + I_{OUT2} =$ 常数，此常数对应一个固定基准电压的满量程电流。

- V_{REF}：基准电压输入端，可正可负，范围为 $-10 \sim +10V$。

- V_{cc}：芯片电压输入端，范围为 $+5 \sim +15V$，最好为 $+15V$。

- AGND：模拟地，也就是芯片模拟电路接地点，所有的模拟地要连接在一起。

- DGND：数字地，也就是芯片的数字电路接地点，所有的数字地要连接在一起，再将数字地和模拟地连在一个公共接地点，以提高系统的抗干扰性。

2. DAC0832 的接口

1）连接方式

根据对 DAC0832 的输入锁存器和 DAC 寄存器的不同控制方法，DAC0832 有 3 种工作方式：单缓冲方式、双缓冲方式、直通方式。

（1）单缓冲方式。

两个寄存器的其中一个接成直通方式，输入数据经过一级缓冲就进行 D/A 转换，见图 9.7(a)。在这种方式下，只执行一次写操作，适用于只有一个模拟量输出或者几个模拟量输出不是同步的情况，有关程序段如下：

```
MOV  DX, 280H              ;设 DAC0832 的地址为 280H
OUT  DX, AL               ;AL 内数据送 DAC 转换
```

（2）双缓冲方式。

数据通过两个寄存器锁存，经过两级缓冲，执行两次写操作后再送入 D/A 转换电路，完成一次 D/A 转换，见图 9.7(b)。此方式适用于多路 D/A 同时输出的情形，使各路数据分别锁存于各输入寄存器，然后同时（相同控制信号）打开各 DAC 寄存器，实现同步转换。有关程序段如下：

```
MOV  DX, 200H              ;DAC0832 的输入锁存器的地址为 200H
OUT  DX, AL               ;AL 中数据 DATA 送输入寄存器
MOV  DX, 201H              ;DAC0832 的 DAC 锁存器的地址为 201H
OUT  DX, AL               ;数据 DATA 写入 DAC 锁存器并转换
```

（3）直通方式。

输入寄存器和 DAC 寄存器都接成直通方式，即 ILE、$\overline{CS}$、$\overline{WR_1}$、$\overline{WR_2}$ 和 $\overline{XFER}$ 信号均有效，数据被直接送入 D/A 转换电路进行 D/A 转换，见图 9.7(c)。该方法用于非处理机控制的系统中。有关程序段如下：

```
MOV  DX, PA8255           ;8255 的 A 口地址为 PA8255
OUT  DX, AL               ;AL 中数据送 A 口锁存并转换
```

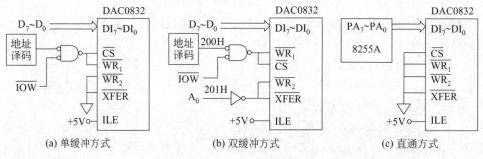

图 9.7 DAC0832 的连接方式

2）输出方式

DAC0832 可提供单极性和双极性两种输出方式。

（1）单极性输出。

当输入数据为单极性数据时，可在 DAC0832 的电流输出端接一个运算放大器，成为单极性电压输出，如图 9.8(a)所示。其中基准电压 V_{REF} 可以是直流电压，也可在 $-10\sim$ $+10V$ 间可变，输出电压 V_{OUT} 的极性与 V_{REF} 的极性相反。

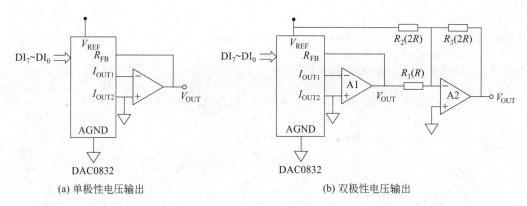

图 9.8　DAC0832 的电压输出

（2）双极性输出方式。

当输入为双极性数字时，要求双极性输出。电路接法如图 9.8(b)所示。

3. DAC0832 的应用

在许多实际应用过程中，需要一个锯齿电压来控制检测过程，或者用来扫描电压控制电子束的移动，可以用 DAC0832 的输出端接运算放大器来完成，工作在单缓冲方式下，其硬件电路可以是图 9.7(a)与图 9.8(a)的结合。软件设计如下：

```
        MOV  DX,  PORTAD          ;设 DAC 端口地址为 PORTAD
        MOV  AL,  0               ;初值
P1:  OUT  DX,  AL
        INC  AL
        JMP  P1
```

上述程序段能产生正向的锯齿波形。从 0 增长到最大输出电压，中间要分成 256 个小台阶，分别对应 0,1LSB,2LSB,3LSB,…,255LSB 时的模拟输出电压。从宏观来看，即为一个线性增长电压。如果将上述输出电压接到示波器上，则能看到一个连续的正向锯齿波形。对于锯齿波的周期，可以利用延时进行调整。如果延迟时间较短，可用几条 NOP 指令完成；如果延时较长，则可用延时子程序。要产生负向的锯齿波，只要将指令 INC AL 改为 DEC AL 就可以了。当然，上述程序段是一个死循环，实用的程序要根据实际情况设置循环退出条件。

9.2.3　12 位数/模转换器 AD567

目前，在数/模转换器中，12 位数/模转换器应用非常广泛，有 DAC1210、AD567 等。DAC1210 和 DAC0832 一样也是美国国家半导体公司生产的，内部结构也非常类似。所不同的是 DAC1210 具有 12 位的数据输入端，并且 12 位数据寄存器是由一个 8 位和一个 4 位的输入寄存器组成的，可以按 8 位数据工作。

AD567 是美国 ATI 公司的产品,是高速 12 位电流输出型 D/A 转换器,并且片内有稳定的基准电压,双缓冲输入锁存器,目前应用比较多。

1. AD567 的内部结构和引脚

AD567 的内部结构和引脚如图 9.9 所示。它具有以下特点:

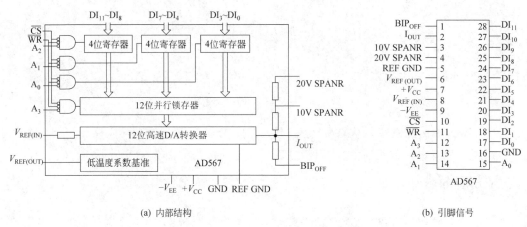

(a) 内部结构   (b) 引脚信号

图 9.9 AD567 的内部结构和引脚

- 内部含基准电压 10V±1mV。
- 输入为双缓冲结构,可以直接连接 8 位或者 16 位数据总线。
- 与 TTL 和 CMOS 电平兼容。
- 分辨率 12 位,非线性误差小于 1LSB。
- 电流型输出,最大 2mA 建立时间 500ns。
- 电源电压范围为 12V～15V;低功耗 300mW。

AD567 内部含 12 位并行锁存器和 12 位高速 D/A 转换器,输入数据可以以 4 位为单位进行有效选择。各个引脚的功能如下:

- $\overline{CS}$:片选信号,低电平有效,和地址信号以及 $\overline{WR}$ 一起决定数据锁存是否有效。
- $\overline{WR}$:写信号,低电平有效,必须和 $\overline{CS}$、地址同时有效。
- $DI_{11} \sim DI_0$:12 位数字量输入端,根据需要,可以输入低 4 位、中间 4 位或者高 4 位。
- I_{OUT}:模拟电流输出端,DAC 寄存器全 1 时最大,全 0 时为 0。
- BIP_{OFF}:双极性偏移,和 I_{OUT}、20V SPANR、10V SPANR 引脚配合,进行各种电压范围的输出。
- 20V SPANR:20V 量程。
- 10V SPANR:10V 量程。
- $A_0 \sim A_3$:地址信号,用来锁存内部缓冲器,$A_0 \sim A_3$ 和 $\overline{CS}$、$\overline{WR}$ 配合决定数据锁存器是否有效,其功能如表 9.1 所示。

表 9.1 AD567 地址控制表

$\overline{CS}$	$\overline{WR}$	A_3	A_2	A_1	A_0	操 作
1	×	×	×	×	×	无
×	1	×	×	×	×	无
0	0	1	1	1	0	锁存第一级缓冲器低 4 位
0	0	1	1	0	1	锁存第一级缓冲器中间 4 位
0	0	1	0	1	1	锁存第一级缓冲器高 4 位
0	0	0	1	1	1	锁存第二级缓冲器
0	0	0	0	0	0	所有锁存器均透明

2. AD567 的接口

当 AD567 和 8 位数据总线连接的时候，待转换的 12 位数字量至少需要分两次送出。不同的硬件接法使数据格式有所不同。如果高 4 位连接到数据总线的 $D_0 \sim D_3$，则数据格式为右对齐，如图 9.10 所示。

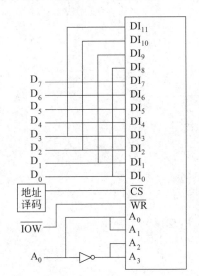

×	×	×	×	DI_{11}	DI_{10}	DI_9	DI_8	高字节
DI_7	DI_6	DI_5	DI_4	DI_3	DI_2	DI_1	DI_0	低字节

图 9.10 AD567 和 8 位数据总线的连接

有关程序段如下：

```
MOV  DX,  280H  ;打开第一级缓冲器低 4 位和中间 4 位
OUT  DX,  AL    ;输出低 8 位
INC  DX
MOV  AL,  AH
OUT  DX,  AL    ;输出高 4 位,同时打开第一级缓冲器高 4 位
                ;并将低 4 位和中间 4 位写入第二级缓冲器
```

　　当 AD567 和 16 位数据总线连接的时候，则比较简单，可以直接将 12 位输入数据和数据总线相连接，并且可以采用单缓冲方式，将 $A_0 \sim A_3$ 全部接地就可以了。

　　对于 AD567 来说，输出范围比较灵活，可以是单极性的 $0 \sim +5V$、$0 \sim +10V$，也可以是双极性的 $-2.5 \sim +2.5V$、$-5 \sim +5V$、$-10 \sim +10V$，其具体的连接方法主要在于 BIP_{OFF}、I_{OUT}、20V SPANR、10V SPANR 的配合，其中 $-5 \sim +5V$ 输出的连接方法如图 9.11，其他输出范围的连接方法如表 9.2 所示。

表 9.2　各个输出范围的引脚连接

输出范围	10V SPANR	20V SPANR	BIP_{OFF}
$0 \sim +5V$	连运放输出端	连 I_{OUT}	连模拟地
$0 \sim +10V$	连运放输出端	连运放输出端	连模拟地
$-2.5 \sim +2.5V$	连运放输出端	连 I_{OUT}	连 $V_{REF(OUT)}$ *
$-5 \sim +5V$	连运放输出端	连运放输出端	连 $V_{REF(OUT)}$ *
$-10 \sim +10V$	悬空	连运放输出端	连 $V_{REF(OUT)}$ *

　*注：需要串联 50Ω 电阻，参考图 9.11。

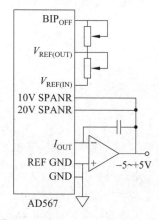

图 9.11　AD567 双极性 ±5V 输出

9.3　模/数转换芯片及接口

9.3.1　模/数转换原理

1. 主要性能指标

　　A/D 转换器是通过一定的工作过程将模拟量转变为数字量的器件，简称 ADC。它的主要性能指标有分辨率、转换精度、量化误差、转换时间等。

　　1) 分辨率

　　分辨率是指 A/D 转换器对模拟输入信号的分辨能力，即能分辨的最小模拟输入量，通常指数值输出的最低有效位(LSB)所对应的输入电平值,以二进制位数表示。如 ADC0809 的分辨率为 8 位,AD574 的分辨率为 12 位等。位数越多,分辨率越高。

2) 转换精度

转换精度分为绝对精度和相对精度两种,绝对精度是指对应于一个数字量的实际模拟量输入值与理论模拟量输入值之差。相对精度是指满量程转换范围内任一数字量输出所对应的实际模拟量的值与理论值之差,通常用绝对误差与满刻度值的百分数表示。A/D 转换器的位数越多,相对误差或绝对误差也就越小。

3) 量化误差

量化误差是指在 A/D 转换器中进行整量化时产生的固有误差。A/D 转换过程实质上是量化取整过程,对于四舍五入量化法,量化误差为 $\pm 1/2$LSB。

4) 转换时间

转换时间是指完成一次 A/D 转换所需要的时间。转换时间是编程时必须考虑的参数。转换时间的倒数称为转换率,反映了 A/D 转换的速度。

2. 模/数转换方法

模/数转换的方法很多,有些是建立在 DAC 的基础上,例如计数式 A/D 转换和逐次逼近式 A/D 转换,也有双积分式 A/D 转换等。

1) 计数式 A/D 转换

计数式 A/D 转换如图 9.12 所示,一个计数器控制着一个 DAC,采用 V_I 和 V_O 逐次比较,直到 $V_O > V_I$。

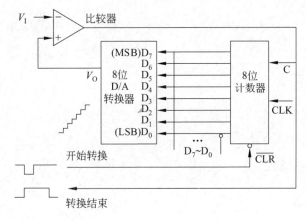

图 9.12 计数式 A/D 转换

计数式 A/D 转换的工作原理如下:

- 开始时,启动 S,计数器清零,于是 $D_0 \sim D_7$ 为 0,则 V_O 为 0。
- 8 位 DAC 的输出电压 V_O 和输入 V_I 模拟电压进行比较,假设 $V_I > V_O$,则 8 位计数器在 CLK 作用下持续加 1,数字量不断增加,使 D/A 转换器的模拟量输出也不断增加。
- 到第一次 $V_I < V_O$ 时,比较器输出控制信号,使计数器停止计数,这时计数器中的

数字量就是经模拟量转换而来的数字量。

计数式 A/D 转换的特点：速度慢，尤其是当模拟电压比较大时。一般用于简单廉价的场合。

2）逐次逼近式 A/D 转换

逐次逼近式 A/D 转换与计数器法类似，所不同的是未采用计数器，而是采用逐次逼近寄存器，如图 9.13 所示。逐次逼近寄存器是从最高位开始试探，转换前，清除寄存器各位，先令 $V_O=10000000$，若 $V_I>V_O$，则最高位的 1 保留，否则为 0，接着试探次高位……直至最低位完成同一过程。寄存器从最高位到最低位试探完的最终值就是 A/D 转换的结果。

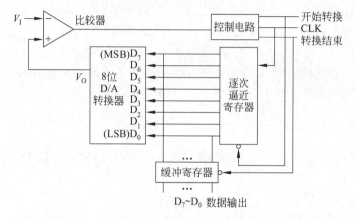

图 9.13　逐次逼近式 A/D 转换

3）双积分式 A/D 转换

双积分式 A/D 转换的原理如图 9.14 所示，主要部件为积分器、比较器、计数器和标准电压。

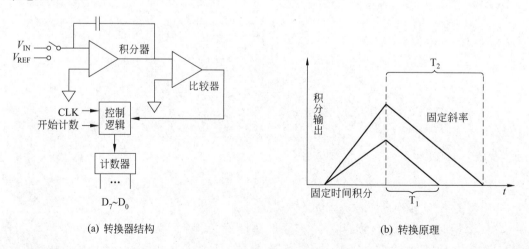

(a) 转换器结构　　　　　　　　　　　　(b) 转换原理

图 9.14　双积分式 A/D 转换

双积分式的转换过程分为两个阶段：一是固定积分时间对输入模拟电压进行积分的阶段；二是固定斜率对反极性标准电压进行积分的阶段，参见图 9.14(b)。

每次转换开始时,控制逻辑使开关接至模拟输入电压端,使积分电容器的两极被充电,积分电路的输出电压逐渐升高。此正斜率持续一个固定时间后,控制逻辑使开关接标准电压端,计数器也重新开始对时钟计数,此时进行的是对标准电压的反积分,当逐渐降低的电压越过零点时,比较器的输出发生状态改变,使计数器停止计数。这个最终的二进制计数值与模拟输入电压的幅值成正比,就是 A/D 转换的数字量。

双积分式 A/D 转换的特点是精度高、抗高频干扰性好,但是二次积分的过程使它的速度比较慢。

4) 并行式 A/D 转换

并行式 A/D 转换采用的是直接比较法,它把参考电压经电阻分压器直接给出 2^n-1 个量化电平,同时需要 2^n-1 个比较器,每个比较器的一端接某一级量化电平。在进行 A/D 转换时,要转换的输入电压同时送到各个比较器的另一端进行比较,比较结果由编码器编成 n 位数字码,而达到转换的目的。

由于比较参照的各级量化电平是同时存在的,转换时间只是比较器和编码器的延迟,因此转换速度极快。但是 n 位转换器需要 2^n 个电阻和 2^n-1 个比较器,因而每增加 1 位,元器件的数目就要增加一倍。这种 ADC 的成本随分辨率的提高而迅速增加。

3. ADC 的连接问题

1) 和主机的连接

ADC 与主机的连接信号主要有数据输出、启动转换及转换结束等。

(1) 数据输出的连接。

模拟信号经 A/D 转换,向主机送出数字量。ADC 芯片就相当于给主机提供数据的输入设备。能够向主机提供数据的外设很多,它们的数据线都要连接到主机的数据总线上;为了防止总线冲突,任何时刻只能有一个设备发送信息。因此,这些能够发送数据的外设的数据输出端必须通过三态缓冲器连接到数据总线上。又因为有些外设的数据不断变化,如 A/D 转换的结果随模拟信号变化而变化。所以,为了能够稳定输出,还必须在三态缓冲器之前加上锁存器,保持数据不变。为此,大多数向系统数据总线发送数据的设备都设有锁存器和三态缓冲器,简称三态锁存缓冲器或三态锁存器。

根据 ADC 芯片的数字输出端是否带有三态锁存缓冲器,与主机的连接可分成两种方式。一种是直接相连,主要用于输出带有三态锁存器的 ADC 芯片,如 ADC0809、AD574 等;另一种是用三态锁存器(如 74LS373/374)或通用并行接口芯片(如 8255A)相连,它适用于不带三态锁存器的 ADC 芯片。但很多情况下,为了增加 I/O 端口功能,那些带有三态锁存缓冲器的芯片也常采用第二种方式。

此外,如果 ADC 芯片的数字输出位数大于系统数据总线,需要增加读取控制逻辑,把数据分两次或多次读取。

(2) A/D 转换的启动。

ADC 开始转换时,通常需要一个启动信号,一般有两种形式。一是在启动引脚上加一个脉冲信号,由脉冲信号启动转换,如 ADC0809 和 AD574 芯片;二是在启动引脚上加一个电平信号,由有效电平启动转换,如 AD570/571/572 芯片。

ADC 转换的启动也可由主机产生，一般也有两种方法。一是编程启动，在 A/D 开始转换的时刻，用一个输出指令产生启动信号，或利用外设输出信号 IOW 和地址译码器的端口地址信号产生 ADC 启动脉冲，或者通过寄存器产生一个有效启动电平；二是定时启动，启动信号来自定时器，这种方法适合固定延迟时间的巡回检测等应用场合。

（3）转换结束的处理。

当转换结束，ADC 输出一个转换结束信号，通知主机读取结果。主机检查判断 A/D 转换是否结束的方法主要有 4 种。

① 查询方式。这种方式是把结束信号经三态缓冲器送到主机系统数据总线的某一位上，ADC 开始转换后，主机不断查询这个状态位，发现结束信号有效，便读取转换数据。

② 中断方式。这种方式是把结束信号连接到主机的中断请求线上，ADC 转换结束，主动向 CPU 申请中断，CPU 响应中断后，在中断服务程序中读取数据，这种方式适用于实时性较强或参数较多的数据采集系统。

③ 延时方式。这种方式不使用转换结束信号。主机启动 A/D 转换后，延迟一段略大于 A/D 转换时间的时间，此时转换已结束，即可读取数据。这种方式中，通常采用软件延时程序，当然也可以用硬件完成延时。采用软件延时方式，无须硬件连线，但要占用主机大量时间，多用于主机处理任务较少的系统中。

④ DMA 方式。这种方式是把结束信号作为 DMA 请求信号，A/D 转换结束，即启动 DMA 传送，通过 DMA 控制器直接将数据送入内存缓冲区。这种方式特别适合要求高速采集大量数据的情况。

2）模拟量的连接

一个 A/D 转换实际应用中的问题是：如果要转换的模拟量在不停变化，而 A/D 转换器的速度比较慢，那么在转换过程中，模拟量的变化可能影响转换精度。为解决这个问题，须加采样保持电路。

另外，ADC 在使用过程中，还需要注意输入模拟电压的连接、数据输出线和系统总线的连接以及启动信号的供给等问题。一般输入模拟电压的引脚为 $V_{\text{IN}(-)}$、$V_{\text{IN}(+)}$，若是差动输入，则接在这两端；若是正向单端输入，则 $V_{\text{IN}(-)}$ 接地，$V_{\text{IN}(+)}$ 接模拟电压；若是反向单端输入，则 $V_{\text{IN}(+)}$ 接地，$V_{\text{IN}(-)}$ 接模拟电压。

对于 n 位 ADC，从输入模拟量 V_{IN} 转换为数字量 N 时，其转换公式为

$$N = \frac{V_{\text{IN}} - V_{\text{REF}(-)}}{V_{\text{REF}(+)} - V_{\text{REF}(-)}} \times 2^n$$

如对于 8 位的 ADC0809 来说，若 $V_{\text{REF}(+)} = 5\text{V}$，$V_{\text{REF}(-)} = 0\text{V}$，输入模拟电压为 1.5V，则

$$N = \frac{1.5 - 0}{5 - 0} \times 256 = 76.8$$

即 N 近似为十六进制数 4DH。

目前，A/D 转换芯片比较多，内部结构也略有不同，有些芯片内部还带有采样保持电路。ADC0809 是一个 8 位单片型逐次逼近式 ADC，而 AD574 是 12 位的；AD674/AD1674 等芯片内部带有采样保持电路，可以直接和被转换的模拟信号相连接，以适应高

速采样的需要。MC14433 和 ICL7109 是双积分式 ADC,转换精度高,抗干扰性好,具有自动校零、自动量程控制信号输出等特性。当需要的时候,可以根据不同的情况,选择不同的芯片。

9.3.2　8 位模/数转换器 ADC0809

1. ADC0809 的内部结构和引脚

本节以 ADC0809 为例,说明 ADC 的基本使用方法。该芯片是用 CMOS 工艺制成的双列直插式 28 引脚的 8 位 A/D 转换器。片内有 8 路模拟开关及地址锁存与译码电路、8 位 A/D 转换和三态输出锁存缓冲器,如图 9.15 所示。

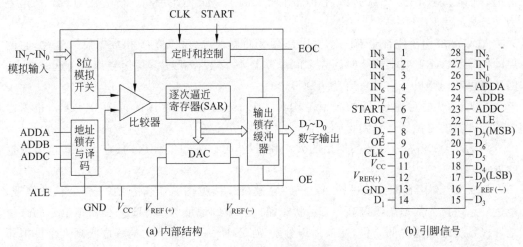

(a) 内部结构　　　　　　　　　　　　　　　(b) 引脚信号

图 9.15　ADC0809 内部结构和引脚

各引线信号意义如下:

- ADDA、ADDB、ADDC:模拟通道选择线,ADDA 接低位,ADDC 接高位,选择 8 位模拟通道 $IN_0 \sim IN_7$。
- $IN_0 \sim IN_7$:8 路模拟通道输入,由 ADDA、ADDB 和 ADDC 3 条模拟通道选择线选择。
- $D_0 \sim D_7$:数据线,三态输出,由 OE 输出允许信号控制。
- OE:输出允许,该引线上的高电平,打开三态缓冲器,将转换结果放到 $D_0 \sim D_7$ 上。
- ALE:地址锁存允许,其上升沿将 ADDA、ADDB、ADDC 3 条引线的信号锁存。
- START:转换启动信号,在模拟通道选通之后,由 START 上的正脉冲启动 A/D 转换过程。
- EOC(End Of Conversion):转换结束信号,在 START 信号之后,ADC 开始转换,EOC 变为低电平,表示转换在进行中。当转换结束,数据已锁存在输出锁存器之后,EOC 变为高电平,EOC 可作为被查询的状态信号,亦可用来申请中断。
- $V_{REF(+)}$、$V_{REF(-)}$:基准电压输入。

• CLK：时钟输入。

由于 ADC0809 芯片内部集成了数据锁存三态缓冲器，其数据输出线可以直接与计算机的数据总线相连。在数据的传输方面，可以用中断法传送，也可以用查询法传送，还可以无条件传送，即启动转换后等待一定的时间（ADC0809 的转换时间）再读取转换结果。

2. ADC0809 的应用

ADC0809 的最大模拟量输入范围是 $0 \sim 5.25\text{V}$，基准电压 V_{REF} 根据高电平 V_{CC} 的值确定，一般情况下 $V_{\text{REF(+)}} = V_{\text{CC}}$，$V_{\text{REF(−)}} = \text{GND}$。ADC0809 特别适用于测量来自比例传感器的模拟量，如电位计、应变热敏电阻等。如果 ADC0809 用于测量电压或者电流的绝对值，则其基准电压 V_{REF} 必须是标准而精确的。如 $V_{\text{REF}} = 5.12\text{V}$，则 1LSB 的误差为 20mV。

ADC0809 由于内部带有三态输出锁存缓冲器，因此可以直接和数据总线连接，它的启动信号 START 要求持续时间在 200ns 以上，大多数微机的读写信号都符合这一要求，因此可以利用微机写信号来启动 ADC0809。

ADC0809 的时钟 CLK 的频率范围为 $10\text{kHz} \sim 1\text{MHz}$，常用的值为 640kHz，也可以由微处理器的时钟经过分频得到。

用 ADC0809 进行外部模拟量的采集和转换，可以采用编程启动、查询方式读入数据的方法。

例 9.1　利用查询方式进行 A/D 转换，硬件连接见图 9.16，将 EOC 作为状态信号，经过三态门接入数据总线最高位 D_7，状态端口的 I/O 地址为 238H，8 个模拟信号的选择地址接系统地址线的低 3 位，端口地址分别为 220H～227H，下面的程序实现 8 个模拟通道的顺序转换，转换的结果放在数据段的 BUF 中。

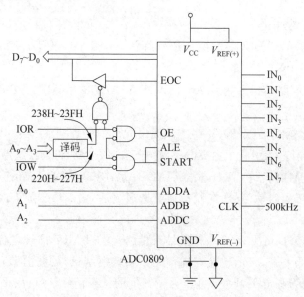

图 9.16　ADC0809 工作于查询方式

解：程序段如下：

```
        MOV     BX,     OFFSET BUF
        MOV     CX,     8               ;CX 存放通道数
        MOV     DX,     220H
P1: OUT     DX,     AL              ;启动 A/D 转换,AL 内容无关
        PUSH    DX
        MOV     DX,     238H
P2: IN      AL,     DX              ;读入 EOC 状态
        TEST    AL,     80H
        JZ      P2                      ;转换没有结束,则继续查询
        POP     DX
        IN      AL,     DX              ;读入 A/D 转换结果
        MOV     [BX], AL
        INC     BX
        INC     DX
        LOOP    P1
```

9.3.3 12 位模/数转换器 AD574

AD574A 是美国 ADI 公司研制的 12 位逐次逼近式 A/D 转换器,集成度高,价格低廉,应用广泛。片内自备时钟基准源,转换时间快(25μs),有三态缓冲锁存器。12 位数据可以一次读出,也可以分两次读出。可直接采用双极性模拟信号输入,有着广泛的应用场合,供电电源为±15V,逻辑电源为+5V,输入模拟信号要经过采样保持电路,才能进入 AD574A。

AD574A 的主要特征如下：

- 带有基准源和时钟的 12 位逐次逼近式 A/D 转换器。
- 内部具有三态缓冲器,可直接与 8 位或 16 位 CPU 数据总线连接；在外部控制下可进行 12 位或 8 位转换。
- 12 位数据输出分为 A、B、C 3 段,分别对应高、中、低 4 位数据。
- 转换时间为 25μs,分辨率为 12 位,精度为 ±1LSB,功耗为 390mW。

1. AD574A 的内部结构和引脚

AD574A 为 28 引脚双列直插式封装,其引脚信号和内部结构如图 9.17 所示。

AD574A 实际上由两片大规模集成电路组成：一片为高性能的 12 位 D/A 转换器(AD565)和基准电压源,另一片则包括逐次逼近寄存器 SAR、转换逻辑控制电路、高分辨率比较器电路、总线接口、时钟等。主要引脚信号如下：

- $D_0 \sim D_{11}$：12 位输出数据线,D_{11} 为最高有效位。
- $\overline{CS}$：片选信号。
- CE：芯片允许信号。只有当 CE 为高电平,$\overline{CS}$ 为低电平时,AD574A 才能正常工

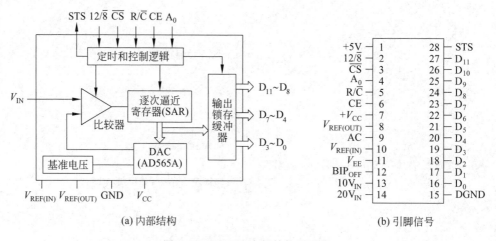

图 9.17　AD574 内部结构和引脚

作,进行转换或将转换后的数据读出。

- $12/\overline{8}$:输出数据的格式控制。高电平时,输出 12 位数据;低电平时,输出两个 8 位数据。

- A_0:控制数据转换长度。启动转换时,若 A_0 为高电平,则转换长度为 8 位;若 A_0 为低电平,则转换长度为 12 位。

- $R/\overline{C}$:读/启动转换信号。低电平时启动转换,高电平时,将转换后的数据读出。

- STS:状态信号,转换开始的时候 STS 为高,并在转换过程中一直持续为高,当转换结束以后,STS 为低。可以用这个信号来检查 A/D 转换是否完成。

- $10V_{IN}$:此引脚的模拟量输入范围是 $0\sim+10V$;如果是双极性的,则是 $-5\sim+5V$。

- $20V_{IN}$:此引脚的模拟量输入范围是 $0\sim+20V$;如果是双极性的,则是 $-10\sim+10V$。

- $V_{REF(IN)}$:参考电压输入端。

- $V_{REF(OUT)}$:参考电压输出端。

2. AD574A 的工作过程

AD574A 有 5 个控制信号,它们的组合决定了 AD574A 的工作过程。这 5 个控制信号是 CE、$\overline{CS}$、$R/\overline{C}$、$12/\overline{8}$ 和 A_0,组合信号关系如表 9.3 所示。从表中可看出,AD574A 的工作过程分为进行转换和转换后将数据输出(读出)两个过程。

AD574A 进行转换时,CE=1,$\overline{CS}$=0,$R/\overline{C}$=0,由 A_0 信号决定转换位数,A_0 为低电平,则进行 12 位转换,否则,进行 8 位转换。

读取转换数据操作时,若 CE=1,$\overline{CS}$=0、$R/\overline{C}$=1、$12/\overline{8}$=0(接 15 脚),则输出两个 8 位数据,在 A_0=0 的时候,输出高 8 位数据,在 A_0=1 的时候,输出低 4 位数据和 4 个 0。若 CE=1,$\overline{CS}$=0,$R/\overline{C}$=1,$12/\overline{8}$=1,输出一个 12 位数据。

表 9.3　AD574 控制信号组合关系表

CE	$\overline{\text{CS}}$	R/$\overline{\text{C}}$	12/$\overline{8}$	A$_0$	功　能
1	0	0	×	0	进行 12 位转换
1	0	0	×	1	进行 8 位转换
1	0	1	1	0	输出 12 位并行数据
1	0	1	0	0	允许高 8 位数据输出
1	0	1	0	1	允许低 4 位和 4 个 0 输出

AD574A 可用于单极性模拟输入,也可用于双极性模拟输入,如图 9.18 所示。

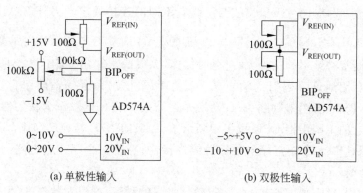

(a) 单极性输入　　　　　　　　(b) 双极性输入

图 9.18　AD574A 输入方式

AD574A 可以和 16 位数据总线连接,也可以和 8 位数据总线连接。若 CPU 的数据总线是 16 位,则 AD574A 的 12 位 A/D 转换数据直接连接在数据总线的 $D_0 \sim D_{11}$ 位。若 CPU 的数据总线是 8 位,则连接方法如图 9.19 所示。

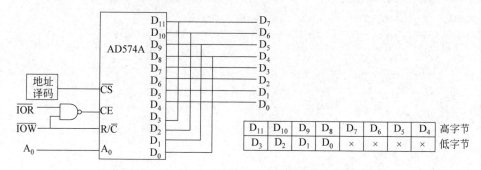

图 9.19　AD574A 和 8 位数据线的连接

从图 9.19 可知,AD574A 的数据位 $D_4 \sim D_{11}$ 与数据总线的 $D_0 \sim D_7$ 相连,而 AD574A 的数据位 $D_0 \sim D_3$ 则与数据总线的 $D_4 \sim D_7$ 相连。12 位数据 AD574A 要分两次把数据输出到 CPU,先输出高 8 位,然后再进行低 4 位的输出。程序如下:

```
MOV  DX,  PORT0              ;高 8 位数据地址,采集高 8 位数据
IN   AL,  DX
```

```
        MOV   AH,  AL
        MOV   DX,  PORT1                    ;低 4 位数据地址,低位补 4 个 0
        IN    AL,  DX                       ;形成 12 位数据
```

3. AD574A 的应用

AD574A 是常用的模/数转换芯片,可与各种微处理器兼容,在计算机系统、通信系统、工业控制系统、智能化仪器仪表等领域应用广泛。例如对语音信号的处理,通过使用 AD574A,可将受话器传来的语音信号转换成数字信号,送给计算机执行各种编解码处理后,进行编辑、存储或播放。

AD574A 在接口设计时需要注意与系统总线的连接。按照是 8 位微处理器还是 16 位微处理器,AD574A 的数据输出线与总线有不同的连接要求。另外需要注意 5 个控制信号的连接:CE、$\overline{\text{CS}}$、R/$\overline{\text{C}}$、12/$\overline{8}$ 和 A$_0$。其中,12/$\overline{8}$ 信号电平高低决定了是一次输出还是两次输出,通常将该引脚接地,通过分时操作,完成两次输出。CE 与 $\overline{\text{CS}}$ 是 AD574 的工作信号,通常利用地址译码器的输出、CPU 的读/写控制命令等信号组合设计。AD574 的状态信号 STS 可以用来判断 A/D 转换是否结束。STS 可以作为状态信息被 CPU 查询,也可以在它的下降沿向 CPU 发出中断请求,以通知 A/D 转换已完成,同时 CPU 可以读出转换结果。STS 不能直接与数据总线连接,要经过一个三态门电路,其控制端信号可接一条地址线。

下面是利用 AD574A 完成一批并行数据采集的程序,通过对状态 STS 的检测判断转换过程。

```
        MOV   DX,  PORT0          ; PORT0 为采集高 8 位数据口地址 (A₀=0)
        OUT   DX,  AL             ;启动 A/D 转换
        MOV   DX,  STSADD         ;STSADD 为三态门地址
LOOP:   IN    AL,  DX             ;读 STS 状态
        TEST  AL,  01H
        JNZ   LOOP                ;STS=1,等待
        MOV   DX,  PORT0          ;STS=0,读高 8 位
        IN    AL,  DX
        MOV   AH,  AL
        MOV   DX,  PORT1          ;PORT1 为低 4 位数据口地址 (A₀=1),读低 4 位
        IN    AL,  DX
```

9.4 A/D、D/A 器件的选择

随着电子技术的飞速发展,ADC0809 及 DAC0832 除了教学实验与一些简单的应用外,已被更多、更好的器件所取代。在进行电路设计时,面对林林总总的 A/D 和 D/A 芯片,如何选择自己所需要的器件呢? 这要综合地考虑诸项因素,如系统技术指标、成本、功耗、安装等,最主要的依据还是速度和精度。

1. 精度

精度与系统中所测量控制的信号范围有关,但估算时要考虑到其他因素,转换器位数应该比总精度要求的最低分辨率高一位。常见的 A/D 或 D/A 器件有 8 位、10 位、12 位、14 位、16 位、20 位及 24 位等。

2. 速度

速度应根据输入信号的最高频率来确定,保证转换器的转换速率要高于系统要求的采样频率。

3. 通道

有的单芯片内部含有多个 A/D 或 D/A 模块,可同时实现多路信号的转换;而有些多路 A/D 器件只有一个公共的 A/D 模块,由一个多路转换开关实现分时转换。

4. 数字接口方式

接口有并行/串行之分,串行又有多种不同标准。数值编码通常是二进制,也有采用 BCD(二-十进制)码、双极性的补码、偏移码等的编码方式。

5. 模拟信号类型

通常 A/D 器件的模拟输入信号都是电压信号,而 D/A 器件输出的模拟信号有电压和电流两种。同时,根据信号是否过零,还分成单极性(unipolar)和双极性(bipolar)。

6. 电源电压

电源有单电源、双电源和不同电压范围之分,如果选用单 $+5V$ 电源的芯片,则可使用系统电源。

7. 基准电压和功耗

基准电压有内、外基准和单、双基准之分。一般 CMOS 工艺的芯片功耗较低,对于电池供电的手持系统,一定要注意功耗指标。

8. 封装

常见的封装是 DIP,随着表面安装工艺的发展,使得表贴型 SO 封装的应用越来越多。

9. 跟踪/保持(track/hold)

原则上直流和变化非常缓慢的信号可不用采样保持,其他情况都应加采样保持。

10. 满幅度输出（rail to rail）

满幅度输出是近来出现的新概念，最先应用于运算放大器领域，指输出电压的幅度可达输入电压范围。在 D/A 中，一般是指输出信号范围可达到电源电压范围。

目前生产 A/D 和 D/A 器的公司有很多家，每个公司都有自己的产品系列，又各具特色。现在许多型号的单片机及数字信号处理器中都集成了 A/D 和 D/A 部件，使用也很方便。每种 A/D 或 D/A 器件都有相应的数据手册，应用时应仔细阅读。数据手册通常可以从出版物中找到，但现在从网上下载更快、更全、更方便。

目前 A/D 和 D/A 的典型生产商有 ADI、TI 等。美国 ADI 公司生产的各种模/数转换器（ADC）和数/模转换器（DAC）（统称数据转换器）一直保持市场领导地位，包括高速、高精度数据转换器和目前流行的微转换器系统（Micro Converters）。典型产品有带信号调理、1mW 功耗、双通道 16 位 A/D 转换器 AD7705，3V/5VCMOS 信号调节 A/D 转换器 AD7714，微功耗 12 位 D/A 转换器 AD5320 等。

美国德州仪器公司（TI）是一家国际性的高科技公司，是全球最大的半导体产品供应商之一，其 DSP 产品销量全球第一。它生产的模拟产品位于全球前列，典型的产品有 8 位逐次逼近 CMOS A/D 转换器 TLC548/549 以及 12 位电压输出 A/D 转换器 TL5616 等。

下面列出了生产 A/D 和 D/A 器件的主要厂家的网址，使用者需要的时候可以查找到具体芯片的性能和参数。

- 美国（ADI）公司，http://www.analog.com/。
- 德州仪器（TI）公司，http://www.ti.com/。
- 美国国家半导体公司（NS），www.national.com。
- 飞利浦（Philips）公司，http://www.semiconductors.philips.com/。
- MAXIM 公司，http://www.maxim-ic.com。
- 摩托罗拉（Motorola）公司，http://www.motorola.com。

小结

连续变化的物理量通常就是模拟电压或电流，被称为模拟量，离散的数据量称为数字量。将模拟量转换为数字量的器件称为模拟/数字转换器（ADC），将数字量转换为模拟量的器件称为数字/模拟转换器（DAC）。

典型的 D/A 转换器由模拟开关、权电阻网络和缓冲器组成，主要的技术指标有分辨率、转换精度、线性误差和建立时间等，这些指标在 D/A 芯片手册中均可以查到，是用户进行实际选择的重要依据。典型的 A/D 转换器主要计数指标包括分辨率、转换精度、量化误差和转换时间等。

在本章中，分别介绍了典型的 8 位、12 位 DAC 芯片，即 DAC0832 和 AD567，以及 8 位、12 位 ADC 芯片，即 ADC0809 和 AD574。对于上述芯片，除了关心它的内部结构和工作原理外，重点掌握这些芯片与外部模拟量以及与微机系统的连接方法。

习题

1. 试说明一个典型的模拟输入输出系统的组成,并说明各个部件的作用。

2. A/D 和 D/A 转换器在微机控制系统中起什么作用?

3. D/A 转换器有哪些性能参数?说明它们的含义。

4. A/D 转换器有哪些性能指标?

5. 双积分式的 A/D 转换原理是什么?

6. 试设计一个 CPU 和两片 DAC0832 的接口电路,并编制程序,使之分别输出锯齿波和正弦波,按 Esc 键退出。

7. 假设系统扩展一片 8255A 给用户使用,请设计一个 8255A 与 ADC0809 的接口电路,假设 A 端口用来读入数据,PC 端口的低 3 位($PC_0 \sim PC_2$)用来控制模拟量通道的选择,其他控制信号请自己设计,并给出启动、数据读入的程序段。要求将读入的 8 路模拟量转换后的数据存放到内存 BUFFER 处。

8. 某控制接口的电路如图 9.20 所示,8255A 的地址为 0FFF8H~0FFFBH。系统通过 8255A 的 PC_7 送出一个正脉冲信号,启动 8 位 ADC,8 位 ADC 转换完毕后,给出一个负脉冲信号,通过 PC_4 输入,系统采用查询方式读入数据;经过处理以后,直接通过 8255A 的 PB 口输出到 8 位 DAC。假设数据的处理过程子程序 DATAPRO 已经存在,其入口参数是待处理的数据 AL,其出口参数是已经处理完毕的数据 AL。要求编制实现上述功能的主程序段(含 8255A 的初始化)。

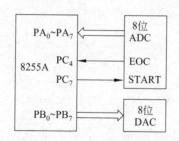

图 9.20 习题 8 的控制接口电路

9. 选择 A/D 或者 D/A 器件的时候,需要注意哪些性能指标?试通过网络查找一种可以与微机接口直接连接的 16 位 A/D 转换器,下载并研究其数据手册,分析其应用场合。

第 10 章　高速串行总线

自 1970 年美国 DEC 公司在其 PDP11/20 小型计算机上采用 Unibus 总线以来,随着计算机技术的迅速发展,推出了各种标准的、非标准的总线。总线技术之所以能够得到迅速发展,是由于采用总线结构的系统在设计、生产、使用和维护上有很多优越性,概括起来有以下几点:

(1) 便于采用模块结构设计方法,简化了系统设计。

(2) 标准总线可以得到多个厂商的广泛支持,便于生产与之兼容的硬件板卡和软件。

(3) 模块结构方式便于系统的扩充和升级。

(4) 便于故障诊断和维修,同时也降低了成本。

随着微机技术的发展,PC 上的总线由 PC/XT 总线发展到 EISA、PCI 总线,各种高速总线标准纷纷出台。也许会有人认为并行总线能够带来更大的带宽,效率应该更高。但事实上,现在很多流行的高速接口是串行的,如本章要介绍的 USB 技术标准。这主要基于以下几点原因:①并行接口复杂,系统开销较大,成本较高;②总线带宽与位宽和工作频率成正比,而并行导线容易产生信号干扰,因此导线不能做得太长,也较难提高工作频率;③相对并行总线,串行总线的另外一个优势就是节省空间,使用方便。

本章的主要内容如下:

• USB 系统原理及组成。

• USB 通信协议。

10.1　USB 简介

PC 从其诞生就采用了总线结构方式。先进的总线技术对于解决系统瓶颈问题,提高整个微机系统的性能有着十分重要的影响,因此在 PC 几十年的发展过程中,总线结构也不断地发展变化。当前,总线结构方式已经成为微机性能的重要指标之一。

在早期的计算机系统上,常用串口或并口连接外围设备。每个接口都需要占用计算机的系统资源(如中断、I/O 地址、DMA 通道等)。无论是串口还是并口,都是点对点地连接,一个接口仅支持一个设备。因此每添加一个新的设备,就需要添加一个相应的接口来支持,同时系统需要启动接口驱动程序才能使用新的设备。

USB 是 Universal Serial Bus(通用串行总线)的英文缩写,是由 Compaq、DEC、Intel、Microsoft、NEC 和 Northern Telecom 等公司制定的,它在传统的计算机组织结构的基础上引入网络的拓扑结构思想,具有终端用户的易用性、带宽的动态分配、优越的容错性能、较高的性能价格比等特点,适应了现代计算机多媒体功能的拓展,目前已经成为外设与主机间的主流接口方式,市场上几乎所有的计算机,包括台式计算机和笔记本电脑都自带

USB 接口。

1. USB 接口的特点

USB 接口主要有以下特点。

1) 使用方便

使用 USB 接口可以连接多个不同的设备,支持热插拔(即设备可以在 PC 运行时连接或断开)。在软件方面,为 USB 设计的驱动程序和应用软件可以自动启动,无须用户干预。USB 设备也不涉及中断冲突等问题,它单独使用自己的保留中断,不会同其他设备争用 PC 有限的资源,为用户省去了给 PC 添加硬件的很多烦恼。USB 设备能真正做到"即插即用"。

2) 高速传输

高速性能是 USB 技术的突出特点之一。USB 1.x 接口的最高传输率目前可达12Mbps,是串口的 100 倍,比并口也快了十多倍。USB 2.0 的传输速度可以达到480Mbps。USB 3.0 的传输速度理论上能达到 4.8Gbps,USB 3.1 数据传输速度可提升至10Gbps。当前(2016 年)微机主板中主要是采用 USB 2.0 和 USB 3.0 接口,各 USB 版本间能很好地兼容。

3) 连接灵活

USB 接口支持多个不同设备的串行连接,一个 USB 口理论上可以连接 127 个 USB 设备。连接的方式也十分灵活,既可以使用串行连接,也可以使用中枢转接头(hub)把多个设备连接在一起,再同 PC 的 USB 口相接。计算机为 USB 主控制器分配一根 IRQ 线和一些 I/O 地址,USB 主控制器再为外设分配唯一的地址,这种方式使 USB 方便使用且节省硬件资源。在 USB 方式下,所有的外设都在机箱外连接,不必打开机箱;允许外设热插拔,而不必关闭主机电源。USB 采用"级联"方式,即每个 USB 设备用一个 USB 插头连接到一个外设的 USB 插座上,而其本身又提供一个 USB 插座供下一个 USB 外设连接用。通过这种类似菊花链式的连接,一个 USB 控制器可以连接多达 127 个外设,而每个外设间距离(线缆长度)可达 5m。USB 还能智能识别 USB 链上外围设备的接入或拆卸。

4) 独立供电

普通使用串口、并口的设备都需要单独的供电系统,而 USB 设备则不需要,因为USB 接口提供了内置电源。USB 电源能向低压设备提供 5V 的电源,因此新的设备就不需要专门的交流电源了,从而降低了这些设备的成本并提高了性价比。

2. USB 的主要版本

从 1994 年 11 月 11 日发表了 USB V0.7 版本以后,USB 版本经历了 20 多年的发展,已经发展为 3.1 版本,成为 21 世纪计算机中的标准扩展接口,表 10.1 给出了 USB 版本的基本概况。

表 10.1 USB 版本概况

USB 版本	最大传输速率	速率	推出时间
USB 1.0	1.5Mbps(192KB/s)	低速(Low-Speed)	1996.1
USB 1.1	12Mbps(1.5MB/s)	全速(Full-Speed)	1998.9
USB 2.0	480Mbps(60MB/s)	高速(High-Speed)	2000.4
USB 3.0	5Gbps(500MB/s)	超高速(Super-Speed)	2008.11
USB 3.1	10Gbps(1280MB/s)	超高速＋(Super-speed＋)	2013.12

1）USB 1.x 标准

1996 年 1 月正式提出 USB 1.0 规格，带宽为 1.5Mbps。不过因为当时支持 USB 的周边装置少得可怜，所以主机板商很少把 USB 口直接设计在主机板上。1998 年 9 月，提出 USB 1.1 规范来修正 USB 1.0，主要修正了技术上的小细节，但传输的带宽变为 12Mbps。USB 1.1 向下兼容于 USB 1.0，因此对于一般使用者而言，并不能感受到 USB 1.1 与 USB 1.0 的规范差异。

USB 1.x 连接器为 4 芯插针，其中 2 芯用于信号，2 芯用于电源馈电连接。

2）USB 2.0 标准

2000 年制定的 USB 2.0 标准是真正的 USB 2.0，被称为 USB 2.0 的高速（High-speed）版本，理论传输速度为 480Mbps，即 60MBps，但实际传输速度一般不超过 30MBps，采用这种标准的 USB 设备也比较多。

USB 2.0 是由 USB 1.1 演变而来的。USB 2.0 中的"增强主机控制器接口"（EHCI）定义了一个与 USB 1.1 相兼容的架构。它可以用 USB 2.0 的驱动程序驱动 USB 1.1 设备。也就是说，所有支持 USB 1.1 的设备都可以直接在 USB 2.0 的接口上使用而不必担心兼容性问题，而且像 USB 线、插头等附件也都可以直接使用。

USB 2.0 所使用的电缆、连接器和软件接口都与 USB 1.1 相同，另外，USB 2.0 的设备和 USB 1.1 的设备在同时使用时不会发生任何冲突。

3）USB 3.x 标准

USB 3.0 规范的特点是传输速率非常快，理论上能达到 5Gbps，是常见的 480Mbps 的 High Speed USB 的 10 倍以上，外形和普通的 USB 接口基本一致，能兼容 USB 2.0 和 USB 1.1 设备。

USB 3.0 在保持与 USB 2.0 的兼容性的同时，还提供了几项增强功能：具有高达 5Gbps 全双工带宽；实现了更好的电源管理；能够使主机为器件提供更多的功率，从而实现 USB 充电电池、LED 照明和迷你风扇等的应用；能够使主机更快地识别器件；数据处理的效率更高。

USB 3.0 引入全双工数据传输。在原有 4 线结构（电源、地线、2 条数据线）的基础上增加了 4 条线路，用于接收和传输信号（2 条发送数据，2 条接收数据），可以同步全速地进行读写操作。以前的 USB 版本并不支持全双工数据传输。

USB 3.0 标准要求 USB 3.0 接口供电能力为 1A，而 USB 2.0 为 0.5A。USB 3.0 并

没有采用设备轮询,而是采用中断驱动协议。因此,在有中断请求数据传输之前,待机设备并不耗电。简而言之,USB 3.0 支持待机、休眠和暂停等状态。

在物理外观上,USB 3.0 的线缆会更"厚",这是因为 USB 3.0 的数据线比 2.0 的多了 4 根内部线。

USB 3.1 是最新的 USB 规范,与现有的 USB 技术相比,USB 3.1 使用一个更高效的数据编码系统,并提供一倍以上的有效数据吞吐率,兼容现有的 USB 3.0 软件堆栈和设备协议、5Gbps 的集线器与设备、USB 2.0 产品。

USB 3.1 作为下一代的 USB 传输标准,通常被称为 Super-Speed+,将在未来替代 USB 3.0。USB 3.1 有 3 种连接头,分别为 Type-A(Standard-A)、Type-B(Micro-B)以及 Type-C,如图 10.1 所示。

(a) Type-A(Standard-A)　　(b) Type-B(Micro-B)　　(c) Type-C

图 10.1　USB 3.1 连接头

标准的 Type-A 是目前应用最广泛的连接方式,Micro-B 则主要应用于智能手机和平板电脑等设备,而 Type-C 主要面向更轻薄、更纤细的设备。Type-C 大幅缩小了实体外型,更适合用于短小轻薄的手持式装置上。

10.2　USB 体系结构

在物理上,USB 接口技术由 3 个部分组成:一是具备 USB 接口的计算机系统,二是支持 USB 接口的系统软件,三是使用 USB 接口的设备。

USB 系统的物理连接是有层次性的星形结构,每个集线器在星形结构的中心,每条线段是点对点连接的,在系统中有且仅有一个 USB 主机(host),和主机相连的集线器称为根集线器(root hub)。USB 系统的典型拓扑结构如图 10.2 所示。

USB 框架中包含的硬件有 USB 主机、USB 集线器和 USB 设备。USB 主机和 USB 根集线器一般集成起来称为 USB 主机控制器,用来控制整个 USB 设备。USB 设备是指采用 USB 接口的外设,它在广义上包括集线器(hub)和功能部件(function),集线器为 USB 提供了更多的连接点,功能部件如鼠标、键盘、打印机等。但在一般的叙述中,USB 设备是指功能部件。

USB 框架中包含的软件有 USB 主机控制器驱动程序、USB 驱动程序、USB 设备驱动程序。USB 主机控制器驱动程序负责安排所有 USB 处理动作的顺序,USB 驱动程序负责检测 USB 设备的特性,USB 设备驱动程序通过总线将请求送给 USB 驱动程序,建

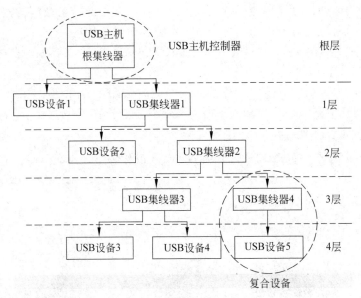

图 10.2   USB 系统结构

立与目标设备间的传输动作。

USB 系统中最多可以层叠 5 个集线器,总共 127 个外设(地址总共 7 位,USB 主机控制器必须保留一个)和集线器(包括根集线器)。这些设备共享同一条数据通道。

1. USB 主机

在 PCI 总线体系结构中,允许有多个主控端,和它们不同的是,USB 只有主机端能担任主控端。整个 USB 系统中只允许有一个主机端,而且必须要有一个 USB 主机控制整个系统的数据传输工作。所有的数据传输都是由 USB 主机端发起的,而且如果 USB 主机嵌在一个计算机系统中,在数据的传输过程中也不需要计算机的 CPU 参与传输工作。根集线器提供了 USB 的下行端口,用于连接 USB 设备或 USB 集线器。

USB 主机通过主机控制器与 USB 设备进行数据传输。USB 主机一般具有以下功能:

- 检测 USB 设备的插拔动作(通过根集线器来实现)。
- 管理 USB 主机与 USB 设备之间的控制流。
- 管理 USB 主机与 USB 设备之间的数据流。
- 收集 USB 主机的状态和 USB 设备的动作信息。

主机上的 USB 系统软件管理 USB 设备与主机上的该设备软件之间的交互。USB 系统软件与 USB 设备软件间有多种相互作用方式:USB 设备的枚举和配置、异步数据传输、实时数据传输、设备和总线管理。

USB 系统不同器件设计的成本和复杂程度远不相同,USB 主机控制器要比 USB 设备复杂得多。

微机主板上一般都有一个 USB 主机控制器以及至少一个 USB 下行端口连接器。生产 USB 主机功能器件的厂商很多,如 Intel、Lucent、Motorola、Scan Logic 等。不同的 USB 主机控制器在兼容 USB 标准的基础上对 USB 通信协议有着不同程度的支持。制定统一的 USB 主机控制器接口标准将有利于硬件驱动程序的设计,并大大提高软件的可移植性。基于 USB 1. x 标准的 USB 主机控制器主要有两种,即 Intel 推出的 UHCI (Universal Host Control Interface)和 Compaq、Microsoft 等推出的 OHCI(Open Host Control Interface)。基于 USB 2.0 标准的 USB 主机控制器为 EHCI(Enhanced Host Control Interface)。USB 3.0 的主机控制器采用 xHCI(eXtensible Host Controller Interface)。

2. USB 集线器

在即插即用的 USB 的结构体系中,集线器是一种重要设备,它极大地简化了 USB 的互连复杂性,而且是以低价格和高易用性为 USB 设备提供了健壮性的连接。USB 集线器给所有的 USB 设备提供端口,它是 USB 所有动作的分配者。集线器采用一对多的方式连接外设,最多连接 127 个 USB 设备。

图 10.3 所示的是一种典型的集线器。USB 集线器是串接在 USB 总线系统上的,它可让不同性质的 USB 设备同时连接在 USB 总线上。在 USB 规范中,USB 设备与 USB 集线器的连接点被称作为端口(port)。这里端口的意义与一般计算机端口的意义不同。一般计算机端口指一个用于连接其他电路的可寻址的地址,计算机软件通过读写端口地址来监视和控制端口电路,端口之间互相独立。而 USB 总线上的端口共享单一的到主机的通道,因此即使有多个端口,每个端口也都有自己的接口和电缆,但只有一条数据通道,一个时刻只有一个设备和主机可以传输数据。每个 USB 集线器将一个连接点转化成多个连接点。USB 集线器作为一类特殊的 USB 设备连接到 USB 系统中,一个 USB 系统支持一个或多个 USB 集线器的连接。

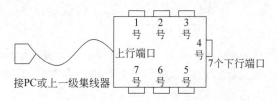

图 10.3 典型的 8 口 USB 集线器

如图 10.3 所示,每个 USB 集线器都包含上行端口(upstream port)和下行端口 (downstream port)(即图 10.3 中的 1~7 号端口)。上行端口是面向主机方向进行连接的,而下行端口是面向 USB 设备进行连接的。下行端口允许连接另外的集线器或功能部件。USB 集线器可检测每个下行端口的设备的连接或断开,并为下行端口的 USB 设备提供电源,每个下行端口都具有独立的能力,不论超高速、高速、全速或低速 USB 设备均可连接。USB 集线器可将低速、全速、高速和超高速端口的信号分开,并做相应处理。

3. USB 设备

通过总线与 USB 主机相连的设备称为 USB 设备,它们根据属性不同完成不同的功能，如键盘、显示器、扬声器或打印机等。它们以从属的方式与 USB 主机进行通信，并受 USB 主机的控制。根据数据传输的速度不同，USB 设备分为低速设备、全速设备、高速设备和超高速设备。

USB 设备从底层的物理和电气特性到上层的软件协议和数据结构都有严格的定义，分为很多 USB 类，每个 USB 设备都具有表明自身能力和所需资源的描述符。在设备第一次连接到主机上之后，首先要接受主机的枚举，提供描述符。在得到主机的允许之后，设备就可以分得 USB 的带宽，进行数据传输。相比 USB 主机而言，USB 设备一直扮演受控的角色，按照 USB 主机的要求接收或者发送数据。

与 USB 主机的结构相对应，USB 设备同样可以分为功能单元、逻辑设备和总线接口 3 个层次，如图 10.4 所示。

总线接口是最底层的物理实体，以 USB 接口控制器作为核心，是 USB 发送和接收数据的接口。它通过电缆直接与 USB 主机交换串行数据，并能够实现串行数据到并行数据的转换。

逻辑设备处于中间层次，基本上就是 USB 协议的主体。处理总线接口和不同端点之间的数据。实现 USB 的各种基本行为。例如，对于主机的枚举要求，能够提供相应的各种描述符信息，以上的两个部分就是所有 USB 设备所共同的部分。

图 10.4 USB 设备结构

功能单元提供不同 USB 设备各自的特点，例如 USB 接口的数码相机中图像采集、压缩的功能、USB 接口的 MP3 播放器中音频压缩解码的功能以及 USB 移动存储设备中数据的存储功能等。这些功能都需要与逻辑设备交换数据，通过 USB 实现自身数据的传输要求。同时，各种设备的类协议功能延时在这个层次中实现的。

为了体现 USB 的通用性，USB 协议为 USB 设备提供了各种属性：描述符、类、功能/接口、端点、管道和设备地址。

- 描述符（descriptor）：提供了设备属性和特点的信息，USB 主机通过设备提供的各种描述符来区分不同类型的设备。
- 类（class）：USB 协议以其通用性支持了多种外围设备，为了避免客户端驱动程序过多，将设备按照功能相近的原则归纳为几种不同的类，例如音频类、人机接口类（包括键盘、鼠标、游戏杆等）。
- 功能（function）/接口：在 USB 协议中提出了功能这个概念，功能是指设备的使用功能，而从设备硬件角度又称为接口。
- 端点（endpoint）：是位于 USB 设备总线接口层，与 USB 主机进行通信的基本单元。端点的作用类似于网络通信协议的 SAP（服务访问点）。每一个设备允许有多个端点，但是每一个端点只支持一种数据传输方式。
- 管道（pipe）：是 USB 设备和 USB 主机进行数据通信的逻辑通道，其物理介质就是 USB 系统中的数据线。在设备端，管道的主体就是端点，端点占据各自的管道和 USB 主机通信。
- 设备地址（device address）：USB 客户端的驱动程序通过描述符来区分不同的设备，而 USB 主机控制器则通过设备地址来区分，设备地址一共有 7 位，理论上可以连接 127 个 USB 设备,但是实际受带宽限制,连接的 USB 设备受限的,不可能这么多设备同时工作。

在 USB 系统中,一个物理单元中可以有多个功能部件和一个内置集线器,并利用一根 USB 电缆,这类物理单元通常被称为复合设备(compound device)(见图 10.2),即包含一个连接到主机方向的集线器端口和一个或多个不可拆卸的 USB 设备。

10.3 USB 通信协议

10.3.1 通信模型

USB 协议所说的通信指的就是 USB 设备和 USB 主机之间的通信。物理上,总线上的设备通过一条物理连线和主机通信,所有的设备共享这条物理链路。逻辑上,主机给每个设备提供了一条逻辑的连接,每个设备都有这样一条点对点的连接。其他的总线,如 PCI、EISA 等,为每个设备提供了多条逻辑连接,如 I/O 端口、内存地址、中断和 DMA 通道等,设备的驱动程序通过这些通道对设备进行控制并和它通信。

为了细化 USB 的通信机制,USB 协议的开发者采用了分层的概念,每一层传输的数据结构对其他逻辑层是透明的。图 10.5 显示了 USB 设备和 USB 主机通信的逻辑结构和每层的逻辑通道。

USB 通信逻辑上分 3 层:信号层、协议层和数据传输层。信号层用来实现在 USB 设备和主机的物理连接之间传输位信息流的信息。协议层用来实现在 USB 设备和 USB 主机端的协议软件之间传输包字节流的信息。数据传输层用来实现在 USB 主机端的客

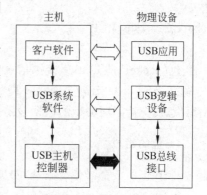

图 10.5 USB 通信模型

户端驱动程序和设备端的功能接口之间传输有一定意义的信息,这些信息在协议层被打包成包格式。

USB 协议将信号层传输的位信息流称为包(packet),将协议层传输的包信息流称为事务处理(transaction),将数据传输层传输的信息流称为传输(transfer)。所有的传输最终都以比特流的方式在信号层上实现通信。

协议层在逻辑上将设备分成了 3 层实体:总线接口、端点和功能接口,如图 10.5 的右侧所示。总线接口的功能除了传送和接收数据信号以外,逻辑上还包括识别设备的当前唯一地址。设备的地址是在设备插入到总线上时由 USB 主机分配的,范围为 0~127,其中 0 为所有的设备在没有分配唯一地址时使用的默认地址。当总线上有包传输时,设备的总线接口接收到此包,通过解析其中的设备地址判断此包是否发送给自己,如果不是则忽略此包,否则判断此包是发送给哪个端点的,并将整理后的包传送到上面的协议层的相应端点。

端点是设备端用于传输数据的接收点和发送点,它的功能相当于其他总线设备的

I/O 端口，也有方向性：输入和输出。所有设备都要求有一个端点 0，它用来接收 USB 主机端发送的控制命令，完成对设备的控制和状态反馈，称为默认端点。主机端的客户端驱动程序也是通过与设备接口的端点的数据传输实现对设备驱动的，这就相当于驱动程序对 PCI 或 EISA 总线设备的 I/O 端口的读写操作。与设备的端点对应，主机端的协议软件或客户端驱动程序要求提供存储数据的缓冲区。端点传输的逻辑通道称为管道，它有两种类型：流（stream）和消息（message）。流管道是单向的，它传输的数据信息没有特定的格式，而消息管道是双向的，用来传送协议定义的特定格式的信息。端点可以组成一组，完成特定的功能，协议称为功能接口或接口。

接口（功能接口）由一组端点组成，用来完成特定的功能。每个设备可以同时提供多个功能接口，如打印机和扫描仪等。USB 主机端为每个接口提供了客户端驱动程序，驱动程序和接口之间通过交互完成了有特定意义的数据传输。

需要说明的是，USB 系统有且只有一个主机。由于计算机端的 USB 总线都是主机，所以将两台计算机的 USB 总线直接连接起来是不能通信的，因为这与 USB 协议冲突了。目前，需要采用 USB 到 USB 的设备控制器才能实现两个 USB 主机相连。

10.3.2　数据格式

包（packet）是 USB 系统中信息传输的基本单元，所有数据都是经过打包后在总线上传输的，而每个 USB 包都是由不同的字段组成的。为了满足不同类型的数据通信需求，USB 总线支持不同类型的数据包结构。下面的内容以 USB 1.1 规范为例。

1. 包的组成

USB 包由 5 个部分组成，即同步（SYNChronization sequence，SYNC）字段、包标识符（Packet IDentification，PID）字段、数据字段、循环冗余校验（CRC）字段和包结尾（End Of Packet，EOP）字段，图 10.6 显示了包的基本格式。

同步字段 (SYNC)	包标识符字段 (PID)	数据 字段	校验字段 (CRC)	包结尾字段 (EOP)

图 10.6　USB 的包格式

- 同步字段用于数据包位同步，任何类型的 USB 包都必须以同步字段作为起始，目的是使 USB 设备与总线的包传输率同步。同步字段由 8 个数据位组成，其作用与以太网中的前同步码类似，目的是使 USB 设备与总线的包传输率同步。
- 包标识符字段。在 USB 协议中，根据 PID 的不同，USB 包有着不同的类型，且分别表示具有特定的意义。PID 是 USB 包的必要的组成部分，任何一个 USB 包的第二个字节都必须为该包的 PID。
- 数据字段用来携带主机与设备之间要传递的信息，其内容和长度根据包标识符、传输类型的不同而各不相同。并非所有的 USB 包都必须有数据字段，例如握手包、专用包就没有数据字段。在 USB 包中，数据字段可以包含设备地址、端点号、帧序列号以及数据等内容。在总线传输过程中,所有的 USB 数据字段总是首先传输字节的最低位,最后传输字节的最高位。

- 循环冗余校验字段用来检测包中数据的错误,只存在于令牌包和数据包中。
- 包结尾字段作为包的结束标志。

2. 包的类型

上面提到,根据 PID 类型,USB 1.1 规范支持 4 类不同类型的数据包:令牌包、数据包、握手包和专用包。

1) 令牌包

当包中的 PID 类型为令牌类型时,该数据包被称为令牌包(token packet)。在 USB 系统中,所有的事务处理都始于令牌包,它是 USB 主机唯一地发送到总线上的。事务处理表示数据的收发两端一次完整的传输过程,一般事务处理过程包括令牌包、数据包和握手包 3 部分或其中几部分,在数据的传输过程中,由 USB 主机发出的令牌包,指明了本次事务处理过程的含义,包括数据的传输方向、数据传输的设备地址、端点号等。

根据 PID 的不同,令牌包又分 4 种:起始令牌包(SOF)、输入令牌包(IN),输出令牌包(OUT)和用于控制传输的设置令牌包(SETUP)。令牌包的结构如图 10.7 所示,根据不同的 PID,USB 令牌包中的数据字段为"设备地址+端点"或序列号。对于 SOF 令牌包,数据字段为 11 位序列号;而对于 IN/OUT/SETUP 令牌包,数据字段则由 7 位设备地址和 4 位端点号组成。所有的令牌包(SOF 除外)都采用 CRC5 对数据字段进行校验。

同步字段 (8位)	PID (8位)	7位设备地址	4位端点	CRC5 (5位)	EOP (2~3位)
		11位序列帧号			

图 10.7 USB 令牌包结构

2) 数据包

当包中的 PID 类型为数据类型时,该包被称为数据包。数据包中装有主机和设备之间传输的数据信息。为了更好地同步主机和设备之间的数据传输,保证数据的正确性和连贯性,避免因出错重传而带来的数据重叠问题,数据传输使用了同步切换(data toggle)技术,它与网络技术中的滑动窗口协议类似,长度为 2,即有两种类型,靠包的标识符 DATA0 和 DATA1 来区分。数据包的结构如图 10.8 所示,包中的数据必须是完整的字节串,它的长度根据传输的类型和端点的传输能力不同而不同,范围为 0~1023。数据包中的 CRC 是通过对包中的数据部分计算而得到的,不包括包标识符部分。为了更好地检错,同时又考虑性能,数据包采用了 CRC16 项式。

同步字段 (8位)	PID (8位)	数据 (0~1023B)	CRC16 (16位)	EOP (2~3位)

图 10.8 USB 数据包结构

USB 1.x 规范支持 DATA0、DATA1 类数据 PID(在 USB 2.0 规范中,新添加了

DATA2 的数据 PID），其中 DATA0 表示的数据包是数据传输中的第 1、3、5 等奇数包，而 DATA1 所表示的数据包是数据传输中的第 2、4、6 等偶数包。

3）握手包

当包中的 PID 类型为握手类型时，该数据包被称为握手包。握手包应用于事务处理的最后时相（phase），用来报告事务处理过程中接收方的状态。握手包的结构如图 10.9 所示，它没有数据字段和 CRC 字段，只有同步字段和标识符字段用来表示数据传输状态。除了报告数据事务的正确状态外，握手包还能起到流量控制（flow control）和汇报设备停止工作（halt）的

同步字段 （8位）	PID （8位）	EOP （2~3位）

图 10.9　USB 握手包结构

作用。握手包通过包结尾（EOP）字段作为结束界限，如果即使握手包被解码为合法的握手信号，但没有包结尾作为终止，它也被认为是无效的，接收方会忽略它。握手包共包括 3 种类型：ACK（Acknowledge，应答）、NAK（No Acknowledge，无应答）和 STALL（中止）。

ACK 表示数据的接收方正确地收到了数据包，即数据包中的位填充信息、数据字段上的 CRC 校验和数据包的标识符 PID 都正确。NAK 表示 USB 设备不能从 USB 主机接收数据，或者暂时没有数据传输到 USB 主机，USB 中的 NAK 主要用于流量控制，表示设备暂时不能传输数据。STALL 表示由于 USB 设备内部有问题不能发送或者接收数据，或者不支持某个控制命令。

4）特殊包

当包中的 PID 类型为 PRE 时，是一种特殊包。PRE 称为前同步，目的是为了提醒 USB 集线器要传输的下一个包是一个低速包。前同步是为了让系统区分全速设备和低速设备。前同步的包结构和握手包类似，但是没有包结尾字段 EOP。

10.3.3　事务处理

USB 接收或发送数据信息的处理过程称为事务处理（transaction），事务处理的类型包括输入（IN）事务处理、输出（OUT）事务处理、设置（SETUP）事务处理和帧开始（SOF）、帧结尾（EOF）等类型。数据传输的方向都是以 USB 主机为主体来描述的，输入表示主机从设备端接收数据，输出表示主机向设备发送数据。它的整个过程一般包括令牌包、数据包和握手包 3 部分或其中的几部分，这 3 部分的发送是有时间先后顺序的，即先发送令牌包，其次是数据包，最后是握手包。为了更好地表示时间上的顺序，协议使用了时相（phase）的概念，即令牌时相、数据时相和握手时相。不过 3 个时相在时间上基本没有间隔，是连续的。下面通过输入事务处理、输出事务处理和设置事务处理来理解 USB 通信中事务的概念和作用。

1. 输入事务处理

输入（IN）事务处理表示 USB 主机从总线上的某个 USB 设备接收一个数据包的过程。输入事务的过程一般包括令牌时相（令牌包）、数据时相（数据包）和握手时相（握手包）。下面对输入事务处理中可能出现的情况进行分析。

- 数据正确的事务过程。首先由 USB 主机向总线发出输入令牌包,通知某个设备准备向 USB 主机发送数据;当所指定的设备接收到此令牌并验证身份后,将准备好的数据组装成数据包向 USB 主机传送出去;接着当 USB 主机接收到的数据经校验无差错后,创建一个 ACK 的握手包返回给设备,通知它主机已经正确地接收到了数据,可以进行新的事务处理过程。
- 数据包错误的事务过程。当 USB 主机在数据时相接收到的数据包有错误时,就不再给设备返回握手包,表示此事务处理过程没有成功,USB 主机会在后面的一定时间内重新启动此事务处理。
- 设备未准备好。在事务处理过程的数据时相,指定的设备暂时没有准备好要发送数据包时,它会在数据时相发给 USB 主机一个 NAK 握手包,提醒 USB 主机暂时不能发送数据。
- 设备出错。当指定的设备发生错误时,会在数据时相发出一个 STALL 的握手包通知 USB 主机设备出错,并提醒主机端的协议软件清除掉设备端的错误。
- 实时传输的输入事务处理。由于实时传输对数据的出错率要求不高,而对速度、实时性要求很高,因此实时传输的输入事务处理过程仅包括令牌时相和数据时相两部分,省略了握手时相。

2. 输出事务处理

输出(OUT)事务处理表示 USB 主机向总线上的某个 USB 设备发送一个数据包的过程。同输入事务处理一样,一般情况下,输出事务处理一般包括令牌时相(令牌包)、数据时相(数据包)和握手时相(握手包),有时会由于一些原因简化了数据时相或握手时相,只不过数据时相中的数据包是由 USB 主机打包发出的,而握手包全是由设备返回给主机的。

- USB 主机先发出令牌包,接着发出数据包,当经过 USB 主机打包的数据被指定的设备正确地接收时,此设备接着会向 USB 主机返回一个 ACK 握手包,表示此事务处理过程正确结束。
- 如果在数据时相指定的设备没有准备好接收数据时,就会在握手时相返回一个 NAK 握手包,表示设备没有准备好或设备正忙。
- 当发送的数据包出现错误时,指定的设备不返回任何握手包,导致 USB 主机超时重传。

3. 设置事务处理

设置(SETUP)事务处理仅在控制传输中使用,表示 USB 主机向某个 USB 设备发送控制命令。它一般包括令牌时相(令牌包)、数据时相(数据包)和握手时相(握手包)3 部分。数据时相的数据包中装的是主机发送给某个设备的控制命令,用来指挥设备完成某种操作,它紧跟在令牌包后面由主机发出,设备收到数据包后应该返回一个握手包。在设置事务中,数据包中的数据标识符(PID)一直是 DATA0,不是 DATA1。

- 如果传输的数据被设备正确地接收,设备返回一个 ACK 的握手包。

- 如果前面的包在传输中出现错误，设备就不会返回握手包。
- 如果指定的设备正忙而暂时不能接收数据包时，它会在令牌时相返回一个 NAK 的握手包表示设备忙。
- 当出现后两种情况时，USB 主机会在等待一定时间后重新启动此设置事务处理过程。设置事务处理中的数据包中的数据是主机发给设备的控制命令。
- 如果设备不能支持该命令，会在握手时相返回一个 STALL 握手包，通知主机不支持此命令。

事务处理的特点如下：

- USB 协议规定的数据包中的最大长度为 1023B，一次事务处理中最多只有一个数据包，因此设备和它的客户端驱动程序之间进行数据传输时，可能包括多次事务处理。
- 数据处理的顺序规则由 USB 主机总控，它不会将一个事务处理分到不同的帧中。
- 在事务处理中，包是按顺序传输的，如令牌包总是在数据包的前面发送。
- 所有的令牌包都由 USB 主机发出，设备不发送令牌包。
- 设备端根据令牌决定自己是否发送数据，而不能未经允许发送数据包。

10.3.4　数据传输模式

USB 数据传输由总线上的一个或多个事务处理组成，每个数据传输逻辑上处于一个管道上。一个管道上数据传输的事务处理可以和其他管道数据传输的事务处理在总线上混合共存，但是一个事务处理中的包不能和其他事务处理中的包混合。

USB 主机控制器决定了总线上所有事务处理的顺序，它通过一定的规则使不同类型数据传输的事务处理在总线上按一定顺序传输。

1. 传输类型

USB 协议提供了 4 种不同类型的数据传输方式：批量传输、中断传输、同步传输和控制传输。通常所有传输方式的主动权都在计算机边，也就是主机边。

- 批量(bulk)传输。为了支持某些在不确定的时间内进行相当大量的数据通信，USB 协议提供了批量传输类型，使用这种数据传输类型的设备有打印机、扫描仪、硬盘、光盘等。这类设备允许慢且被延迟的传输，可以等到其他类型数据传输完以后再传输数据。当一帧内的总线时间（带宽）有空余时，USB 主机就会将剩余的时间（带宽）分配给等待使用总线的批量传输的 USB 设备，也就是说，批量传输可以利用任何可获得的总线带宽来进行数据传输。
- 中断(interrupt)传输。中断传输是为这样一类设备设计的，它们只发送或接收少量的数据，而且并不经常进行数据传输，但它们有一个确定的传输周期，每隔一定的周期要求传输一次。使用这种传输方式的设备有键盘、鼠标、游戏杆等。所有的 USB 设备在正常工作之前，系统都要对它们进行配置，当配置成功后设备才能正常工作。因为中断传输是一种周期性的传输方式，系统在对需中断传输的设备进行配置时,只要当前总线上用于周期性传输的空闲带宽能够容纳此设备,设备就可以工作。

- 同步(isochronous)传输。为了支持某些对时间要求很高、数据量很大的数据通信,USB协议提供了同步传输,使用这种数据传输类型的设备有麦克风、调制解调器、音频设备等。为了完成同步传输,总线必须事先提供足够的带宽。同步传输提供了确定的带宽和间隔时间(latency),在这种数据传输方式中,实时性比正确性更加重要,相对而言,错误检测功能弱了很多。

- 控制(control)传送。USB系统软件用来进行查询、配置和给USB设备发送通用的命令。控制传送方式是双向传送,数据量通常较小。控制传输可以包括8、16、32和64B的数据,这依赖于设备和传输速度。

2. 传输特点

由上面的传输模式可见,批量传输用于打印机或扫描仪等传输大块数据的设备,中断传输用于传输类似PCI或EISA总线中的中断信号的数据,同步传输用来传输音频或视频的数据,控制传输用来对设备进行初始化和配置管理。

每种类型的数据传输都具有如下特点:

- 传输速率。每种数据传输类型都支持全速传输,控制传输和中断传输类型支持低速传输。

- 数据传输方向性。每个数据传输都有方向性,要么从设备发送到主机,要么从主机发送到设备。这里的传输方向指的是每个事务处理中的数据包的传输方向,从事务处理的传输来说没有方向性,因为其中的包既有从主机发向设备的,又有从设备发向主机的。另外,有的传输类型的数据传输是单向的,如批量传输、中断传输和实时传输;有的则是双向的,如控制传输。

- 流量控制。有的类型的数据传输提供了流量控制功能,如控制传输、中断传输和批量传输,当接收方的FIFO存储器满时,会通知发送方停止发送。

- 数据包最大长度。每种数据传输都按照它的管道的最大传输能力传输数据,即数据最大传输长度。

- 数据的健壮性。每种类型的数据传输都有一定可靠性,只是可靠程度有所不同。

10.4 PC的USB应用及开发

在USB应用上,USB主机负责USB总线的管理以及数据传输。目前USB主机广泛地应用在PC平台上,PC厂商在主板上扩充了2~4个USB接口,其硬件结构如图10.10(a)所示。在硬件方面,PC必须提供USB主机和USB集线器端口,而USB设备提供USB接口SIE模块(USB串行接口引擎)和USB数据收发器。

USB设备的正常工作除了硬件支持外,还需要PC和USB设备双方共同的软件支持。图10.10(b)是USB系统在PC中应用的软件结构。在软件方面,PC端必须包括HC驱动程序(主机控制器驱动程序)、USBD(USB驱动程序)设备的客户端驱动程序和相应的应用软件；而在 USB 设备端，必须包含设备功能软件，端点 0 和其他非 0 端点。一般情况下，PC 的操作系统软件，如 Window 和 Linux 都支持 HC 驱动程序、USBD 和标准的设备类驱动程序。如果要设计一个标准类型的 USB 设备（如 HID 设备、显示设备等），并且 PC 的操作系统支持该类 USB 设备驱动程序，则不必再花力气设计其 PC 端的驱动程序。但如果要设计的 USB 设备具有某些特定的功能，则 USB 设备的设计者必须提供 PC 端的特定驱动程序。

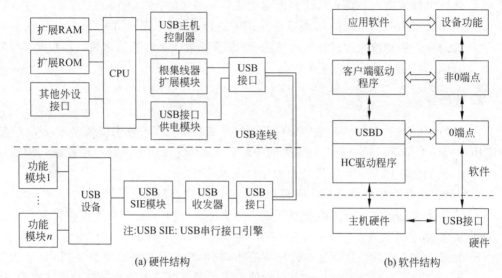

图 10.10　PC 中的 USB 应用

USB 设备的设计需要同时考虑硬件和软件的需求，采用并行模式进行开发，软硬件同时设计。图 10.11 是 USB 设备的开发设计流程

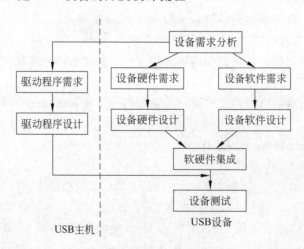

图 10.11　USB 设备开发流程

常用的 USB 接口芯片很多，如 Cypress 公司的 EZ-USB FX2LP 系列，Philips 公司的 PDIUSBD12、ISP1581，南京沁恒电子公司的 CH375 等。在选择器件的时候，要考虑到器

件的体积、功耗以及性价比等。同时根据功耗考虑是否需要提供本地供电,体积小、功耗小的设备可以采用总线供电模式。在确定了设备的硬件结构以后,该设备的软件结构就会同时产生。不同的硬件平台可能需要不同程度的软件支持。下面以 Philips 公司的 USB 接口芯片 PDIUSBD12 为例,说明 USB 软硬件开发的过程。

10.4.1 PDIUSBD12 芯片特点

PDIUSBD12 是一款性价比很高的 USB 器件,它通常在微控制器系统中用作高速通信接口,符合大多数设备的设计规范,如成像类、大容量存储类、通信器件、打印设备和人工输入设备等。

PDIUSBD12 具备以下特性:

- 符合通用串行总线 USB 2.0 规范(basic speed)。
- 高性能 USB 接口器件,集成了 SIE、FIFO 存储器、收发器以及电压调整器。
- 符合大多数器件的设计规范。
- 可与任何外部微控制器/微处理器实现高速并行接口(2MB/s)。
- 完全自治的 DMA 操作。
- 集成 320B 多构造(multi-configuration)的 FIFO 存储器。
- 主端点的双缓冲配置增加了数据吞吐量并轻松实现实时数据传输。
- 在批量模式和同步模式下均可实现 1MB/s 的数据传输速率。
- 具有良好的总线供电能力。
- 在挂起时可控制 LazyClock 输出。
- 可通过软件控制与 USB 的连接 SoftConnect。
- 采用 GoodLink 技术,通信时 LED 会闪烁。
- 可编程的时钟频率输出。
- 符合 ACPI、OnNOW 和 USB 电源管理的要求。
- 内部上电复位和低电压复位电路。
- 可选 SO28 和 TSSOP28 封装。
- 工业级工作温度 $-40\sim+85℃$。
- 高于 8kV 的在片静电防护电路减少了额外元件的费用。
- 具有高错误恢复率($>99\%$)的全扫描设计确保了高品质。
- 双电源操作 $3.3\pm0.3V$ 或扩展的 5V 电源,范围为 $4.0\sim5.5V$。
- 多中断模式实现批量和同步传输。

PDIUSBD12 集成以下部件和功能:

- 模拟收发器。集成的收发器接口可通过终端电阻直接与 USB 电缆相连。
- 电压调整器。片内集成了一个 3.3V 的调整器用于模拟收发器的供电,该电压还作为输出连接到外部 $1.5k\Omega$ 的上拉电阻。PDIUSBD12 还提供了带 $1.5k\Omega$ 内部上拉电阻的 SoftConnect 技术。
- PLL。片内集成了 6MHz 到 48MHz 时钟倍频锁相环(multiplier phase-locked

loop)，这样就可使用低成本的 6MHz 晶振，不需要外部元件。

- 位时钟恢复。位时钟恢复电路使用 4 倍采样规则，从进入的 USB 数据流中恢复时钟，能跟踪 USB 规定范围内的抖动和频漂。

- Philips 串行接口引擎(PSIE)。Philips SIE 实现了全部的 USB 协议层，完全由硬件实现而不需要固件参与，该模块的功能包括同步模式的识别、并/串转换、位填充/解除填充、CRC 校验/产生、PID 校验/产生、地址识别和握手鉴定/产生。

- SoftConnect。与 USB 的连接是通过 $1.5k\Omega$ 上拉电阻将 D＋置为高实现的。$1.5k\Omega$ 上拉电阻集成在 PDIUSBD12 片内，默认状态下不与 V_{CC} 相连。连接的建立通过外部/系统微控制器发送命令来实现，这就允许系统微控制器在决定与 USB 建立连接之前完成初始化时序，总线连接可以重新初始化而不需要拔出电缆。

- GoodLink。在 USB 设备枚举时 LED 指示灯将闪亮，当 PDIUSBD12 被成功枚举并配置后，LED 指示灯将会始终点亮。经过 PDIUSBD12 的 USB 数据传输过程中 LED 将一闪一闪，在挂起期间 LED 熄灭。这种特性可方便调试。

- 存储器管理单元(MMU)和集成 RAM。MMU、RAM 与微控制器的传输速度可达到 12MB/s，以此为缓冲，保证了微控制器可以它自己的速率对 USB 信息包进行读写。

- 并行和 DMA 接口。一个普通的并行接口设计应该易于使用，而且可以与主流的微控制器直接接口。对一个微控制器而言，PDIUSBD12 看起来就像一个带 8 位数据总线和一个地址位的存储器件，PDIUSBD12 支持多路复用和非复用的地址和数据总线，还支持主端点与本地共享 RAM 之间直接读取的 DMA 传输。

10.4.2　PDIUSBD12 芯片引脚

图 10.12 为 PDIUSBD12 外部引脚。

下面介绍各个引脚的作用。

DATA＜7:0＞：8 位双向数据。

ALE：地址锁存信号，输入。地址锁存允许在多路复用地址/数据总线时 ALE 下降沿用于锁存地址信息，独立地址/数据总线时将 ALE 永久接地。

$\overline{CS}$：片选信号，低有效，输入。

SUSPEND：器件处于挂起状态，输出。

CLKOUT：可编程时钟，输出。

$\overline{INT}$：中断请求信号，低有效。

$\overline{RD}$：读信号，低有效。

$\overline{WR}$：写信号，低有效。

DMREQ：DMA 请求，输出。

$\overline{DMACK}$：DMA 应答，低有效，输入。

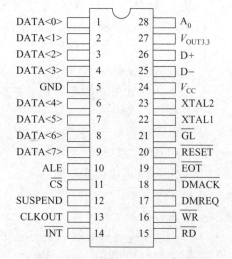

图 10.12　PDIUSBD12 的引脚图

$\overline{\mathrm{EOT}}$：DMA 传输结束，低有效，输入。仅当$\overline{\mathrm{DMACK}}$和$\overline{\mathrm{RD}}$或$\overline{\mathrm{WR}}$一起激活时才有效。

$\overline{\mathrm{RESET}}$：复位信号，低有效，输入。

$\overline{\mathrm{GL}}$：GoodLink LED 指示器，低有效，输出。

XTAL1：晶振连接端 1(6MHz)，输入。

XTAL2：晶振连接端 2(6MHz)，输出。

V_{CC}：电源电压 4.0～5.5V。要使器件工作在 3.3V，对 V_{CC} 和 $V_{\mathrm{OUT3.3}}$ 脚都提供 3.3V。

D—：USB D—数据线。

D+：USB D+数据线。

$V_{\mathrm{OUT3..3}}$：3.3V 输出。

A0：地址位，输入。A0＝1 选择命令，A0＝0 选择数据。该位在多路地址/数据总线配置时应将其接高电平。

GND：地。

10.4.3　PDIUSBD12 的典型连接

对一个微控制器而言，PDIUSBD12 看起来就像一个带 8 位数据总线和一个地址位（占用 2 个地址）的存储器件。它与 80C51 的连接电路如图 10.13 所示。图中 ALE 始终接低电平说明采用单独地址和数据总线配置，A0 脚接 80C51 的任何 I/O 引脚（如 P3.3 引脚），控制是命令还是数据输入到 PDIUSBD12，A0＝1 表示传送命令，A0＝0 表示传送数据。80C51 的 P0 口直接与 PDIUSBD12 的数据总线相连接。CLKOUT 时钟输出为 80C51 提供时钟输入。

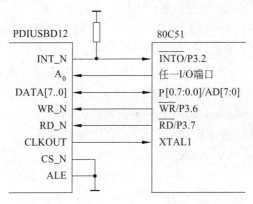

图 10.13　PDIUSBD12 的典型连接

在确定了硬件结构以后，就需要进行相关的硬件设计，硬件设计的步骤包括绘制电路原理图、绘制 PCB 图、制作电路板、硬件电路调试等步骤。

10.4.4　固件程序设计

固件实际上是单片机的程序文件，固化在所设计的 USB 设备中。编写语言可以采用

C语言或汇编语言。USB固件编程是整个设计任务的核心，用于完成 USB 设备的识别、重新枚举、设备请求、USB 协议处理、外部硬件功能并负责与 USB 主机通信等。开发固件程序最常用的是采用 Keil μVision 系列软件，它集成了丰富的库函数和各种编译工具，能够完成 51 系列单片机及其兼容的绝大部分类型单片机的程序和仿真。固件设计可采用图 10.14 所示的分层次、分模块的结构来实现。

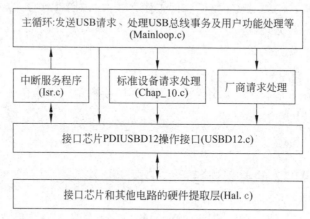

图 10.14　固件程序结构示意图

各模块的功能如下：

- 主循环程序。PDIUSBD12 与单片机之间是工作在中断的方式下，PDIUSBD12 通过中断向单片机发送各种请求。程序入口调用了一些初始化设备的函数（如各种寄存器、定时器、计数器等），初始化 PDIUSBD12 芯片并完成连接等工作，然后程序进入循环等待阶段，等待中断的发生。
- 中断处理程序。对 USB 接口芯片产生的中断进行处理，并设定用于前后台通信的事件标志，将数据缓冲区数据传输给主程序。因为 PDIUSBD12 从硬件连线上来说只有一个中断请求管脚，但是中断有好几种类型。因此，需要在中断发生之后读 PDIUSBD12 的中断寄存器来判断是什么类型的中断，然后调用相应的子函数处理，并在处理结束前清除中断寄存器中的标志以等待下一次中断。
- 标准设备请求处理程序。对 USB 的标准设备请求进行处理，实现与 PC 通信时的标准请求响应函数，如 SetAddress 等函数。
- USB 接口芯片操作接口。用于实现向 PDIUSBD12 发送特定的命令字的函数，这些定义都是为了方便以后对芯片控制时的调用。
- 厂商请求处理程序。处理用户添加的请求。
- 硬件提取层。USB 接口芯片的直接硬件操作。

这些模块的代码非常多，以下简述代表性代码。

1. 中断处理程序

在 ISR 的入口，固件使用 D12_ReadInterruptRegister 来决定中断源，然后进入相应的子程序进行处理，流程如图 10.15 所示。

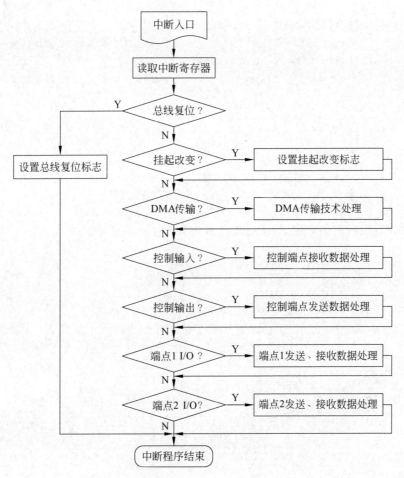

图 10.15 ISR 流程图

根据流程图写出 ISR.C 的主要代码：

```
Void Isr()
{ ULONG i_st;
  ...
  bD12flags.bits.At_IRQL1=1;
  i_st=D12_ReadInterruptRegister();
  if(i_st !=0)                            //i_st!=0 进入中断
  { if(i_st & D12REG_INTSRC_BUSRESET)     //总线复位
       Isr_BusReset();
    else if(i_st & D12REG_INTSRC_SUSPEND) //挂起改变
       Isr_SuspendChange();
    else if(i_st & D12REG_INTSRC_EOT)     //DMA 输出
       Isr_DmaEot();
    ...
    else
```

```
    {
        if(i_st & D12REG_INTSRC_EP01)
            Isr_Ep01Done();                    //端点 1 中断实现 PC 数据的发送和返回
        if(i_st & D12REG_INTSRC_EP02)
            Isr_Ep02Done();                    //端点 2 中断实现 PC 数据的发送和返回
        ...
    }
    bD12flags.bits.At_IRQL1=0;
}
}
```

2. 标准设备请求处理

对于标准设备，一般来说，请求过程的处理如图 10.16 所示。

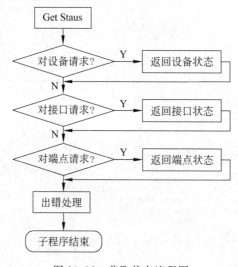

图 10.16　获取状态流程图

在 CHAP_10.c 文件中包含了 USB 标准请求函数，用于完成 USB 设备枚举的命令。
其中部分函数如下：

```
CHAP9_Getstatus(void)
{  UCHAR   endp,txdat[2];
   UCHAR   c;
   UCHAR   bRecipient=ControlData.DeviceRequest.bmRequestType & USB_RECIPIENT
   If(bRecipient==USB_RECIPIENT_DEVICE)      //判断是否为设备状态
   {}                                                    //在内部可编写是否支持远程唤醒、自供电等的代码
   If(bRecipient==USB_RECIPIENT_INTERFACE) //判断是否为接口状态
   {}
   If(bRecipient==USB_RECIPIENT_ENDPOINT)   //判断是否为端点状态
   {}
   Else stallep0();                                //若全不是为非标准请求，发送 STALL
```

```
}
CHAP9_SetAddress(void)
{  D12_SetAddressEnable((UCHAR)(ControlData.DeviceRequest.wValue &DEVICE_
   ADDRESS_MASK),1);                         //分配新地址
   Single_transmit(0,0)                      //发送响应
}
CHAP9_GetDecriptor(void)
{  UCHAR   bDescriptor=MSB(ControlData.DeviceRequest.wValue);
   UCHAR   bDescriptorIndex=LSB(ControlData.DeviceRequest.wValue);
   Switch(bDescriptor)
   {  case USB_DEVICE_DESCRIPTOR_TYPE:       //获取设备描述符
      Chap9_BurstTransmitEP0 ( (PUCHAR) &DeviceDescr , sizeof (USB_DEVICE_
      DESCRIPTOR));
      case USB_CONFIGURATION_DESCRIPTOR_TYPE:           //获取配置描述符
      Chap9_BurstTransmitEP0((PUCHAR)&ConfigDescr_a,
      sizeof(USB_CONFIGURATION_DESCRIPTOR_a));
      case USB_STRING_DESCRIPTOR_TYPE:       //获取字符串描述符
      case USB_INTERFACE_DESCRIPTOR_TYPE:    //获取接口描述符
      case USB_ENDPOINT_DESCRIPTOR_TYPE:     //获取端点描述符
      case USB_POWER_DESCRIPTOR_TYPE:        //获取电源描述符
      default:
            Chap9_StallEP0InControlRead();
            break;
   }
}
CHAP9_SetConfiguration(void)
{  if(ControlData.DeviceRequest.wValue==0) //配置值不对,设备进入未配置状态
   {  single_transmit(0,0);                 //发送响应
      DISABLE;
      bEPPflags.bits.configuration=0;        //标记未配置
      ENABLE;
      Init_unconfig();                       //进入地址状态,禁止0除外的所有端口
   }
   Else if(ControlData.DeviceRequest.wValue==1)     //配置设备
   {  single_transmit(0,0);                 //发送响应
      Init_unconfig();                       //进入地址状态,禁止0除外的所有端口
      Init_config();                         //配置处理,允许端点收发
      DISABLE;
      bEPPflags.bits.configuration=1;        //标记已配置
      ENABLE;
   }
   Else stall_ep0();                         //没有该请求,返回STALL
}
```

3. 主程序

主程序是上电复位后进行的一系列初始化操作，如初始化定时器、中断、USB 芯片等。然后进入一个查询各个标志位状态的循环中。一旦检测到某个标志有效，则进行相应处理。程序框架如下：

```
void Mainloop (void)
{   //初始化定时器、中断…
    …
    //以下主循环
    while(1)
    {   if(...) {...}
        if(...) {...}
        …
    }
    …
}
```

10.4.5　驱动程序设计

客户端驱动程序设计包括驱动程序需求分析和具体设计。首先要考虑 USB 主机所需要工作的软件环境，例如操作系统等。如果以 Windows 为例，目前应用广泛的工具主要有两大类。一类是 Microsoft 公司提供的 Windows DDK（Device Driver Kit），由于 DDK 基于汇编语言的编程方式和内核模式的调用，对没有深厚的操作系统原理知识和较高的编程水平的人员来说，任务相当艰巨。另一类是 NuMega 公司提供的 DriverStudio，它是一个大的开发工具包，包含 VtoolsD、SoftICE 和 DriverWorks 等开发工具。VtoolsD 开发包提供了对 VxD 编程的 C/C++ 类库支持，利用 VtoolsD 中的 QuickVxD 工具可以快速生成 VxD 的 C/C++ 代码框架，开发者可以在此基础上根据各自的需要添加自己的代码。DriverWorks 用于开发 KMD 和 WDM 驱动程序，并且对 DDK 函数进行了类的封装，从而为开发 Windows 设备驱动程序提供了一个自动化的方法。采用 DriverWorks 可以高效、细致地完成 USB 功能设备驱动程序的设计。

虽然采用 DriverStudio 等可以灵活地进行驱动程序设计，但对于初学者还是有难度。因此，很多 USB 芯片厂商都提供了通用的驱动程序，用户可以在此基础上进行二次开发，从而快速占领市场。如 EZ-USB FX2LP 开发包中包括通用驱动程序 CyLoad. sys（用于固件程序下载）和 CYUSB. sys（用于主机和固件程序通信），可以不经修改直接使用，也可以按自己要求修改。

10.4.6　应用程序设计

应用程序设计过程与一般程序设计基本一样，可以采用 VC++ 、VB 等开发，与 USB

设备的通信可通过驱动程序进行。下面是一些示例代码,用于主机控制 USB 设备上的 LED 灯。其中定义了一个类对象 CUSBDev,调用这个类提供的成员函数,可以完成与驱动程序的对话。

```
HANDLE CUSBDev::OpenDev()                //打开驱动程序
{
    ...
    HANDLE hDevice=OpenByInterface(&ClassGuid,0,&Error);
        //OpenByInterface 函数在建立驱动程序时自动生成
    return hDevice;
}
BOOL CUSBDev::SetLed(HANDLE hDevice,unsigned char bLed)
{
    DWORD nRet=0;
    BOOL bRet=FALSE;
    ...
    bRet = DeviceIoControl (hDevice, USB_REQ01, &bLed, sizeof (unsigned char),
    NULL,0,&nRet,NULL);                //向驱动程序发送控制命令和数据
    return bRet;
}
```

下面是程序对话框工程中的部分代码:

```
#include "USBDev.h"
CUSBDev MyDev;
HANDLE hDevice;
//在对话框启动时加载驱动程序
hDevice=MyDev.OpenDev();
if(hDevice==INVALID_HANDLE_VALUE)
{
    ::MessageBox(hWnd,"设备驱动加载失败","错误",MB_OK);
}
void CLed::OnLed()//控件函数,发送对 LED 的控制命令
{
    ...
    if(m_Led)            bLed|=0x01;
    else                 bLed&=0x02;
    BOOL bRet=MyDev.SetLed(hDevice,bLed);
    if(!bRet)
    {   ::MessageBox(hWnd,"设备驱动调用失败","错误",MB_OK);
        return;
    }
}
void CLed::OnExit() //退出时关闭驱动程序句柄
{
```

```
    if(hDevice! =NULL)
        CloseHandle(hDevice);
}
```

小结

USB 高速串行规范是当今应用最广泛的接口标准,自问世以来,经历了 USB 1. x,
USB 2.0、USB 3.0、USB 3.1 等版本的发展历程,几乎当今的所有智能设备、装置中都嵌
入了 USB 的接口。

本章在介绍 USB 接口标准的基本概念、主要特点后,简述了 USB 1. x,USB 2.0、
USB 3.0、USB 3.1 等各个版本的特色,分析了 USB 的体系结构和通信协议,最后从如何
应用及开发 USB 接口技术的角度,以 Philips 公司的 USB 接口芯片 PDIUSBD12 为例,
详细介绍了 USB 软硬件开发的过程。

习题

1. 简述 USB 1. x,USB 2.0、USB 3.0、USB 3.1 各自的特点和区别。

2. 什么是 USB 主机? 什么是 USB 设备? 两者有何区别?

3. 简述 USB 3.0 的通信协议。

4. 选择所熟悉的 USB 接口芯片和接口规范,试设计一个适当容量的符合所选接口
规范的 U 盘。

参 考 文 献

[1]　Kip Irvine. 汇编语言：基于 x86 处理器.7 版.北京：机械工业出版社,2016.

[2]　白中英,戴志涛,周锋,等.计算机组成原理.4 版.北京：科学出版社,2008.

[3]　易小琳,朱文军,鲁鹏程,等.计算机组成原理及汇编语言.北京：清华大学出版社,2009.

[4]　王克义. 微机原理与接口技术.北京：清华大学出版社,2012.

[5]　王爽. 汇编语言.3 版.北京：清华大学出版社,2013.

[6]　白中英,戴志涛,赖晓铮,等.计算机组成原理.5 版.北京：科学出版社,2013.

[7]　王诚,宋佳兴.计算机组成与体系结构.2 版.北京：清华大学出版社,2011.

[8]　王爱英.计算机组成与结构.5 版.北京：清华大学出版社,2013.

[9]　李继灿. 微机原理与接口技术.北京：清华大学出版社,2011.

[10]　冯博琴,吴宁.微型计算机原理与接口技术.3 版.北京：清华大学出版社,2011.

[11]　钱晓捷.16/32 位微机原理、汇编语言及接口技术教程.北京：机械工业出版社,2011.

[12]　钱晓捷.汇编语言程序设计.4 版.北京：电子工业出版社,2012.

[13]　罗云彬.Windows 环境下 32 位汇编语言程序设计.3 版.北京：电子工业出版社,2012.

[14]　丁辉,张丽虹,魏远旺. 汇编语言程序设计.3 版 . 北京：电子工业出版社,2009.

[15]　孙德文.微型计算机技术.3 版.北京：高等教育出版社,2010.

[16]　杨素行,等.微型计算机系统原理及应用.3 版. 北京：清华大学出版社,2009.

[17]　朱定华.微机原理、汇编与接口技术.2 版.北京：清华大学出版社,2010.

[18]　赵伟,等.微机原理及汇编语言.北京：清华大学出版社,2011.

[19]　杨立.微型计算机原理与接口技术.3 版.北京：中国铁道出版社,2009.

[20]　孙杰,解统颜,米昶. 微机原理.5 版.大连：大连理工大学出版社,2014.

[21]　翟乃强,隋树林. 汇编语言与 C 语言及 Visual C++ 混合编程.青岛科技大学学报：自然科学版,
　　　 2003,24(S1)：136-138.

[22]　翁虹. Visual C++ 6.0 环境下汇编与 C/C++ 混合编程的教学.电气电子教学学报,2003,25(4)：
　　　 102-106.

[23]　Hi-speed USB development tools. http://www.usb.org/developers/usb20/.

[24]　USB 2.0 specification. http://www.usb.org/developers/docs/usb20_docs/.

[25]　USB 3.1 specification. http://www.usb.org/developers/docs/.

[26]　Philips Corp. PDIUSBD12 users manual. 2001.